物 理 化 学

（第二版）

主　编　徐　飞
副主编　雷雪峰　邵江娟　吕京美　陈振江　陈桂芳
参　编　何武强　吕　翔　张洪江　苑　娟　王　晴
　　　　吕晓姝　赖　艳

华中科技大学出版社
中国·武汉

内 容 简 介

本书按照本科教学的基本要求，培养目标是应用型与技术型人才。本书对物理化学概念的深度要求不高，但有广度。

全书除绪论外共10章，其中第1章至第5章为热力学部分，包括热力学第一定律、热力学第二定律、多组分系统热力学、化学平衡、相平衡；第6章电化学中既有热力学部分，也有动力学部分；第7章化学动力学基础则为典型动力学部分；第8章至第10章分别为表面现象、溶胶和大分子溶液，主要是应用化学热力学来解决实际系统的问题，属于化学热力学的应用。

本书可供全国高等院校化学、生物学、中药学、药学等相关专业学生使用，也可以作为化工类专业技术人员的参考书。

图书在版编目(CIP)数据

物理化学/徐飞主编. —2版. —武汉：华中科技大学出版社，2020.7（2024.8重印）
ISBN 978-7-5680-6289-3

Ⅰ.①物… Ⅱ.①徐… Ⅲ.①物理化学-高等学校-教材 Ⅳ.①O64

中国版本图书馆CIP数据核字(2020)第101817号

物理化学(第二版) 徐 飞 主编
Wuli Huaxue(Di-er ban)

策划编辑：王新华
责任编辑：李 佩 王新华
封面设计：原色设计
责任校对：刘 竣
责任监印：周治超
出版发行：华中科技大学出版社(中国·武汉) 电话：(027)81321913
武汉市东湖新技术开发区华工科技园 邮编：430223
录 排：华中科技大学惠友文印中心
印 刷：武汉邮科印务有限公司
开 本：787mm×1092mm 1/16
印 张：17.5
字 数：455千字
版 次：2024年8月第2版第2次印刷
定 价：39.80元

前　言

随着中国的教育事业不断发展，招生规模也在不断扩大，教材的改革、更新也层出不穷，但在教材的使用上也常常会出现一些困难。有的教材编写的理论既有深度，又有广度，篇幅大，涉及内容多；有的教材因学时少，内容也相对较少。大部分教材都是以讲解理论为主，而物理化学除了有很强的理论性外，也有很强的实用性，如果两者兼顾，势必会使得教材编写的内容太多。但如果只注重实用性，编写内容虽然可大大减少，却又会使学生只看到了问题的表象，而看不到问题的本质，无法发挥其创造性。

由华中科技大学出版社组织编写的这套教材则是在调研的基础上，提出了一些编写的新思路。这套教材定位为应用型本科的培养层次，突出实用、适用、够用和创新的“三用一新”的特点。在不偏离本科教学基本要求的前提下，淡化学术研究成分，在编排上要求先易后难，既要低起点，又要有坡度、上水平，更要进一步强化对学生应用能力的培养，增加案例教学。

本着上述思路，本教材在内容上做了一些调整，前几章的理论性强，编写时力求适用、够用，避开一些深奥的推理过程，注重结果的使用；后几章编写时结合生产实际，结合应用，增加案例。

这次编写的教材，参编的老师来自不同专业，大家都曾面对过不同生源的学生，了解学生的需求，本着以上述基本思想为指导，结合本专业特点，共同融合，终得此书。

本教材由南京中医药大学徐飞任主编，电子科技大学中山学院雷雪峰、南京中医药大学邵江娟、北京理工大学珠海学院吕京美、湖北中医药大学陈振江、聊城大学东昌学院陈桂芳任副主编。其他参与教材编写的老师还有武汉工商学院何武强、南京中医药大学吕翔、南京中医药大学翰林学院张洪江、河南中医药大学苑娟、宿州学院王晴、辽宁科技学院吕晓姝、长江大学工程技术学院赖艳。同时对《物理化学》第一版教材编写付出辛勤劳动的老师表示衷心的感谢。

当然，本教材中难免有一些不到之处，有些设想还没有全部体现在教材中，希望通过今后的教学实践，找出不足，加以完善。也希望各位同行在参看了本教材后，提出宝贵意见，我们编写组一定会虚心接受，并对此表示衷心的感谢。

编　者

目　录

第0章 绪 论

0.1 物理化学课程的学习目的和内容

化学与人们的衣食住行、工业生产、军事技术、能源开发、太空探索等息息相关，化学变化也随处可见，而化学过程总是包含或是伴有物理过程。例如：燃烧反应发生时有热量放出，同时伴随着发光现象；电池是利用氧化还原反应产生电流；氨气的合成会导致系统压力的下降等。另一方面，一些物理因素也会引发或影响化学变化。例如：光照射到照相底片上可引起Ag^+的还原而使图像显示出来；光照会促使高锰酸钾的分解，加热也能促使一些反应的发生和发展等。物理化学就是研究化学现象和物理现象之间的相互联系，以便找出化学变化中最具有普遍性规律的一门学科。或者说，物理化学是从物质的物理现象与化学现象的联系入手，来探求化学变化基本规律的一门学科。物理化学是化学的理论基础，它所研究的是普遍适用于各个化学分支的理论问题，所以物理化学曾被称为理论化学。

在18世纪中叶，俄国科学家罗蒙诺索夫(1711—1765)最早使用“物理化学”这一术语。到19世纪中叶，资本主义社会的生产已经有了很大发展，自然科学的许多学科，包括物理化学都是在这一时期建立发展起来的。原子-分子学说的出现、气体分子运动论的产生、元素周期律的发现、经典热力学第一定律和第二定律的建立、化学热力学的发展等，都为物理化学的形成和发展奠定了基础。1887年，德国科学家奥斯特瓦尔德(F. W. Ostwald，1853—1932)和荷兰科学家范特霍夫(J. H. van’t Hoff，1852—1911)联合创办了德文版的《物理化学杂志》，标志着物理化学这一学科的诞生。

物理化学作为化学的一个分支，它的主要内容包括以下三个方面。

(1) 化学热力学　研究化学反应能量关系及化学变化的方向和限度。即在指定条件下，某一化学反应应该朝哪个方向进行，进行到什么程度，外界条件(如压力、温度、浓度等因素)如何影响化学反应的方向和限度。研究这一类问题属于化学热力学的范畴。经典化学热力学的理论比较成熟，其结论也十分可靠，是许多科学技术的基础。例如，采用热力学的方法研究化学平衡、相平衡、电化学等方面的问题都是很成功的。

(2) 化学动力学　研究化学反应的速率和机理，研究外界因素(如温度、压力、浓度等)如何影响化学反应速率，并深入研究化学反应的微观过程，反应物经过怎样的步骤得到产物，即机理问题。但动力学的研究受到实验条件限制，其研究仍处于宏观动力学阶段，其理论还不够成熟。近年来，实验手段大大改进，如用短脉冲激光激发分子束、计算机快速数据处理等研究手段，开辟了一个化学的新领域——分子反应动力学。因此，化学动力学仍是当前十分活跃的研究领域。

(3) 物质结构(也称结构化学)　研究物质结构与性能的关系。物质的性质从本质来看取决于内部的结构，只有深入了解物质的内部结构，才能真正理解化学反应的内在因素，达到控制化学反应的发生和发展的目的。

物理化学的发展很快，分支较多，内容较广，作为应用型本科院校的基础课程，通常选择以下几个部分作为教学内容。

(1) 化学热力学:研究一个系统的各种平衡性质之间的关系,阐明物质在化学变化过程中的能量转变规律,并判断化学变化的方向和限度。

(2) 化学平衡:用热力学基本原理和规律研究化学反应的方向、平衡的条件、反应的限度以及平衡时物质的数量关系。

(3) 相平衡:相平衡是热力学的一个分支,通过相图研究各种类型相变化的规律。

(4) 电化学:主要研究化学能与电能之间相互转化的规律。

(5) 化学动力学:研究化学反应的速率,探讨化学反应的机理,并研究浓度、温度、光、介质、催化剂等因素对反应速率的影响。

(6) 表面现象:用热力学原理研究多相系统中各相界面间物质的特性。

(7) 胶体化学:主要研究胶体物质的特殊性能。

物理化学与化学中的其他学科(如无机化学、有机化学、分析化学等)之间有着密切的联系。无机化学、有机化学、分析化学等各有自己特殊的研究对象,但物理化学则着重研究更具有普遍性的、更本质的化学变化的内在规律性。物理化学所研究的正是其他化学最关心的问题。现代无机化学、有机化学、分析化学在解决具体问题时,很大程度上需要利用物理化学的规律和方法。由此看来,物理化学与其他几门化学的关系是十分密切的。

0.2 物理化学的研究方法

物理化学是自然科学中的一个分支,它的研究方法与一般的科学研究方法有着共同之处。它的发展遵循"实践→理论→再实践"的认识过程,即分别采用归纳法和演绎法,从众多实验事实概括出一般,再从一般推理到个别的思维过程。在实践过程中,人们积累了大量的实践知识,也不断涌现出大量有待解决的问题。为了解决这些问题,需要探讨事物的内在联系。人们在已有知识的基础上,进行了有计划的实验。通过实验可以人为地控制一些因素或条件,把自然过程有意识地加以简化,这样就有可能忽略次要因素,抓住其中的主要矛盾,从复杂的现象中找出规律性的东西,以一定的形式表达出来,这就是定律。这些定律还只是客观事物规律性的描述,还不能了解这种规律性的本质和内在原因。为了解释这种定律的内在原因,就需要根据已知的实验事实和实际知识,通过思维,提出假说,来说明这种规律性存在的原因;根据假说做逻辑性推理,还可预测客观事物的新的现象和规律,如果这种预测能被多方面的实践所证实,则这种假说就成为理论或学说。理论必须继续受到实践的考验,才能不断地得以充实和发展。

物理化学的研究方法,由于研究对象的特殊性,除必须遵循一般的科学方法以外,还有其特殊的研究方法。它可以分为热力学的方法、统计力学的方法及量子力学的方法。热力学的方法适用于宏观系统,量子力学的方法适用于微观系统,统计力学的方法则为两者的桥梁。

热力学是以众多质点所构成的系统为研究对象,以经验概括出的两个定律为基础,经过严密的逻辑推理,建立了一系列热力学函数及其变量,用以判断变化的方向和找出平衡条件。热力学在处理问题时采取宏观的方法,不需要知道系统内部粒子的结构,不需要知道其变化的细节,只需知道其起始和终了状态,然后通过宏观性质的变化(如温度、压力、体积、吸热、放热等)来推知系统内部性质的变化。经典热力学只考虑平衡系统,没有时间观念。采用热力学的方法来研究化学平衡、相平衡、反应的热效应及电化学等方面的问题既成功，又有效。它的结论十分可靠，至今仍然是许多科学技术的基础。

量子力学是以微观物体（如分子、原子、电子等）为研究对象，以微粒能量转换的量子性及微粒运动的统计性为基础，用量子力学的基本方程（E. Schrödinger 方程）研究组成系统的微观粒子之间的相互作用及其规律。它已成功地应用于物质结构的研究，也已被用来解释化学反应的机理。

统计力学是以概率的定律为基础来研究大量质点的运动规律的，也是微观的方法。它利用统计的方法探讨系统对外所表现出来的宏观物理性质，在物理化学中沟通了宏观和微观的领域，对物质的宏观性质给以更深刻的说明。

这三种方法虽然各有区别，适用范围也不相同，但是在解决问题时是相互补充的。

0.3　物理化学课程的学习方法

当前是“知识爆炸”的时代，各种科学知识以惊人的速度在飞速增长。因此，在学习每一门课程的过程中，不仅仅要获取一定的知识，更重要的是如何能培养获取知识的能力。这种能力不可能通过某一门课程的学习就能培养出来，而是要通过各门课程和各个教学环节逐步培养而形成一种综合性的能力。物理化学是化学科学中的一门重要学科，它借助数学、物理等基础学科的理论及其提供的实验手段，研究化学科学中的原理和方法，研究化学系统行为最一般的宏观、微观规律和理论，是化学的理论基础。通过学习物理化学课程，应当培养一种理论思维的能力：用热力学观点分析其有无可能；用动力学观点分析其能否实现；用分子和原子内部结构的观点分析其内在原因。

因此，如何学好物理化学这门课程，除了一般学习中行之有效的方法以外，针对物理化学课程的特点，提出以下几点建议。

(1) 注意逻辑推理的思维方法，反复体会感性认识和理性认识的相互关系。要知道物理化学的概念、理论都是从客观实际中概括、归纳出来的，学习时要注意联系生活中的客观现象进行思考、推理，这样就不会觉得难以理解，还会感到生动有趣。

(2) 学会抓住重点，善于总结。本书除绪论外，在每一章后设有本章小结，目的是帮助学生把握各章的核心思想，引导学生领会章节之间的联系，知道来龙去脉。学会重要理论和计算公式在实际中的应用，对一些实际工作中用得不多又比较难掌握的精确定量计算只需了解。

(3) 学会自己动手推导公式。掌握重点公式的使用条件、适用范围、物理意义以及与其他公式的区别和联系，要在理解的基础上加以记忆。

(4) 多做习题，掌握解题方法。通过做题可以慢慢领会理论、概念和公式的本质以及它们之间的关系，从而加深对它们的理解，做到融会贯通。

(5) 课前预习，对章节内容做到心中有数；课上认真听讲，把握思路，抓住重点；课后仔细研究，勤于思考，加深理解，培养自学和独立思考的能力。

(6) 重视实验课。物理化学是理论与实验并重的学科，理论的发展离不开实验的启示和检验。实验课的任务不仅是让学生掌握实验仪器的正确使用方法，掌握化学实验技能，重要的是验证、巩固、加深课堂所学的基础理论知识，关键还在于培养学生实践动手能力、综合分析问题和解决问题的能力。例如，如何将一个复杂的实际问题，经过适当的简化、假设后建立合理的物理模型，并利用数学方法导出简洁的结果。

0.4 气体的性质

在自然界物质的三种聚集状态中,气体是最简单的。通常,最容易用分子模型对气体进行研究,所以对它的研究最多,也最为透彻。另外,人们在工业生产和科学研究中经常使用到气体,研究它的性质和变化规律,就更具有重要的理论和实际意义。其中,对理想气体的研究及理想气体状态方程的确立,不仅为计算低压气体的性质提供了直接的近似方法,而且为处理真实气体提供了参照标准,同时为许多其他物理化学问题的研究奠定了重要基础。

0.4.1 理想气体

经过长期的观察研究,在17世纪、18世纪就总结了若干经验规律。

(1) 玻意耳(R. Boyle,1662)定律,它可表述为在恒定温度下,一定量气体的体积和压力成反比。

(2) 盖·吕萨克(J. Gay-Lussac,1808)定律,它可表述为在恒定的压力下,一定量气体的体积与绝对温度成正比。

(3) 阿伏加德罗(A. Avogadro,1811)定律,它可表述为任意两种气体当温度相同时,具有相同的平均动能。同时可得到推论:同温同压下,同体积的各种气体所含的分子个数相同。

这些定律都是描述在不同的特定条件下,气体的物质的量 n 与其压力 p、体积 V 和温度 T 之间的相互关系,是对各种气体都普遍适用的,其数学式分别为

玻意耳定律　　$pV=$常数　(n、T 恒定)

盖·吕萨克定律　　$V/T=$常数　(n、p 恒定)

阿伏加德罗定律　　$V/n=$常数　(p、T 恒定)

上述经验规律都是在温度不太低、压力不太高的情况下总结出来的。受当时实验条件限制,测量的精度虽不高,但三个定律都客观地反映了低压气体服从的 pVT 简单关系,将三个定律合并,可整理得出理想气体状态方程:

$$pV = nRT \tag{0-1}$$

式中,除有 p、V、T、n 四个物理量以外,还有一个常数 R,是理想气体状态方程中的一个普遍适用的比例常数,称为摩尔气体常数,或简称为气体常数。式中,p、V、T、n 分别采用国际单位制 Pa(帕斯卡,Pascal,$\mathrm{N\cdot m^{-2}}$)、$\mathrm{m^3}$(立方米)、K(开尔文,Kelvin)和 mol(摩尔,Mole)时,R 的单位为 $\mathrm{J\cdot mol^{-1}\cdot K^{-1}}$(焦·摩$^{-1}$·开$^{-1}$)。

实际上,物质无论以何种状态存在,其内部的分子之间都存在着相互作用。分子间的相互作用力 F、相互作用势能 E 都是分子间距离 r 的函数,其关系式为

$$F = -\frac{\mathrm{d}E(r)}{\mathrm{d}r} \tag{0-2}$$

负号代表吸引,例如,随着 r 的减小,如果分子间势能 E 降低,则 F 为负值,此时分子间表现为吸引力。

分子间的相互作用势能包含分子间的两种相互作用关系:相互吸引和相互排斥。按照兰纳德-琼斯(Lennard-Jones)的势能理论,两个分子间的相互吸引势能与距离 r 的6次方成反比,相互排斥势能与距离 r 的12次方成反比,而总作用势能 E 为两者之和:

$$E = E_{\text{吸引}} + E_{\text{排斥}} = -\frac{A}{r^6} + \frac{B}{r^{12}} \tag{0-3}$$

式中，A、B 分别为吸引和排斥常数，其值与物质的分子结构有关。将式(0-3)以图的形式表示，即为著名的兰纳德-琼斯势能曲线，如图 0-1 所示。由图可知，当两个分子相距较远时，它们之间的相互作用几乎为零。当逐渐靠近时，分子间开始表现出相互吸引作用，且随着距离的缩短，势能 E 逐渐降低；当 $r=r_0$ 时，势能降到最低。当分子进一步靠近时，分子间的相互作用由吸引转变为排斥，其排斥能随距离的减小而迅速上升。

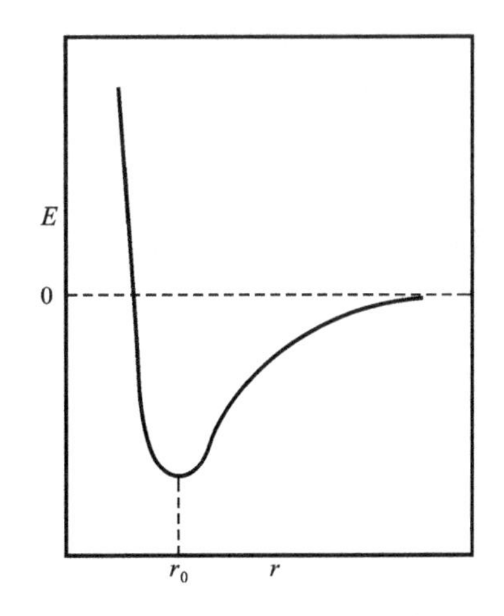

图 0-1　兰纳德-琼斯势能曲线示意图

理想气体状态方程是在研究低压气体性质时导出的，压力越低，温度越高，气体越能符合式(0-1)。在极低的压力下，真实气体分子相距足够远，此时分子间的相互作用非常小，可忽略不计，而分子本身线度与分子间的距离相比可忽略不计，因此，可将分子看作没有体积的质点。由此提出抽象的理想气体模型，理想气体在微观上具有以下两个特征：①分子间无相互作用力；②分子本身不占有体积。

把任何压力、任何温度下都能严格遵从式(0-1)的气体称为理想气体。理想气体实际上是一个科学的抽象概念。客观上并不存在理想气体，它只能看作真实气体在压力很低时的一种极限情况。但是引入理想气体这个概念是很有用的。一方面，它反映了任何气体在低压下的共性；另一方面，各种不同的气体各有其特殊性，而理想气体的 p、V、T 之间的关系比较简单。根据理想气体公式来处理问题所导出的一些关系式，只要适当地加以修正，就能用于任意气体。

0.4.2　摩尔气体常数

在理想气体状态方程 $pV=nRT$ 中，由于 R 是常数，p、V、n、T 四个变量中只要任意确定三个，第四个即随之确定，因此准确测定 R 很重要。理论上，可以对一定量的气体直接测定 p、V、T 的值，然后代入 $R=\dfrac{pV}{nT}$一式中来计算 R。但由于用于测量的气体均为真实气体，当压力很小时体积很大，实验数据就不易测准，所以需要用外推法。首先，测量真实气体在一定温度 T、不同压力 p 时的摩尔体积 V_m，然后将 pV_m对 p 作图，外推到 $p\to 0$ 处，求出所对应的 pV_m值，进而计算出 R 值。这时真实气体的 pV_m值就严格遵守理想气体公式，即

$$\lim_{p\to 0} pV_m = RT$$

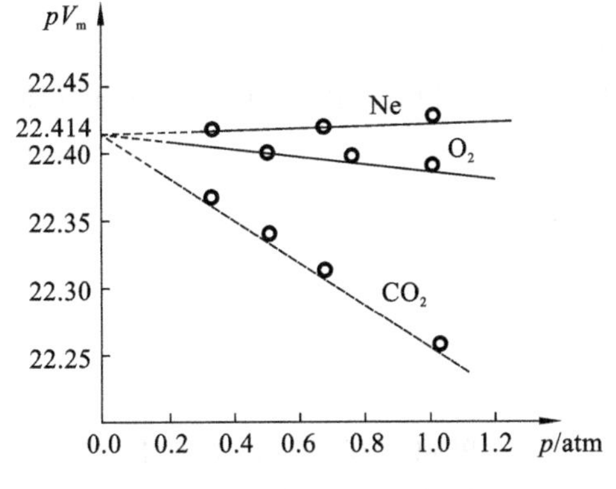

图 0-2　273.15 K 下 Ne、O_2、CO_2 的 pV_m-p 等温线

图 0-2 所示为几种气体在 273.15 K 时不同压力下 pV_m值的外推情况。求得

$$(pV_m)_{p\to 0}=22.414\ \text{L}\cdot\text{atm}=2271.10\ \text{J}$$

利用上述外推值，可求得 R 的准确值：

$$R=\frac{(pV_m)_{p\to 0}}{T}=\frac{22.414\times 10^{-3}\ \text{m}^3\times 101325\ \text{Pa}}{273.15\ \text{K}}$$

$$=8.314\ \text{J}\cdot\text{mol}^{-1}\cdot\text{K}^{-1}$$

要确定 R 的单位，就需要确定 n、p、V、T 的单

位,其中 pV 的单位可用压力和体积的乘积来表示,也可用能量单位来描述。如以前用大气压·升、毫米汞柱·毫升、卡等,现在统一以焦耳为单位。R 是一个很重要的常数,不但在计算气体的 n、p、V、T 的值时要用到,在解决物理化学的许多问题的计算中都要用到,应熟记 R 的数值与单位,它的数值与单位有关。

【例 0-1】 装氧气的钢瓶体积为 20 L,温度在 15 ℃时压力为 100 kPa;经使用后,压力降低到 25 kPa。共使用了多少千克氧气?

解 使用前,氧气的物质的量为 n_1,则

$$n_1 = \frac{pV}{RT} = \frac{100\times10^3\ \text{Pa}\times20\times10^{-3}\ \text{m}^3}{8.314\ \text{J}\cdot\text{mol}^{-1}\cdot\text{K}^{-1}\times(273.15+15)\ \text{K}} = 0.8348\ \text{mol}$$

使用后,剩余氧气的物质的量为 n_2,则

$$n_2 = \frac{pV}{RT} = \frac{25\times10^3\ \text{Pa}\times20\times10^{-3}\ \text{m}^3}{8.314\ \text{J}\cdot\text{mol}^{-1}\cdot\text{K}^{-1}\times(273.15+15)\text{K}} = 0.2087\ \text{mol}$$

$$m = (n_1-n_2)M_{O_2} = (0.8348-0.2087)\ \text{mol}\times32\ \text{g}\cdot\text{mol}^{-1} = 20.04\ \text{g} = 2.004\times10^{-2}\ \text{kg}$$

即氧气的使用质量为 0.02004 kg。

0.4.3 混合理想气体

在实际的生活、生产和科研工作中经常会遇到多种气体组成的混合物。例如制氧过程中要液化的空气,就是 N_2、O_2、CO_2、Ar 等的混合气体,合成氨工业中遇到的是 N_2、H_2、NH_3 的混合气体。在研究混合气体的 pVT 性质时,常用的是道尔顿(J. Dalton)分压定律与阿马加(Amagat)定律。

1. 道尔顿分压定律与分压力

对于单一气体,用 p 来描述其压力,而对于混合气体则用分压力 p_i 来表示其中某一气体的压力。IUPAC(International Union of Pure and Applied Chemistry,国际纯粹与应用化学联合会)对分压力的定义:每种气体对总压力的贡献即为该气体的分压力。在总压力为 p 的混合气体中,任一组分 i 的分压力 p_i 是它在气体中的摩尔分数 y_i 与混合气体总压力 p 之积,即

$$p_i = y_i p \tag{0-4}$$

式中,p_i 称为气体 i 的分压力。

若对混合气体中各组分的分压力求和,因为 $\sum y_i=1$,必得

$$p = \sum p_i \tag{0-5}$$

即任意的混合气体中,各组分分压力之和与总压力相等。

对于理想气体混合物,由于其中的任一组分分子间都没有相互作用,分子本身不占有体积,均符合理想气体状态方程,因此满足

$$pV = nRT = \left(\sum n_i\right)RT \tag{0-6}$$

将 $y_i=n_i/\sum n_i$ 以及分压力定义式(0-4)代入式(0-6),可得

$$p_i = \frac{n_iRT}{V} \tag{0-7}$$

即在同一温度下,理想气体混合物中某一组分的分压力等于其单独存在而且占有与混合气体相同体积时所具有的压力。显然,混合气体的总压力等于各气体分压力之和。这就是道尔顿分压定律。它是 1810 年道尔顿在研究低压气体性质时提出的。

2. 阿马加定律与分体积

19世纪阿马加在对低压混合气体的实验研究中，总结出阿马加定律及混合气体中各组分的分体积概念。相对于分压力的概念，分体积即为每种气体对总体积的贡献，即在同一温度和压力下，混合气体中某一组分的分体积等于其单独存在时所具有的体积。他认为：低压混合气体的总体积 V 等于各组分在相同温度 T 及总压力 p 条件下占有的分体积之和。此即为阿马加定律，其数学式为

$$V_1 + V_2 + \cdots = \sum V_i = V \tag{0-8}$$

阿马加定律是理想气体 pVT 性质的必然结果，因为理想气体在一定温度、压力下的体积仅取决于气体的物质的量，而与气体的种类无关。按理想气体状态方程，T、p 条件下混合气体中的物质的量为 n_i 的任一组分 i 的分体积 V_i 应为

$$V_i = \frac{n_i RT}{p} \tag{0-9}$$

对理想混合气体中各组分 i 的分体积求和，得

$$\sum V_i = \left(\sum n_i\right)\frac{RT}{p} = \frac{nRT}{p} = V \tag{0-10}$$

若把式(0-9)与式(0-10)及式(0-7)相结合，可得

$$y_i = \frac{V_i}{V} = \frac{n_i}{n} = \frac{p_i}{p} \tag{0-11}$$

表明理想混合气体中任一组分 i 的摩尔分数 y_i 等于该组分的体积分数(V_i/V)，也等于其分压力与总压力之比。

严格来讲，阿马加定律同样只适用于理想气体混合物。但由于低压混合气体近似符合理想气体模型，因此，常用式(0-8)至式(0-11)近似处理低压混合气体。当混合气体的压力增大，其 pVT 性质已不能用理想气体状态方程来描述，但是分体积的定义仍可应用于其中的各组分，其数值可用实验直接测定，或由适用的其他状态方程来计算。在这种情况下，式(0-8)所示的阿马加定律及式(0-11)所示的关系式应当都不再成立，但有时人们仍用阿马加定律作为一种近似的假设，对非理想混合气体某些性质进行估算。

【例0-2】 干燥空气中主要成分(体积分数)：氮气78.03%，氧气20.99%，氩气0.93%，二氧化碳0.03%。如果总压力为101.3 kPa，求各气体的分压力和摩尔分数。

解 将空气中的各组分看作理想气体。

因为 $$y_i = \frac{V_i}{V} = \frac{n_i}{n} = \frac{p_i}{p}$$

所以各气体的分压力分别为

氮气 $p_1 = y_1 p = 78.03\% \times 101.3 \times 10^3\ \text{Pa} = 79.04 \times 10^3\ \text{Pa} = 79.04\ \text{kPa}$

氧气 $p_2 = y_2 p = 20.99\% \times 101.3 \times 10^3\ \text{Pa} = 21.26 \times 10^3\ \text{Pa} = 21.26\ \text{kPa}$

氩气 $p_3 = y_3 p = 0.93\% \times 101.3 \times 10^3\ \text{Pa} = 9421\ \text{Pa} = 0.9421\ \text{kPa}$

二氧化碳 $p_4 = y_4 p = 0.03\% \times 101.3 \times 10^3\ \text{Pa} = 30.39\ \text{Pa} = 0.03039\ \text{kPa}$

氮气、氧气、氩气、二氧化碳的摩尔分数分别为78.03%、20.99%、0.93%、0.03%。

0.4.4 真实气体与范德华方程

实验发现，在低温、高压时，真实气体的行为将偏离理想气体的行为，原因在于分子间存在

着相互作用。首先,由于电子云间有斥力,分子并不能无限趋近,分子不能看作没有体积的质点;其次,分子间的色散力、取向力、诱导力,以及氢键和电荷转移等吸引力,使任何气体在温度足够低时,都能凝聚成液体甚至是固体。因此,要描述真实气体的行为,理想气体的分子运动模型需要予以修正。在介绍真实气体状态方程之前,需要先了解真实气体与理想气体在不同温度、压力下的偏差程度。

1. 真实气体与理想气体的偏差

假设有物质的量为 n 的真实气体,在温度为 T、压力为 p 时体积为 V。因为真实气体分子本身占有体积以及分子间存在相互作用力,所以理想气体状态方程不能成立。为了描述真实气体 p、V、T 的关系及偏离理想行为的情况,引入压缩因子 Z。Z 定义为

$$Z = \frac{pV}{nRT} = \frac{pV_{\mathrm{m}}}{RT} \tag{0-12}$$

由上述定义可知,压缩因子 Z 的量纲为 1,其值可由实测的 p、V、T、n 的数值按式(0-12)求得。Z 反映了一定量的真实气体对同温同压下的理想气体的偏离程度,而且将偏差大小归入体积项。1 mol 的真实气体在温度为 T、压力为 p 时如作为理想气体处理,则其体积按理想气体状态方程计算,应为

$$V_{\mathrm{m}}(\text{理}) = \frac{RT}{p}$$

将此式代入式(0-12),得

$$Z = \frac{V_{\mathrm{m}}}{V_{\mathrm{m}}(\text{理})} \tag{0-13}$$

由式(0-13)可知,任何温度、压力下理想气体的压缩因子 Z 总为 1;若 $Z>1$,$V_{\mathrm{m}}>V_{\mathrm{m}}(\text{理})$,表示真实气体较理想气体难压缩;反之,若 $Z<1$,则真实气体较理想气体易压缩。这也是 Z 称为压缩因子的原因。

在对 CO、CH_4、H_2、He 等气体进行研究时,获得了以下的实验结果,如图 0-3 所示。

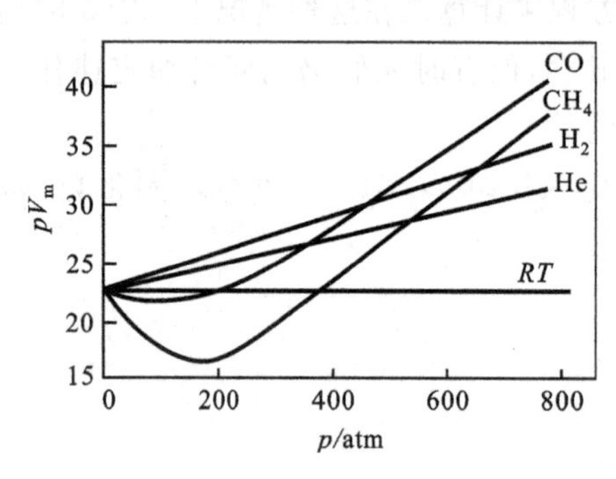

图 0-3 273 K 时几种气体的 pV_{m}-p 等温线图

图 0-3 是温度为 273 K 时几种气体的 pV_{m}-p 等温线图。对理想气体来说,由于其 pV_{m} 值恒等于 RT,在一定温度下 pV_{m} 值不随压力 p 而改变,故在图上为一条水平线。但对真实气体来说,则表现出随着压力 p 的变化,pV_{m} 值或多或少总是偏离 RT 那一条水平线。对 H_2 及 He 来说,尽管偏离 RT 的程度不同,但表现出其 pV_{m} 值总是大于 RT,随着压力 p 的增大,其偏离程度也增大;对 CO 和 CH_4 来说,在压力较低的范围内,其 pV_{m} 值要小于 RT,而在压力较高的范围内,则其 pV_{m} 值大于 RT。由此可看出,在某一温度下,不同气体偏离理想气体行为的情况和程度是各不相同的。

这是因为真实气体本身存在着令气体易压缩的因素和使气体不易压缩的因素。令气体易压缩的因素便是气体分子间的相互吸引作用,而使气体不易压缩的因素则是气体分子本身具有的体积和分子间的相互排斥作用。对 CO 和 CH_4 而言,当压力较低时,气体的体积较大,分子所具有的体积与分子间的相互排斥作用均可忽略,此时起主导作用的是分子间的相互吸引

力，使气体易于压缩，故 $Z<1$；随着压力的增大，气体占有体积不断变小，分子间距离越来越近，分子本身具有的体积的影响越来越显著，加上分子间引力不断减弱而排斥力不断增强，当压力足够高，阻碍气体压缩的因素占主导作用时，真实气体便比理想气体难以压缩，所以 $Z>1$。对 H_2 及 He 而言，始终是使气体不易压缩的因素起主导作用，因此 pV_m 值随 p 的增加从一开始就呈上升趋势，$Z>1$。不同的气体，其易压缩和不易压缩的因素各不相同，因此在同一温度下，各种真实气体 Z 值随压力的变化也就各不相同。同一种气体在不同温度下，其 Z 值随压力的变化也不相同。

2. 范德华方程

为了更好地反映真实气体的 p、V_m、T 之间的关系，必须对理想气体状态方程进行修正。到目前为止，人们所提出的真实气体状态方程有 200 多个，且还在不断增加。这里只介绍其中最著名的范德华(van der Waals)方程。

范德华采用了硬球模型来处理真实气体，提出了用压力修正项 a/V_m^2 及体积修正项 b 来修正理想气体状态方程，使之适用于真实气体。他认为引力是客观存在的，在气体内部的分子，由于在其周围各个方向都受到其他分子的吸引，所以该分子所受的吸引力的合力为零，对于分子运动并不产生特殊的影响。但对于靠近器壁的分子来说，内部的分子对它施加吸引力，趋向于把分子向内拉回，所以真实气体对器壁的压力要比理想气体的小。这个差额称为内压力。内压力的大小取决于碰撞单位面积器壁的分子数的多少和每一个碰撞器壁的分子所受到向后拉力的大小。这两个因素均与单位体积中分子个数成正比，即正比于 $1/V_m$，所以内压力应与摩尔体积的平方成反比，也就是反比于分子间距离 r 的六次方。设比例系数为 a，则内压力为 a/V_m^2。比例系数 a 表示 1 mol 气体在占有单位体积时，由于分子间相互吸引而引起的压力减小量。一般来说，分子间引力越大，则 a 值越大。若真实气体的压力为 p，则气体分子间有吸引力时的真正压力应为 $p+a/V_m^2$。他还认为 1 mol 气体分子的自由活动空间应小于它的摩尔体积 V_m，为 V_m-b。b 表示每摩尔真实气体因分子本身占有体积而使分子自由活动空间减小的数值。把这两项修正后的表达式代入理想气体状态方程中的对应项，即得

$$\left(p+\frac{a}{V_m^2}\right)(V_m-b)=RT \tag{0-14}$$

该式即为适用于 1 mol 气体的范德华方程。上式两端均乘以 n，并用(V/n)来代替 V_m，就得出适用于物质的量为 n 的气体的范德华方程：

$$\left(p+\frac{n^2a}{V^2}\right)(V-nb)=nRT \tag{0-15}$$

式(0-14)和式(0-15)中 a 和 b 均称作范德华常数，是与气体种类有关的特性常数。在 SI 单位制中，a 的常用单位是 $Pa\cdot m^6\cdot mol^{-2}$，$b$ 的常用单位是 $m^3\cdot mol^{-1}$。范德华还认为，常数 a 和 b 只与气体种类有关，与温度条件无关。

从现代观点来看，范德华对于内压力反比于 V_m^2 及 b 的导出等观点都不尽完善，所以范德华方程还只是一种被简化了的真实气体的数学模型。人们常常把任何温度、压力条件下均服从范德华方程的气体称作范德华气体。各种真实气体的范德华常数 a 与 b 可由实验测定的 p、V_m、T 数据拟合得出。某些常用纯气体的范德华常数列于表 0-1 中。

表 0-1　某些纯气体的范德华常数

气　体	$a\times10/(\mathrm{Pa\cdot m^6\cdot mol^{-2}})$	$b\times10^4/(\mathrm{m^3\cdot mol^{-1}})$
H_2	0.2432	0.266
N_2	1.368	0.386
O_2	1.378	0.318
CO_2	3.658	0.428
H_2O	5.536	0.3049
CH_4	2.280	0.427
NH_3	4.246	0.373

由范德华方程可知，若真实气体压力趋于零，V_m应趋于无穷大，相应使$\left(p+\frac{a}{V_m^2}\right)$及$(V_m-b)$两项分别简化为$p$及$V_m$，表明压力趋于零时，范德华方程将还原成理想气体状态方程，即

$$\lim_{p\to0}\left(p+\frac{a}{V_m^2}\right)(V_m-b)=pV_m=RT$$

使用范德华方程求解真实气体pVT的性质时，首先要有该气体的范德华常数a与b。在此情况下，已知p、V_m、T三个变量中的任意两个，就可求解第三个变量。

【例 0-3】 在 273 K 时有 1 mol CO_2气体，分别放入以下两种容积的容器内，试分别用理想气体状态方程和范德华方程计算这两种容器内的压力。

(1) 容积为 22.4 L；

(2) 容积为 0.20 L。

解　(1) 用理想气体状态方程计算得

$$p=\frac{RT}{V_m}=\frac{8.314\times273}{22.4\times10^{-3}}\ \mathrm{Pa}=101.3\ \mathrm{kPa}$$

用范德华方程计算

由表 0-1 查得CO_2的$a=3.658\times10^{-1}\ \mathrm{Pa\cdot m^6\cdot mol^{-2}}$，$b=0.428\times10^{-4}\ \mathrm{m^3\cdot mol^{-1}}$，代入范德华方程，得

$$p=\frac{RT}{V_m-b}-\frac{a}{V_m^2}=\frac{8.314\times273}{22.4\times10^{-3}-0.428\times10^{-4}}-\frac{3.658\times10^{-1}}{(22.4\times10^{-3})^2}\ \mathrm{Pa}=101.5\ \mathrm{kPa}$$

(2) 用理想气体状态方程计算得

$$P=\frac{RT}{V_m}=\frac{8.314\times273}{0.20\times10^{-3}}\ \mathrm{Pa}=1.13\times10^4\ \mathrm{kPa}$$

用范德华方程计算得

$$p=\frac{RT}{V_m-b}-\frac{a}{V_m^2}=\frac{8.314\times273}{0.20\times10^{-3}-0.428\times10^{-4}}-\frac{3.658\times10^{-1}}{(0.20\times10^{-3})^2}\ \mathrm{Pa}=5.29\times10^3\ \mathrm{kPa}$$

范德华方程提供了一种真实气体的简化模型，常数a、b又是从各种气体实测的pVT数据拟合得出，所以该方程在相当于几个兆帕斯卡(几十个大气压)的中压范围内，精度要比理想气体状态方程高。但是，该方程对真实气体提出的模型过于简化，故其计算结果还难以满足工程上对高压气体数值计算的需要。值得指出的是，范德华提出了从分子间相互作用力与分子本身体积两方面来修正其pVT行为的概念与方法，为建立某些更准确的真实气体状态方程奠定了一定的基础。

0.5 物理化学在生产上的作用

物理化学的理论是从生产实践中概括出来的，因此，反过来它将为生产和科研服务。随着各项技术的发展和研究的深入，学科之间的相互渗透与相互联系越来越多，在解决人类最关心的环境、能源、材料、保健医药、粮食增产、资源利用等问题时，无不显示着物理化学的重要作用。

化学工业或其他过程中产生的废气、废水和废渣，如果处理不妥就会污染环境，这是化学家们一直十分关心的问题。污染情况的监测以及寻求净化环境的方法，都是现今化学工作的重要内容。例如，汽车尾气中主要的有毒物质是CO、NO_x和烃类有机物。化学热力学分析指出，有害的CO和NO有可能通过化学反应变为无害的CO_2和N_2，但是反应进行得很慢。为此，化学家们已制备出加快这些反应的催化剂，能同时清除烃、CO和NO_x三类有害气体的催化剂也正在研制中。

热还原法炼铁的主要反应是$Fe_2O_3+3CO = 2Fe+3CO_2$，按此方程式计算炼制1 t生铁需要多少焦炭，计算结果与实际情况有较大差别。因为在高炉中C和O_2不能全部转化为CO，而Fe_2O_3和CO也不能全部转化为Fe和CO_2。也就是说，这些反应尽管可以自发发生，但反应进行的程度是有限的，也就是必须讨论化学平衡问题。

1987年在高临界温度(100 K左右)超导材料方面取得了突破性的进展，它预示无损耗输电、超高速电子计算机、磁悬浮列车等技术付诸实施的可能性。这是一类Ba-La-Cu、Sr-La-Cu等复合氧化物，它们的合成工艺、结构测定、稳定性研究等都与物理化学息息相关。

天然药物中有效成分的提取和分离是继承和发扬祖国医药学遗产的一个重要方面，在这项工作中，经常需要采用蒸馏、萃取、乳化、吸附等操作，这就需要掌握有关热力学、相平衡、表面现象、胶体化学等方面的知识。在药物生产中，选择合适的工艺路线、工艺条件，探索制药反应机理，研究药物稳定性、药物保存条件和期限等，就需要掌握化学热力学和化学动力学的有关理论知识。

从发展的趋势来看，在人类生活和生产的各个领域中，正日益深入地应用着物理化学，因此掌握好物理化学的原理和方法，对大家来说是非常必要的。

第1章　热力学第一定律

1.1　热力学概论

1.1.1　热力学的基本内容

热力学是研究能量守恒及转化过程中所遵循的规律的学科。热力学第一定律和热力学第二定律构成了热力学的理论基础。热力学第一定律指出了各种形式的能量在不同过程中相互转化的关系，即能量守恒和转化定律。热力学第二定律则是研究各种过程进行的可能性、方向和限度。热力学第一定律和热力学第二定律是人类实践经验的总结，不能从任何逻辑或理论上加以证明，它们的正确性已经被无数事实所证明。

热力学的两大经验定律在化学过程以及与化学过程有关的物理过程中的应用就形成了化学热力学。

化学热力学是物理化学的理论基础，其主要任务有以下两点：

(1) 应用热力学第一定律确定各种热力学过程中能量相互转化的关系，特别是化学反应热效应的计算；

(2) 应用热力学第二定律确定各种热力学过程在指定条件下的方向和限度、建立平衡所需要的条件以及外界条件对平衡的影响。

1.1.2　热力学的方法和局限性

用热力学方法研究问题，只需要知道研究对象的始态和终态以及过程进行的外界条件，即可进行相应的计算，无须知道物质的微观结构和过程进行的细节，在应用上较为方便，这是热力学的优点。因为热力学研究的是大量质点构成的系统的宏观性质，所以它不能说明个别粒子的微观行为，不能预测变化的历程和时间。热力学只能计算出反应达到平衡时的最大产量，而不能回答反应进行到某一时刻的实际产量以及反应完成所需要的时间。

尽管热力学方法有一定的局限性，但仍不失为一种非常有用的理论工具。它是化学反应器设计和各种化工单元操作的理论基础，在化工工艺路线选择、操作条件的确定等方面也有着重要的指导意义。

1.2　热力学基本概念

1.2.1　系统与环境

热力学中把选定的、作为研究对象的那部分物质称为系统。存在于系统之外、与系统密切相关的部分称为环境。系统与环境之间存在边界，此边界可以是真实的，也可以是虚构的。

根据系统与环境之间物质和能量交换情况的不同，将热力学系统分为三类。

(1) 敞开系统 系统与环境之间既有物质交换又有能量交换的系统。

(2) 封闭系统 系统与环境之间有能量交换而无物质交换的系统。本书中若不加以特别说明,系统均为封闭系统。

(3) 隔离系统 系统与环境之间既无物质交换也无能量交换的系统,又称为孤立系统。

严格地讲,真正的隔离系统是不存在的,因自然界中一切事物都是相互联系的,真实系统不可能完全与环境隔绝,至少目前尚未有一种可制成隔离边界而又能消除重力影响的材料。

将存放于保温瓶中的水作为系统,若用软木塞塞紧瓶口,既防止水蒸气蒸发又避免热量的外传,此时,水可近似看作隔离系统;若打开瓶塞,水既可以蒸发又可以通过空气传热,就构成了敞开系统;若将塞子塞严,而瓶胆的保温性不好,热量会通过空气外传,则系统为封闭系统。

1.2.2 系统的性质

描述系统状态的宏观物理量(如温度、压力、体积、质量等)称为系统的热力学性质,简称为性质。系统的性质按其特点可分为广度量(广度性质)和强度量(强度性质)。数值与系统中物质的量无关的性质称为强度量。强度量不具有加和性,如温度、压力、密度等。数值与系统中物质的量有关的性质称为广度量。广度量具有加和性,如体积、质量、热力学能等。两个广度量的比值为强度量,如气体的质量(广度量)与气体的体积(广度量)的比值为气体的密度(强度量)。

1.2.3 热力学平衡态

当系统中的所有热力学性质的数值不随时间发生变化时,我们说系统处于热力学平衡状态,简称平衡态。处于平衡态的热力学系统应同时具备下列四种平衡。

(1) 热平衡 系统内各部分温度相等,即无温差。

(2) 力平衡 系统内各部分没有不平衡力存在,即无压力差。

(3) 相平衡 系统内各相的数量和组成不随时间变化而变化。

(4) 化学平衡 系统中各组分间的化学反应达到平衡,系统中各组分的组成不随时间变化而变化。

注意:在后面的讨论中,如不加特别说明,系统的某种定态是指系统处于这种热力学平衡态。

1.2.4 状态与状态函数

这里所说的状态是指静止的系统内部的状态,即热力学态,与系统在环境中机械运动的状态无关。在本书中,研究的都是热力学平衡状态(热平衡、力平衡、相平衡和化学平衡)。

系统的状态是系统所有性质的综合表现。当系统的各种性质确定后,系统的状态就确定了;反之,当系统的状态确定后,系统的性质就具有了确定的数值。可见,系统的性质与状态间存在着单值对应的关系,所以热力学性质又称为状态函数,即状态函数为状态的单值函数。

状态函数有以下两个重要特征。

(1) 状态确定时,状态函数 X 有一定的数值;状态变化时,状态函数的改变值 ΔX 只由系统变化的始态与终态决定,与变化的具体历程无关,即 $\Delta X = X_2 - X_1$。无论经过多么复杂的变化,只要系统恢复原状,这些性质也恢复原状。

(2) 从数学上来看,状态函数的微分具有全微分的特性。状态函数的微小变化量 dX 具有全微分的性质。例如,单组分系统的体积是温度和压力的函数,即 $V=f(T,p)$,其系统温度、压力的微小变化引起的体积的微小变化量为

$$dV=\left(\frac{\partial V}{\partial T}\right)_p dT+\left(\frac{\partial V}{\partial p}\right)_T dp$$

利用以上两个特征,可判断某函数是否为状态函数。

1.2.5 过程与途径

在一定的环境条件下,系统的状态所发生的一切变化均称为热力学过程,简称过程。实现过程的具体步骤称为途径。例如,在压力为 101.325 kPa 下,25 ℃的水变成 100 ℃的水蒸气,就是一个过程,完成这个过程有多种途径,现列举两种不同的途径,如图 1-1 所示。

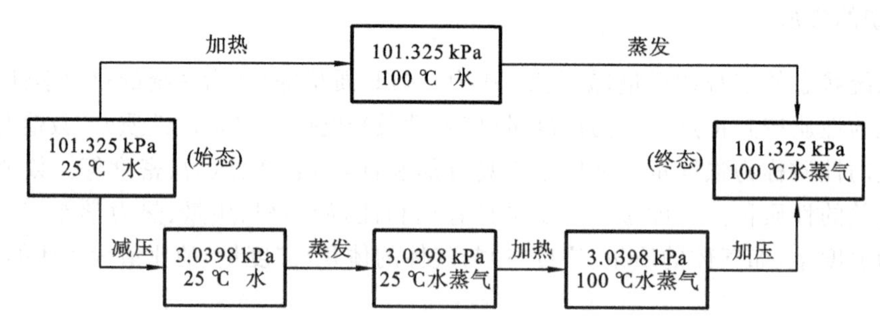

图 1-1 水变成水蒸气的过程与途径示意图

物理化学中,如果系统内部物质仅有温度、压强、体积等性质的变化,不发生相态变化和化学反应,则称为单纯的状态变化过程;如果系统内部物质不变,但有相态变化,如气相的冷凝、液相的汽化、固相的升华等过程,均称为相变过程;如果系统内部物质之间相互发生化学反应,有新的物质生成和旧的物质消失,则称为化学变化过程。

另外,根据系统的性质变化的特定条件可以把过程分为许多种,典型的过程有以下几种。

1. 等温过程

系统的始态温度与终态温度相同,并等于环境温度且恒定不变的过程称为等温过程,即 $T_1=T_2=T_e=$恒定值。例如,水在 100 ℃变成水蒸气的相变、气体的等温压缩和等温膨胀过程等。

2. 等压过程

系统的始态压力与终态压力相同,并等于环境压力且恒定不变的过程称为等压过程,即 $p_1=p_2=p_e=$恒定值。例如,水在 101.325 kPa 下变成水蒸气的相变、气体的等压压缩和等压膨胀等。

系统在变化过程中环境的压力不变,且只有终态压力与环境压力相等的过程称为等外压过程。

3. 等容过程

系统的体积保持不变的过程称为等容过程,如理想气体同时改变 T 和 p,但体积不变的过程和在密闭刚性容器中发生的化学反应、液相反应等。

4. 绝热过程

系统与环境之间无热交换的过程称为绝热过程。例如,气体绝热膨胀、绝热压缩、在绝热

容器中发生的化学反应等。

5. 循环过程

系统从某一状态出发，经过一系列的变化后又回到原来的状态的过程称为循环过程。由状态函数的特征可知，系统经过一个循环过程，其所有状态函数的变化值为零。

1.2.6 热与功

1. 热

系统与环境之间由于温差而引起的能量交换形式称为热。热以“Q”表示，单位为 J 或 kJ。热力学规定：系统从环境吸热取正值，即 $Q>0$；系统向环境放热取负值，即 $Q<0$。因为热是系统变化过程中与环境交换的能量，因而热与系统所经历的具体途径相联系，所以热不是状态函数，无限小的热以 δQ 表示，不具有全微分性质。

2. 功

系统与环境之间除热以外的能量交换形式统称为功。功以“W”表示，单位是 J 或 kJ。热力学规定：系统从环境得功（环境对系统做功）取正值，即 $W>0$；系统对环境做功取负值，即 $W<0$。功也是与途径有关的量，它不是系统的状态函数。无限小的功以 δW 表示，不具有全微分性质。

热力学将功分为两大类：体积功和非体积功。系统在环境压力作用下，体积发生改变时与环境交换的功为体积功，用 W 表示。除体积功以外的其他所有形式的功统称为非体积功，用 W' 表示。

如图 1-2 所示，设有一个带活塞并储有一定量气体的气缸，活塞面积为 A_s，环境压力为 p_e，气体体积为 V。将气缸与一个大热源相接触，气体受热体积膨胀了 $\mathrm{d}V$，活塞在反抗外压方向上的位移为 $\mathrm{d}l$。

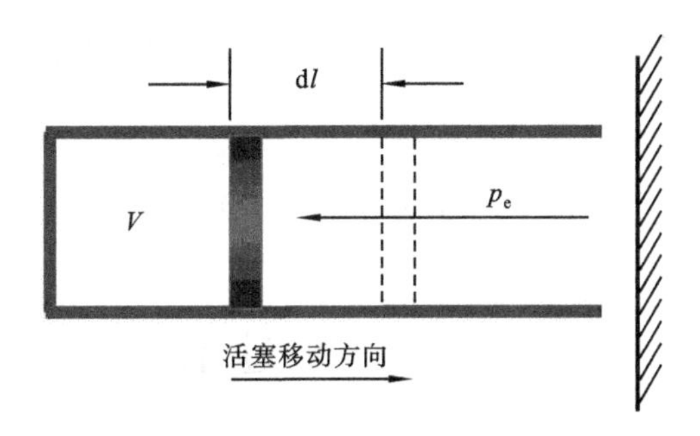

图 1-2　体积功的计算

根据广义功的定义，且由于系统对环境做功，系统所做的体积功为

$$\delta W = -F\mathrm{d}l$$

其中

$$F = p_e A_s, \quad \mathrm{d}V = A_s \mathrm{d}l$$

则

$$\delta W = -p_e A_s \frac{\mathrm{d}V}{A_s} = -p_e \mathrm{d}V$$

体积功的定义式为

$$\delta W = -p_e \mathrm{d}V \tag{1-1}$$

系统发生一个宏观的变化时，体积从 V_1 变到 V_2，变化过程的体积功为

$$W = -\int_{V_1}^{V_2} p_e \mathrm{d}V \tag{1-2}$$

若外压恒定,式(1-2)可写为

$$W = -p_e(V_2 - V_1) \tag{1-3}$$

式(1-1)、式(1-2)、式(1-3)为体积功的计算通式。

【例 1-1】 1 mol 理想气体,始态体积为 25 dm^3,温度为 373.15 K,分别经下列三种不同途径,等温膨胀到终态体积为 100 dm^3时,求系统所做的功,其计算结果说明什么?

(1) 在外压 $p_e=0$ 下膨胀;

(2) 在外压等于终态压力下膨胀;

(3) 先在外压等于体积为 50 dm^3时气体的平衡压力下膨胀到体积为 50 dm^3,然后再在外压等于体积为 100 dm^3时气体的平衡压力下膨胀至终态。

解 (1) $p_e=0$ 的过程即为自由膨胀过程,根据式(1-2)得

$$W_1 = -\int_{V_1}^{V_2} p_e \mathrm{d}V = -p_e(V_2 - V_1) = 0$$

(2) 外力等于终态压力下的一次膨胀过程。

$$W_2 = -p_e(V_2 - V_1) = -\frac{nRT}{V_2}(V_2 - V_1) = -\frac{1 \times 8.314 \times 373.15}{100 \times 10^{-3}} \times (100 - 25) \times 10^{-3}\ \mathrm{J} = -2327\ \mathrm{J}$$

(3) 分两次完成的膨胀过程。第一次在 p_e'下由 V_1 膨胀到 V_2',第二次在 p_e 下由 V_2'膨胀到 V_2,所以

$$\begin{aligned}W_3 &= W_3' + W_3'' = -p_e'(V_2' - V_1) - p_e(V_2 - V_2') \\ &= -\frac{nRT}{V_2'}(V_2' - V_1) - \frac{nRT}{V_2}(V_2 - V_2') \\ &= \left[-\frac{1 \times 8.314 \times 373.15}{50 \times 10^{-3}} \times (50 - 25) \times 10^{-3} - \frac{1 \times 8.314 \times 373.15}{100 \times 10^{-3}} \times (100 - 50) \times 10^{-3}\right]\ \mathrm{J} \\ &= -3102\ \mathrm{J}\end{aligned}$$

比较以上计算结果可看出,由同一始态到达同一终态,过程不同所做的功不同,膨胀的次数越多做功越多。

【例 1-2】 2 mol 水在 100 ℃、101.3 kPa 下等温等压汽化为水蒸气,计算该过程的功(已知水在 100 ℃时的密度为 0.9583 $kg \cdot dm^{-3}$)。

解

$$\begin{aligned}W &= -p(V_2 - V_1) = -p(V_g - V_1) \\ &= -101.3 \times 10^3 \times \left[\frac{2 \times 8.314 \times (100 + 273.15)}{101.3 \times 10^3} - \frac{2 \times 18 \times 10^{-3}}{0.9583 \times 10^3}\right]\ \mathrm{J} = -6.2 \times 10^3\ \mathrm{J}\end{aligned}$$

1.3 可逆过程

1.3.1 功与过程

功是系统与环境交换的能量,与系统变化的具体途径有关。现以气体的膨胀和压缩为例说明功与过程的关系。

将盛有一定量理想气体的带有理想活塞、导热性良好的气缸与恒温热源接触,使气体的膨胀和压缩均在恒定温度下进行。系统从始态(p_1, V_1, T_1)膨胀到终态(p_2, V_2, T_2),其中 $p_1=400$ kPa,$p_2=100$ kPa。开始时活塞上有四个砝码(代表 400 kPa 的压强),$p_e=p_1$,现在讨论以下三种不同的等温膨胀过程。

1. 一次膨胀

将活塞上的砝码同时取走三个,使环境的压力从 p_1 骤降至 p_2,如图 1-3(a)所示,气体从

V_1迅速膨胀至V_2，系统对环境所做的功为

$$-W_1 = p_e \Delta V = p_2(V_2 - V_1)$$

相当于图1-3(b)中的阴影面积。

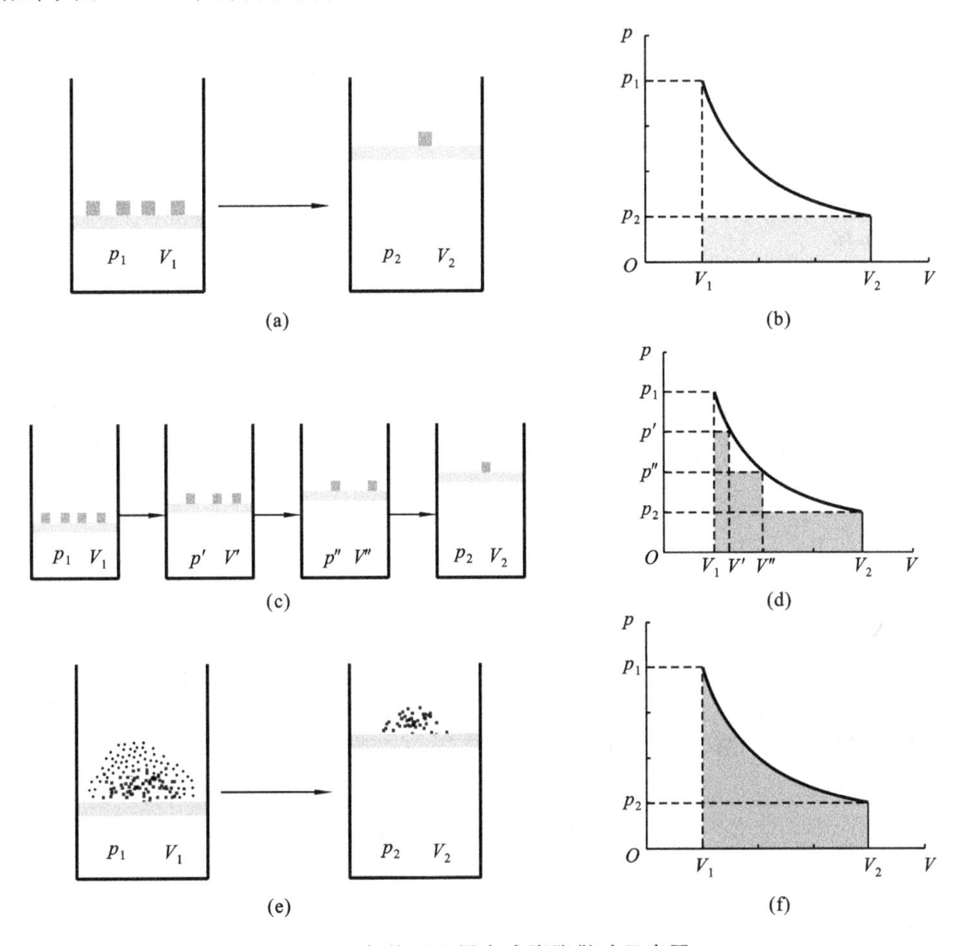

图1-3　气体以不同方式膨胀做功示意图

2. 三次膨胀

将活塞上的砝码分三次取走，每次取走一个砝码，环境的压力依次降为p'、p''和p_2，气体体积依次变为V'、V''和V_2，如图1-3(c)所示，系统对环境所做的功为

$$-W_2 = p'(V' - V_1) + p''(V'' - V') + p_2(V_2 - V'')$$

相当于图1-3(d)中的阴影面积。

3. 无数次膨胀

将活塞上的砝码换成一堆等重的细沙，设每次取走一粒细沙，环境的压力降低$\mathrm{d}p$，成为$p_1-\mathrm{d}p$，气体膨胀$\mathrm{d}V$，系统压力也降为$p_1-\mathrm{d}p$，逐粒地取走细沙，环境压力逐次减少$\mathrm{d}p$，气体逐次膨胀$\mathrm{d}V$，直到膨胀至V_2为止，此时环境的压力和气体的压力变为p_2。在整个膨胀过程的任一瞬间，$p_e = p - \mathrm{d}p$，p代表系统的压力，如图1-3(e)所示，系统对环境做的功为

$$-W_3 = \int_{V_1}^{V_2} p_e \mathrm{d}V = \int_{V_1}^{V_2} (p - \mathrm{d}p)\mathrm{d}V = \int_{V_1}^{V_2} p\mathrm{d}V$$

上式中二级无穷小$\mathrm{d}p\mathrm{d}V$可忽略不计。相当于图1-3(f)中的阴影面积。

三种过程相比较，$-W_3 > -W_2 > -W_1$，不难看出，由相同始态到相同终态，经历不同的途

径,环境得到的功也不相同,所以功与途径有关。

1.3.2 准静态过程

从上面例子看出,系统经由不同的过程从 V_1 膨胀到 V_2,过程不同,系统对外所做的功也不同。显然,第三种过程是系统做最大功的过程,这种过程的推动力无限小,过程的每一步,系统与环境都无限接近于平衡态。这种由一系列无限接近平衡态的无限多的微小过程所组成的过程称为准静态过程。

现在再讨论系统从状态(p_2, V_2, T)压缩回状态(p_1, V_1, T)的情况。

1. 一次压缩

在状态(p_2, V_2, T)时,活塞上一下加上三个砝码,$p_e = p_1$,气体被迅速压缩到状态(p_1, V_1, T),系统获得的功为

$$W'_1 = -p_1(V_1 - V_2) = p_1(V_2 - V_1)$$

相当于图 1-4(a)中的阴影面积。与一次膨胀比较,$W'_1 > -W_1$,说明系统从膨胀后的终态返回到始态,环境对系统所做的功要比膨胀时系统对环境做的功多,可见系统复原了,但环境并未复原。

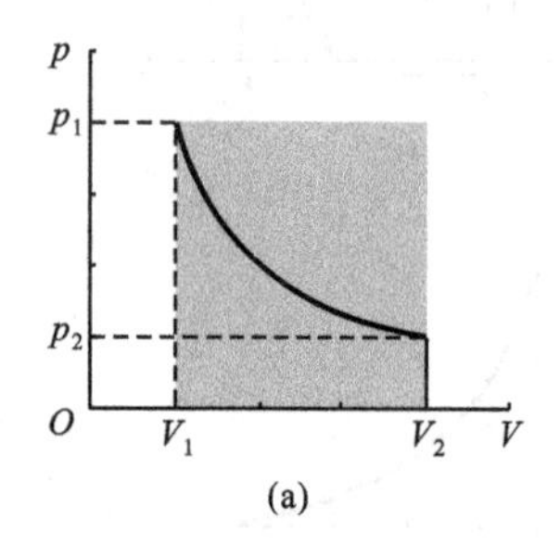

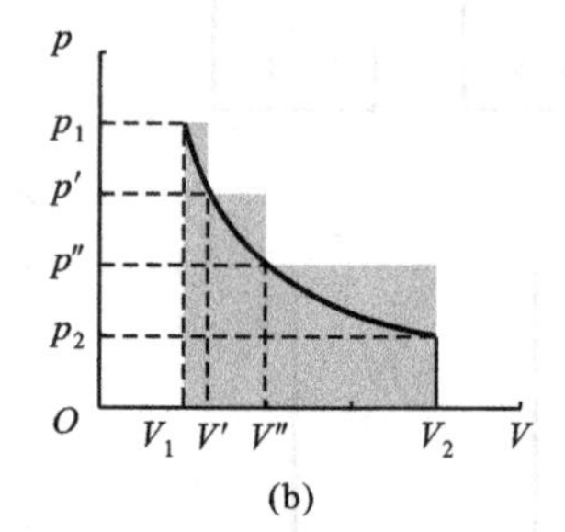

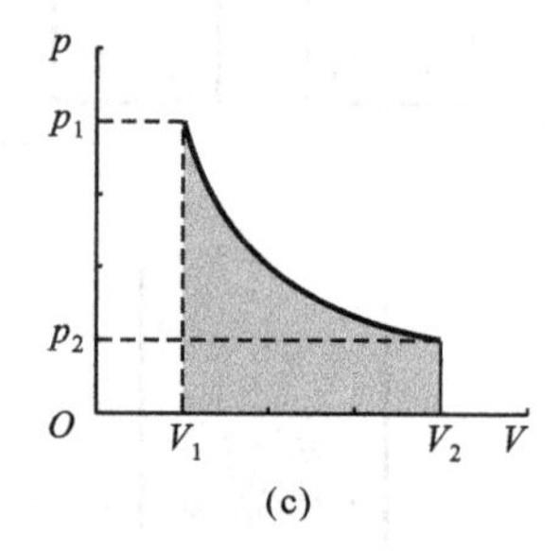

图 1-4 气体以不同方式压缩做功示意图

2. 三次压缩

活塞上分三次添加砝码,每次加上一个砝码,使环境的压力在 p''、p'、p_1 下压缩气体,气体体积由 V_2、V''、V'变为 V_1,系统获得的功为

$$\begin{aligned} W'_2 &= -p''(V'' - V_2) - p'(V' - V'') - p_1(V_1 - V') \\ &= p''(V_2 - V'') + p'(V'' - V') + p_1(V' - V_1) \end{aligned}$$

相当于图 1-4(b)中的阴影面积。与三次膨胀比较,$W'_2 > -W_2$,说明系统从膨胀后的终态返回到始态,环境对系统所做的功要比膨胀时系统对环境做的功多,可见系统复原了,但环境并未复原。

3. 无数次压缩

在活塞上一粒一粒地添加细沙,环境的压力只比系统的压力大一个无限小的值,$p_e = p + \mathrm{d}p$,经过一系列无限小的压缩过程回到始态,系统获得的功为

$$W'_3 = -\int_{V_2}^{V_1} p_e \mathrm{d}V = -\int_{V_2}^{V_1} (p + \mathrm{d}p)\mathrm{d}V = -\int_{V_2}^{V_1} p\mathrm{d}V = \int_{V_1}^{V_2} p\mathrm{d}V$$

相当于图 1-4(c)中的阴影面积。与无数次膨胀比较,$W'_3 = -W_3$,可见当系统由该过程的终态按原途径步步返回时,系统和环境都可以恢复原状,这种过程就是准静态过程。

1.3.3　可逆过程的定义与特征

可逆过程是热力学中极其重要的一种过程，假设系统从始态变到终态，每一步都无限接近平衡，若系统再由终态变回到始态，系统和环境都恢复原状，而没有留下任何永久性的变化，则系统由始态变到终态的过程称为可逆过程。如果不可能使系统和环境都完全恢复原状，则原过程称为不可逆过程。

上述的准静态膨胀和压缩过程在没有任何耗散，如无因摩擦而造成的能量损失等情况下就是一种可逆过程。过程中的每一步都可以向反方向进行，而且系统恢复原状后在环境中并不引起其他变化。在上述无数次膨胀过程中，将系统对外做的功收集起来，这些功恰好可使系统恢复原状，同时将吸收的热释放给热源。

对可逆过程，其体积功的计算公式为

$$\delta W_R = -p\mathrm{d}V \tag{1-4}$$

$$W_R = -\int_{V_1}^{V_2} p\mathrm{d}V = -nRT\ln\frac{V_2}{V_1} \tag{1-5}$$

可逆过程有以下特征：

(1) 可逆过程进行时，系统内部无限接近平衡，系统与环境之间也无限接近平衡，过程进行得无限缓慢；

(2) 系统从始态可逆变化至终态，再由终态沿着原途径返回到始态，环境也恢复到原状态；

(3) 在可逆过程中，系统对环境可逆膨胀时做功的数值最大，而环境对系统可逆压缩时所消耗的功最小。

可逆过程是一个理想的过程，实际上并不存在，但实际过程可以无限地趋近于可逆过程。例如，液体在其饱和蒸气压下的蒸发；固体在其熔点时的熔化；系统的压力与环境压力相差无限小时，气体的压缩与膨胀等。同时，可逆过程在热力学中是非常重要的，可以比较可逆过程和实际过程来提高实际过程的效率。另外，一些重要的状态函数的改变量可以通过可逆过程来计算。

【例 1-3】 求下列过程的体积功：

(1) 10 mol N_2 由 300 K、1.0×10^3 kPa 等温可逆膨胀到 1 kPa；

(2) 10 mol N_2 由 300 K、1.0×10^3 kPa 等温自由膨胀到 1 kPa；

(3) 讨论所得计算结果。

解　(1)

$$W_R = -\int_{V_1}^{V_2} p\mathrm{d}V = -nRT\ln\frac{V_2}{V_1} = nRT\ln\frac{p_2}{p_1}$$

$$= 10\times8.314\times300\ln\frac{1}{10^3}\ \mathrm{J} = -1.7\times10^5\ \mathrm{J}$$

(2) 自由膨胀为不可逆过程，$p_e=0$，所以 $W=0$。

(3) 对比(1)、(2)的结果可知，虽然两过程的始态、终态相同，但做功并不相同，这是因为 W 不是状态函数，其量值与过程有关。

1.4　热力学第一定律

1.4.1　热力学能

系统整体运动的动能、在外力场中的势能以及系统的热力学能构成了系统的总能量。在热力学中，由于研究的是宏观静止且忽略外力场作用的系统，所以不考虑系统的动能和势能，只注重其热力学能。

热力学能是系统内部各种能量的总和,用“U”表示,由以下三个部分组成。

(1) 分子的动能。它是系统内分子热运动的能量,是温度的函数。

(2) 分子间相互作用的势能。它是分子间相互作用而具有的能量,是体积的函数。

(3) 分子内部的能量。它是分子内部各种微粒运动的能量与微粒间相互作用的能量之和,在系统无化学反应和相变化的情况下,此部分能量不变。

对于无化学反应的理想气体系统,因分子间无作用力,从而不存在分子势能,唯一可变的是分子内部的因运动而产生的动能。因此,理想气体的热力学能只是温度的函数,即 $U=f(T)$。对于单原子分子理想气体,则有

$$\Delta U = \frac{3}{2}nR\Delta T$$

热力学能是系统内部各种运动形式的能量的综合表现,当系统的状态确定后,热力学能就具有确定的数值,且只有一个确定值。可见,热力学能是系统的状态函数,其数值的大小与系统的粒子数目有关,具有加和性,是系统的广度性质。

到目前为止,系统热力学能的绝对值还无法确定,通常是应用热力学能的变化值来解决实际问题。

1.4.2 热力学第一定律的表达式

热力学第一定律即能量守恒定律,是人类长期实践的总结,其表述方法有多种,常见的有以下两种。

(1) 不供给能量而可连续不断产生能量的机器,称为第一类永动机。第一类永动机是不可能实现的。

(2) 自然界中的一切物质都具有能量,能量有不同的形式,可以从一种形式转化为另一种形式,在转化过程中其总值不变。

无论何种表述,其本质是相同的,那就是能量守恒。

设一封闭系统从环境中吸热 Q,环境对系统做功 W,系统状态发生了变化,热力学能由 U_1 变为 U_2,根据热力学第一定律,得

$$U_2 - U_1 = Q + W$$

整理得

$$\Delta U = Q + W \tag{1-6a}$$

对于封闭系统的微小变化过程,则有

$$dU = \delta Q + \delta W \tag{1-6b}$$

式(1-6a)、式(1-6b)均为封闭系统热力学第一定律的数学表达式,表明封闭系统中热力学能的改变值等于变化过程中系统与环境交换的热和功的总和。

【例 1-4】 某电池对电阻丝做电功 100 J,同时电阻丝对外放热 20 J,求电阻丝的热力学能变。

解 $W=100\ \text{J}$,$Q=-20\ \text{J}$,据式(1-6a)得

$$\Delta U = Q + W = (100-20)\ \text{J} = 80\ \text{J}$$

在该过程中,电阻丝的热力学能增加了 80 J。

1.5 焓

1.5.1 等容热

系统进行不做非体积功的等容过程时与环境交换的热,称为等容热,用 Q_V 表示。

根据热力学第一定律，$dU=\delta Q+\delta W$，对于不做非体积功的等容过程，因 $dV=0$，故 $\delta W=0$。则有

$$dU = \delta Q_V \tag{1-7a}$$

或

$$\Delta U = Q_V \tag{1-7b}$$

上式表明，等容热等于系统热力学能的变化量。换句话说，在不做非体积功的等容过程中，封闭系统吸收的热量等于系统热力学能的增量；系统所减少的热力学能全部以热的形式传给环境。

1.5.2 等压热

系统进行不做非体积功的等压过程时与环境交换的热，称为等压热，用 Q_p 表示。

根据热力学第一定律，$\Delta U=Q+W$，对于不做非体积功的等压过程，体积功为 $W=-p_e(V_2-V_1)$，则有

$$\Delta U = Q_p - p_e(V_2 - V_1)$$

又因为等压

$$p_1 = p_2 = p_e = \text{恒定值}$$

故

$$\Delta U = Q_p - p_2V_2 + p_1V_1$$

则

$$Q_p = \Delta U + p_2V_2 - p_1V_1 = (U_2 + p_2V_2) - (U_1 + p_1V_1)$$

令

$$H = U + pV \tag{1-8}$$

则

$$Q_p = \Delta H \tag{1-9a}$$

或

$$dH = \delta Q_p \tag{1-9b}$$

将 H 称为焓。由式(1-8)可看出焓是系统的状态函数，等于 $U+pV$，没有明确的物理意义，是系统的广度量，与热力学能具有相同的量纲。由于热力学能的绝对值无法测算，故焓的绝对值也无法测算，实际中只应用其变化值。式(1-9a)、式(1-9b)表明，等压热等于系统焓的变化量。换句话说，在不做非体积功的等压过程中，封闭系统吸收的热量等于系统焓的增量；系统所减少的焓全部以热的形式传给环境。

对于理想气体，由于 $pV=nRT$，$U=f(T)$，因此

$$H = U + pV = f(T) + nRT = g(T)$$

可见理想气体的焓和热力学能一样，只是温度的函数，$H=g(T)$。对于单原子分子理想气体，则有

$$\Delta H = \frac{5}{2}nR\Delta T$$

需要指出的是，焓是系统的状态函数，只要系统状态发生变化，就可以有焓变 ΔH，并非只有等压过程才有焓变，只是在等压不做非体积功的过程中存在 $Q_p=\Delta H$ 而已。

$\Delta U=Q_V$ 和 $\Delta H=Q_p$ 两式的出现，给 ΔU 和 ΔH 的计算带来了方便，只要测得 Q_V 和 Q_p，即可得到 ΔU 和 ΔH。但是数值上的相等，并不等于性质上的等同，ΔU 和 ΔH 是状态函数变量，只与始态、终态有关，而热仍然是与途径有关的物理量。

【例 1-5】 一定量的理想气体在 1.01×10^5 Pa 下，体积由 10 dm^3 膨胀到 16 dm^3，实验测得吸热 700 J，求该过程的 W、ΔU 和 ΔH。

解

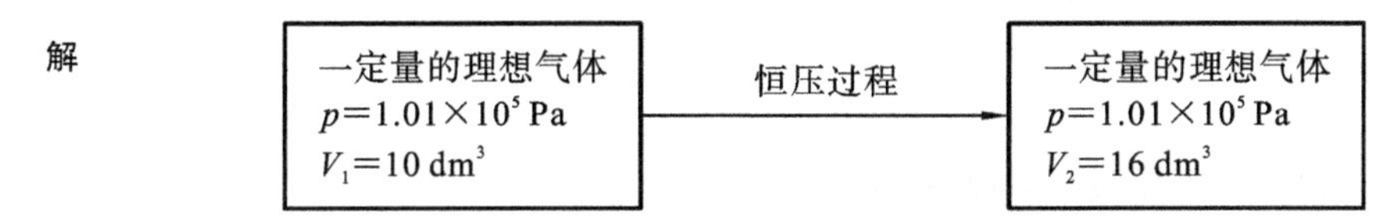

根据式(1-2)得

$$W = -p_e(V_2 - V_1) = -1.01\times10^5\times(16-10)\times10^{-3}\ \mathrm{J} = -606\ \mathrm{J}$$

又 $Q_p = 700$ J,故

$$\Delta U = Q + W = (700 - 606)\ \mathrm{J} = 94\ \mathrm{J}$$

$$\Delta H = \Delta U + \Delta(pV) = \Delta U + p\Delta V = 94 + 1.01\times10^5\times(16-10)\times10^{-3}\ \mathrm{J} = 700\ \mathrm{J}$$

可见

$$Q_p = \Delta H$$

1.6 热　　容

等容热和等压热虽然可通过实验测得,但在已知系统内物质热容的条件下,也可通过计算求得。

1.6.1 热容的概念

在不发生相变化和化学变化的条件下,封闭系统温度升高的数值与其吸收热量的多少成正比,比例常数为 $\overline{C}$,则有

$$\overline{C} = \frac{Q}{\Delta T} \tag{1-10}$$

称 $\overline{C}$ 为平均热容,它的物理意义:在 ΔT 温度区间内系统温度每升高 1 K 平均所需的热量。温度区间不同,平均热容 $\overline{C}$ 也不同。因此,要求出某温度下的热容值,必须将温度区间选为无限小,即

$$C = \lim_{\Delta T\to 0}\frac{Q}{\Delta T} = \frac{\delta Q}{\mathrm{d}T} \tag{1-11}$$

称 C 为热容,单位为 $\mathrm{J\cdot K^{-1}}$,其数值与系统的量有关。若热容除以质量,则称为比热容(c),单位是 $\mathrm{J\cdot K^{-1}\cdot kg^{-1}}$;若热容除以物质的量,则称为摩尔热容($C_\mathrm{m}$),单位是 $\mathrm{J\cdot mol^{-1}\cdot K^{-1}}$。在物理化学中一般指摩尔热容。

$$C_\mathrm{m} = \frac{\delta Q}{n\,\mathrm{d}T} \tag{1-12}$$

式中,C_m 为摩尔热容,$\mathrm{J\cdot mol^{-1}\cdot K^{-1}}$;$n$ 为物质的量,mol。

1.6.2 等容热容

对于不做非体积功的等容过程,$\delta Q_V = \mathrm{d}U$,则式(1-12)可写成

$$C_{V,\mathrm{m}} = \frac{1}{n}\frac{\delta Q_V}{\mathrm{d}T} = \left(\frac{\partial U_\mathrm{m}}{\partial T}\right)_V \tag{1-13}$$

$C_{V,\mathrm{m}}$ 称为等容摩尔热容。积分式(1-13)得

$$\Delta U = Q_V = \int_{T_1}^{T_2} nC_{V,\mathrm{m}}\,\mathrm{d}T \tag{1-14a}$$

若 $C_{V,\mathrm{m}}$ 不随温度发生变化,则

$$\Delta U = Q_V = nC_{V,\mathrm{m}}(T_2 - T_1) \tag{1-14b}$$

1.6.3 等压热容

对于不做非体积功的等压过程,$\delta Q_p = \mathrm{d}H$,则有

$$C_{p,\mathrm{m}} = \left(\frac{\delta Q}{n\,\mathrm{d}T}\right)_p = \left(\frac{\partial H_{\mathrm{m}}}{\partial T}\right)_p \tag{1-15}$$

$C_{p,\mathrm{m}}$称为等压摩尔热容。积分式(1-15)得

$$Q_p = \Delta H = \int_{T_1}^{T_2} nC_{p,\mathrm{m}}\mathrm{d}T \tag{1-16a}$$

若 $C_{p,\mathrm{m}}$不随温度发生变化，则

$$Q_p = \Delta H = nC_{p,\mathrm{m}}(T_2 - T_1) \tag{1-16b}$$

1.6.4 热容与温度的关系

热容是重要的基础热数据，受压力影响较小，其数值主要与相态及温度有关，一般表示为温度的函数。手册上查出的多为 1 mol 物质在 101.325 kPa 时的等压摩尔热容($C_{p,\mathrm{m}}$)，常表示为以下两个经验式：

$$C_{p,\mathrm{m}} = a + bT + cT^2 \tag{1-17a}$$

$$C_{p,\mathrm{m}} = a + bT + \frac{c'}{T^2} \tag{1-17b}$$

式中，a、b、c、c'均为经验常数，由物质的特性决定，其数值可在书后附录及有关手册中查得。

【例 1-6】 3 mol 某理想气体由 409 K、150 kPa 经等容变化到 $p_2 = 100$ kPa，求该过程的 Q、W、ΔU 和 ΔH。该气体 $C_{p,\mathrm{m}} = 29.4\ \mathrm{J \cdot mol^{-1} \cdot K^{-1}}$。

解

$$T_2 = \frac{p_2 T_1}{p_1} = \frac{100 \times 409}{150}\ \mathrm{K} = 273\ \mathrm{K}$$

$$Q_V = \Delta U = nC_{V,\mathrm{m}}\Delta T = n(C_{p,\mathrm{m}} - R) \times \Delta T = 3 \times (29.4 - 8.314) \times (409 - 273)\ \mathrm{J} = 8.60 \times 10^3\ \mathrm{J}$$

$$W = 0$$

$$\Delta H = \Delta U + \Delta(pV) = \Delta U + nR\Delta T = [8.603 \times 10^3 + 3 \times 8.314 \times (409 - 273)]\ \mathrm{J} = 1.20 \times 10^4\ \mathrm{J}$$

【例 1-7】 计算 2 mol 水蒸气在等压下从 400 K 升到 500 K 的 ΔH。已知 $C_{p,\mathrm{m}}(\mathrm{H_2O,g}) = a + bT + cT^2$，$a = 30.00\ \mathrm{J \cdot mol^{-1} \cdot K^{-1}}$，$b = 10.7 \times 10^{-3}\ \mathrm{J \cdot mol^{-1} \cdot K^{-2}}$，$c = -2.022 \times 10^{-6}\ \mathrm{J \cdot mol^{-1} \cdot K^{-3}}$。

解

$$\begin{aligned}
\Delta H &= n\int_{T_1}^{T_2} C_{p,\mathrm{m}}\mathrm{d}T = n\int_{T_1}^{T_2}(a + bT + cT^2)\mathrm{d}T \\
&= n\left[a(T_2 - T_1) + \frac{b}{2}(T_2^2 - T_1^2) + \frac{c}{3}(T_2^3 - T_1^3)\right] \\
&= 2 \times \left[30.00 \times (500 - 400) + \frac{10.7 \times 10^{-3}}{2} \times (500^2 - 400^2)\right. \\
&\quad \left. - \frac{2.022 \times 10^{-6}}{3} \times (500^3 - 400^3)\right]\ \mathrm{J} \\
&= 6880\ \mathrm{J}
\end{aligned}$$

统计热力学证明，在通常温度下，单原子分子理想气体系统，$C_{V,\mathrm{m}} = \frac{3}{2}R$，$C_{p,\mathrm{m}} = \frac{5}{2}R$；双原子分子理想气体系统，$C_{V,\mathrm{m}} = \frac{5}{2}R$，$C_{p,\mathrm{m}} = \frac{7}{2}R$。有了热容的数值，计算系统与环境交换的热量就很容易了。

1.7 热力学第一定律对理想气体的应用

1.7.1 焦耳-汤姆逊实验

焦耳于 1843 年做了低压气体自由膨胀实验。实验装置如图 1-5 所示：实验前 A 容器抽成

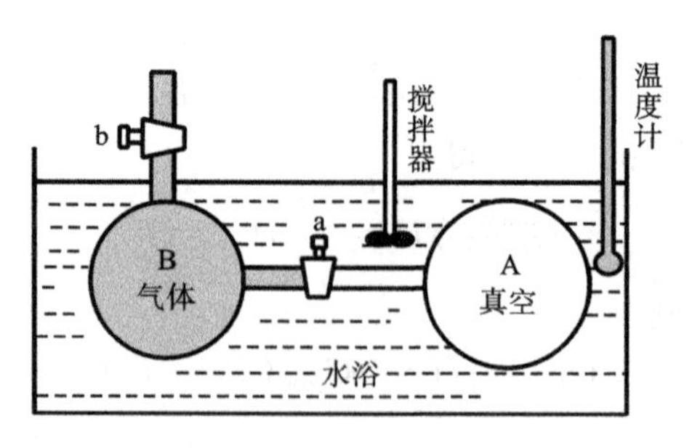

图 1-5 焦耳实验装置示意图

真空,B 容器中充入一定量的低压气体。实验时,打开活塞 a,B 中气体向 A 中自由膨胀达到新平衡态,测定水浴温度。实验发现温度没有变化,说明低压气体在向真空膨胀过程中与环境无热交换,$\delta Q=0$;同时气体在膨胀过程中未对环境做功,$\delta W=0$;根据热力学第一定律,$dU=0$。

因为
$$dU=\left(\frac{\partial U}{\partial T}\right)_V dT+\left(\frac{\partial U}{\partial V}\right)_T dV$$

则有
$$\left(\frac{\partial U}{\partial V}\right)_T=0 \tag{1-18}$$

此式说明,在温度不变时,改变气体的体积,气体热力学能不变。气体在温度不变、体积发生变化时,压力一定变化。根据式(1-18)可得

$$\left(\frac{\partial U}{\partial p}\right)_T=\left(\frac{\partial U}{\partial V}\right)_T\left(\frac{\partial V}{\partial p}\right)_T=0 \tag{1-19}$$

即温度不变时,改变气体的压力,气体的热力学能也保持不变。

式(1-18)和式(1-19)指出,在温度不变时,改变气体的压力和体积,气体的热力学能不变。因此说明,气体的热力学能仅仅是温度的函数,

$$U=f(T) \tag{1-20}$$

实际上,这一结论并不准确,因为该实验中水槽里的水较多,气体压力较低,若气体自由膨胀与水交换的热量较少,则水浴的温度变化不一定能观测出来。但进一步实验指出,气体压力越低,即越接近理想气体,且温度计越精密,则上述结论越可靠。这说明理想气体的热力学能仅是温度的函数,温度不变时,改变压力或体积,热力学能不变。

根据焓的定义 $H=U+pV$,则

$$\left(\frac{\partial H}{\partial p}\right)_T=\left(\frac{\partial U}{\partial p}\right)_T+\left(\frac{\partial (pV)}{\partial p}\right)_T$$

对于理想气体,有
$$\left(\frac{\partial U}{\partial p}\right)_T=0 \tag{1-21}$$

$$\left(\frac{\partial (pV)}{\partial p}\right)_T=\left(\frac{\partial (nRT)}{\partial p}\right)_T=0 \tag{1-22}$$

式(1-21)和式(1-22)说明,理想气体的焓 H 也仅仅是温度的函数,即

$$H=f(T) \tag{1-23}$$

在温度不变时,改变气体的压力或体积,气体的焓不变。因此,理想气体的热力学能和焓都只是温度的函数,这是理想气体具有的非常重要的性质。

1.7.2 理想气体的 C_p 与 C_V 的关系

在同一温度下,同一物质的 C_p 和 C_V 的数值往往不同,这是因为等容过程无体积功,所吸

收的热全部用来增加系统热力学能，而等压过程所吸收的热除增加系统热力学能外，还要对外做体积功。

当应用热容进行 $\Delta H(Q_p)$ 和 $\Delta U(Q_V)$ 的计算时，知道 C_p 和 C_V 的关系会给计算带来很大方便。

对于理想气体

$$dU = C_V dT$$

$$dH = C_p dT$$

根据焓的定义 $H=U+pV$，微分得

$$dH = dU + d(pV)$$

代入前两式及理想气体状态方程得

$$C_p dT = C_V dT + nR dT$$

所以

$$C_p = C_V + nR \tag{1-24a}$$

对于 1 mol 理想气体

$$C_{p,m} = C_{V,m} + R \tag{1-24b}$$

对于固态和液态物质，因其体积随温度变化可忽略，故有

$$C_{p,m} \approx C_{V,m} \tag{1-25}$$

1.7.3 理想气体的等温过程

由于理想气体的热力学能和焓是温度的单值函数，所以对于理想气体的等温过程，有

$$\Delta U = 0,\quad \Delta H = 0$$

根据热力学第一定律，得

$$Q = -W$$

对于理想气体的等温等外压过程，则有

$$W = -p_e(V_2 - V_1) = -p_e nRT\left(\frac{1}{p_2} - \frac{1}{p_1}\right) \tag{1-26}$$

对于理想气体的等温可逆过程，因有

$$p_e = p \pm dp \quad \text{或} \quad p_e \approx p$$

所以

$$W_R = -\int_{V_1}^{V_2} p_e dV = -\int_{V_1}^{V_2} p dV = -\int_{V_1}^{V_2} \frac{nRT}{V} dV = -nRT\ln\frac{V_2}{V_1}$$

或

$$Q_R = -W_R = nRT\ln\frac{V_2}{V_1} = nRT\ln\frac{p_1}{p_2} \tag{1-27}$$

【例 1-8】 今有 4 mol 某理想气体，在 1.013×10^5 Pa 下加热，使其温度由 298 K 升至 368 K。求下列各过程的 Q、W、ΔU 和 ΔH。已知 $C_{p,m}=29.29\ \text{J}\cdot\text{mol}^{-1}\cdot\text{K}^{-1}$。

(1) 加热时保持体积不变；

(2) 加热时保持压力不变。

解

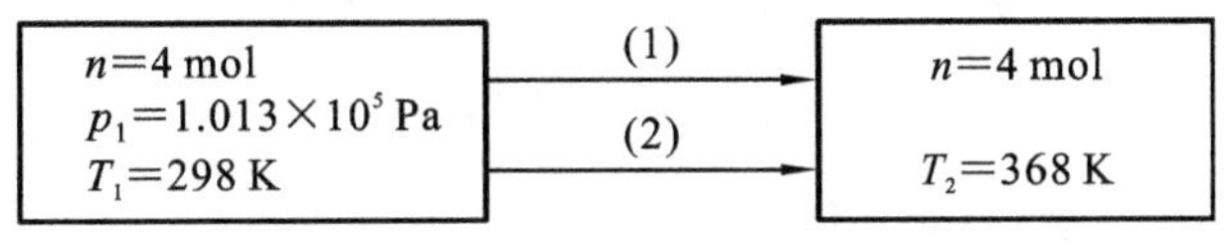

(1) 等容过程。

$$W = 0$$

$$\Delta U = Q = nC_{V,m}(T_2 - T_1) = 4\times(29.29 - 8.314)\times(368 - 298)\ \text{J} = 5.8\times10^3\ \text{J}$$

$$\Delta H = nC_{p,m}(T_2 - T_1) = 4\times29.29\times(368 - 298)\ \text{J} = 8.2\times10^3\ \text{J}$$

(2) 等压过程。

$$W = -p_e(V_2 - V_1) = -nR(T_2 - T_1) = -4 \times 8.314 \times (368 - 298)\ \mathrm{J} = -2.33 \times 10^3\ \mathrm{J}$$

$$Q = \Delta H = nC_{p,\mathrm{m}}(T_2 - T_1) = 4 \times 29.29 \times (368 - 298)\ \mathrm{J} = 8.20 \times 10^3\ \mathrm{J}$$

$$\Delta U = Q + W = (8\ 201 - 2\ 328)\ \mathrm{J} = 5.87 \times 10^3\ \mathrm{J}$$

1.7.4 理想气体的绝热过程

对于封闭系统的绝热过程，因 $Q=0$，则有

$$W = \Delta U \tag{1-28}$$

对于不做非体积功的理想气体绝热过程，则有

$$W = \Delta U = \int_{T_1}^{T_2} nC_{V,\mathrm{m}}\,\mathrm{d}T \tag{1-29}$$

无论理想气体的绝热过程是否可逆，式(1-29)均成立。

若理想气体进行一微小的绝热可逆过程，则有

$$\delta W = \mathrm{d}U$$

所以
$$nC_{V,\mathrm{m}}\,\mathrm{d}T = -p_e\,\mathrm{d}V = -p\,\mathrm{d}V = -\frac{nRT}{V}\mathrm{d}V$$

整理得
$$C_{V,\mathrm{m}}\frac{\mathrm{d}T}{T} = -R\frac{\mathrm{d}V}{V}$$

通常温度下理想气体的 $C_{V,\mathrm{m}}$ 为常数，将上式积分，有

$$\int_{T_1}^{T_2}\frac{C_{V,\mathrm{m}}}{T}\mathrm{d}T = -R\int_{V_1}^{V_2}\frac{1}{V}\mathrm{d}V$$

得
$$C_{V,\mathrm{m}}\ln\frac{T_2}{T_1} = -R\ln\frac{V_2}{V_1}$$

又因理想气体有 $\frac{T_2}{T_1}=\frac{p_2V_2}{p_1V_1}$，$C_{p,\mathrm{m}}-C_{V,\mathrm{m}}=R$，将此关系式代入上式中，则有

$$C_{V,\mathrm{m}}\ln\frac{p_2}{p_1} = C_{p,\mathrm{m}}\ln\frac{V_1}{V_2}$$

或
$$\frac{p_2}{p_1} = \left(\frac{V_1}{V_2}\right)^{C_{p,\mathrm{m}}/C_{V,\mathrm{m}}}$$

令 $\gamma=C_{p,\mathrm{m}}/C_{V,\mathrm{m}}$(称为热容商或绝热指数)，则上式写为

$$\frac{p_2}{p_1} = \left(\frac{V_1}{V_2}\right)^{\gamma},\quad p_1V_1^{\gamma} = p_2V_2^{\gamma}$$

或
$$pV^{\gamma} = 常数 \tag{1-30}$$

以 $p=\frac{nRT}{V}$ 代入式(1-30)，得

$$\frac{T_1}{T_2} = \left(\frac{V_2}{V_1}\right)^{\gamma-1},\quad T_1V_1^{\gamma-1} = T_2V_2^{\gamma-1}$$

或
$$TV^{\gamma-1} = 常数 \tag{1-31}$$

同理，以 $V=\frac{nRT}{p}$ 代入式(1-30)，得

$$\left(\frac{p_1}{p_2}\right)^{1-\gamma} = \left(\frac{T_2}{T_1}\right)^{\gamma},\quad p_1^{1-\gamma}T_1^{\gamma} = p_2^{1-\gamma}T_2^{\gamma}$$

或
$$p^{1-\gamma}T^{\gamma} = 常数 \tag{1-32}$$

式(1-30)、式(1-31)、式(1-32)称为理想气体绝热可逆过程方程式，表示理想气体绝热可逆过程中 p、V、T 的变化关系。

由于 $$p_1V_1^\gamma = p_2V_2^\gamma = pV^\gamma$$

所以理想气体绝热可逆过程的体积功为

$$W = -\int_{V_1}^{V_2} p\mathrm{d}V = -\int_{V_1}^{V_2} \frac{p_1V_1^\gamma}{V^\gamma}\mathrm{d}V = \frac{p_1V_1}{\gamma-1}\left[\left(\frac{V_1}{V_2}\right)^{\gamma-1} - 1\right] \tag{1-33}$$

或 $$W = \frac{p_1V_1}{\gamma-1}\left[\left(\frac{p_2}{p_1}\right)^{\frac{\gamma-1}{\gamma}} - 1\right] \tag{1-34}$$

式(1-33)和式(1-34)是由可逆过程导出的，适用于理想气体的绝热可逆过程。但因 $W=\Delta U$，热力学能的改变与途径无关，因此也适用于绝热不可逆过程。

还可以导出绝热过程体积功计算式的其他形式。

由 $\gamma=C_{p,\mathrm{m}}/C_{V,\mathrm{m}}$ 及 $C_{p,\mathrm{m}}-C_{V,\mathrm{m}}=R$ 可得 $C_{V,\mathrm{m}}=R/(\gamma-1)$，将此式代入式(1-29)，则有

$$W = \frac{nR(T_2 - T_1)}{\gamma-1} \tag{1-35}$$

或 $$W = \frac{p_2V_2 - p_1V_1}{\gamma-1} \tag{1-36}$$

理想气体绝热过程的 ΔH 为

$$\Delta H = nC_{p,\mathrm{m}}(T_2 - T_1)$$

【例 1-9】 1 mol N_2(可视为理想气体)300 K 时自 100 kPa 膨胀至 10 kPa，已知 N_2 的 $C_{p,\mathrm{m}}=29.1\ \mathrm{J\cdot mol^{-1}\cdot K^{-1}}$，计算下列过程的 Q、W、ΔU 和 ΔH。

(1) 系统经绝热可逆膨胀过程；

(2) 系统经反抗 10 kPa 外压的绝热不可逆膨胀过程。

解　因为绝热，两个过程的 $Q=0$。

(1) 绝热可逆膨胀过程。

$$\gamma = \frac{C_{p,\mathrm{m}}}{C_{V,\mathrm{m}}} = \frac{29.1}{29.1-8.314} = 1.4$$

由式(1-32)得 $$T_2 = T_1\left(\frac{p_1}{p_2}\right)^{\frac{1-\gamma}{\gamma}} = 300\times\left(\frac{100}{10}\right)^{\frac{1-1.4}{1.4}}\ \mathrm{K} = 155.4\ \mathrm{K}$$

所以 $$W = \Delta U = nC_{V,\mathrm{m}}(T_2 - T_1) = 1\times(29.1-8.314)\times(155.4-300)\ \mathrm{J} = -3006\ \mathrm{J}$$

$$\Delta H = nC_{p,\mathrm{m}}(T_2 - T_1) = 1\times 29.1\times(155.4-300)\ \mathrm{J} = -4208\ \mathrm{J}$$

(2) 不可逆膨胀过程，因外压恒定，所以

$$W = -p_e(V_2 - V_1) = -nRp_e\left(\frac{T_2}{p_2} - \frac{T_1}{p_1}\right)$$

又 $$\Delta U = W$$

所以 $$-nRp_e\left(\frac{T_2}{p_2} - \frac{T_1}{p_1}\right) = nC_{V,\mathrm{m}}(T_2 - T_1)\quad 且\quad p_e = p_2$$

整理化简得

$$T_2 = \frac{1}{C_{p,\mathrm{m}}}\left(C_{V,\mathrm{m}} + \frac{p_2}{p_1}R\right)T_1 = \frac{1}{29.1}\times\left[(29.1-8.314) + \frac{10}{100}\times 8.314\right]\times 300\ \mathrm{K} = 223\ \mathrm{K}$$

则 $$W = \Delta U = nC_{V,\mathrm{m}}(T_2 - T_1) = 1\times(29.1-8.314)\times(223-300)\ \mathrm{J} = -1601\ \mathrm{J}$$

$$\Delta H = nC_{p,\mathrm{m}}(T_2 - T_1) = 1\times 29.1\times(223-300)\ \mathrm{J} = -2241\ \mathrm{J}$$

计算结果表明，绝热可逆膨胀过程由于做功较多，内能降低较多，故温度下降也多。同时也表明，从同一始态出发，经过绝热可逆过程与绝热不可逆过程是不能达到同一终态的。

1.8 相变焓

1.8.1 相变焓的概念

物质由一种聚集状态转变成另一种聚集状态的过程，称为相变。相变也有可逆相变和不可逆相变之分。物质在相平衡时的温度和压力下进行的相变称为可逆相变，不在相平衡时的温度和压力下进行的相变称为不可逆相变。例如，液态水在压力 $p=101.325$ kPa、温度 $T=373.15$ K 条件下的汽化过程为可逆相变，而液态水在压力 $p=101.325$ kPa、温度 $T=313.15$ K 条件下进行的蒸发过程则是不可逆相变。相变过程产生的热称为相变潜热或相变热。由于大多数相变过程是一定量的物质在等压且不做非体积功的条件下发生的，所以相变热在数值上等于相变焓，可表示为

$$Q_p = \Delta_\alpha^\beta H \tag{1-37}$$

式中，α 表示相变始态；β 表示相变终态；Q_p 表示相变潜热，单位为 J 或 kJ；$\Delta_\alpha^\beta H$ 表示相变焓，单位为 J 或 kJ。

由于焓有广度性质，因此，相变焓与发生相变的物质的量有关，1 mol 物质的相变焓称为摩尔相变焓，用 $\Delta_\alpha^\beta H_m$ 表示，单位为 $J \cdot mol^{-1}$ 或 $kJ \cdot mol^{-1}$。1 kg 物质的相变焓称为比相变焓，用 $\Delta_\alpha^\beta h$ 表示，单位为 $J \cdot kg^{-1}$。物理化学中常用摩尔相变焓，化工中常用比相变焓。

摩尔相变焓是基础热数据。一些物质的标准摩尔可逆相变焓数据可由手册查得，在使用这些数据时要注意相变的条件以及所求相变过程是否与手册所给相变过程相一致。如已知 $\Delta_g^l H_m^\ominus$，则 $\Delta_l^g H_m^\ominus = -\Delta_g^l H_m^\ominus$。

对于熔融、蒸发、升华及晶型转化这四种过程的相变焓，分别以符号 fus、vap、sub 及 trs 来表示。例如，标准摩尔熔融焓表示为 $\Delta_{fus} H_m^\ominus$。不同晶型间的标准摩尔转变焓表示时要注明转化的方向，如从 α 相转变为 β 相，则标准摩尔转变焓为 $\Delta_{trs} H_m^\ominus(\alpha\rightarrow\beta)$。

若系统发生不可逆相变，其相变焓可通过设计包含可逆相变过程的一系列过程来求得。

若系统在等温等压条件下，由 α 相变为 β 相，其体积功为

$$W = -p(V_\beta - V_\alpha) \tag{1-38}$$

若 β 为气相，α 为凝聚相(固相或液相)，因为 $V_\beta \gg V_\alpha$，所以

$$W = -pV_g \tag{1-39}$$

若气相可视为理想气体，则有

$$W = -pV_g = -nRT \tag{1-40}$$

系统在等温等压且不做非体积功的相变过程中，其热力学能变为

$$\Delta_\alpha^\beta U = Q_p - p(V_\beta - V_\alpha)$$

或

$$\Delta_\alpha^\beta U = \Delta_\alpha^\beta H - p(V_\beta - V_\alpha) \tag{1-41}$$

若 β 为气相，因为 $V_\beta \gg V_\alpha$，可得

$$\Delta_\alpha^\beta U = \Delta_\alpha^\beta H - pV_g \tag{1-42}$$

若气相为理想气体，则有

$$\Delta_\alpha^\beta U = \Delta_\alpha^\beta H - nRT \tag{1-43}$$

【例 1-10】 计算在 101.325 kPa 下，1 mol 冰在其熔点 0 ℃时熔化为水的 ΔU 和 ΔH。已知在 101.325 kPa、0 ℃时冰的标准摩尔熔化热为 6008 $J \cdot mol^{-1}$，0 ℃时冰、水的密度分别为 0.9168 $g \cdot cm^{-3}$ 和 0.9999 $g \cdot cm^{-3}$。

解　因为等压热等于焓变，所以 1 mol 冰熔化的相变焓等于冰的摩尔熔化热，即

$$\Delta_s^l H = Q = 6008\ \text{J} \cdot \text{mol}^{-1}$$

据式(1-42)得热力学能变为

$$\Delta_s^l U = \Delta_s^l H - p(V_l - V_s)$$

又

$$V_l - V_s = \left(\frac{18.02}{0.9999} - \frac{18.02}{0.9168}\right)\ \text{cm}^3 \cdot \text{mol}^{-1} = -1.64 \times 10^{-6}\ \text{m}^3 \cdot \text{mol}^{-1}$$

所以

$$\Delta_s^l U = \Delta_s^l H - p(V_l - V_s) = (6008 + 101325 \times 1.64 \times 10^{-6})\ \text{J} \cdot \text{mol}^{-1} = 6008.2\ \text{J} \cdot \text{mol}^{-1}$$

由以上计算可见，$\Delta_s^l U$ 与 $\Delta_s^l H$ 非常接近，可认为 $\Delta_s^l U \approx \Delta_s^l H$，即熔化过程的热力学能变和焓变几乎相等。

【例 1-11】 逐渐加热 1000 kg、298 K、500 kPa 的水，使之成为 423 K 的水蒸气，问需要多少热量。设水蒸气为理想气体，已知 $C_{p,\text{m}}$(水)$=75.3\ \text{J} \cdot \text{mol}^{-1} \cdot \text{K}^{-1}$，$C_{p,\text{m}}$(水蒸气)$=33.6\ \text{J} \cdot \text{mol}^{-1} \cdot \text{K}^{-1}$，水在 373 K、101.325 kPa 时的摩尔蒸发热为 $40.7\ \text{kJ} \cdot \text{mol}^{-1}$。

解

$$n = \frac{m}{M} = \frac{1000}{0.018}\ \text{mol} = 5.56 \times 10^4\ \text{mol}$$

该过程为一不可逆相变过程，其相变热可通过设计一个包含可逆相变的一系列过程求出，过程设计如下：

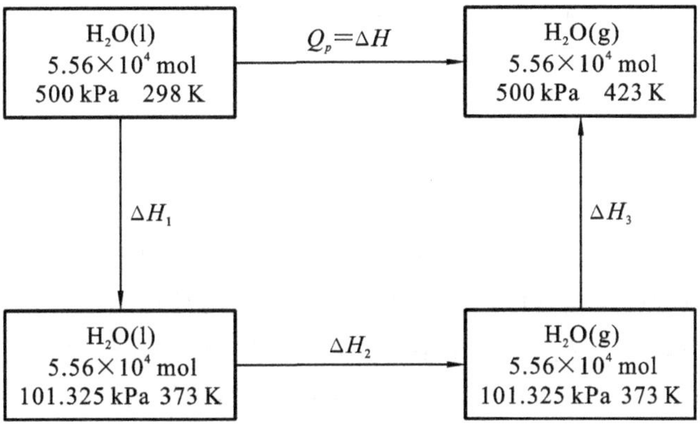

$H_2O(l)$ 5.56×10^4 mol 500 kPa 298 K —— $Q_p=\Delta H$ ——→ $H_2O(g)$ 5.56×10^4 mol 500 kPa 423 K

↓ ΔH_1　　　　　　　　　　↑ ΔH_3

$H_2O(l)$ 5.56×10^4 mol 101.325 kPa 373 K —— ΔH_2 ——→ $H_2O(g)$ 5.56×10^4 mol 101.325 kPa 373 K

$$Q_p = \Delta H = \Delta H_1 + \Delta H_2 + \Delta H_3$$

$$\Delta H_1 = nC_{p,\text{m}}(\text{水})(T_2 - T_1) = 5.56 \times 10^4 \times 75.3 \times (373 - 298)\ \text{J}$$

$$= 3.14 \times 10^8\ \text{J} = 3.14 \times 10^5\ \text{kJ}$$

$$\Delta H_2 = n\Delta_l^g H_\text{m} = 5.56 \times 10^4 \times 40.7\ \text{kJ} = 2.26 \times 10^6\ \text{kJ}$$

$$\Delta H_3 = nC_{p,\text{m}}(\text{水蒸气})(T_2 - T_1)$$

$$= 5.56 \times 10^4 \times 33.6 \times (423 - 373)\ \text{J}$$

$$= 9.34 \times 10^7\ \text{J} = 9.34 \times 10^4\ \text{kJ}$$

$$Q_p = \Delta H = \Delta H_1 + \Delta H_2 + \Delta H_3$$

$$= (3.14 \times 10^5 + 2.26 \times 10^6 + 9.34 \times 10^4)\ \text{kJ}$$

$$= 2.67 \times 10^6\ \text{kJ}$$

所以将 1000 kg、298 K、500 kPa 的水变成 423 K 的水蒸气，至少需要 2.67×10^6 kJ 的热量。另外，本题推导过程中焓受压力影响不大，故已忽略。

1.8.2　相变焓与温度的关系

通常文献给出的只是纯物质在熔点下的熔化焓及正常沸点下的蒸发焓，但有时需要其他温度下的相变焓。因此，下面讨论相变焓与温度的关系。

设物质 B 在一定压力 p 下，在温度为 T_1 时，由 α 相转化为 β 相的摩尔相变焓为 $\Delta_\alpha^\beta H_\text{m}(T_1)$，两相的摩尔等压热容分别为 $C_{p,\text{m}}^\alpha$ 和 $C_{p,\text{m}}^\beta$，求在 T_2 时的 $\Delta_\alpha^\beta H_\text{m}(T_2)$。

可以假设途径如下：(因为压力 p 不变，所以略去不再示出)

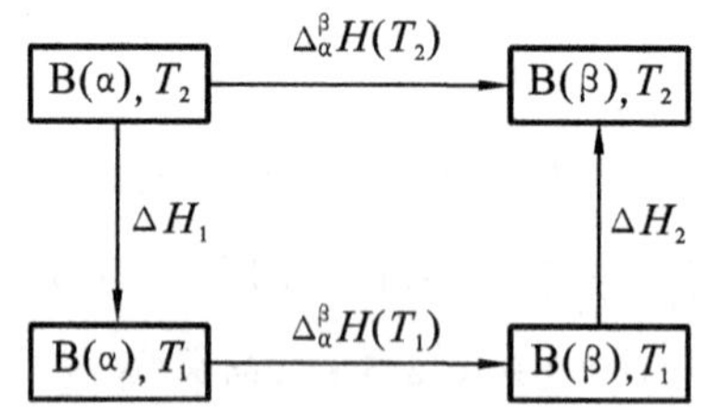

由于焓 H 是状态函数,其改变量只取决于始态、终态,而与变化的途径无关,故

$$\Delta_\alpha^\beta H(T_2) = \Delta_\alpha^\beta H(T_1) + \Delta H_1 + \Delta H_2$$

其中,ΔH_1、ΔH_2 分别为物质 B 在 α 相和 β 相由于温度变化而引起的焓变。

$$\Delta H_1 = n\int_{T_2}^{T_1} C_{p,\mathrm{m}}^{\alpha}\mathrm{d}T = -n\int_{T_1}^{T_2} C_{p,\mathrm{m}}^{\alpha}\mathrm{d}T$$

$$\Delta H_2 = n\int_{T_1}^{T_2} C_{p,\mathrm{m}}^{\beta}\mathrm{d}T$$

所以

$$\Delta_\alpha^\beta H(T_2) = \Delta_\alpha^\beta H(T_1) + \int_{T_1}^{T_2} \Delta_\alpha^\beta C_p \mathrm{d}T \tag{1-44}$$

式中

$$\Delta_\alpha^\beta C_p = nC_{p,\mathrm{m}}^{\beta} - nC_{p,\mathrm{m}}^{\alpha}$$

1.9 反 应 焓

由于在化学反应系统中,反应物的总能量和产物的总能量不同,且常常伴随有气体的产生和消失,因此,反应过程中系统常以热量和体积功的形式与环境交换能量。但一般情况下,反应过程中的体积功在数量上与热相比是很小的,故化学反应的能量交换以热为主。若反应过程中释放热量,则称为放热反应;若反应过程中吸收热量,则称为吸热反应。研究化学反应热效应的科学称为热化学。热化学是热力学第一定律在化学反应中的应用。在化工生产中,工艺条件的拟定、反应设备的设计等,都需要热化学数据作为依据,因此有必要熟悉一些热化学的基本概念和计算。

1.9.1 等容反应热与等压反应热

化学反应的热效应通常是指反应在等温条件(反应物和产物温度相等)下进行,系统与环境间无非体积功时,化学反应吸收或放出的热量。等容条件下的热效应称为等容反应热,等压条件下的热效应称为等压反应热。由热力学第一定律可知,前者为反应的热力学能变,后者为反应的焓变。

$$Q_V = \Delta_\mathrm{r} U$$
$$Q_p = \Delta_\mathrm{r} H$$

通常情况下的反应热如不加以特别说明,指等压反应热 Q_p,即反应焓变 $\Delta_\mathrm{r} H$。

实验室常用弹式量热计测定有机化合物燃烧反应的热效应,反应在等容的条件下进行,因此,测出的反应热为等容热效应 $\Delta_\mathrm{r} U$。有关热效应的实验测定在《物理化学实验》中有专门的介绍。

根据焓变的定义 $\Delta H = \Delta U + \Delta(pV)$,如果是纯气相反应,且参加反应的物质为理想气体,则 $pV = nRT$。根据反应热的定义,对于在等容等温和等压等温条件下进行的同一反应来说,始态相同,终态产物的温度也相同,所以,

$$\Delta(pV) = \Delta n(RT)$$

故
$$\Delta H=\Delta U+\Delta n(RT)$$
也可写为
$$\Delta_r H_m=\Delta_r U_m+\sum_B \nu_B(g)(RT) \tag{1-45}$$

理想气体反应严格符合式(1-45)。对于有气体参加的多相反应，反应中的纯液体或固体及溶液部分，体积变化极小，对 $\Delta(pV)$ 的贡献很小，可以忽略。因此，可认为 Δn 主要来自反应前后气体物质的量的变化，这样，式(1-45)又可写成符合各种情况的通式：
$$\Delta_r H_m=\Delta_r U_m+RT\sum_B \nu_B(g) \tag{1-46}$$

式(1-46)是两种热效应的换算关系，式中 $\sum_B \nu_B(g)$ 为反应系统中气体物质的计量数之和，气体反应物的计量系数取负值，气体生成物的计量系数取正值。当 $\sum_B \nu_B(g)>0$ 时，$\Delta_r H>\Delta_r U$；当 $\sum_B \nu_B(g)<0$ 时，$\Delta_r H<\Delta_r U$；当 $\sum_B \nu_B(g)=0$ 时，$\Delta_r H=\Delta_r U$。

1.9.2 热化学方程式

表示化学反应与热效应关系的方程式称为热化学方程式。其表示方法具体要求如下。

(1) 写出化学反应计量方程式，并标明各物质的相态。气、液、固态分别用 g、l、s 表示。固体若有不同的晶型，则应标明晶型。

(2) 注明反应的温度和压力。以 $\Delta_r H_m$ 表示反应热效应时，应在 $\Delta_r H_m$ 后面用括号注明温度。热力学中规定：标准压力 $p^\ominus=101.325$ kPa，称为热力学标准状态，简称标准态。右上标"$^\ominus$"为标准态的符号。液体(固体)的标准态：不管是纯液体(固体)B 或是液体(固体)混合物中的组分 B，都是温度为 T、压力为 $p^\ominus$ 下液体(固体)纯物质 B 的状态。气体的标准态：不管是纯气体 B 或气体混合物中的组分 B，都是温度为 T、压力为 $p^\ominus$ 下且表现出理想气体性质的气体纯物质 B 的(假想)状态。

任何温度下都有标准态，标准态的压力已指定，所以标准态的热力学函数改变值与压力无关。通常查表所得热力学标准态的有关数据大多是 $T=298.15$ K 时的数据。参加反应的各物质处于标准态时，其热效应为标准热效应，则在 $\Delta_r H_m$ 的右上角用"$^\ominus$"标注。$\Delta_r H_m^\ominus$ 中的"r"表示化学反应，"m"表示反应按方程式计量数全部完成。

(3) 将热效应的数值连同单位写在化学反应计量式的后面。例如：
$$C(石墨)+O_2(g)\longrightarrow CO_2(g) \quad \Delta_r H_m^\ominus(298.15\ K)=-395.5\ kJ\cdot mol^{-1}$$
表示在 298.15 K、100 kPa 下，当 1 mol 纯石墨和 1 mol 纯 $O_2(g)$ 反应生成 1 mol $CO_2(g)$ 时，放出的热量为 395.5 kJ。

若反应在溶液中进行，则应注明溶剂以及各物质的浓度。例如：
$$NaOH(aq,\infty)+HCl(aq,\infty)\longrightarrow NaCl(aq,\infty)+H_2O(l) \quad \Delta_r H_m^\ominus=-57.32\ kJ\cdot mol^{-1}$$
式中，aq 表示水溶液；∞表示无限稀释，通常可以不写。

1.9.3 盖斯定律

1840 年，盖斯在大量实验基础上总结得出结论：任何一个化学反应，在整个过程是等压或等容时，不管是一步完成还是分几步完成，其热效应总值不变。这个结论称为盖斯定律。

盖斯定律是热力学第一定律的必然结果。因为在系统只做体积功的等压或等容条件下，反应热效应的数值只取决于系统的始态、终态，与过程无关。盖斯定律的重要意义在于使热化学反应方程式可以像代数方程式一样进行运算，非常方便地由已知反应的热效应计算出一些难以测定的反应的热效应。例如，反应 C(石墨)+1/2O_2(g)⟶CO(g)的热效应就不易测定，因为很难使反应仅停留在CO(g)这一步，可根据盖斯定律来解决这一问题。

(1)　C(石墨)+O_2(g)⟶CO_2(g)　$\Delta_r H^\ominus_{m,1}$(298.15 K)=−395.5 kJ·mol^{-1}

(2)　CO(g)+1/2O_2(g)⟶CO_2(g)　$\Delta_r H^\ominus_{m,2}$(298.15 K)=−285.0 kJ·mol^{-1}

反应式(1)−反应式(2)得

(3)　C(石墨)+1/2O_2(g)⟶CO(g)

$\Delta_r H^\ominus_{m,3}$(298.15 K)=$\Delta_r H^\ominus_{m,1}$(298.15 K)−$\Delta_r H^\ominus_{m,2}$(298.15 K)=−110.5 kJ·mol^{-1}

应用盖斯定律计算 $\Delta_r H_m$ 和 $\Delta_r U_m$ 时，反应通过一步或几步完成时的条件要一致，并且物质的相态要相同。

1.10　几种热效应

计算标准摩尔反应焓时，若能知道各反应物质的标准摩尔焓的绝对值，那将是非常方便的。但从前面的定义可知，焓的绝对值是无法知道的，就像地球上物体的绝对高度不可测得一样。但人们设法用一个基准来衡量这些物体的相对高度，如山峰的高度是以海平面为基准来衡量的，楼房高度往往以某个地平面为基准衡量。同样，反应焓的大小也可以通过找一些基准来进行计算，这些基准就是生成焓和燃烧焓。

1.10.1　生成焓

在反应温度 T、由稳定单质直接化合生成 1 mol 指定相态下的物质 B 的反应的焓变称为物质 B 的摩尔生成焓，若参加反应的各物质均处于标准态下，则反应的焓变称为物质 B 的标准摩尔生成焓，用符号 $\Delta_f H^\ominus_m$(B，相态，T)表示，其中下标“f”表示生成反应，一些常用物质在 298.15 K 时的标准摩尔生成焓 $\Delta_f H^\ominus_m$列于书后附录 D 中。

由于焓的绝对值无法测知，为进行 $\Delta_r H_m$ 的计算，需确定物质的基准焓，因此定义：指定温度的标准态下的最稳定单质的焓值为零。

必须注意，如 CO(g)+$\frac{1}{2}O_2$(g)⟶CO_2(g)，C(无定形)+2H_2(g)⟶CH_4(g)两个反应的标准摩尔反应焓不是CO_2(g)和CH_4(g)的标准摩尔生成焓，因为CO(g)不是单质，C(无定形)不是稳定单质，C的最稳定单质是C(石墨)。又如反应 2C(石墨)+O_2(g)⟶2CO(g)的反应焓也不是CO(g)的标准摩尔生成焓，因为生成物不是 1 mol 的CO(g)而是 2 mol 的CO(g)。而如 H_2(g)+$\frac{1}{2}O_2$(g)⟶H_2O(l)的标准摩尔反应焓，则是H_2O(l)的标准生成焓，因为H_2(g)、O_2(g)均为稳定单质，且反应生成的是 1 mol 的 H_2O(l)。

有了物质生成焓的定义，根据盖斯定律，很容易通过一定温度下的反应物及产物的标准摩尔生成焓计算在该温度下反应的标准反应焓。如在 25 ℃、100 kPa 下反应

①　6C(石墨)+6H_2(g)+3O_2(g)⟶$C_6H_{12}O_6$(s)　$\Delta_r H^\ominus_{m,1}=\Delta_f H^\ominus_m(C_6H_{12}O_6)$

②　C(石墨)+O_2(g)⟶CO_2(g)　$\Delta_r H^\ominus_{m,2}=\Delta_f H^\ominus_m(CO_2)$

③　H_2(g)+$\frac{1}{2}O_2$(g)⟶H_2O(l)　$\Delta_r H^\ominus_{m,3}=\Delta_f H^\ominus_m(H_2O,l)$

应用盖斯定律③×6+②×6−①，得反应

④　$$C_6H_{12}O_6(s)+6O_2(g)\longrightarrow 6CO_2(g)+6H_2O(l)$$

$$\Delta_r H^{\ominus}_{m,4}=6\Delta_r H^{\ominus}_{m,3}+6\Delta_r H^{\ominus}_{m,2}-\Delta_r H^{\ominus}_{m,1}=6\Delta_f H^{\ominus}_{m}(CO_2)+6\Delta_f H^{\ominus}_{m}(H_2O,l)-\Delta_f H^{\ominus}_{m}(C_6H_{12}O_6)$$

上式表明，该反应的标准摩尔反应焓等于其产物的标准摩尔生成焓的总和减去反应物的标准摩尔生成焓的总和。

对于一般化学反应　$$0=\sum_B \nu_B B$$

则　$$\Delta_r H^{\ominus}_{m}=\sum_B \nu_B \Delta_f H^{\ominus}_{m}(B) \tag{1-47}$$

【例 1-12】 反应 $2C_2H_2(g)+5O_2(g)\longrightarrow 4CO_2(g)+2H_2O(l)$ 在 298.15 K 下的标准摩尔反应焓 $\Delta_r H^{\ominus}_{m}(298.15\ K)=-2600.4\ kJ\cdot mol^{-1}$。已知相同条件下，$CO_2(g)$ 和 $H_2O(l)$ 的标准摩尔生成焓分别为 $-393.5\ kJ\cdot mol^{-1}$ 和 $-285.8\ kJ\cdot mol^{-1}$。试计算乙炔 $C_2H_2(g)$ 的标准摩尔生成焓。

解　根据题中所给反应方程式，有

$$\Delta_r H^{\ominus}_{m}(298.15\ K)=4\Delta_f H^{\ominus}_{m}[CO_2(g)]+2\Delta_f H^{\ominus}_{m}[H_2O(l)]-2\Delta_f H^{\ominus}_{m}[C_2H_2(g)]-5\Delta_f H^{\ominus}_{m}[O_2(g)]$$

故 $$\Delta_f H^{\ominus}_{m}[C_2H_2(g)]=\frac{1}{2}[4\Delta_f H^{\ominus}_{m}[CO_2(g)]+2\Delta_f H^{\ominus}_{m}[H_2O(l)]-5\Delta_f H^{\ominus}_{m}[O_2(g)]-\Delta_r H^{\ominus}_{m}(298.15\ K)]$$

$$=\frac{1}{2}\times[4\times(-393.5)+2\times(-285.8)-5\times 0-(-2600.4)]\ kJ\cdot mol^{-1}$$

$$=227.4\ kJ\cdot mol^{-1}$$

1.10.2　燃烧焓

许多物质的标准摩尔生成焓 $\Delta_f H^{\ominus}_{m}$ 可由生成反应测定，而有机物很难由稳定单质直接化合生成，故有机化合物的标准生成焓数据难以获得。但许多有机化合物容易燃烧，其燃烧焓较易获得。同生成焓一样，也可以利用各物质的燃烧焓来求出反应热。

1 mol 物质 B 在温度 T、标准态下完全燃烧时所放出的热量，称为物质 B 的标准摩尔燃烧焓，用 $\Delta_c H^{\ominus}_{m}(B,相态,T)$ 表示，其中下标“c”表示燃烧反应。所谓完全燃烧或完全氧化，是指燃烧物质变成最稳定的氧化物或单质，如 C 变成 CO_2，H 被氧化成 $H_2O(l)$，S、N、Cl 等元素分别变成 $SO_2(g)$、$N_2(g)$、HCl(水溶液)等。

由标准燃烧焓的定义可知，指定燃烧产物及氧气的标准摩尔燃烧焓为零。

必须指出，如反应 $H_2(g)+\frac{1}{2}O_2(g)\longrightarrow H_2O(g)$ 和反应 $NH_3(g)+\frac{5}{4}O_2(g)\longrightarrow NO(g)+\frac{3}{2}H_2O(g)$ 两个反应的标准摩尔反应焓不是 $H_2(g)$ 和 $NH_3(g)$ 的标准摩尔燃烧焓，因为 $H_2O(g)$ 不是 $H_2(g)$ 的指定燃烧产物，NO(g) 不是 $NH_3(g)$ 的指定燃烧产物。又如反应 $\frac{1}{2}C_2H_4(g)+\frac{3}{2}O_2(g)\longrightarrow CO_2(g)+H_2O(l)$ 的标准摩尔反应焓也不是 $C_2H_4(g)$ 的标准摩尔燃烧焓，因为被燃烧物质 $C_2H_4(g)$ 不是 1 mol。而反应 C(石墨)$+O_2(g)\longrightarrow CO_2(g)$ 的标准摩尔反应焓是 C(石墨)的标准摩尔燃烧焓，因为被燃烧物质 C(石墨)是 1 mol，$CO_2(g)$ 是 C(石墨)的指定燃烧产物。

一些有机物在 298.15 K 时的标准摩尔燃烧焓数据见附录 C。

根据盖斯定律，很容易导出由标准摩尔燃烧焓计算标准摩尔反应焓的公式：

$$\Delta_r H^{\ominus}_{m}=-\sum_B \nu_B \Delta_c H^{\ominus}_{m}(B) \tag{1-48}$$

【例 1-13】 计算 $CH_3COOH(l)+C_2H_5OH(l)\longrightarrow CH_3COOC_2H_5(l)+H_2O(l)$ 在 298.15 K 下的标准摩尔反应焓。

解　查表可得下列燃烧反应的 $\Delta_c H_m^{\ominus}(298\ K)$：

① $$CH_3COOH(l)+2O_2(g)\longrightarrow 2CO_2(g)+2H_2O(l)$$

$$\Delta_c H_{m,1}^{\ominus}=\Delta_c H_m^{\ominus}(CH_3COOH,l)=-874.5\ kJ\cdot mol^{-1}$$

② $$C_2H_5OH(l)+3O_2(g)\longrightarrow 2CO_2(g)+3H_2O(l)$$

$$\Delta_c H_{m,2}^{\ominus}=\Delta_c H_m^{\ominus}(C_2H_5OH,l)=-1366.8\ kJ\cdot mol^{-1}$$

③ $$CH_3COOC_2H_5(l)+5O_2(g)\longrightarrow 4CO_2(g)+4H_2O(l)$$

$$\Delta_c H_{m,3}^{\ominus}=\Delta_c H_m^{\ominus}(CH_3COOC_2H_5,l)=-2246.4\ kJ\cdot mol^{-1}$$

由①+②−③得　$CH_3COOH(l)+C_2H_5OH(l)\longrightarrow CH_3COOC_2H_5(l)+H_2O(l)$

根据盖斯定律，该反应的标准摩尔反应焓为

$$\Delta_r H_m^{\ominus}=\Delta_c H_{m,1}^{\ominus}+\Delta_c H_{m,2}^{\ominus}-\Delta_c H_{m,3}^{\ominus}$$

$$=(-874.5-1366.8+2246.4)\ kJ\cdot mol^{-1}=-5.1\ kJ\cdot mol^{-1}$$

上例表明，该反应的标准摩尔反应焓等于反应物的标准摩尔燃烧焓的总和减去产物的标准摩尔燃烧焓的总和。

1.10.3　溶解焓和稀释焓

将溶质 B 溶解于溶剂 A 中所产生的热效应称为该溶质的溶解热效应。而将溶剂 A 加入一定浓度的溶液中形成更低浓度溶液的稀释过程所产生的热效应称为稀释热效应。两种热效应也分别称为溶解焓和稀释焓。

在等温等压且非体积功为零的条件下，1 mol 溶质 B 溶解于一定量溶剂 A 中形成溶液时，整个过程的焓变为该组成溶液的摩尔溶解焓，用 $\Delta_{sol}H(B,x_B)$ 表示。溶解焓除与温度、压力有关外，还与溶液浓度有关。若不注明温度和压力，则指 $T=298.15$ K、$p=100$ kPa。当溶剂量 n_A 增至无限大时，$\Delta_{sol}H_m$ 趋于定值，此时称该溶解焓为无限稀释摩尔溶解焓，用 $\Delta_{sol}H_m^{\infty}$ 表示。

溶解焓分为积分溶解焓和微分溶解焓。

积分溶解焓是指在溶解过程中，溶液浓度由零逐渐改变为指定浓度时系统的总焓变。

微分溶解焓是指在等温、等压及一定浓度的溶液中，再加入溶质 dn_B，所产生的微量热效应 dH(或 δQ_p)对溶质 n_B 求导，用公式表示为 $\left(\frac{\partial \Delta_{sol}H}{\partial n_B}\right)_{T,p,n_B}$。

积分溶解焓可由实验直接测定。根据积分溶解焓可求微分溶解焓。先测定一定量的溶剂 A 中加入不同量的溶质 B 的积分溶解焓 $\Delta_{sol}H$，用溶解焓对溶质 B 的物质的量 n_B 作图，曲线上任一点的切线的斜率即为该浓度的微分溶解焓 $\left(\frac{\partial \Delta_{sol}H}{\partial n_B}\right)_{T,p,n_B}$。表 1-1 列出 1 mol H_2SO_4 (n_B) 溶于不同量水(n_A)中的积分溶解焓。根据表列数据用 $-\Delta_{sol}H_m$ 对 n_A/n_B 作图，如图 1-6 所示。

表 1-1　25 ℃、100 kPa 下 H_2SO_4 在不同量的水中的积分溶解焓

n_A/n_B	$-\Delta_{sol}H_m/(kJ\cdot mol^{-1})$	n_A/n_B	$-\Delta_{sol}H_m/(kJ\cdot mol^{-1})$
0.5	15.73	50.0	73.35
1.0	28.07	100.0	73.97
1.5	36.90	1000.0	78.59
2.0	41.92	10000.0	87.07
5.0	58.03	100000.0	93.64
10.0	67.03	∞	96.19
20.0	71.50	—	—

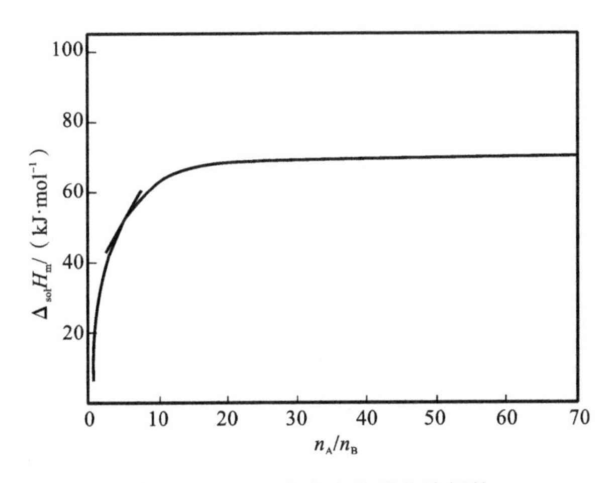

图1-6　H_2SO_4在水中的积分溶解焓

稀释焓分为积分稀释焓和微分稀释焓。在等温等压下，将一定量的溶剂加入一定量的溶液中，使溶液稀释所产生的热效应为该溶液的积分稀释焓。用 $\Delta_{dil}H$ 表示。积分稀释焓与溶液浓度有关。加入溶剂的量为 1 mol，则为摩尔积分稀释焓 $\Delta_{dil}H_m$。在指定温度、压力和浓度的溶液中加入微量溶剂 dn_A所引起的焓变 ΔH 对 n_A求导即得微分稀释焓$\left(\frac{\partial \Delta_{dil}H}{\partial n_B}\right)_{T,p,n_B}$。

积分稀释焓可由积分溶解焓求得。例如，把 4 mol 的 H_2O 加到含 1 mol H_2SO_4和 1 mol H_2O的溶液中，溶液从 $n_A/n_B=1.0$ 稀释到 $n_A/n_B=5.0$，即

$$H_2SO_4(1H_2O)+4H_2O \longrightarrow H_2SO_4(5H_2O)$$

查表 1-1，可做如下计算：

$$\Delta_{dil}H=[-58.03-(-28.07)]\ kJ\cdot mol^{-1}=-29.96\ kJ\cdot mol^{-1}$$

微分稀释焓可间接求得，图 1-6 所示曲线上的任一点切线的斜率即为该浓度的微分稀释焓$\left(\frac{\partial \Delta_{dil}H}{\partial n_B}\right)_{T,p,n_B}$。

1.11　反应焓与温度的关系——基尔霍夫定律

利用标准摩尔生成焓和标准摩尔燃烧焓计算标准摩尔反应焓，通常得到的是 298.15 K 时的数据，而许多重要的工业反应常在高温下进行，其焓值如何求得呢？基尔霍夫公式解决了这一问题。基尔霍夫公式告诉我们如何利用已有的 298.15 K 时的反应焓求得其他温度下的反应焓。

设反应 $aA+dD\longrightarrow eE+fF$ 中，参加反应的各物质在 T_1、T_2时均处于标准态，其$\Delta_r H_m^{\ominus}(T_1)$与 $\Delta_r H_m^{\ominus}(T_2)$之间的联系如下所示。

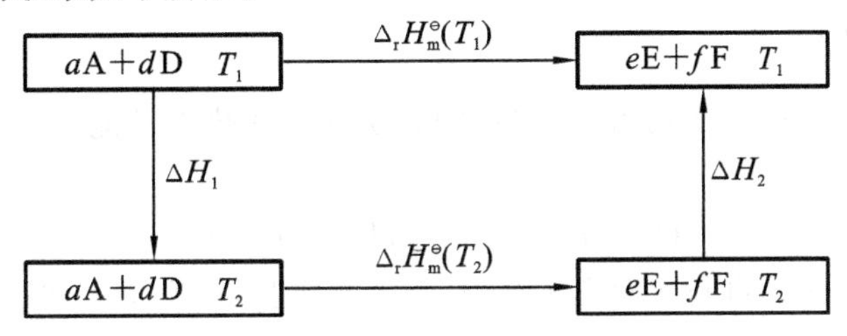

由焓的性质可知

$$\Delta_r H_m^\ominus(T_1) = \Delta_r H_m^\ominus(T_2) + \Delta H_1 + \Delta H_2$$

因为

$$\Delta H_1 = \int_{T_1}^{T_2} [aC_{p,m}(A) + dC_{p,m}(D)]dT$$

$$\Delta H_2 = -\int_{T_1}^{T_2} [eC_{p,m}(E) + fC_{p,m}(F)]dT$$

所以

$$\Delta_r H_m^\ominus(T_2) = \Delta_r H_m^\ominus(T_1) - \Delta H_1 - \Delta H_2 = \Delta_r H_m^\ominus(T_1) + \int_{T_1}^{T_2} \Delta_r C_{p,m} dT \quad (1\text{-}49)$$

式中

$$\Delta_r C_{p,m} = eC_{p,m}(E) + fC_{p,m}(F) - aC_{p,m}(A) - dC_{p,m}(D)$$

或

$$\Delta_r C_{p,m} = \sum_B \nu_B C_{p,m}(B) \quad (1\text{-}50)$$

将已知的 $\Delta_r H_m^\ominus(298.15\ K)$代入式(1-49)得

$$\Delta_r H_m^\ominus(T_2) = \Delta_r H_m^\ominus(298.15\ K) + \int_{298.15\ K}^{T_2} \Delta_r C_{p,m} dT \quad (1\text{-}51)$$

式(1-49)和式(1-51)称为基尔霍夫公式。

在应用基尔霍夫公式时应注意:若一化学反应在温度变化范围内,参加反应的物质有相态变化,则不能直接应用基尔霍夫公式。因为有相态变化时物质的热容随温度的变化不是一连续函数,不能直接计算。

【例 1-14】 试计算合成氨反应

$$N_2(g) + 3H_2(g) \longrightarrow 2NH_3(g)$$

在 773 K 时的摩尔反应焓 $\Delta_r H_m^\ominus(773\ K)$,已知该反应在 298 K 时的 $\Delta_r H_m^\ominus(298\ K) = -92.38\ kJ \cdot mol^{-1}$。

解 因温度变化范围较大,必须考虑热容随温度的变化关系。查附录可得各物质的热容随温度的变化情况如下:

$$C_{p,m}(NH_3(g)) = 25.89 + 33.00 \times 10^{-3} T - 30.46 \times 10^{-7} T^2 (J \cdot mol^{-1} \cdot K^{-1})$$

$$C_{p,m}(H_2(g)) = 29.09 + 0.836 \times 10^{-3} T - 3.625 \times 10^{-7} T^2 (J \cdot mol^{-1} \cdot K^{-1})$$

$$C_{p,m}(N_2(g)) = 27.32 + 6.226 \times 10^{-3} T - 9.502 \times 10^{-7} T^2 (J \cdot mol^{-1} \cdot K^{-1})$$

则

$$\Delta_r C_{p,m} = \sum_B \nu_B C_{p,m}(B) = 2C_{p,m}[NH_3(g)] - 3C_{p,m}[H_2(g)] - C_{p,m}[N_2(g)]$$

$$= -62.81 + 62.282 \times 10^{-3} T - 40.543 \times 10^{-7} T^2 (J \cdot mol^{-1} \cdot K^{-1})$$

据式(1-51),有

$$\Delta_r H_m^\ominus(773\ K) = \Delta_r H_m^\ominus(298\ K) + \int_{298\ K}^{773\ K} \Delta_r C_{p,m} dT$$

$$= [-92.38 \times 10^3 + (-62.81) \times (773 - 298) + 1/2 \times 57.266 \times 10^{-6} \times (773^2 - 298^2)$$
$$+ 1/3 \times (-40.543) \times 10^{-10} \times (773^3 - 298^3)]\ kJ \cdot mol^{-1}$$
$$= -108.24\ kJ \cdot mol^{-1}$$

1.12 节流膨胀——实际气体的热力学能和焓

1.12.1 节流膨胀概述

真实气体分子间有相互作用力,一定量的真实气体的热力学能和焓分别是 T,V 和 T,p 的函数。

$$U = f(T,V), \quad H = f(p,T)$$

1852 年焦耳和汤姆逊进行了著名的焦耳-汤姆逊实验,证实了上述结论。如图 1-7 所示,在一绝热圆筒的两端各有一个绝热活塞，真实气体封闭于两活塞之间，圆筒中有一刚性绝热多孔塞。左方气体的压力为 p_1，温度为 T_1，维持气体的温度、压力恒定在 T_1、p_1 下，缓慢推动左侧活塞，使体积为 V_1 的气体通过多孔塞向右方膨胀，进入右方后的气体的温度、压力和体积变成 T_2、p_2 和 V_2。绝热条件下气体的始态、终态压力分别保持恒定的膨胀过程称为节流膨胀过程，简称节流膨胀。通过节流膨胀过程，气体温度发生改变的现象称为节流效应或焦耳-汤姆逊效应。

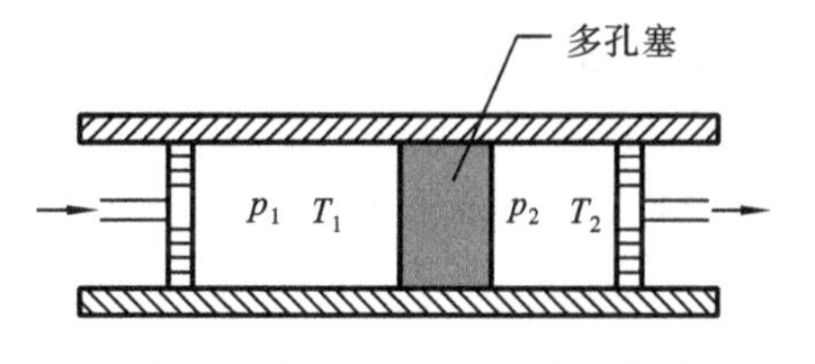

图 1-7　焦耳-汤姆逊实验示意图

1.12.2　焦耳-汤姆逊系数与实际气体的热力学能和焓

焦耳-汤姆逊实验是在绝热条件下进行的，即 $Q=0$。环境对左方气体所做的功为 $-p_1(0-V_1)=p_1V_1$，右方气体对环境做的功为 $-p_2(V_2-0)=-p_2V_2$，系统与环境交换的功为

$$W = p_1V_1 - p_2V_2$$

依据热力学第一定律，$\Delta U=W$，可得

$$U_2 - U_1 = p_1V_1 - p_2V_2$$

$$U_2 + p_2V_2 = U_1 + p_1V_1$$

所以

$$H_2 = H_1$$

可见真实气体的节流膨胀过程是恒焓过程。说明真实气体的焓不只是温度的函数，还是压力的函数，即 $H=f(T,p)$。同时真实气体的热力学能是温度和体积的函数，即 $U=f(T,V)$。

定义

$$\mu_{\text{J-T}} = \left(\frac{\partial T}{\partial p}\right)_H \tag{1-52}$$

式中 $\mu_{\text{J-T}}$ 称为焦耳-汤姆逊系数，真实气体的 $\mu_{\text{J-T}}$ 是 T、p 的函数，其单位为 $\text{K}\cdot\text{Pa}^{-1}$。

因为膨胀过程中 $p_1>p_2$，$\mathrm{d}p<0$，当 $\mu_{\text{J-T}}>0$ 时，$\mathrm{d}T<0$，表明节流膨胀后温度下降，这种现象为致冷效应，节流膨胀产生的致冷效应在工业上获得了广泛的应用；当 $\mu_{\text{J-T}}<0$ 时，$\mathrm{d}T>0$，表明节流膨胀后温度升高，此为致热效应；当 $\mu_{\text{J-T}}=0$ 时，表明节流膨胀后温度未变，真实气体具有理想气体的性质。

本章小结

1. 热力学基本概念：系统、环境、状态函数、功、热、变化过程、几种热效应。

2. 热力学第一定律的经典叙述：①第一类永动机是不可能实现的；②自然界中的一切物质都具有能量，能量有不同的形式，可以从一种形式转化为另一种形式，在转化过程中其总值不变。

3. 主要定义式：

(1) 体积功定义式　　$\delta W=-p_e\mathrm{d}V$

(2) 焓的定义　　$H=U+pV$

(3) 热容的定义

等容摩尔热容　　$C_{V,\text{m}} = \dfrac{1}{n}\dfrac{\delta Q_V}{\mathrm{d}T} = \left(\dfrac{\partial U_\text{m}}{\partial T}\right)_V$

等压摩尔热容 $C_{p,m}=\frac{1}{n}\frac{\delta Q_p}{dT}=\left(\frac{\partial H_m}{\partial T}\right)_p$

(4) 节流膨胀系数定义 $\mu_{J-T}=\left(\frac{\partial T}{\partial p}\right)_H$

4. 主要计算公式

(1) 热力学第一定律的数学表达式 $\Delta U=Q+W$ 或 $dU=\delta Q+\delta W$

(2) 等容热和等压热

$dU=\delta Q_V$,不做非体积功的等容过程;

$dH=\delta Q_p$,不做非体积功的等压过程。

(3) 单纯 pVT 变化过程中 ΔU、ΔH 的计算

$$\Delta U=\int_{T_1}^{T_2} nC_{V,m}dT$$

$$\Delta H=\int_{T_1}^{T_2} nC_{p,m}dT$$

(4) 理想气体绝热可逆过程方程式

$$T_1V_1^{\gamma-1}=T_2V_2^{\gamma-1} \quad 或 \quad TV^{\gamma-1}=常数$$

(5) 摩尔相变焓与温度的关系

$$\Delta_\alpha^\beta H_m(T_2)=\Delta_\alpha^\beta H_m(T_1)+\int_{T_1}^{T_2}\Delta_\alpha^\beta C_{p,m}dT$$

(6) 化学反应焓变的计算

$$\Delta_r H_m^\ominus(T)=\sum \nu_B \Delta_f H_m^\ominus \quad (B,相态,T)$$

$$\Delta_r H_m^\ominus(T)=-\sum \nu_B \Delta_c H_m^\ominus \quad (B,相态,T)$$

(7) 反应焓与温度的关系

$$\Delta_r H_m^\ominus(T_2)=\Delta_r H_m^\ominus(T_1)+\int_{T_1}^{T_2}\Delta_r C_p dT$$

思 考 题

1. 区分下列基本概念,并举例说明。

(1) 系统与环境;(2) 状态与状态函数;(3) 功和热;(4) 热和温度;(5) 热力学能和焓;

(6) 标准摩尔反应焓与标准摩尔反应热力学能变;(7) 标准摩尔生成焓与标准摩尔燃烧焓;

(8) 反应进度与化学计量系数;(9) 标准状态与标准状况。

2. 状态函数的基本特征是什么? T、p、V、Q、m、n 中哪些是状态函数? 哪些属于强度量? 哪些属于广度量?

3. 等量的气体自同一始态出发,分别经恒温可逆膨胀或恒温不可逆膨胀,达到相同的终态。由于可逆膨胀过程所做的功 W_R 大于不可逆膨胀过程所做的功 W_{IR},所以 $Q_R>Q_{IR}$。对吗? 为什么?

4. $H_2O(l)$的标准摩尔生成焓等于 $H_2(g)$的标准燃烧焓吗?

5. 反应 $Fe+CuSO_4(aq)\longrightarrow FeSO_4(aq)+Cu$ 可经以下两种不同途径完成:一条途径是让其在烧杯中自动进行,此时放热 Q_1,焓变为 ΔH_1;另一条途径是使其在可逆电池中进行,此时放热 Q_2,焓变为 ΔH_2。试问 Q_1 与 Q_2 是否相等? ΔH_1 与 ΔH_2 是否相等?

6. 有人说:系统的温度越高,其热量越大。这句话对吗?

7. 因为 $\Delta H=Q_p$,所以焓就是恒压热。对吗?

8. 可逆过程有何特点?

9. 100 ℃、标准压力下，1 mol 液态水蒸发为水蒸气。假设水蒸气为理想气体，因该过程中系统的温度不变，所以有 $\Delta U=0$。由于是恒压过程，所以热量 $Q_p=\int_{T_1}^{T_2} nC_{p,\mathrm{m}}\mathrm{d}T=0$ 。据此，由热力学第一定律可推出：该过程的功 $W=0$。该结论对吗？为什么？

习　题

1. 一定量的气体在 3.04×10^6 Pa 的恒定外压作用下，体积缩小了 1.2 dm^3，计算该过程中气体与环境交换的功。 $(W=3.65\ \mathrm{kJ})$
2. 系统由相同的始态经过不同途径达到相同的终态。若途径 a 的 $Q_a=2.078$ kJ，$W_a=-4.157$ kJ，而途径 b 的 $Q_b=-0.692$ kJ，求 W_b。 $(W_b=-1.39\ \mathrm{kJ})$
3. 始态为 25 ℃、200 kPa 的 5 mol 某理想气体，经 a、b 两条不同途径到达相同的终态。途径 a 先经绝热膨胀到 −28.57 ℃、100 kPa，该步骤所做的功 $W_a=-5.57$ kJ；再等容加热到压力为 200 kPa 的终态，此步骤的热 $Q_a=25.42$ kJ。途径 b 为等压加热过程。求途径 b 的 W_b 及 Q_b。 $(W_a=-7.95\ \mathrm{kJ},Q_b=27.79\ \mathrm{kJ})$
4. 某理想气体 $C_{V,\mathrm{m}}=\frac{3}{2}R$。今有该气体 5 mol 在等容下温度升高 50 ℃。求此过程的 W、Q、ΔU 和 ΔH。

   $(W=0,Q=3118\ \mathrm{J},\Delta U=3118\ \mathrm{J},\Delta H=5196\ \mathrm{J})$
5. 某理想气体 $C_{V,\mathrm{m}}=\frac{5}{2}R$。今有该气体 5 mol 在等压下温度降低 50 ℃。求此过程的 W、Q、ΔU 和 ΔH。

   $(W=2078\ \mathrm{J},Q=-7275\ \mathrm{J},\Delta U=-5196\ \mathrm{J},\Delta H=-7275\ \mathrm{J})$
6. 2 mol 某理想气体的 $C_{p,\mathrm{m}}=7R/2$。由始态 100 kPa、50 dm^3，先等容加热使压力升至 200 kPa，再等压冷却使体积缩小至 25 dm^3。求整个过程的 W、Q、ΔU 和 ΔH。 $(W=5000\ \mathrm{J},Q=-5000\ \mathrm{J},\Delta U=0,\Delta H=0)$
7. 4 mol 某理想气体，$C_{p,\mathrm{m}}=5R/2$。由始态 100 kPa、100 dm^3，先等压加热使体积增大到 150 dm^3，再等容加热使压力增大到 150 kPa。求过程的 W、Q、ΔU 和 ΔH。

   $(W=-5000\ \mathrm{J},Q=2.38\times10^4\ \mathrm{J},\Delta U=1.88\times10^4\ \mathrm{J},\Delta H=3.12\times10^4\ \mathrm{J})$
8. 已知 CO_2(g)的 $C_{p,\mathrm{m}}=26.75+42.258\times10^{-3}T-14.25\times10^{-6}T^2(\mathrm{J\cdot mol^{-1}\cdot K^{-1}})$，求：

   (1) 300 K 至 800 K 间 CO_2(g)的平均等压热容 $C_{p,\mathrm{m}}$；

   (2) 1 kg 常压下的 CO_2(g)从 300 K 恒压加热到 800 K 时所需的 Q。

   ((1) $C_{p,\mathrm{m}}=45.38\ \mathrm{J\cdot mol^{-1}\cdot K^{-1}}$；(2) $Q=515.7$ kJ)
9. 单原子分子理想气体 A 与双原子分子理想气体 B 的混合物共 5 mol，摩尔分数 $y_B=0.4$，始态温度 $T_1=400$ K，压力 $p_1=200$ kPa。今该混合气体绝热反抗恒外压 $p=100$ kPa 膨胀到平衡态。求终态温度 T_2 及此过程的 W、ΔU 和 ΔH。 $(T_2=331\ \mathrm{K},W=\Delta U=-5.45\ \mathrm{J},\Delta H=8.32\ \mathrm{J})$
10. 在一带活塞的绝热容器中有一绝热隔板，隔板的两侧分别为 2 mol 0 ℃的单原子分子理想气体 A 及5 mol 100 ℃的双原子分子理想气体 B，两气体的压力均为 100 kPa。活塞外的压力维持 100 kPa 不变。现将容器内的绝热隔板撤去，使两种气体混合达到平衡态。求终态的温度 T 及此过程的 W、ΔU。

    $(T=351\ \mathrm{K},W=\Delta U=-341\ \mathrm{J})$
11. N_2 在常温下可视为理想气体，其 $C_p=1.4C_V$，求 N_2 的 $C_{p,\mathrm{m}}$ 及 $C_{V,\mathrm{m}}$ 之值。

    $(C_{p,\mathrm{m}}=29.10\ \mathrm{J\cdot mol^{-1}\cdot K^{-1}},C_{V,\mathrm{m}}=20.785\ \mathrm{J\cdot mol^{-1}\cdot K^{-1}})$
12. 现有 1 mol 理想气体在 202.65 kPa、10 dm^3 时恒容升温，使压力升至初压的 10 倍，再恒压压缩到体积为 1 dm^3。求整个过程的 Q、W、ΔU、ΔH。 $(Q=-W=18.2\ \mathrm{kJ},\Delta U=\Delta H=0)$
13. 已知 CH_4(g)的定压摩尔热容为 $C_{p,\mathrm{m}}=22.34+48.12\times10^{-3}T\ (\mathrm{J\cdot mol^{-1}\cdot K^{-1}})$。试计算 2 mol 的 CH_4(g)在恒定压力为 100 kPa 下从 25 ℃升温到其体积增加一倍时的 ΔH 和 ΔU。

    $(\Delta H=26.15\ \mathrm{kJ},\Delta U=21.2\ \mathrm{kJ})$
14. 在 0 ℃、101.325 kPa 下，有 11.2 dm^3 的双原子分子理想气体，连续经下列变化：①首先等压升温到

273 ℃;②再等温可逆压缩体积返回到 11.2 dm^3;③最后再等容降温到 0 ℃。计算整个过程的 Q、W、ΔU、ΔH。 ($Q=-W=438$ J,$\Delta U=\Delta H=0$)

15. 某双原子分子理想气体 1 mol 从始态 350 K、200 kPa 经过如下四个不同过程达到各自的平衡态,求各过程的功 W。
(1) 等温可逆膨胀到 50 kPa;
(2) 等温反抗 50 kPa 恒外压不可逆膨胀;
(3) 绝热可逆膨胀到 50 kPa;
(4) 绝热反抗 50 kPa 恒外压不可逆膨胀。
((1) $W_1=-4034$ J;(2) $W_2=-2182$ J;(3) $W_3=-2379$ J;(4) $W_4=-1559$ J)

16. 计算下列四个过程中 1 mol 理想气体的膨胀功。已知气体的初态体积为 25 dm^3,终态体积为 100 dm^3,初态、终态的温度均为 100 ℃。
(1) 可逆等温膨胀;
(2) 向真空膨胀;
(3) 外压恒定为终态压力下的膨胀;
(4) 开始膨胀时,外压恒定为体积等于 50 dm^3 时的平衡压力,当膨胀到体积为 50 dm^3 时,再在体积为 100 dm^3 的平衡压力下膨胀到终态。
试比较这四个过程功的数值,结果说明了什么?
((1) $W_1=-4.299$ kJ;(2) $W_2=0$;(3) $W_3=-2.326$ kJ;(4) $W_4=-3.10$ kJ)

17. 已知水(H_2O,l)在 100 ℃的饱和蒸气压 $p_s=101.325$ kPa,在此温度、压力下水的摩尔蒸发焓 $\Delta_{vap}H_m=40.668$ kJ·mol^{-1}。求在 100 ℃、101.325 kPa 下使 1 kg 水蒸气全部凝结成液体水时的 Q、W、ΔU、ΔH。设水蒸气为理想气体。 ($Q=\Delta H=-2257$ kJ,$W=172.2$ kJ,$\Delta U=-2085$ kJ)

18. 100 kPa 下,冰(H_2O,s)的熔点为 0 ℃。在此条件下冰的摩尔熔化焓 $\Delta_{fus}H_m=60.02$ kJ·mol^{-1}。已知在 $-10\sim0$ ℃范围内过冷水(H_2O,l)和冰的平均摩尔等压热容分别为 $C_{p,m}$(H_2O,l)$=76.28$ J·mol^{-1}·K^{-1} 和 $C_{p,m}$(H_2O,s)$=37.20$ J·mol^{-1}·K^{-1}。求在常压及 -10 ℃下过冷水结冰的摩尔凝固焓。
($\Delta_{sol}H_m=-59.63$ kJ·mol^{-1})

19. 已知水(H_2O,l)在 100 ℃的摩尔蒸发焓 $\Delta_{vap}H_m=40.668$ kJ·mol^{-1}。水和水蒸气在 25~100 ℃间的平均摩尔等压热容分别为 $C_{p,m}$(H_2O,l)$=75.75$ J·mol^{-1}·K^{-1} 和 $C_{p,m}$(H_2O,g)$=33.76$ J·mol^{-1}·K^{-1}。求在 25 ℃时水的摩尔蒸发焓。 ($\Delta_{vap}H_m=43.82$ kJ·mol^{-1})

20. 已知聚合反应 $2C_3H_6(g)\longrightarrow C_6H_{12}(g)$ 在 298.15 K 时的 $\Delta_rH_m=49.03$ kJ·mol^{-1},求该反应在 298.15 K 时的 Δ_rU_m。 ($\Delta_rU_m=51.51$ kJ·mol^{-1})

21. 已知气态苯和液态苯在 298.15 K 时的标准摩尔生成焓分别为 82.93 kJ·mol^{-1} 和 49.03 kJ·mol^{-1}。求苯在 298.15 K 时的标准摩尔汽化焓。 ($\Delta_{vap}H_m=33.9$ kJ·mol^{-1})

22. 25 ℃时乙苯(l)的标准摩尔生成焓 $\Delta_fH_m^{\ominus}=-18.60$ kJ·mol^{-1},苯乙烯(l)的标准摩尔燃烧焓 $\Delta_cH_m^{\ominus}=-4332.8$ kJ·mol^{-1}。计算在 25 ℃、100 kPa 时乙苯脱氢反应:

$$C_6H_5C_2H_5(l)\longrightarrow C_6H_5CH{=\!=}CH_2(l)+H_2(g)$$

的标准摩尔反应焓(其他热力学数据可查本书附录)。 ($\Delta_rH_m=-60.2$ kJ·mol^{-1})

23. 计算反应 $CH_3COOH(g)\longrightarrow CH_4(g)+CO_2(g)$ 在 727 ℃时的标准摩尔反应焓。已知该反应在 25 ℃时的标准摩尔反应焓为 -36.12 kJ·mol^{-1},CH_3COOH(g)、CH_4(g)与 CO_2(g)的平均摩尔等压热容分别为 66.5 J·mol^{-1}·K^{-1}、35.309 J·mol^{-1}·K^{-1} 与 37.11 J·mol^{-1}·K^{-1}。($\Delta_rH_m=-31.964$ kJ·mol^{-1})

24. 已知 25 ℃、100 kPa 时的下列反应:
① $C_2H_4(g)+3O_2(g)\longrightarrow 2CO_2(g)+2H_2O(g)$ $\Delta H_1=-136.8$ kJ·mol^{-1}
② $C_2H_6(g)+7/2O_2(g)\longrightarrow 2CO_2(g)+3H_2O(g)$ $\Delta H_2=-1545$ kJ·mol^{-1}
③ $H_2(g)+1/2O_2(g)\longrightarrow H_2O(g)$ $\Delta H_3=-241.8$ kJ·mol^{-1}

计算乙烷脱氢反应在此条件下的反应焓。　($\Delta_r H = -1166.4\ \mathrm{kJ \cdot mol^{-1}}$)

25. 人体所需的能量大多来源于食物在体内的氧化反应，例如葡萄糖在细胞中与氧气发生氧化反应生成 CO_2(g)和 H_2O(l)，并释放出能量。通常用燃烧焓来估算人们对食物的需求量。若葡萄糖的标准摩尔生成焓为$-1260\ \mathrm{kJ \cdot mol^{-1}}$，试求葡萄糖的标准摩尔燃烧焓(其他热力学数据可查本书附录)。

($\Delta_c H_m = -2816.094\ \mathrm{kJ \cdot mol^{-1}}$)

26. 应用附录中有关物质的热化学数据，计算 25 ℃时反应

$$2CH_3OH(l) + O_2(g) = HCOOCH_3 + 2H_2O(l)$$

的标准摩尔反应焓，要求：

(1) 应用 25 ℃的标准摩尔生成焓数据，$\Delta_f H_m^\ominus(HCOOCH_3, l) = -379.07\ \mathrm{kJ \cdot mol^{-1}}$；

(2) 应用 25 ℃的标准摩尔燃烧焓数据。

((1) $\Delta_r H_m = -473.5\ \mathrm{kJ \cdot mol^{-1}}$；(2) $\Delta_r H_m = -472.5\ \mathrm{kJ \cdot mol^{-1}}$)

27. 已知 25 ℃甲酸甲酯($HCOOCH_3$,l)的标准摩尔燃烧焓 $\Delta_c H_m^\ominus$为$-979.5\ \mathrm{kJ \cdot mol^{-1}}$，甲酸($HCOOH$,l)、甲醇($CH_3OH$,l)、水($H_2O$,l)及二氧化碳($CO_2$,g)的标准摩尔生成焓 $\Delta_f H_m^\ominus$分别为$-424.72\ \mathrm{kJ \cdot mol^{-1}}$、$-238.66\ \mathrm{kJ \cdot mol^{-1}}$、$-285.83\ \mathrm{kJ \cdot mol^{-1}}$及$-393.509\ \mathrm{kJ \cdot mol^{-1}}$。应用这些数据求 25 ℃时下列反应的标准摩尔反应焓：

$$HCOOH(l) + CH_3OH(l) = HCOOCH_3(l) + H_2O(l)$$

($\Delta_r H_m = -1.628\ \mathrm{kJ \cdot mol^{-1}}$)

28. 已知 CH_3COOH(g)、CH_4(g)和 CO_2(g)的平均摩尔等压热容 $C_{p,m}$分别为 $52.3\ \mathrm{J \cdot mol^{-1} \cdot K^{-1}}$、$37.7\ \mathrm{J \cdot mol^{-1} \cdot K^{-1}}$和 $31.4\ \mathrm{J \cdot mol^{-1} \cdot K^{-1}}$。试用附录中化合物的标准摩尔生成焓计算 1000 K 时下列反应的标准反应焓：

$$CH_3COOH(g) = CH_4(g) + CO_2(g)$$　($\Delta_r H_m = -8.39\ \mathrm{kJ \cdot mol^{-1}}$)

29. 对于化学反应　$CH_4(g) + H_2O(g) = CO(g) + 3H_2(g)$

应用本书附录中物质在 25 ℃时的标准摩尔生成焓数据及摩尔等压热容与温度的函数关系：

(1) 将 $\Delta_r H_m^\ominus(T)$表示成温度的函数关系式；

(2) 求该反应在 1000 K 时的 $\Delta_r H_m^\ominus$。

((1) $\Delta_r H_m^\ominus(T) = (232.2\times10^3 + 69.657T - 38.0\times10^{-3}T^2 + 5.95\times10^{-6}T^3\ \mathrm{J \cdot mol^{-1}}$；

(2) $\Delta_r H_m^\ominus = 269.8\ \mathrm{kJ \cdot mol^{-1}}$)

第2章　热力学第二定律

热力学第一定律指出，隔离系统的能量是守恒的，各种能量之间可以相互转化。例如某物体自由下落过程，物体的势能先转变为动能，动能再转变为热能，这个过程自动发生。但如果让该物体回到原来的位置，则需要外力对它做功，这时机械能又转变为物体的势能，这个逆过程能量也是守恒的，但不能自动发生。大量事实证明，自然界的任何变化都不违反热力学第一定律，但不违反热力学第一定律的变化未必都能自动发生，自然界的宏观过程在一定条件下都有确定的方向和限度。热力学第二定律就是要解决过程进行的方向和限度这两个方面的问题。

热功交换的问题，最初仅局限于讨论热机的效率，但客观世界总是彼此相互联系、相互制约、相互渗透，特殊性寓于共性之中。热力学第二定律正是抓住了事物的共性，根据热功交换的规律，提出了具有普遍意义的熵函数。根据这个函数以及由此导出的其他热力学函数，可解决化学反应的方向性和限度问题。

热力学第二定律与热力学第一定律都是人类经验的总结，虽然它的正确性不能用数学逻辑证明，但以它为出发点推演出的无数结论，没有一个与实验事实相违背，因而其可靠性是毋庸置疑的。

2.1　自发过程与热力学第二定律的经验叙述

2.1.1　自发过程的共同特征

所谓“自发过程”是指在自然条件下，可以自动发生的过程。例如：当冷、热两物体接触时，热量自发地从高温物体传向低温物体，直至两物体温度相等为止；在没有阻隔的情况下，气体自发地从高压区流向低压区，直至压力相等为止；当有通道形成时，水自发地从高处流向低处，直至两处水位相等为止；当用导线将电池正极与负极连接时，如果两极有电势差，电流自动地从正极流向负极，直到两极电势相等为止。自然界里可以举出许许多多自发过程的例子，而它们的逆过程都是不能自动发生的。

实践表明，自然界一切自发过程都有确定的方向和限度，都具有变化方向的单一性。即自发过程都具有不可逆性，都是不可逆过程，这就是一切自发过程的共同特征。所谓不可逆性，并不是说这个过程的逆过程不能进行，而是说，如果借助外力的帮助，让它逆向进行时，系统能完全复原，但环境不能完全复原，一定会留下不可磨灭的痕迹，这种痕迹无论用什么曲折的办法都不可能消除。

例如，气体向真空膨胀是一自发过程，若要使膨胀后的气体恢复原状，需经等温压缩过程将气体压缩回到原状，在此压缩过程中，环境必须对气体做功 W，同时气体需要向环境放热 Q，由热力学第一定律可知 $-W=Q$，即在系统恢复原状时，环境损失了功 W，而得到热 Q。可见，要使环境也恢复原状，在于环境中得到的这部分热能否无条件地全部转变为功。又如，化学反应 $Cd(s)+PbCl_2(aq)=\!=\!=CdCl_2(aq)+Pb(s)$ 正向是自发过程，并放出热量 Q。过程发生后，要使系统恢复原状，需对系统进行电解，电解时需做电功 W，同时放热 Q'。结果系统可以恢复到原状，环境损失了功 W，而得到了热 $Q+Q'$，由热力学第一定律可知 $W=-(Q+Q')$。同样地，要使环境也恢复原状，在于环境中得到的热能否无条件地全部转变为功。再如，当高温物体A与低温物体B相接触时，热从高温物体A自动地流向低温物体B，直到温度相等，要使它们恢复原状，必须设法从低温物体B中取出这部分热，物体B恢复到原来的温度（即原状）；再将这部分热完全转变为功，去加热物体A使之回到原来的温度，可使A也复原。无数实验表明，任一自发过程，让其返回时，环境无一例外地要付出代价，即环境不可能完全恢复原状。热与功的转化也是有方向性的，功可以自发地全部转变为热，但在不引起其他变化的条件下，热不能全部转变为功。要使热全部转变为功，必然引起其他变化。例如在理想气体等温可逆膨胀时，系统从环境中吸热，并全部转变为功，但作为系统的理想气体状态发生了变化，压力减小，体积增大。

自发过程具有做功的潜力，配上合适的装置，原则上一切自发过程都可以用来做功。随着自发过程的进行，其高度差、压力差、温度差等逐渐减小，直至达到平衡，做功能力完全消耗。例如长江之水在未筑三峡大坝之前，水力资源白白地浪费，而筑起三峡大坝后，可利用水位差发电，将水力资源转变为电力资源。

2.1.2　热力学第二定律的经验叙述

正如前述，热力学第二定律是在研究热功的转换效率的基础上提出来的。由于自发过程很多，而这些自发过程都是相互关联的。从一个自发过程的不可逆性可以推断出另一个自发过程的不可逆性。人们逐渐总结出反映同一客观规律的简便说法，可以用某种不可逆过程来概括其他不可逆过程，所得出的普遍原理就是热力学第二定律。因此，热力学第二定律的说法可以有多种，各种说法都是等价的，这里列举比较典型的两种说法。

克劳修斯(R. Clausius)说法："不可能把热由低温物体传给高温物体而不引起其他变化。"

开尔文(L. Kelvin)说法："不可能从单一热源取热使之完全转化为功，而不发生其他变化。"

为了区别于第一类永动机，把从单一热源取热而完全转化为功的机器称为第二类永动机，它并不违背热力学第一定律，却没有制造成功。因此，开尔文说法也可简化为"第二类永动机不可能造成"。

这两种说法都是指某一件事情是"不可能"的，即指出某种自发过程的逆过程不能自发进行。前一种说法是指出热传导的不可逆性，后一种说法是指摩擦生热（即功转变为热）的过程的不可逆性，这两种说法的叙述形式虽然不同，但所阐明的规律是一致的。若热可以自动地从低温物体流向高温物体，那么就可以利用热机从高温物体取热做功，同时向低温物体放热，而低温物体所获得的热又能自动流向高温物体，此时低温物体复原，但如果从高温热源取热完全转化为功而没有发生其他变化，这样就可以设计第二类永动机了，人们就可从大海或空气这样的巨大单一热源中，源源不断取出热转化为功，这样的功的获得将是十分经济的。实践证明，第二类永动机是不可能造成的。如果第一类永动机是制造能量的话，那么第二类永动机就是将损失的能量无偿地再产生出来，但那都是不可能实现的。

人们认识热力学第二定律，首先是从研究热功转化效率开始的。卡诺研究热机效率，并提出卡诺定理，而克劳修斯从分析卡诺循环过程中的热功转化关系入手，最终发现了热力学第二定律中最基本的状态函数——熵。

2.2　卡诺循环与卡诺定理

2.2.1　热机效率

热机是一种从高温热源吸热，一部分用来对环境做功，剩余的热放给低温热源的机器(如图 2-1 所示)。设高温热源的温度为 T_1，低温热源的温度为 T_2，热机从高温热源吸热 Q_1，对环境做功 W，向低温热源放热 Q_2，则热机效率为

$$\eta=\frac{-W}{Q_1}=\frac{Q_1+Q_2}{Q_1}=1+\frac{Q_2}{Q_1} \tag{2-1}$$

由热力学第二定律可知，热机效率永远小于 1。

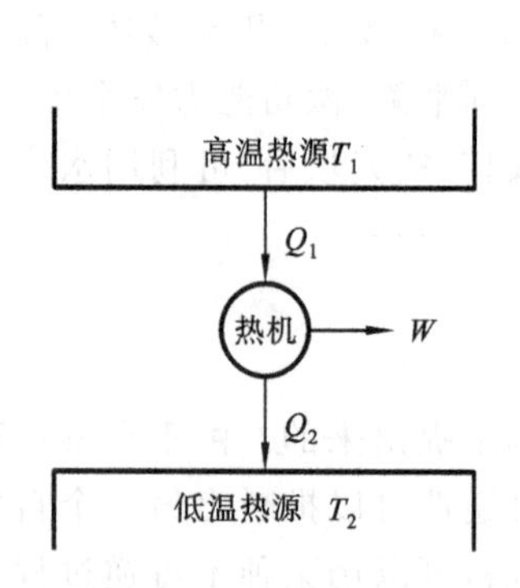

图 2-1　热机工作原理示意图

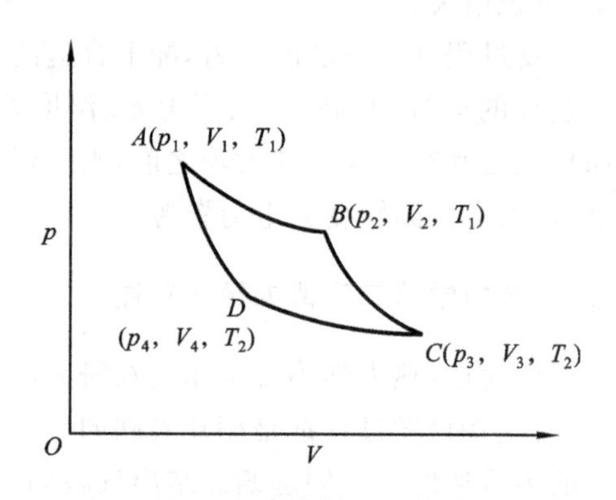

图 2-2　卡诺循环示意图

2.2.2　卡诺循环

1824 年 6 月 12 日，法国工程师卡诺在其题为《论火的动力》的论文中提出，热机在最理想的情况下，也不能把从高温热源吸收的热全部转化为功，热机效率并不能无限制地提高，而是存在着一个极限。卡诺设计了一种在两个热源间工作的理想热机，这种热机以理想气体为工作物质，由两个等温可逆过程和两个绝热可逆过程构成一个循环过程，这种循环过程称为卡诺循环(图 2-2)。

(1) $A\rightarrow B$ 等温可逆膨胀：

状态为 $A(p_1,V_1,T_1)$的理想气体，与高温热源(T_1)接触，经等温可逆膨胀到状态 $B(p_2,V_2,T_1)$，系统从高温热源吸热 Q_1且对环境做功 W_1，由于 $\Delta U=0$，则

$$Q_1=-W_1=nRT_1\ln\frac{V_2}{V_1} \tag{2-2}$$

(2) $B\rightarrow C$ 绝热可逆膨胀：

从状态 B 经绝热可逆膨胀到状态 $C(p_3,V_3,T_2)$，系统温度由 T_1 降至 T_2且对环境做功 W_2，由于 $Q=0$，则

$$W_2=\Delta U_2=nC_{V,\mathrm{m}}(T_2-T_1) \tag{2-3}$$

(3) $C\rightarrow D$ 等温可逆压缩：

从状态 C 经等温可逆压缩到状态 $D(p_4,V_4,T_2)$，系统得到 W_3的功并向低温热源(T_2)放热 Q_2，由于 $\Delta U_3=0$，则

$$Q_2 = -W_3 = nRT_2 \ln \frac{V_4}{V_3} \tag{2-4}$$

(4) $D \to A$ 绝热可逆压缩：

状态 D 经绝热可逆压缩回到始态 A，系统得到功 W_4，温度由 T_2 升至 T_1，由于 $Q=0$，则

$$W_4 = \Delta U_4 = nC_{V,m}(T_1 - T_2) \tag{2-5}$$

上述四步构成了一个可逆循环，系统恢复原来状态。整个循环中系统对环境所做的总功为 $-W$，它等于图 2-2 中 $ABCD$ 四边形所包围的面积，即

$$-W = -(W_1 + W_2 + W_3 + W_4) = nRT_1 \ln \frac{V_2}{V_1} + nRT_2 \ln \frac{V_4}{V_3}$$

虽然两个绝热过程经过一个循环之后对外做的总功为零，与环境也没有热交换，但是如果没有绝热膨胀过程 BC 与绝热压缩过程 DA，只有等温过程的话，一个循环过程后系统对外做功就为零了(四边形 $ABCD$ 的面积变为零)，因而为了对外做功，必须有绝热过程。过程(2)和过程(4)都是理想气体的绝热可逆过程，则有

$$T_1 V_2^{\gamma-1} = T_2 V_3^{\gamma-1}$$

$$T_1 V_1^{\gamma-1} = T_2 V_4^{\gamma-1}$$

两式相除得

$$\frac{V_2}{V_1} = \frac{V_3}{V_4}$$

代入总功表达式，得

$$-W = nRT_1 \ln \frac{V_2}{V_1} - nRT_2 \ln \frac{V_2}{V_1} = nR(T_1 - T_2) \ln \frac{V_2}{V_1} \tag{2-6}$$

由于系统复原，$\Delta U=0$，所以卡诺循环中系统与环境所交换的总功等于系统总的热效应，即

$$-W = Q_2 + Q_1 \tag{2-7}$$

对于卡诺循环，其热机效率为

$$\eta_R = \frac{-W}{Q_1} = \frac{Q_2 + Q_1}{Q_1} = \frac{nR(T_1 - T_2)\ln \frac{V_2}{V_1}}{nRT_1 \ln \frac{V_2}{V_1}} = \frac{T_1 - T_2}{T_1} = 1 - \frac{T_2}{T_1} \tag{2-8}$$

由式(2-8)可知，卡诺循环的热机效率只与两热源的温度有关。两热源的温差越大，热机的效率越大；若 $T_1=T_2$，则 $\eta=0$，即热不能转化为功；T_2 不能为 0 K，因而热机效率总是小于 1。这就给提高热机效率指明了方向。

2.2.3　卡诺定理

卡诺认为："所有工作于同温热源与同温冷源之间的热机，其效率不可能超过可逆热机。"换言之，可逆热机的效率是最高的。这就是卡诺定理。设一般热机效率为 η_i，可逆热机效率为 η_R，卡诺定理可表示为

$$\eta_i \leqslant \eta_R$$

现假设在高温热源 T_1 和低温热源 T_2 之间，有任意热机 i 和可逆热机 R，它们都可从高温热源取出热，并做功，再放热给低温热源。若调节两热机使之做功相同，即 $|W_i| = |W_R|$，但从热源取热与放热可以不同。将两热机联合运行，如图 2-3 所示。任意热机的工作物质进行一个循环后，从高温热源吸热为 Q_i，做功为 $|W_i|$，放热 $Q_i - |W_i|$ 到低温热源，其效率为 η_i，则

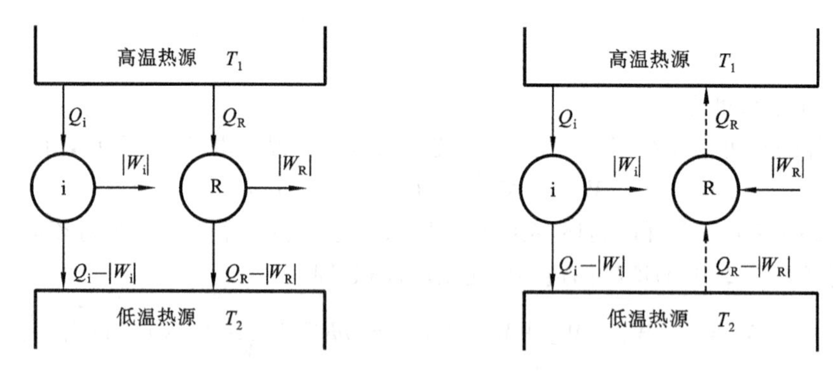

图 2-3 卡诺定理的证明示意图

$$\eta_i = \frac{|W_i|}{Q_i}$$

将任意热机所做的功$|W_i|$提供给可逆热机,以此功$|W_i|$使可逆热机逆向运行。它为了向高温热源放出 Q_R的热,单靠得到的功$|W_i|$还不够,还需从低温热源吸热 $Q_R-|W_i|$。可逆热机的效率为

$$\eta_R = \frac{|W_i|}{Q_R}$$

如果假设 $\eta_i>\eta_R$,即$|W_i|/Q_i>|W_i|/Q_R$,因此有 $Q_R>Q_i$。即循环完成时,两个热机(系统)都恢复到原来的状态,最后除了热源有热量交换外,无其他变化。

从低温热源取热为 $Q_R-Q_i>0$

高温热源得到热为 $Q_R-Q_i>0$

这就是说,在无外界干扰下,如果将这样的两个热机联合运行,就可把 Q_R-Q_i的热从低温热源传给高温热源而不引起其他变化,这表明联合热机是一部第二类永动机。显然,这是违背热力学第二定律的,故假设是错误的。因此有 $\eta_R\geqslant\eta_i$,据此,结合式(2-8)可得

$$\frac{T_1-T_2}{T_1}\geqslant\frac{Q_1+Q_2}{Q_1} \tag{2-9}$$

式中,“>”用于不可逆热机,“=”用于可逆热机。卡诺定理虽然讨论的是热机效率,并且解决了热机效率的极限值问题,但它同时具有非常重大的意义,因为在它的公式中引入了不等号。前面已经讲到所有不可逆过程是互相关联的,由一个过程的不可逆性可以推断出另一个过程的不可逆性,因而对所有的不可逆过程就可以找到一个共同的判断准则。由于热功交换的不可逆性,而在公式中引入了不等号,这对于其他过程同样可以使用。正是这个不等号最终解决了化学反应的方向问题。

卡诺定理的提出比热力学第一定律早 20 多年,当时热质论盛行。热质论认为“热质”是一种没有质量、没有体积的物质,它存在于物质之中,热质越多,温度越高。热质论认为,热传导就是热质从高温物体流动到低温物体。卡诺虽然对热质论有所怀疑,但在证明他的定理时仍旧使用了热质论的观点。他认为热从高温传到低温,就像水从高处流向低处一样,“质量”没有损失。在热质论被推翻后,依靠热力学第一定律不能证明卡诺定理,要证明它的正确性,则需要一个新的原理。克劳修斯和开尔文就是从这里提出他们关于热力学第二定律的两种说法的。

热力学第二定律的理论证明了卡诺定理,而通过卡诺定理又建立了熵函数和克劳修斯不等式以及熵增原理。热力学第一定律解决了有关热化学的许多问题,而热力学第二定律解决了变化的方向和限度问题。下面介绍熵的概念与熵增原理。

2.3　熵的概念——熵与熵增原理

2.3.1　可逆循环过程与可逆过程的热温商

由卡诺定理可知，若系统进行可逆循环，则式(2-9)取等号，即

$$\frac{T_1 - T_2}{T_1} = \frac{Q_1 + Q_2}{Q_1}$$

上式整理后可得

$$\frac{Q_1}{T_1} + \frac{Q_2}{T_2} = 0 \tag{2-10}$$

式中，$\frac{Q_i}{T_i}$称为过程的“热温商”。其中，$\frac{Q_1}{T_1}$为等温可逆膨胀过程中系统自热源 T_1 所吸收的热量与热源温度之比，而$\frac{Q_2}{T_2}$为等温可逆压缩过程中系统放给热源 T_2 的热量与热源温度之比。应该注意：T_i 为热源的温度，只有在可逆过程中才可以看成是系统的温度，在这种情况下二者相等。

式(2-10)表明，在卡诺循环中，过程的热温商之和为零。

对于任意的可逆循环来说，所接触到的热源有许多个，如图 2-4 所示，图中 ABA 代表任意的可逆循环。此时用若干条彼此极为接近的等温可逆线和绝热可逆线，将整个封闭曲线分割成许多个小的卡诺循环。如果每一个卡诺循环取得非常小，工作物质从热源中吸收或放出的热也很少，为 δQ_i，并且前一个循环的绝热可逆膨胀线在下一个循环里成为绝热可逆压缩线(见图中虚线部分)，在每一条绝热线上，过程都是正、逆方向各进行一次，过程中的功恰好彼此抵消。因此，在极限情况下，这些小的卡诺循环的总效应与图中封闭曲线相当，即可用一连串极小的卡诺循环来代替任意的可逆循环。

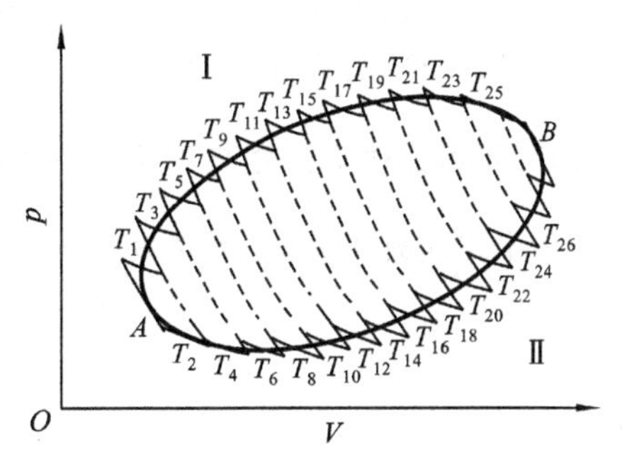

图 2-4　任意的可逆循环与卡诺循环的关系

对于每一个小的卡诺循环，都有下列关系：

$$\frac{\delta Q_1}{T_1} + \frac{\delta Q_2}{T_2} = 0,\quad \frac{\delta Q_3}{T_3} + \frac{\delta Q_4}{T_4} = 0,\quad \cdots,\quad \frac{\delta Q_i}{T_i} + \frac{\delta Q_{i+1}}{T_{i+1}} = 0$$

各式相加，得

$$\frac{\delta Q_1}{T_1} + \frac{\delta Q_2}{T_2} + \frac{\delta Q_3}{T_3} + \frac{\delta Q_4}{T_4} + \cdots + \frac{\delta Q_i}{T_i} + \frac{\delta Q_{i+1}}{T_{i+1}} = 0$$

或

$$\sum \left(\frac{\delta Q_i}{T_i}\right)_{\mathrm{R}} = 0$$

推广为

$$\oint \left(\frac{\delta Q_i}{T_i}\right)_{\mathrm{R}} = 0 \tag{2-11}$$

式中，符号$\oint$代表环程积分。

由此可见，在任意的可逆循环过程中，其热温商之和为零。

现在再来讨论可逆过程的热温商。如果在上述可逆循环过程的曲线上任取两个点 A 和 B,将循环分为两段,即 $A \rightarrow B$ 和 $B \rightarrow A$,这两段也是可逆过程。整个循环过程就由两个可逆过程(Ⅰ)和(Ⅱ)构成(见图 2-4),则式(2-11)可看作两项积分之和,即

$$\int_A^B \left(\frac{\delta Q}{T}\right)_{R_{\text{I}}} + \int_B^A \left(\frac{\delta Q}{T}\right)_{R_{\text{II}}} = 0$$

则

$$\int_A^B \left(\frac{\delta Q}{T}\right)_{R_{\text{I}}} = -\int_B^A \left(\frac{\delta Q}{T}\right)_{R_{\text{II}}} = \int_A^B \left(\frac{\delta Q}{T}\right)_{R_{\text{II}}}$$

此式表示从 A 到 B 沿途径(Ⅰ)与沿途径(Ⅱ)的积分相等,说明这一积分值只取决于系统的始态、终态,而与变化途径无关,它反映出系统某个状态性质的变化。据此,克劳修斯定义了一个新的热力学函数——熵,用符号 S 表示。

当系统的状态由 A 变到 B 时,熵的变化为

$$\Delta S = S_B - S_A = \int_A^B \left(\frac{\delta Q}{T}\right)_R \tag{2-12}$$

若 A 和 B 两个平衡态非常接近,则熵变可写成微分形式:

$$\mathrm{d}S = \left(\frac{\delta Q}{T}\right)_R \tag{2-13}$$

对于不做非体积功的微小可逆过程,应用热力学第一定律,$\delta Q = \mathrm{d}U + p\mathrm{d}V$,代入上式得

$$\mathrm{d}S = \left(\frac{\mathrm{d}U + p\mathrm{d}V}{T}\right)_R \tag{2-14}$$

右边出现的变量均为系统的状态函数,故熵也是系统的状态函数,为一广度量。它与内能 U、体积 V 一样,具有加和性,其单位为 $\mathrm{J \cdot K^{-1}}$。

2.3.2 不可逆循环过程与不可逆过程的热温商

由卡诺定理可知,若系统发生不可逆循环过程,则式(2-9)取“>”,即

$$\frac{T_1 - T_2}{T_1} > \frac{Q_1 + Q_2}{Q_1}$$

整理后可得

$$\frac{Q_1}{T_1} + \frac{Q_2}{T_2} < 0 \tag{2-15}$$

因此对于任意不可逆循环过程,设系统在循环过程中与 n 个热源接触,吸取的热量分别为 $\delta Q_1, \delta Q_2, \cdots, \delta Q_n$,则上式可推广为

$$\left(\sum_{i=1}^{n} \frac{\delta Q_i}{T_i}\right)_{\text{I}} < 0 \tag{2-16}$$

此式表明,不可逆循环过程的热温商之和小于零。

假定在图 2-4 中过程(Ⅰ)为不可逆过程,系统经过程(Ⅰ)由 $A \rightarrow B$,再经可逆过程(Ⅱ)由 $B \rightarrow A$,那么整个循环属于不可逆循环,因而有

$$\left(\sum_i \frac{\delta Q_i}{T_i}\right)_{\text{I}(A \rightarrow B)} + \left(\sum_i \frac{\delta Q_i}{T_i}\right)_{R(B \rightarrow A)} < 0$$

又因为

$$\left(\sum_i \frac{\delta Q_i}{T_i}\right)_{R(B \rightarrow A)} = S_A - S_B$$

则

$$\Delta S = S_B - S_A > \left(\sum_i \frac{\delta Q_i}{T_i}\right)_{\text{I}(A \rightarrow B)} \tag{2-17}$$

这表明,系统从状态 A 经过不可逆过程变到状态 B,该过程的热温商之和小于系统的熵变。

应当指出:在相同始态、终态间的变化过程中,存在着可逆过程与不可逆过程。按定义,只有可逆过程的热温商之和才等于系统的熵变,而不可逆过程的热温商之和小于系统的熵变。

因此,可以根据式(2-17)判断一个实际过程是否可逆。在相同的始态、终态之间,如果进行可逆过程,其系统的熵变等于过程的热温商之和;如果进行不可逆过程,其系统的熵变大于过程的热温商之和。用数学式表示为

$$\Delta S_{A\to B} \geqslant \sum_{A}^{B} \frac{\delta Q_i}{T_i} \tag{2-18a}$$

式(2-18a)称为克劳修斯不等式,即热力学第二定律的数学表达式。ΔS 是系统的熵变,δQ 是过程中系统和环境交换的热,T 是热源的温度。式中"="用于可逆过程,">"用于不可逆过程,可逆过程中环境的温度等于系统的温度,δQ_i 也是可逆过程中的热效应。而且作为可逆性判据的克劳修斯不等式也是不可逆程度的度量,过程的热温商比系统的熵变小得越多,说明过程的不可逆程度越大。

如果将式(2-18a)应用到微小的过程上,则得到

$$\mathrm{d}S \geqslant \frac{\delta Q}{T} \tag{2-18b}$$

这是热力学第二定律的最普遍的表达式。因为这个式子所涉及的过程是微小的变化,它相当于组成其他过程的基元过程(也简称为元过程)。

2.3.3 熵增原理

由克劳修斯不等式,即式(2-18b)知,若过程是绝热的,即 $\delta Q=0$,则有

$$\mathrm{d}S_{\text{绝热}} \geqslant 0 \tag{2-19a}$$

或

$$\Delta S_{\text{绝热}} \geqslant 0 \tag{2-19b}$$

大于号表示不可逆,等号表示可逆。由此得出一个重要的结论:在绝热系统中,若发生一个可逆过程,则系统的熵值不变;若发生一个不可逆过程,则系统的熵值必然增加。即绝热系统的熵值永不减少,这就是著名的熵增原理。

应该指出,不可逆过程可以是自发的,也可以是非自发的。在绝热封闭系统中,系统与环境无热量交换,但可以有功的交换。若在绝热封闭系统中发生一个依靠外力(即环境对系统做功)进行的非自发过程,则系统的熵值也是增加的。

对于隔离系统,系统与环境间既无热的交换也无功的交换,当然就是绝热的,因而在隔离系统中发生的不可逆过程必定是自发过程,当熵值不再增加时即处于平衡态,因此也可以用下式判断自发变化的方向:

$$\Delta S_{\text{隔离}} \geqslant 0 \quad \begin{pmatrix} > \text{自发} \\ = \text{平衡} \end{pmatrix} \tag{2-20}$$

隔离系统是一种假想状态,一个实际的系统和环境总有些联系,不可能完全隔离,如果把系统及与系统密切相关的环境包括在一起,当作一个隔离系统,则应有

$$\Delta S_{\text{隔离}} = \Delta S_{\text{系统}} + \Delta S_{\text{环境}} \geqslant 0 \quad \begin{pmatrix} > \text{自发} \\ = \text{平衡} \end{pmatrix} \tag{2-21}$$

式(2-21)称为熵判据,在实际生产和科学研究中,常用来判断过程进行的方向与限度,它

也是热力学第二定律的另一种表现形式。即隔离系统中,自发过程的方向总是朝着熵值增大的方向进行,直到在该条件下系统熵值达到最大为止,即隔离系统中过程的限度就是其熵值达到最大。这是熵增原理在隔离系统的推广,隔离系统中熵值永不减少。

从熵函数的引出到它的应用,对熵函数应有如下理解。

(1) 熵是系统的状态函数,其改变值仅取决于系统的始态、终态,而与变化的途径无关。始态、终态确定后,熵变的值是定值,由可逆过程的热温商度量。

(2) 熵是广度量,具有加和性,整个系统的熵是各个部分的熵的总和。

(3) 系统熵变和环境熵变的总和可用来判断过程进行的方向及限度。

(4) 系统或环境的熵均可变化,但隔离系统内不可能出现总熵减少的情况。

有了熵的概念和熵增原理及其数学表达式,热力学第二定律就以定量的形式被表示出来了,而且涵盖了热力学第二定律的多种文字表述。例如,假定实现了一定量的热量从低温热源 T_2 传到了高温热源 T_1,而没有引起其他变化,则两热源构成一个隔离系统,此时有

$$\mathrm{d}S=\frac{\delta Q}{T_1}-\frac{\delta Q}{T_2}=\delta Q\left(\frac{1}{T_1}-\frac{1}{T_2}\right)<0$$

即熵值减小,显然这是不可能发生的,同样也可以用来证明开尔文说法的正确性。

随着科学的发展,熵的概念扩大应用于许多学科,例如形成了非平衡态热力学,在信息领域也引用了熵的概念等,这是克劳修斯始料不及的。

2.4 熵变的计算

计算过程中的熵变时,应该记住熵是系统的状态函数,系统由指定的始态变化到指定的终态,熵变 $\Delta S_{系统}$ 为一定值,与过程的可逆与否无关。因此,不管实际过程的性质如何,只要始态和终态一定,就可以设计一些可逆过程来计算实际过程的熵变,故系统熵变计算的基本式为

$$\Delta S_{系统}=\int_A^B\left(\frac{\delta Q}{T}\right)_{\mathrm{R}} \tag{2-22}$$

对于实际过程,系统熵变计算的常用步骤:①确定系统始态 A 和终态 B;②设计由 A 至 B 的可逆过程;③由式(2-22)计算系统的熵变。

如果计算隔离系统的熵变,则还需计算环境的熵变。与系统相比,环境范围很大,通常由大量的不会发生相变和化学变化的物质构成,处于热力学平衡态。当环境与系统间交换有限量的热和功时,环境的温度和压力局部有极其微小的变化,甚至可以看作不变。在这种情况下,虽然实际过程是不可逆的,但环境吸热或放热的过程可以当作以可逆方式进行,环境吸收或放出的热与系统放出或吸收的热在数值上是相等的,只是符号相反,因此,环境的熵变计算式为

$$\Delta S_{\mathrm{e}}=-\frac{Q_{实际}}{T_{环境}} \tag{2-23}$$

2.4.1 理想气体单纯 pVT 变化过程

单纯状态变化过程熵变的计算,主要是根据熵的定义式再结合热力学第一定律导出的关系式。

根据熵的定义式

$$dS = \frac{\delta Q_R}{T}$$

此外，从热力学第一定律可知，当 $\delta W' = 0$ 时，对于理想气体有

$$\delta Q_R = dU + p dV = nC_{V,m} dT + p dV$$

代入熵变的计算式中，得

$$dS = \frac{\delta Q_R}{T} = \frac{nC_{V,m} dT}{T} + \frac{nR dV}{V} \tag{2-24}$$

理想气体的 $C_{V,m}$ 为常数，积分得

$$\Delta S = nC_{V,m} \ln \frac{T_2}{T_1} + nR \ln \frac{V_2}{V_1} \tag{2-25}$$

将理想气体状态方程 $pV = nRT$ 代入上式，可得

$$\Delta S = nC_{p,m} \ln \frac{T_2}{T_1} - nR \ln \frac{p_2}{p_1} \tag{2-26}$$

$$\Delta S = nC_{V,m} \ln \frac{p_2}{p_1} + nC_{p,m} \ln \frac{V_2}{V_1} \tag{2-27}$$

式(2-25)、式(2-26)、式(2-27)都是理想气体 pVT 变化过程熵变的普遍公式，用三个式子计算出来的结果相同。

这些公式还可以进一步简化如下：

等温过程的熵变　$$\Delta S = nR \ln \frac{V_2}{V_1} = nR \ln \frac{p_1}{p_2} \tag{2-28}$$

等容变温过程的熵变　$$\Delta S = nC_{V,m} \ln \frac{T_2}{T_1} \tag{2-29}$$

等压变温过程的熵变　$$\Delta S = nC_{p,m} \ln \frac{T_2}{T_1} \tag{2-30}$$

【例 2-1】 体积为 2.0×10^{-2} m^3 的 1 mol 某气体从 300 K 加热到 600 K，其体积变为 0.10 m^3。计算该过程的熵变 ΔS（已知 $C_{V,m} = 19.37 + 3.39 \times 10^{-3} T$ $J \cdot mol^{-1} \cdot K^{-1}$）。

解　由于摩尔热容不为平均值，不能视为常数，故式(2-24)的积分式为

$$\Delta S = \int_{T_1}^{T_2} C_{V,m} \frac{dT}{T} + nR \ln \frac{V_2}{V_1}$$

$$= \left(1 \times \int_{300}^{600} \frac{19.37 + 3.39 \times 10^{-3} T}{T} dT + 1 \times 8.314 \times \ln \frac{0.10}{2.0 \times 10^{-2}}\right) J \cdot K^{-1} = 27.82\ J \cdot K^{-1}$$

【例 2-2】 1 mol 理想气体，300 K 下由 101.325 kPa 等温可逆膨胀至 10.1325 kPa，计算过程的熵变。若该气体从同一始态经向真空膨胀过程变化到相同的终态，过程的熵变又为多少？

解　(1)过程Ⅰ是等温可逆过程，$Q_R = -W_{max}$，则

$$\Delta S_{\mathrm{I}} = nR \ln \frac{p_1}{p_2} = 1 \times 8.314 \times \ln \frac{101325}{10132.5}\ J \cdot K^{-1} = 19.14\ J \cdot K^{-1}$$

环境的熵变与系统的熵变的值相等，但符号相反，即

$$\Delta S_e = -\Delta S_{\mathrm{I}} = -19.14\ J \cdot K^{-1}$$

(2) 过程Ⅱ的始态、终态与过程Ⅰ相同，因熵是状态函数，ΔS 只取决于始态、终态，与途径无关，所以

$$\Delta S_{\mathrm{II}} = \Delta S_{\mathrm{I}} = 19.14\ J \cdot K^{-1}$$

由于 $p_e = 0$，有 $Q = -W = 0$，则

$$\Delta S_e = -\frac{Q_{实际}}{T_e} = 0$$

$$\Delta S_{隔离} = \Delta S_{\mathrm{II}} + \Delta S_e = 19.14\ J \cdot K^{-1} > 0$$

即过程Ⅱ为不可逆过程。

【例 2-3】 1 mol N_2在 298 K、1.01 MPa 下对抗 0.101 MPa 的恒定外压绝热膨胀到压力为 0.101 MPa。已知 N_2的 $C_{p,m}=3.5R$,求系统熵变。

解　设 N_2为理想气体,其状态变化为

$T_1=298$ K, $p_1=1.01$ MPa	—— 对抗0.101 MPa的恒定外压 绝热膨胀 ——→	$T_2=?$, $p_2=0.101$ MPa

因为绝热过程 pVT 均发生变化,要想利用式(2-26)求熵变,需先求 T_2。

利用热力学第一定律,绝热过程 $\Delta U=W$,其中

$$\Delta U = nC_{V,m}(T_2-T_1)=n(C_{p,m}-R)(T_2-T_1)=2.5R(T_2-T_1)$$

$$W=-p_e(V_2-V_1)=-p_2\left(\frac{nRT_2}{p_2}-\frac{nRT_1}{p_1}\right)=-nR\left(T_2-\frac{p_2}{p_1}T_1\right)$$

联立求解得

$$T_2=[2.5+(p_2/p_1)]T_1/(2.5+1)=[2.5+(0.101/1.01)]\times 298/3.5\text{ K}=221\text{ K}$$

$$\begin{aligned}\Delta S&=nC_{p,m}\ln\frac{T_2}{T_1}-nR\ln\frac{p_2}{p_1}\\&=1\times\left[\left(3.5\times 8.314\times\ln\frac{221}{298}\right)-\left(8.314\times\ln\frac{0.101}{1.01}\right)\right]\text{ J}\cdot\text{K}^{-1}\\&=(-8.70+19.14)\text{ J}\cdot\text{K}^{-1}\\&=10.44\text{ J}\cdot\text{K}^{-1}\end{aligned}$$

可见,当发生绝热膨胀时,虽然温度下降,压力也下降,但体积增大,最终熵值仍是增大的。

2.4.2　理想气体混合过程

等温下,混合两种压力相等的理想气体,因理想气体分子间无作用力,因而可以看成是两种气体分别进行绝热自由膨胀过程。即 n_A mol 的 A 气体由 V_A绝热膨胀至 $V=V_A+V_C$,n_C mol 的 C 气体由 V_C绝热膨胀至 $V=V_A+V_C$。混合过程的熵变是两个绝热自由膨胀过程的熵变之和,即

$$\Delta S=n_AR\ln\frac{V_A+V_C}{V_A}+n_CR\ln\frac{V_A+V_C}{V_C}$$

$$\Delta S_{mix}=-\sum n_BR\ln x_B \tag{2-31}$$

【例 2-4】 设在 273 K 时,用一隔板将容器从中间隔开,一边装有 0.5 mol、101325 Pa 的 CO_2,另一边是 0.5 mol、101325 Pa 的 N_2,抽去隔板后,两气体混合均匀,试求混合熵,并判断过程的可逆性。(CO_2和 N_2可视为理想气体)

解　混合前,CO_2和 N_2的体积分别为

$$V_{CO_2}=\frac{n_{CO_2}RT}{p},\quad V_{N_2}=\frac{n_{N_2}RT}{p}$$

故

$$\begin{aligned}\Delta S&=n_{CO_2}R\ln\frac{V_{CO_2}+V_{N_2}}{V_{CO_2}}+n_{N_2}R\ln\frac{V_{CO_2}+V_{N_2}}{V_{N_2}}\\&=n_{CO_2}R\ln\frac{n_{CO_2}+n_{N_2}}{n_{CO_2}}+n_{N_2}R\ln\frac{n_{CO_2}+n_{N_2}}{n_{N_2}}\\&=\left(0.5\times 8.314\times\ln\frac{0.5+0.5}{0.5}+0.5\times 8.314\times\ln\frac{0.5+0.5}{0.5}\right)\text{ J}\cdot\text{K}^{-1}\\&=5.763\text{ J}\cdot\text{K}^{-1}\end{aligned}$$

因混合过程的 $Q=0$,故

$$\Delta S_e = 0$$

$$\Delta S_{隔离} = \Delta S_{系统} + \Delta S_e = 5.76\ \mathrm{J \cdot K^{-1}} > 0$$

可见气体混合过程是一个自发过程。

2.4.3　实际气体、液体或固体单纯 pVT 变化过程

1. 等容过程

因 $\mathrm{d}V=0$，有 $\delta Q_R = \mathrm{d}U = nC_{V,m}\mathrm{d}T$，代入式(2-12)并积分，得

$$\Delta S_V = \int_{T_1}^{T_2} \frac{\delta Q_R}{T} = \int_{T_1}^{T_2} \frac{nC_{V,m}}{T}\mathrm{d}T$$

若 $C_{V,m}$ 在此温度区间内视为常数，即为式(2-29)：

$$\Delta S_V = nC_{V,m}\ln\frac{T_2}{T_1}$$

2. 等压过程

与等容变温过程类似，有

$$\Delta S_p = \int_{T_1}^{T_2} \frac{\delta Q_R}{T} = \int_{T_1}^{T_2} \frac{nC_{p,m}}{T}\mathrm{d}T$$

若 $C_{p,m}$ 在此温度区间内视为常数，即为式(2-30)：

$$\Delta S_p = nC_{p,m}\ln\frac{T_2}{T_1}$$

对于液体或固体，由于 $C_{p,m} \approx C_{V,m}$，所以 $\Delta S_p \approx \Delta S_V$，即变温过程的熵变只与温度有关，与压力和体积无关。

3. 液体或固体的等温过程

对于一定量的液体或固体，当温度一定时，因其体积随压力的改变不大，如果压力不太高，对液体、固体的熵变影响不大，其变化值可以忽略。即

$$\Delta S_T \approx 0$$

2.4.4　相变过程

1. 可逆相变

在相平衡温度以及对应压力下，纯物质由一相转变为另一相的过程，称为可逆相变。此过程虽然是等温等压过程，但有相变潜热。因此

$$\Delta S = \frac{Q_R}{T} = \frac{Q_p}{T} = \frac{\Delta_\alpha^\beta H}{T} \tag{2-32}$$

【例 2-5】　1 mol 冰在 0 ℃熔化成水，熔化热为 6008 $\mathrm{J \cdot mol^{-1}}$，求过程的熵变。

解　$$\Delta S = \frac{\Delta_\alpha^\beta H}{T} = \frac{6008}{273.2}\ \mathrm{J \cdot K^{-1}} = 21.99\ \mathrm{J \cdot K^{-1}}$$

即冰在熔化过程中，熵值是增加的。

2. 不可逆相变

不是在相平衡温度或相平衡压力下发生的相变即为不可逆相变。例如在常压、低于凝固点的温度下过冷液体的凝固，在等温、低于液体的饱和蒸气压下液体的汽化，在等温、高于液体的饱和蒸气压下过饱和蒸气的凝结，在等压、高于沸点的温度下过热液体的蒸发等，皆属于不可逆相变过程。要计算此类过程的熵变，通常需要设计一条包括可逆相变步骤在内的可逆途

径,这个可逆途径的热温商就是不可逆相变过程的熵变。

【例 2-6】 已知水的正常凝固点为 273.15 K,水的凝固热为 $-6008\ \mathrm{J\cdot mol^{-1}}$,水和冰的平均摩尔等压热容分别为 $75.3\ \mathrm{J\cdot mol^{-1}\cdot K^{-1}}$ 和 $37.1\ \mathrm{J\cdot mol^{-1}\cdot K^{-1}}$,试计算 268.15 K、101.325 kPa 下 1 mol 水凝结成冰的熵变,并判断此过程的可逆性。

解 268.2 K、101.325 kPa 下水凝结成冰为非正常相变,要计算此过程的熵变,需设计一个可逆过程。

$$\text{水}(l,268.15\text{K},101.325\ \text{kPa})\xrightarrow{\Delta S}\text{冰}(s,268.15\ \text{K},101.325\ \text{kPa})$$

$$\downarrow\Delta S_1 \qquad\qquad \uparrow\Delta S_3$$

$$\text{水}(l,273.15\ \text{K},101.325\ \text{kPa})\xrightarrow{\Delta S_2}\text{冰}(s,273.15\ \text{K},101.325\ \text{kPa})$$

$$\Delta S_1=C_{p,\mathrm{m}}(\text{水})\ln\frac{T_2}{T_1}=1\times75.3\times\ln\frac{273.15}{268.15}\ \mathrm{J\cdot K^{-1}}=1.39\ \mathrm{J\cdot K^{-1}}$$

$$\Delta S_2=\frac{\Delta_l^s H}{T_2}=\frac{-6008}{273.15}\ \mathrm{J\cdot K^{-1}}=-21.99\ \mathrm{J\cdot K^{-1}}$$

$$\Delta S_3=C_{p,\mathrm{m}}(\text{冰})\ln\frac{T_1}{T_2}=1\times37.1\times\ln\frac{268.15}{273.15}\ \mathrm{J\cdot K^{-1}}=-0.69\ \mathrm{J\cdot K^{-1}}$$

$$\Delta S=\Delta S_1+\Delta S_2+\Delta S_3=(1.39-21.99-0.69)\ \mathrm{J\cdot K^{-1}}=-21.29\ \mathrm{J\cdot K^{-1}}$$

系统的熵变小于零,但不能据此得出过程不能进行,应当再计算环境的熵变。

对于实际凝固过程的热效应,因是等压过程,$Q_p=\Delta H$,而焓是状态函数,可用基尔霍夫公式计算。

$$\begin{aligned}\Delta H&=\Delta H_1+\Delta H_2+\Delta H_3\\&=\int_{268.15}^{273.15}C_{p,\mathrm{m}}(\text{水})\mathrm{d}T+\Delta_l^s H+\int_{273.15}^{268.15}C_{p,\mathrm{m}}(\text{冰})\mathrm{d}T\\&=[1\times75.3\times(273.15-268.15)-1\times6008+1\times37.1\times(268.15-273.15)]\ \mathrm{J}\\&=-5817\ \mathrm{J}\end{aligned}$$

$$\Delta S_e=-\frac{Q_{\text{实际}}}{T_c}=-\frac{\Delta H}{T_c}=\frac{5817}{268.15}\ \mathrm{J\cdot K^{-1}}=21.69\ \mathrm{J\cdot K^{-1}}$$

$$\Delta S_{\text{隔离}}=\Delta S_{\text{系统}}+\Delta S_e=(-21.29+21.69)\ \mathrm{J\cdot K^{-1}}=0.40\ \mathrm{J\cdot K^{-1}}>0$$

这个结果说明过冷水的结冰为自发过程。

2.5 热力学第三定律

2.5.1 热力学第三定律的叙述

过程的熵变计算主要是利用微熵变的定义,在始态、终态之间设计可逆过程进行计算。实际应用时,这种方法还不够方便。若能知道各物质的熵值,过程熵变的计算就非常容易了。热力学第三定律就是为解决物质的熵值而提出来的。

1902 年雷查德(T. W. Richard)在研究一些低温下电池反应的 $\Delta_r H$ 和 $\Delta_r G$ 与温度的关系时发现,随着温度的降低,它们逐渐趋于相等。用公式表示为

$$\lim_{T\to0}(\Delta_r H_m-\Delta_r G_m)=\lim_{T\to0}(T\Delta_r S_m)=0$$

在此基础上,1906 年能斯特(H. W. Nernst)系统研究了低温下凝聚系统的化学反应,并提出如下假设:在等温过程中,凝聚系统的熵变随温度趋于 0 K 而趋于 0,即

$$\lim_{T\to0}(\Delta_r S)_T=0$$

此假设称为能斯特热定理,它奠定了热力学第三定律的基础。

1911 年普朗克(M. Planck)把能斯特热定理推进了一步,他假设 0 K 时,凝聚态、纯物质

的熵等于零，即

$$S_{0\,\mathrm{K}} = \lim_{T\to 0} S_T = 0 \tag{2-33}$$

式(2-33)表明，在 0 K 时，任何纯物质凝聚相的熵等于零。这是热力学第三定律最初的说法。

路易斯(Lewis)和吉普逊(Gibson)在 1920 年对式(2-33)重新做了界定，指出该式的假定只适用于完美晶体。所谓完美晶体，是指晶体中原子或分子只有一种形式。例如，如果 NO 的排列方式为 NO NO NO⋯，就是完美晶体，若排列为 NO NO ON⋯，就不是完美晶体，后者的熵较大。

至此，热力学第三定律可以表示为“在 0 K 时，任何纯物质完美晶体的熵等于零。”

热力学第三定律也可表述为“不能用有限手段将任何一个系统的温度降低至绝对零度”，即绝对零度达不到原理。

2.5.2　规定摩尔熵和标准摩尔熵

实际上，热力学第三定律是对熵的基准进行了规定。有了这个基准就可以计算出一定量的 B 物质在某一状态(T,p)下的熵，称为该物质在该状态下的规定熵，也称为第三定律熵。1 mol物质在标准态下、温度 T 时的规定熵即为该温度 T 时的标准摩尔熵，记作 $S_{\mathrm{m}}^{\ominus}(T)$。

等压条件下，纯物质的熵与温度的关系为

$$\Delta S = S_T - S_{0\,\mathrm{K}} = \int_0^T \mathrm{d}S = \int_0^T \frac{C_p \mathrm{d}T}{T}$$

根据热力学第三定律，完美晶体在 0 K 时的熵等于零，则有

$$S_T = \int_0^T \frac{C_p \mathrm{d}T}{T} \tag{2-34}$$

式(2-34)中，S_T通常称为该物质在该状态下的规定熵。

现以气态物质 B 为例，说明如何通过热力学第三定律获得该物质的标准摩尔熵。

设有 1 mol 物质 B，从 0 K、$p^{\ominus}$升温到 T、$p^{\ominus}$的气态，中间经过如下过程：

$$\text{固相 }\alpha(0\ \mathrm{K}) \xrightarrow{\text{升温}} \text{固相 }\alpha(T_{\mathrm{trs}}) \xrightarrow{T_{\mathrm{trs}}} \text{固相 }\beta(T_{\mathrm{trs}}) \xrightarrow{\text{升温}} \text{固相 }\beta(T_{\mathrm{f}})$$

$$\xrightarrow{T_{\mathrm{f}}} \text{液相}(T_{\mathrm{f}}) \xrightarrow{\text{升温}} \text{液相}(T_{\mathrm{b}}) \xrightarrow{T_{\mathrm{b}}} \text{气相}(T_{\mathrm{b}}) \xrightarrow{\text{升温}} \text{气相}(T)$$

则该物质在温度 T 时的标准摩尔熵 $S_{\mathrm{m}}^{\ominus}(T)$为

$$S_{\mathrm{m}}^{\ominus} = \int_0^{T_{\mathrm{trs}}} \frac{C_p(\mathrm{s},\alpha)\mathrm{d}T}{T} + \frac{\Delta_{\alpha}^{\beta} H}{T_{\mathrm{trs}}} + \int_{T_{\mathrm{trs}}}^{T_{\mathrm{f}}} \frac{C_p(\mathrm{s},\beta)\mathrm{d}T}{T} + \frac{\Delta_{\beta}^{\mathrm{l}} H}{T_{\mathrm{f}}}$$

$$+ \int_{T_{\mathrm{f}}}^{T_{\mathrm{b}}} \frac{C_p(\mathrm{l})\mathrm{d}T}{T} + \frac{\Delta_{\mathrm{l}}^{\mathrm{g}} H}{T_{\mathrm{b}}} + \int_{T_{\mathrm{b}}}^{T} \frac{C_p(\mathrm{g})\mathrm{d}T}{T} \tag{2-35}$$

如果已知各物质在不同相态中的 $C_{p,\mathrm{m}}$，用上式即可计算各物质的标准摩尔熵。本书在附录 D 中列出部分物质的标准摩尔熵。

2.5.3　化学反应过程的熵变

在标准态下，化学反应的摩尔熵变 $\Delta_{\mathrm{r}} S_{\mathrm{m}}^{\ominus}(298.15\ \mathrm{K})$可查表再由下式计算得出：

$$\Delta_{\mathrm{r}} S_{\mathrm{m}}^{\ominus}(298.15\ \mathrm{K}) = \sum \nu_{\mathrm{B}} S_{\mathrm{m,B}}^{\ominus} \tag{2-36}$$

式中，$S_{\mathrm{m,B}}^{\ominus}$为物质 B 的标准摩尔熵；$\nu_{\mathrm{B}}$为化学计量式中物质 B 的计量系数，其产物的计量系数取正，反应物的计量系数取负。

其他温度下化学反应的标准摩尔熵变 $\Delta_r S_m^\ominus(T)$ 可用下式计算：

$$\Delta_r S_m^\ominus(T) = \Delta_r S_m^\ominus(298.15\ \text{K}) + \int_{298.15}^{T} \frac{\sum \nu_B C_{p,m} dT}{T} \tag{2-37}$$

【例 2-7】 计算反应 $H_2(g) + I_2(g) \longrightarrow 2HI(g)$ 在 298.15 K 及标准压力下的熵变。

解 根据附录 D 查表可得，在 298.15 K 及标准压力下各物质的标准摩尔熵分别为

$$S_m^\ominus(H_2, g) = 130.7\ \text{J}\cdot\text{mol}^{-1}\cdot\text{K}^{-1}$$

$$S_m^\ominus(I_2, g) = 260.7\ \text{J}\cdot\text{mol}^{-1}\cdot\text{K}^{-1}$$

$$S_m^\ominus(HI, g) = 206.6\ \text{J}\cdot\text{mol}^{-1}\cdot\text{K}^{-1}$$

$$\begin{aligned}\Delta_r S_m^\ominus(298.15\ \text{K}) &= \sum \nu_B S_{m,B}^\ominus = (2\times 206.6 - 1\times 130.7 - 260.7)\ \text{J}\cdot\text{mol}^{-1}\cdot\text{K}^{-1} \\ &= 21.8\ \text{J}\cdot\text{mol}^{-1}\cdot\text{K}^{-1}\end{aligned}$$

2.5.4 熵的物理意义

热力学系统是由大量分子组成的集合体，系统的宏观性质是大量分子微观性质集合的体现。解释宏观热力学性质的微观意义，虽不是热力学本身的任务，但对于更深入了解热力学函数的物理意义是有益的。如内能是系统中大量分子的平均能量，温度与系统中大量分子的平均动能有关，那么如何从微观角度来理解系统的宏观性质熵呢？

1. 热力学第二定律的本质

热力学第二定律指出，自发过程都是不可逆过程，一切不可逆过程都可以与热功转换相联系(即不能从单一热源吸取热量使之全部变为功而不发生其他变化)。人们希望取出的热量多一点转化为功，甚至是完全变为功，但实际上在没有其他条件的影响下是办不到的。热是分子混乱运动的一种表现，分子相互碰撞的结果只会使混乱的程度增加；功则是与有方向的运动相联系的，是有秩序的运动。因此，功转变为热的过程是有秩序运动转化为无秩序的热运动，是向混乱度增加的方向进行。有秩序的运动可以自动地变为无秩序的运动；反之，无秩序的运动却不会自动地变为有秩序的运动。所以一切不可逆过程都是朝混乱度增加的方向进行的。这就是热力学第二定律所阐明的不可逆过程的本质。

从熵变计算可知，物质从固态经液态最终到气态，系统中大量分子的有序性在减小，分子运动的混乱程度却在增加，熵也在增加；如果物质温度升高，则分子热运动加剧，有序性减小，混乱程度增加，熵也增加；若两种气体扩散混合，就其中某种气体而言，混合前运动空间范围较小，混合后运动空间范围增大，分子空间分布较无序，混乱程度增大，熵值增加。可见熵大小是与系统混乱程度的大小相对应的。从熵判据式(2-20)可知，隔离系统发生不可逆过程都是熵增加的过程。因此，自发过程的方向是从熵较小的有序状态向着熵较大的无序状态的方向进行，直至在该条件下混乱度最大的状态，即熵最大的状态。

2. 熵和热力学概率——玻耳兹曼公式

隔离系统由大量分子构成，处于热力学平衡的宏观状态，由于分子运动的微观状态瞬息万变，即对应于一确定的热力学平衡态，可出现许多的微观状态，与某宏观状态所对应的微观状态数称作热力学概率，以 Ω 表示。假设在一体积相等的左、右两密闭容器中放四个小球 A、B、C、D，当将两室连通后，其微观状态及热力学概率见表 2-1，均匀分布的热力学概率最大。

若在同样的密闭容器中，一侧放入理想气体，另一侧抽成真空，抽掉隔板，气体便充满整个容器，这是一自发过程。那么变化后所有分子集中于一侧的概率可以说为零，而均匀分布于整个容器的概率最大，此时微观状态数也最多。因此，宏观状态所对应的微观状态数(Ω)越多，

表 2-1　分子在等分容器中的微观状态及热力学概率

分布方式	微观状态		热力学概率(Ω)	某种分布的数学概率
	左　室	右　室		
4,0	A B C D	—	1	1/16
3,1	A B C A B D A C D B C D	D C B A	4	4/16
2,2	A B A C A D B C B D C D	C D B D B C A D A C A B	6	6/16
1,3	A B C D	B C D A C D A B D A B C	4	4/16
0,4	—	A B C D	1	1/16

该宏观状态出现的可能性也越大，这正是统计力学的观点，即平衡态是分布最均匀的状态。

推广到隔离系统，自发过程总是由热力学概率较小的状态，向着热力学概率较大的状态变化。可见系统的热力学概率 Ω 和系统的熵 S 有着相同的变化方向，则系统的 S 与 Ω 必定有某种函数关系，即 $S=f(\Omega)$。

设一系统由 A、B 两部分组成，其热力学概率分别为 Ω_A、Ω_B，相应的熵为 $S_A=f(\Omega_A)$、$S_B=f(\Omega_B)$。对于整个系统，根据概率定理，系统的总概率应等于各个部分概率的乘积，即 $\Omega=\Omega_A\Omega_B$，相应地整个系统的熵等于各部分熵之和，则

$$S = S_A + S_B = f(\Omega_A) + f(\Omega_B) = f(\Omega_A\Omega_B) = f(\Omega) \tag{2-38}$$

能够满足上述关系的只有对数函数，即 S 与 Ω 符合对数函数关系，$S\propto \ln\Omega$，写成等式形式为

$$S = k\ln\Omega \tag{2-39}$$

这就是著名的玻耳兹曼(Boltzmann)公式，式中 k 为玻耳兹曼常数。

应该注意，在对微观状态数的讨论中，除了由于空间位置的混乱排布而形成不同的微观状态外，分子的平动和转动、原子的振动及其所处能级的不同等也可构成不同的微观状态。

综上所述，从微观的角度来看，熵具有统计性质，它是大量粒子构成系统的微观状态数的一种量度。系统的熵小，表示所处状态的微观状态数少，混乱程度低；系统的熵大，表示所处状态的微观状态数多，混乱程度高。隔离系统中，只可能发生从熵小的状态(混乱程度小)向熵大的状态(混乱程度大)变化，直到达到在该条件下系统熵最大的状态为止，这就是自发过程方向。

2.6　亥姆霍兹自由能与吉布斯自由能

绝热条件或隔离系统中，可用熵增原理判断过程进行的方向和限度，应用此判据时不仅要

计算系统的熵变,还要计算环境的熵变。大多数化学变化、混合过程都是在等温等压或等温等容两种条件下进行的。能否像在热化学中为了简便而引入焓这个状态函数一样,引入新的状态函数,利用系统自身的此种函数的变化值就可以判定过程进行的方向及限度呢?为此,亥姆霍兹(Helmholtz)和吉布斯(Gibbs)又定义了两个新的状态函数:亥姆霍兹自由能与吉布斯自由能。

2.6.1 亥姆霍兹自由能

设系统从温度为 T_e的热源取出 δQ 的热量,根据热力学第二定律可表示为

$$\mathrm{d}S \geqslant \frac{\delta Q}{T_e}$$

即

$$T_e \mathrm{d}S \geqslant \delta Q$$

代入热力学第一定律的公式 $\delta Q = \mathrm{d}U - \delta W$,得

$$-\delta W \leqslant -(\mathrm{d}U - T_e \mathrm{d}S) \tag{2-40}$$

在等温条件下,有 $T_1 = T_2 = T_e$,式(2-40)变为

$$-\delta W \leqslant -\mathrm{d}(U - TS) \tag{2-41}$$

U、T、S 均为状态函数,它们的组合也是一个状态函数,令

$$A = U - TS \tag{2-42}$$

称 A 为亥姆霍兹自由能。

将式(2-42)代入式(2-41),则

$$-\delta W \leqslant -\mathrm{d}A \tag{2-43a}$$

或

$$-W \leqslant -\Delta A \quad \begin{pmatrix} < \text{不可逆} \\ = \text{可　逆} \end{pmatrix} \tag{2-43b}$$

式(2-43)表明,在等温条件下,若过程是可逆的,则系统所做的功(为最大功)等于亥姆霍兹自由能的减少;若过程是不可逆的,则系统所做的功小于亥姆霍兹自由能的减少。因此,亥姆霍兹自由能可以理解为等温条件下系统做功的能力,这也是将亥姆霍兹自由能称为功函(work function)的原因。我们知道,在绝热过程中,系统将其所减少的内能转化为对外所做的功,式(2-43)指出,在等温可逆过程中,系统将其所减少的亥姆霍兹自由能转化为对外做的功。根据亥姆霍兹自由能的定义 $U = A + TS$,可以认为亥姆霍兹自由能是内能的一部分,这一部分在等温可逆过程中转化为功,这是把 A 称作自由能的原因。有时也把 TS 称为束缚能。"功"的德文是 Arbeit,因此用符号 A 表示亥姆霍兹自由能。亥姆霍兹自由能是系统的性质,是状态函数,故 ΔA 值只取决于系统的始态、终态,与变化的途径无关。但只有在等温的可逆过程中,系统亥姆霍兹自由能的减少才等于对外所做的最大功。因此,可利用式(2-43)判断等温过程的可逆性。

若系统在等温等容且不做非体积功的条件下,式(2-43)可写为

$$-\mathrm{d}A \geqslant 0 \quad (T\text{、}V\text{ 一定}, W' = 0)$$

即

$$\Delta A \leqslant 0 \quad \begin{pmatrix} < \text{自发} \\ = \text{平衡} \end{pmatrix} \quad (T\text{、}V\text{ 一定}, W' = 0) \tag{2-44}$$

式(2-44)表示,封闭系统在等温等容和非体积功为零的条件下,只有使系统亥姆霍兹自由能减小的过程会自动发生,且一直进行到该条件下所允许的最小值,此时系统达到平衡态。在等温等容和非体积功为零的条件下,不能自动发生 $\mathrm{d}A > 0$ 的过程。因此,式(2-44)是等温等容和

非体积功为零的条件下自发过程的判据，称为亥姆霍兹自由能判据。

2.6.2　吉布斯自由能

在等温等压条件下，有 $T_1 = T_2 = T_e$，$p_1 = p_2 = p_e$，则式(2-40)可写为

$$p\mathrm{d}V - \delta W' \leqslant -(\mathrm{d}U - T_e\mathrm{d}S)$$

整理得

$$-\delta W' \leqslant \mathrm{d}(TS) - \mathrm{d}U - \mathrm{d}(pV) \tag{2-45a}$$

或

$$-\delta W' \leqslant -\mathrm{d}(U + pV - TS) \tag{2-45b}$$

U、T、S、p、V 均为状态函数，因此它们的组合也是一个状态函数，令

$$G = U + pV - TS = H - TS \tag{2-46}$$

称 G 为吉布斯自由能。

将式(2-46)代入式(2-45)，有

$$-\delta W' \leqslant -(\mathrm{d}G)_{T,p}$$

或

$$-W' \leqslant -\Delta G_{T,p} \quad \begin{pmatrix} < \text{不可逆} \\ = \text{可　逆} \end{pmatrix} \tag{2-47}$$

式(2-47)表明，在等温等压条件下，对于可逆过程，系统所做的非体积功等于吉布斯自由能的减少；对于不可逆过程，系统所做的非体积功小于吉布斯自由能的减少。最常见的非体积功是电功，例如在等温等压可逆电池反应中，非体积功即为电功，而生物系统中非体积功的例子有肌肉收缩以及传导神经冲动所做的功。很多情况下，体积功并不是有用功，而非体积功是有用功的输出。因此，吉布斯自由能可以理解为在等温等压条件下系统做有用功(非体积功)的能力，这就是吉布斯自由能的物理意义。应该注意：吉布斯自由能是系统的状态函数，其改变量 ΔG 仅由系统的始态、终态决定，而与变化途径无关。与熵相同，亥姆霍兹自由能、吉布斯自由能的变化可通过设计可逆过程计算求得。

若系统是在等温等压且不做非体积功的条件下，则有

$$-\mathrm{d}G \geqslant 0 \quad \text{或} \quad \mathrm{d}G \leqslant 0$$

即

$$\Delta G \leqslant 0 \quad \begin{pmatrix} < \text{自发} \\ = \text{平衡} \end{pmatrix} \quad (T\text{、}p\text{ 一定}, W' = 0) \tag{2-48}$$

式(2-48)是等温等压和非体积功为零的条件下自发过程的判据，称为吉布斯自由能判据。该判据表示，封闭系统在等温等压和非体积功为零的条件下，系统吉布斯自由能减小的过程是自动发生的，且一直进行到该条件下所允许的最小值，此时系统达到平衡态。在等温等压和非体积功为零的条件下，不能发生 $\mathrm{d}G>0$ 的过程。由于通常化学反应大都是在等温等压下进行的，所以吉布斯自由能比亥姆霍兹自由能应用更为广泛，式(2-48)比式(2-44)更有用。

热力学第二定律的核心是判断自发过程进行的方向和限度。至此，已经介绍了 U、H、S、A 和 G 五个热力学函数，在特定的条件下，S、A 和 G 都可以成为过程进行的方向和限度的判据。亥姆霍兹自由能和吉布斯自由能判据是直接用系统的热力学量的变化进行判断，不用再考虑环境的某个热力学量的变化。它们既能判断过程进行的方向是否可逆，又能判断过程进行的限度。

2.6.3　吉布斯自由能变的计算

ΔG 的计算在一定程度上比 ΔS 的计算更重要，这是因为吉布斯自由能在物理化学中的应用更为广泛。与熵变的计算类似，G 是状态函数，在指定的始态、终态之间 ΔG 为定值，所以无

论过程是否可逆，总是设计出与始态、终态相同的可逆过程来进行计算。

1. 理想气体的等温过程

根据吉布斯自由能的定义式有

$$dG = dU + pdV + Vdp - TdS - SdT$$

对只做体积功的封闭系统，结合热力学两个定律可有

$$TdS = \delta Q_R = dU - \delta W = dU + pdV$$

整理得

$$dU = TdS - pdV$$

$$dG = -SdT + Vdp$$

但是，热力学没有定义熵，只是定义了熵变(式(2-13))，上述微分式中 S 是未定义的。因此除非 $dT=0$，否则 dG 也是未定义的。对于 $dT=0$ 即等温过程，我们有 $dG=Vdp$，对理想气体等温下的单纯状态变化，由上式可得

$$\Delta G = \int_{p_1}^{p_2} Vdp = \int_{p_1}^{p_2} \frac{nRT}{p}dp = nRT\ln\frac{p_2}{p_1} \tag{2-49}$$

【例 2-8】 在 25 ℃下，1 mol 理想气体由 101.325 kPa 等温膨胀至 10.1325 kPa，试计算此过程的 ΔU、ΔH、ΔS、ΔA 和 ΔG。

解 对理想气体，等温过程，$\Delta U=0$，$\Delta H=0$。

$$\Delta G = \int_{p_1}^{p_2} Vdp = \int_{p_1}^{p_2} \frac{nRT}{p}dp = nRT\ln\frac{p_2}{p_1} = 1\times 8.314\times 298.15\times \ln\frac{10.1325}{101.325}\ \text{J} = -5708\ \text{J}$$

$$Q_R = -W_R = \int_{V_1}^{V_2} pdV = \int_{V_1}^{V_2} \frac{nRT}{V}dV = nRT\ln\frac{V_2}{V_1} = nRT\ln\frac{p_1}{p_2} = 5708\ \text{J}$$

$$\Delta S = \frac{Q_R}{T} = \frac{5708}{298.2}\ \text{J}\cdot\text{K}^{-1} = 19.14\ \text{J}\cdot\text{K}^{-1}$$

$$\Delta A = \Delta U - T\Delta S = -5708\ \text{J}$$

2. 相变过程

可逆相变是等温等压且不做非体积功的过程，根据吉布斯自由能判据，$\Delta G=0$。不可逆相变过程必须设计一可逆过程进行 ΔG 的计算。

【例 2-9】 试计算 1 mol 过冷水在 268.15 K，101.325 kPa 时凝固为 268.15 K，101.325 kPa 的冰过程中的 ΔG 及 ΔS。已知水在 273.15 K 时摩尔熔化热 $\Delta_{fus}H_m=6008\ \text{J}\cdot\text{mol}^{-1}$，水和冰的饱和蒸气压分别为422 Pa 和 414 Pa，水和冰的平均摩尔等压热容分别为 75.3 $\text{J}\cdot\text{mol}^{-1}\cdot\text{K}^{-1}$ 和 37.1 $\text{J}\cdot\text{mol}^{-1}\cdot\text{K}^{-1}$。

解 从题意看，此过程不是可逆过程，因此必须设计可逆过程来进行计算，而给出水和冰的饱和蒸气压，则水在 268.15 K、422 Pa 的汽化过程为可逆相变，水蒸气在 268.15 K、414 Pa 下凝华也是可逆相变，故设计下面这些可逆过程代替实际过程进行 ΔG 的计算。

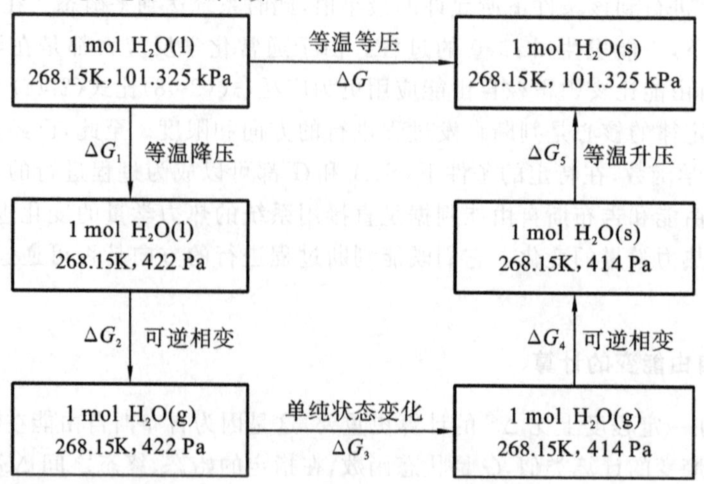

因为等温下 $dG=Vdp$，所以

$$\Delta G_1=\int_{101325}^{422}V(\mathrm{l})\mathrm{d}p,\quad \Delta G_5=\int_{414}^{101325}V(\mathrm{s})\mathrm{d}p=-\int_{101325}^{414}V(\mathrm{s})\mathrm{d}p$$

因液体或固体的体积随压力的改变变化不大，即 $V(\mathrm{l})\approx V(\mathrm{s})$，故

$$\Delta G_1\approx-\Delta G_5$$

因为是可逆相变，所以

$$\Delta G_2=\Delta G_4=0$$

$$\Delta G_3=\int_{422}^{414}V(\mathrm{g})\mathrm{d}p=\int_{422}^{414}\frac{nRT}{p}\mathrm{d}p=nRT\ln\frac{414}{422}=-42.7\ \mathrm{J}$$

所以

$$\Delta G=\Delta G_1+\Delta G_2+\Delta G_3+\Delta G_4+\Delta G_5\approx\Delta G_3=-42.7\ \mathrm{J}$$

$$\Delta H(268.15\ \mathrm{K})=\Delta H(273.15\ \mathrm{K})+\int_{273.15}^{268.15}\Delta C_p\mathrm{d}T=[-6008-(37.1-75.3)\times5]\ \mathrm{J}=-5817\ \mathrm{J}$$

$$\Delta S=\frac{\Delta H-\Delta G}{T}=\frac{-5817+42.7}{268.15}\ \mathrm{J\cdot K^{-1}}=-21.5\ \mathrm{J\cdot K^{-1}}$$

因为等温等压过程，根据吉布斯自由能判据可知 $\Delta G<0$，所以该过程可自发进行。

3. 化学反应 $\Delta_r G_m^\ominus$ 的计算

根据吉布斯自由能的定义式 $G=H-TS$，等温下

$$\Delta G=\Delta H-T\Delta S \tag{2-50}$$

此式对任意的等温过程均适用，包括单纯状态变化、相变过程以及化学反应。对于等温等压下的化学反应，则有

$$\Delta_r G_m^\ominus=\Delta_r H_m^\ominus-T\Delta_r S_m^\ominus$$

上式表明，$\Delta_r G_m^\ominus$ 由等式右边两项因素决定。若一个反应是焓减（放热反应）和熵增（$\Delta_r S_m^\ominus>0$）的过程，则 $\Delta_r G_m^\ominus<0$，必定是自发过程；若反应是焓减和熵减过程，或者是焓增和熵增过程，则要看两项的相对大小，才能确定过程的自发性。

【例 2-10】 已知甲醇脱氢反应：$CH_3OH(g)\longrightarrow HCHO(g)+H_2(g)$，在 25 ℃和各物质处于标准态下的 $\Delta_r H_m^\ominus=92.09\ \mathrm{kJ\cdot mol^{-1}}$，$\Delta_r S_m^\ominus=109.64\ \mathrm{J\cdot mol^{-1}\cdot K^{-1}}$，计算进行反应所需的最低温度。

解 根据吉布斯自由能的定义式有

$$\Delta_r G_m^\ominus=\Delta_r H_m^\ominus-T\Delta_r S_m^\ominus=[92.09-(273.15+25)\times109.64\times10^{-3}]\ \mathrm{kJ\cdot mol^{-1}}=59.40\ \mathrm{kJ\cdot mol^{-1}}>0$$

说明在上述条件下反应不能自发进行。

由于 $\Delta_r H_m^\ominus>0$，$\Delta_r S_m^\ominus>0$，且一般情况下它们的值随温度的变化很小，使甲醇脱氢反应能够自发进行的关键条件是提高反应温度。因此，当 $\Delta_r G_m^\ominus(T)=0$ 时，就可估算出反应进行的最低温度，即

$$\Delta_r G_m^\ominus(T)=\Delta_r H_m^\ominus-T\Delta_r S_m^\ominus=0$$

则

$$T=\frac{\Delta_r H_m^\ominus}{\Delta_r S_m^\ominus}=\frac{59.40\times10^3}{109.64}\ \mathrm{K}=542\ \mathrm{K}$$

与 ΔG 的计算类似，对于 ΔA 的计算也只考虑 $\Delta T=0$ 的等温过程，等温过程的亥姆霍兹自由能变可以通过 $\Delta A=\Delta U-T\Delta S$ 或者 $\Delta A=-\int_{V_1}^{V_2}p\mathrm{d}V$ 进行计算。

4. ΔG 随温度 T 的变化——吉布斯-亥姆霍兹公式

利用附录 D 可以查到各物质的 $\Delta_f G_m^\ominus$、$\Delta_f H_m^\ominus$、$S_m^\ominus$，因此在 298.15 K 下各化学反应的 $\Delta_r G_m^\ominus$ 是较容易利用定义式计算的，但是化学反应通常不是在 298.15 K 下进行的，而其他温度下的 $\Delta_r G_m$ 又如何计算呢？因此需要知道 $\Delta_r G_m$ 与温度的关系，在等压条件下，公式 $dG=-SdT+Vdp$ 可写为

$$\left(\frac{\partial G}{\partial T}\right)_p=-S$$

同理有
$$\left(\frac{\partial \Delta G}{\partial T}\right)_p = -\Delta S$$

在温度 T 时 $\Delta G = \Delta H - T\Delta S$，代入上式，有
$$\left(\frac{\partial \Delta G}{\partial T}\right)_p = \frac{\Delta G - \Delta H}{T}$$

两边同乘以 $\frac{1}{T}$，并移项，得
$$\frac{1}{T}\left(\frac{\partial \Delta G}{\partial T}\right)_p - \frac{\Delta G}{T^2} = -\frac{\Delta H}{T^2}$$

上式左边是 $\frac{\Delta G}{T}$ 对 T 的偏微商，即
$$\left[\frac{\partial(\Delta G/T)}{\partial T}\right]_p = -\frac{\Delta H}{T^2} \tag{2-51}$$

式(2-51)称为吉布斯-亥姆霍兹公式。

对该式进行积分，则
$$\frac{\Delta G_2}{T_2} - \frac{\Delta G_1}{T_1} = -\int_{T_1}^{T_2} \frac{\Delta H}{T^2}\mathrm{d}T \tag{2-52}$$

若 ΔH 不随温度的变化而变化，则
$$\frac{\Delta G_2}{T_2} - \frac{\Delta G_1}{T_1} = \Delta H\left(\frac{1}{T_2} - \frac{1}{T_1}\right) \tag{2-53}$$

显然，有了这个公式，就可由某一温度 T_1 下的 ΔG_1 来计算另一温度 T_2 下的 ΔG_2。

2.7 热力学状态函数之间的关系

前面所学到的热力学状态函数可分为两大类：一类是可以直接测定的，如 T、p、V、$C_{V,\mathrm{m}}$ 等；另一类是不能直接测定的，如 U、H、S、A、G 等，这五个状态函数中，U 和 S 是最基本的状态函数，它们分别是热力学第一定律和热力学第二定律的自然结果，而 H、A、G 是由 U、S 及 T、p、V 组合得出的状态函数，而组合得出这三个状态函数是为了应用的方便。U、H 主要用于解决能量衡算问题，而 S、A、G 主要用于讨论过程的方向和限度问题。

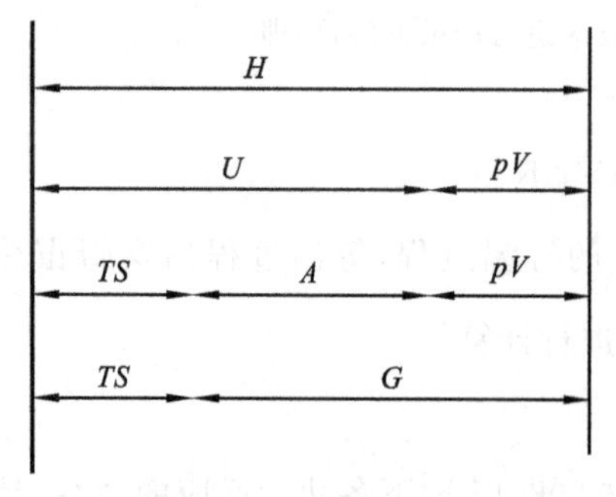

图 2-5 热力学函数间的关系示意图

为了解决上述实际问题，还必须找出各函数间的相互关系，尤其是要找出可直接测定与不可直接测定的函数间的关系。下面就是从热力学的两个定律出发，导出各状态函数间的关系。根据定义，它们之间存在着如下关系：
$$H = U + pV$$
$$A = U - TS$$
$$G = H - TS = U + pV - TS$$
这些热力学函数间的关系可用图 2-5 表示。

2.7.1 热力学基本方程

在封闭系统中，当非体积功为零时，热力学第一定律、第二定律联立可得
$$\mathrm{d}U = T\mathrm{d}S - p\mathrm{d}V \tag{2-54}$$

根据 $H=U+pV$，微分后再代入式(2-54)，可得

$$\mathrm{d}H = T\mathrm{d}S + V\mathrm{d}p \tag{2-55}$$

同法可得

$$\mathrm{d}A = -S\mathrm{d}T - p\mathrm{d}V \tag{2-56}$$

$$\mathrm{d}G = -S\mathrm{d}T + V\mathrm{d}p \tag{2-57}$$

以上四个公式称为热力学基本方程，其适用条件为无非体积功的封闭系统。在推导中引用了可逆过程的条件，但基本方程中所有的物理量均为状态函数，在始态、终态相同时，其变化值为定值，与过程是否可逆无关。

由这四个公式可以导出很多有用的关系式，例如：

$$T = \left(\frac{\partial U}{\partial S}\right)_V = \left(\frac{\partial H}{\partial S}\right)_p \tag{2-58}$$

$$V = \left(\frac{\partial H}{\partial p}\right)_S = \left(\frac{\partial G}{\partial p}\right)_T \tag{2-59}$$

$$p = -\left(\frac{\partial U}{\partial V}\right)_S = -\left(\frac{\partial A}{\partial V}\right)_T \tag{2-60}$$

$$S = -\left(\frac{\partial A}{\partial T}\right)_V = -\left(\frac{\partial G}{\partial T}\right)_p \tag{2-61}$$

2.7.2　麦克斯韦关系式

对于组成不变、只做体积功的封闭系统，状态函数仅需两个状态变量就可确定，即存在函数关系，并且这种函数具有全微分的性质。例如，内能可以说是熵和体积的函数，有全微分。那么，式(2-54)也应是全微分，即

$$\mathrm{d}U = \left(\frac{\partial U}{\partial S}\right)_V \mathrm{d}S + \left(\frac{\partial U}{\partial V}\right)_S \mathrm{d}V = T\mathrm{d}S - p\mathrm{d}V$$

式中 T 和 p 也分别是 S 和 V 的函数，将 T 和 p 分别对 S 和 V 再偏微分一次，有

$$\left(\frac{\partial T}{\partial V}\right)_S = \frac{\partial^2 U}{\partial S \partial V}, \quad -\left(\frac{\partial p}{\partial S}\right)_V = \frac{\partial^2 U}{\partial V \partial S}$$

以上两式的右端相等，所以有

$$\left(\frac{\partial T}{\partial V}\right)_S = -\left(\frac{\partial p}{\partial S}\right)_V \tag{2-62}$$

对式(2-55)、式(2-56)及式(2-57)同样处理，可得

$$\left(\frac{\partial S}{\partial p}\right)_T = -\left(\frac{\partial V}{\partial T}\right)_p \tag{2-63}$$

$$\left(\frac{\partial V}{\partial S}\right)_p = \left(\frac{\partial T}{\partial p}\right)_S \tag{2-64}$$

$$\left(\frac{\partial S}{\partial V}\right)_T = \left(\frac{\partial p}{\partial T}\right)_V \tag{2-65}$$

上述四个公式称为麦克斯韦关系式。它们的用途是把不能直接测定的物理量转化为可直接测定的物理量。例如在式(2-65)中，变化率 $\left(\frac{\partial S}{\partial V}\right)_T$ 不能直接测定，而 $\left(\frac{\partial p}{\partial T}\right)_V$ 代表系统压力随温度的变化率，就容易直接测定。因此，麦克斯韦关系式在热力学中占有极其重要的地位。

本章小结

1. 自发过程的共同特征——不可逆性。

2. 热力学第二定律的经验叙述。

(1) 克劳修斯说法:“不可能把热由低温物体传给高温物体,而不引起其他变化。”

(2) 开尔文说法:“不可能从单一热源取热使之完全转化为功,而不发生其他变化。”

3. 卡诺定理:“所有工作于同温热源与同温冷源之间的热机,其效率不可能超过可逆热机。”

4. 熵的引出:可逆循环过程的热温商为零,可逆过程的热温商与途径无关,因此热温商代表着某一状态函数的改变,此状态函数定义为熵,熵是系统混乱度的度量形式,熵变的计算要设计可逆过程,再求这个可逆过程的热温商。

5. 热力学第二定律数学式(也称为克劳修斯不等式):$dS \geqslant \frac{\delta Q}{T}$。实际过程的热温商小于熵变,则为不可逆过程;等于熵变,则为可逆过程。

6. 熵增原理(或熵判据):$dS_{绝热} \geqslant 0$ 或 $dS_{隔离} \geqslant 0$。绝热或隔离系统,自发过程系统熵是增加的,可逆过程熵不变。

7. 热力学第三定律:0 K 时任何纯物质完美晶体的熵等于零。据此可计算各物质的标准摩尔熵。

8. 亥姆霍兹自由能($A=U-TS$)判据:$dA \leqslant 0$。在等温等容且不做非体积功的条件下,自发过程亥姆霍兹自由能减少,可逆过程亥姆霍兹自由能不变,不能自动发生 $dA>0$ 的过程。

9. 吉布斯自由能($G=H-TS$)判据:$dG \leqslant 0$。在等温等压且不做非体积功的条件下,自发过程吉布斯自由能减少,可逆过程吉布斯自由能不变,不能自动发生 $dG>0$ 的过程。因 $dG=-SdT+Vdp$,故计算吉布斯自由能变时常设计等温变压过程,即用 $dG=Vdp$ 来进行计算更方便。

思考题

1. 理想气体等温可逆膨胀过程 $\Delta U=0, Q=-W$。说明理想气体从单一热源吸热并全部转变为功,这与热力学第二定律的开尔文说法有无矛盾?为什么?
2. “在可逆过程中 $dS=\frac{\delta Q}{T}$,而在不可逆过程中 $dS>\frac{\delta Q}{T}$,所以可逆过程的熵变大于不可逆过程的熵变。”此说法是否正确?为什么?
3. 写出下列公式的适用条件。

   (1) $dS=\frac{nC_{p,m}}{T}dT$;(2) $dS=\frac{\delta Q}{T}$;(3) $dG=-SdT+Vdp$;(4) $dG=dH-d(TS)$。
4. “在 373.15 K、101.325 kPa 下水蒸发成水蒸气的过程是可逆过程,因为可逆过程的 $\Delta S=0$,所以此过程的 $\Delta S=0$。”此说法是否正确?为什么?
5. 欲提高卡诺热机效率,可以增加两个热源的温差,设增加温差为 ΔT。问是保持 T_1 不变、升高 T_2 有利,还是保持 T_2 不变、降低 T_1 有利?
6. 说明卡诺循环各步中 Q、W、ΔU、ΔS 大于、小于还是等于零。
7. 根据式(2-8)说明不可能获得绝对零度。

8. 热带地区海洋表面水的温度比深海水的温度要高。有人提出从海洋表面的水吸热，部分转换成功，剩下的热传给深海中的冷水。此种说法是否违反热力学第二定律？

9. 若使卡诺热机逆向运行，从低温热源吸热与从外部做功得到的能量一起传给高温热源。这和从低处向高处汲水的情形有相似的地方。可以说在热机逆运行过程中有热从低温热源吸出，因此可以使低温热源更冷，这就是致冷机的工作原理。若用致冷机将从低温热源吸取的热以及外部所做的功一起传给高温热源，则可以用来对高温热源加热，这就是热泵的工作原理。试说明对卡诺热机逆向运行时得到的致冷机与热泵的工作效率分别为 $\frac{T_2}{T_1-T_2}$ 与 $\frac{T_1}{T_1-T_2}$，这里 T_1 与 T_2 分别是高温热源与低温热源的温度。

10. 试解释从同样始态出发经绝热可逆与绝热不可逆过程不能到达同样的终态。

11. 1 mol 理想气体温度为 T，经绝热不可逆膨胀，体积增加一倍，没有对外做功，试问：

(1) 该气体的温度会不会改变？

(2) 此过程系统的熵变为多少？

(3) 环境熵有没有变化？

12. 下列两过程均为等温等压过程，根据公式 $dG=-SdT+Vdp$ 计算得 $\Delta G=0$。此结论对否？为什么？

(1) 268 K，101.325 kPa，冰→268 K，101.325 kPa，水；

(2) 373 K，101.325 kPa，$H_2O(l)$→373 K，101.325 kPa，$H_2O(g)$。

习　　题

1. 1 mol 理想气体在 298 K 时体积为 1.5 L，经等温可逆膨胀至最后体积变到 12 L，计算该过程的 W、ΔH、ΔU、ΔS。　　(−5.15 kJ，0，0，17.3 J·K^{-1})

2. 一个理想卡诺热机在温差为 120 K 的两个热源之间工作，若热机效率为 30%，计算 T_1、T_2 和功。已知每一循环中 T_1 热源吸热 1200 J，假定所做的功 W 以摩擦热形式完全消失在 T_2 热源上，求该热机每一循环后的系统的熵变和环境的熵变。　　(280 K，400 K，514 J，0，1.28 J·K^{-1})

3. 一热机工作温度为 273.15～1073.15 K，试计算：(1)该热机可能的最大效率；(2)若从高温热源吸收的热量为 1000 J，则热机所能做的最大功为多少？这时向低温热源所放出的热量是多少？

((1)0.745；(2)−745 J，−255 J)

4. 若热机中我们所能利用的最冷热源是 263.15 K，而我们想获得至少 90% 的热机效率，高温热源的最低温度是多少？　　(2631.5 K)

5. 实验室中有一个大恒温槽的温度为 400 K，室温为 300 K，由于恒温槽绝热不良而有 4.0 kJ 的热传给了室内的空气，用计算说明这一过程是否可逆。类似地，进一步证明在热传递的传热变化中熵增大。

($\Delta S_{系统}+\Delta S_{环境}=0.03$ kJ·K$^{-1}>0$，不可逆)

6. 1 mol 水于 0.1 MPa 下自 25 ℃ 升温至 50 ℃，求熵变及热温商，并判断可逆性。已知 $C_{p,m}=75.3$ J·mol^{-1}·K^{-1}。(1)热源温度为 700 ℃；(2)热源温度为 100 ℃。

((1) 4.13 J·K$^{-1}>0$，不可逆；(2) 1.02 J·K$^{-1}>0$，不可逆程度小于前者)

7. 1 mol 乙醇在 78.4 ℃(沸点)、$p^{\ominus}$ 下向真空蒸发，变成 78.4 ℃、$p^{\ominus}$ 的乙醇蒸气。试计算此过程的 $\Delta S_{系统}$、ΔS_e 和 $\Delta S_{总}$，并判断此过程是否自发。已知乙醇的摩尔汽化热为 42.59 kJ·mol^{-1}。

(121.3 J·K^{-1}，−113.0 J·K^{-1}，8.314 J·K^{-1}，略)

8. 在一绝热容器内的 20 g 沸水中加入 2 g 273.2 K 的冰，该过程的 Q、W、ΔU、ΔH、ΔS 的值各为多少？已知冰的熔化热为 6008 J·mol^{-1}，水的摩尔等压热容 $C_{p,m}=75.3$ J·mol^{-1}·K^{-1}。(0，0，0，0，0.924 J·K^{-1})

9. 263 K、101.325 kPa 的 1 mol 过冷水在绝热容器中，部分凝结形成 273 K 的冰水两相共存的平衡系统，计算此过程 ΔH 及 ΔS。已知冰在 273 K 时摩尔熔化热 $\Delta_{fus}H_m=6008$ J·mol^{-1}，水的摩尔等压热容为 75.3 J·mol^{-1}·K^{-1}。　　(0，0.059 J·K^{-1})

10. 1 mol 双原子分子理想气体的始态为 298.2 K、5.0×10^5 Pa。

(1) 经绝热可逆膨胀至气体压力为 1.0×10^5 Pa,由熵增原理知,此过程的熵变 $\Delta S_1=0$。

(2) 在外压 1.0×10^5 Pa 下,经恒外压绝热膨胀至气体压力为 1.0×10^5 Pa,由熵增原理知,此过程的熵变 $\Delta S_2>0$。

(3) 将过程(2)的终态在外压 5.0×10^5 Pa 下,经恒外压绝热压缩至气体压力为 5.0×10^5 Pa,由熵增原理知,此过程的熵变 $\Delta S_3>0$。

试问:(a)过程(1)与过程(2)的始态压力相同,终态压力也相同,为什么状态函数变化不同(即 $\Delta S_1=0$,$\Delta S_2>0$)?(b)过程(3)是过程(2)的逆过程,为什么两者的熵变都大于0(即 $\Delta S_2>0$,$\Delta S_3>0$)?请通过计算加以说明。

(0、5.82 $J\cdot K^{-1}$、8.79 $J\cdot K^{-1}$。结果表明,(1)与(2)都是绝热过程,但可逆与不可逆不能到达同一状态,故(3)不是(2)的逆过程,不能回到(2)的起始状态)

11. 已知甲醇蒸气在 298 K 时的标准摩尔熵为 $S_m^\ominus=43.9\ J\cdot mol^{-1}\cdot K^{-1}$,求它在 900 K 时的标准摩尔熵。在 273~1000 K 范围内,其蒸气的 $C_{p,m}$ 与温度 T 的关系式为

$$C_{p,m}=18.40+101.56\times10^{-3}T-28.68\times10^{-6}T^2$$
(115 $J\cdot mol^{-1}\cdot K^{-1}$)

12. 计算下列气体等温混合过程的熵变:

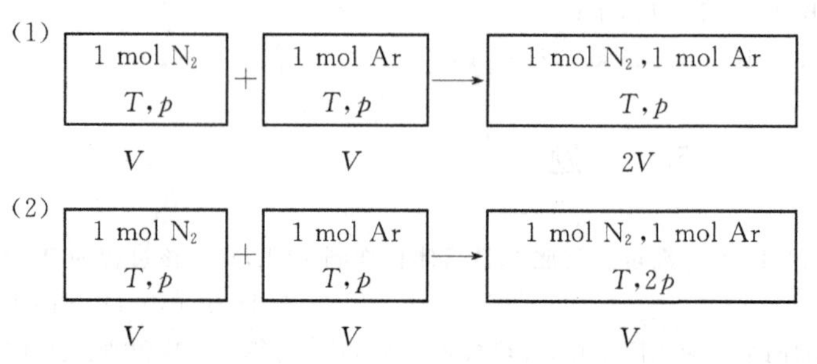

(3) 同(1),但将 Ar 变成 N_2;

(4) 同(2),但将 Ar 变成 N_2。　　(11.5 $J\cdot K^{-1}$,0,0,11.5 $J\cdot K^{-1}$)

13. 在下述各过程中系统的 ΔU、ΔH、ΔS、ΔA、ΔG 何者为零?

(1) 理想气体卡诺循环。

(2) C 和 O_2 在绝热钢瓶中发生反应。

(3) 液态水在 273.15 K、101.325 kPa 下凝固为冰。

(4) 理想气体向真空自由膨胀。

(5) 理想气体绝热可逆膨胀。

(6) 理想气体等温可逆膨胀。

((1) 均为零;(2) $\Delta U=0,\Delta H=0$;(3) $\Delta G=0$;(4) $Q=-W=\Delta U,\Delta H=0$;(5) $\Delta S=0$;(6) ΔU、$\Delta H=0$)

14. 1 mol 甲醇在其沸点 337.9 K 时蒸发为气体,求该过程中的 Q、W、ΔU、ΔH、ΔS、ΔG、ΔA。已知该温度下甲醇的汽化热为 37.6 $kJ\cdot mol^{-1}$。　　(37.6 kJ、−2.81 J、34.8 kJ、37.6 kJ、111.3 $J\cdot K^{-1}$、0、−2.8 kJ)

15. 298 K、101.3 kPa 下,金刚石与石墨的规定摩尔熵分别为 2.377 $J\cdot mol^{-1}\cdot K^{-1}$ 和 5.740 $J\cdot mol^{-1}\cdot K^{-1}$,其标准摩尔燃烧焓分别为 −395.4 $kJ\cdot mol^{-1}$ 和 −393.5 $kJ\cdot mol^{-1}$。计算在此条件下,石墨→金刚石的 $\Delta_r G_m^\ominus$,并说明此时哪种晶体较为稳定。　　(2.9 $kJ\cdot mol^{-1}$,石墨较稳定)

16. 试由上题的结果,计算需增大到多大压力才能使石墨变成金刚石。已知在 25 ℃时石墨和金刚石的密度分别为 $2.260\times10^3\ kg\cdot m^{-3}$ 和 $3.513\times10^3\ kg\cdot m^{-3}$。　　($p_2\geqslant1.53\times10^9$ Pa,石墨才能变成金刚石)

17. 乙醇蒸气在 25 ℃、1 个大气压时的标准摩尔生成吉布斯自由能 $\Delta_f G_m^\ominus=-168.5\ kJ\cdot mol^{-1}$,计算乙醇(液)的标准摩尔生成吉布斯自由能 $\Delta_f G_m^\ominus$,计算时假定乙醇蒸气为理想气体,已知 25 ℃时乙醇蒸气压为 9348 Pa。　　(−174.4 $kJ\cdot mol^{-1}$)

18. 计算 1 mol 水蒸气在 373.15 K,182.385 kPa 下凝聚成同温同压水的 ΔG。水的密度为 1000 $kg\cdot m^{-3}$,水蒸气可看作理想气体。　　(−1822.1 J)

19. 系统在某一过程中是否做非体积功，与反应具体进行的过程有关。例如，化学反应 $Zn+Cu^{2+}=Zn^{2+}+Cu$，若安排反应在电池中进行，则可做电功，若直接在烧杯中进行反应，则不做电功（显然两个过程的热效应不同）。吉布斯自由能 G 是状态函数，ΔG 只与给定的始态与终态有关，至于是否能获得非体积功与具体的过程有关。现已知在 298.15 K 时，Zn^{2+}、Cu^{2+} 的标准摩尔生成焓分别为 $-153.89\ kJ \cdot mol^{-1}$、$64.77\ kJ \cdot mol^{-1}$，Zn、$Zn^{2+}$、Cu、$Cu^{2+}$ 标准摩尔熵分别为 $41.63\ J \cdot mol^{-1} \cdot K^{-1}$、$-112.1\ J \cdot mol^{-1} \cdot K^{-1}$、$33.15\ J \cdot mol^{-1} \cdot K^{-1}$、$-99.6\ J \cdot mol^{-1} \cdot K^{-1}$，该反应能够获得的最大非体积功为多少？

（$-212.4\ kJ \cdot mol^{-1}$）

20. 电池是能够产生非体积功——电功的化学系统，一种常用电池中所用的反应可以写为

$$M(s)+1/2\ X_2(s/l/g) \rightarrow MX(s)$$

反应中部分物质在 298.15 K 的热力学数据为

化学式	$\Delta_f H_m^\ominus/(kJ \cdot mol^{-1})$	$\Delta_f G_m^\ominus/(kJ \cdot mol^{-1})$	$S_m^\ominus/(J \cdot mol^{-1} \cdot K^{-1})$
Li(s)	0	0	29.09
K(s)	0	0	64.63
LiF(s)	−616.0	−587.7	35.7
LiCl(s)	−408.27	−384.4	59.31
LiBr(s)	−351.2	−342.0	74.3
LiI(s)	−270.4	−270.3	86.8
NaF(s)	−576.6	−546.3	51.1
NaBr(s)	−361.1	−349.0	86.8
NaI(s)	−287.8	−286.1	—
KF(s)	−567.3	−537.8	66.6
KCl(s)	−436.5	−408.5	82.6
KBr(s)	−393.8	−380.7	95.9
KI(s)	−327.9	−324.9	106.3

这里，M 是一种碱金属，X_2 是卤素。试根据附录 D 以及表中数据给出使用不同碱金属与卤素的电池所能提供的最大电功。这些电池中哪些是实际生产的？

（Lif(s)，$-587.8\ kJ \cdot mol^{-1}$；LiCl(s)，$-384.0\ kJ \cdot mol^{-1}$；LiBr(s)，$-342.0\ kJ \cdot mol^{-1}$；LiI(s)，$-270.3\ kJ \cdot mol^{-1}$；NaF(s)，$-546.3\ kJ \cdot mol^{-1}$；NaCl(s)，$-391.0\ kJ \cdot mol^{-1}$；NaBr(s)，$-349.0\ kJ \cdot mol^{-1}$；NaI(s)，$-284.6\ kJ \cdot mol^{-1}$；KF(s)，$-537.7\ kJ \cdot mol^{-1}$；KCl(s)，$-408.6\ kJ \cdot mol^{-1}$；KBr(s)，$-380.4\ kJ \cdot mol^{-1}$；KI(s)，$-323.0\ kJ \cdot mol^{-1}$）

第3章　多组分系统热力学

多组分系统是指由两种或两种以上物质组成的系统。前两章介绍了热力学的两个定律，引出了一些重要的热力学状态函数(如 U、H、S、A、G 等)，推导出热力学基本方程，但这些方程只适用于单组分或组成不变的多组分均相封闭系统。而现实中常见的系统绝大多数是多组分、相组成变化的系统。对于这类系统，具有广度性质的状态函数(如 U、H、S、A、G 等)除了与系统的温度、压力有关外，还与系统各组分的组成有关。因此，要拓展热力学基本方程的应用范围，有必要讨论多组分系统的热力学问题。

多组分系统可以是单相的，也可以是多相的。对于多相系统，可把它看作是由几个多组分单相系统组成的。因此，可以从多组分单相系统热力学出发进行讨论。

为了研究的方便，通常将多组分单相系统划分为混合物和溶液两类。在混合物中对任意组分采用同样的标准态进行研究；对于溶液则分为溶剂和溶质，对它们选用不同的标准态进行研究(请注意它们之间的区别)。按照聚集状态的不同，混合物可分为气态混合物、液态混合物和固态混合物；溶液可分为液态溶液和固态溶液。如不特别指明，混合物通常指液态混合物，溶液是指液态溶液。

按分子间作用力不同，混合物可分为理想混合物和实际混合物；溶液可分为理想溶液、理想稀溶液和实际溶液。本章只讨论混合物和非电解质溶液。

对于多组分系统，有两个概念很重要，即偏摩尔量和化学势。前者指出，在均匀的多组分系统中，系统的某种容量性质的加和性不同于纯物质或组成不变的系统的加和性，许多广度性质不能用摩尔量，而只能用偏摩尔量。后者的概念在讨论相平衡和化学平衡时非常重要。

3.1　偏摩尔量

在系统的广度性质中，质量是比较特殊的，无论在什么系统中，它总具有加和性，即系统的总质量等于系统各部分质量之和。对于其他广度性质，在多组分系统中，一般不具有简单加和性。例如体积，常温常压下将 100 mL H_2O 和 100 mL C_2H_5OH 混合后，总体积并不等于 200 mL，这是因为两组分混合前、后分子间作用力发生了变化，导致乙醇溶液的体积并不等于纯乙醇和纯水的体积之和。摩尔量对于多组分系统已不再适应，必须提出一个新的物理量来替代它，这就是偏摩尔量。

3.1.1　偏摩尔量的定义

设某均相系统由组分 $1,2,\cdots,k$ 所组成，系统的任一种广度性质 Z 不仅与温度、压力有关，还与各组分物质的量有关，故有下列函数关系式：

$$Z = f(T,p,n_1,n_2,\cdots,n_k)$$

其全微分的形式为

$$\mathrm{d}Z = \left(\frac{\partial Z}{\partial T}\right)_{p,n_1,n_2,\cdots,n_k}\mathrm{d}T + \left(\frac{\partial Z}{\partial p}\right)_{T,n_1,n_2,\cdots,n_k}\mathrm{d}p + \left(\frac{\partial Z}{\partial n_1}\right)_{T,p,n_2,\cdots,n_k}\mathrm{d}n_1$$

$$+\left(\frac{\partial Z}{\partial n_2}\right)_{T,p,n_1,n_3,\cdots,n_k}\mathrm{d}n_2+\cdots+\left(\frac{\partial Z}{\partial n_k}\right)_{T,p,n_1,n_2,\cdots,n_{k-1}}\mathrm{d}n_k$$

在等温等压下

$$\mathrm{d}Z=\left(\frac{\partial Z}{\partial n_1}\right)_{T,p,n_2,\cdots,n_k}\mathrm{d}n_1+\left(\frac{\partial Z}{\partial n_2}\right)_{T,p,n_1,n_3,\cdots,n_k}\mathrm{d}n_2+\cdots+\left(\frac{\partial Z}{\partial n_k}\right)_{T,p,n_1,n_2,\cdots,n_{k-1}}\mathrm{d}n_k$$

$$=\sum_{i=1}^{k}\left(\frac{\partial Z}{\partial n_i}\right)_{T,p,n_j(j\neq i)}\mathrm{d}n_i$$

令

$$Z_i\xlongequal{\text{def}}\left(\frac{\partial Z}{\partial n_i}\right)_{T,p,n_j(j\neq i)} \tag{3-1}$$

则

$$\mathrm{d}Z=\sum_{i=1}^{k}Z_i\mathrm{d}n_i \tag{3-2}$$

式中,Z_i 称为物质 i 的广度性质 Z 的偏摩尔量。由于 Z 和 n 均为系统的广度性质,因此偏摩尔量为系统的强度性质,它与系统内物质的总量无关。

偏摩尔量的物理意义:在等温等压条件下,在极大量的系统中,除 i 外其他组分的物质的量保持不变,加入 1 mol i 物质时所引起系统广度性质 Z 的改变量;或在有限量的系统中,加入 $\mathrm{d}n_i$ 的 i 物质,系统的广度性质改变了 $\mathrm{d}Z$,$\mathrm{d}Z$ 与 $\mathrm{d}n_i$ 的比值就是 Z_i。常见的偏摩尔量主要有偏摩尔体积 V_i、偏摩尔内能 U_i、偏摩尔焓 H_i、偏摩尔熵 S_i、偏摩尔亥姆霍兹自由能 A_i、偏摩尔吉布斯自由能 G_i 等。

$$V_i=\left(\frac{\partial V}{\partial n_i}\right)_{T,p,n_j(j\neq i)},\quad U_i=\left(\frac{\partial U}{\partial n_i}\right)_{T,p,n_j(j\neq i)},\quad H_i=\left(\frac{\partial H}{\partial n_i}\right)_{T,p,n_j(j\neq i)}$$

$$S_i=\left(\frac{\partial S}{\partial n_i}\right)_{T,p,n_j(j\neq i)},\quad A_i=\left(\frac{\partial A}{\partial n_i}\right)_{T,p,n_j(j\neq i)},\quad G_i=\left(\frac{\partial G}{\partial n_i}\right)_{T,p,n_j(j\neq i)}$$

偏摩尔量与摩尔量的区别与联系:只有对于单组分系统,两者才相等;摩尔量数值一定为正值,而偏摩尔量不仅可为正值,也可为零,甚至可为负值。偏摩尔量可用 $Z_{\mathrm{m},i}^{*}$ 表示。

在判断某偏微分是否为偏摩尔量时应注意,只有系统的广度性质才有偏摩尔量,偏微分的下标一定是等温等压,除 i 以外其他组分的物质的量不变。

3.1.2　偏摩尔量的集合公式

偏摩尔量是强度性质,与混合物的浓度有关,而与混合物的总量无关。如果按原始混合物中各物质的比例同时加入物质 1,2,⋯,k,直到加入各物质的物质的量为 $n_1,n_2,\cdots,n_k$ 时为止。由于是按混合物比例同时加入的,所以溶液的浓度在此过程中保持不变,因此各组分的偏摩尔量也不变,将式(3-2)积分,得到加入这些物质后的总 Z 值为

$$Z=n_1Z_1+n_2Z_2+\cdots+n_kZ_k=\sum_{i=1}^{k}n_iZ_i \tag{3-3}$$

此式为偏摩尔量的集合公式。说明在等温等压下,多组分系统的某广度性质 Z 与各组分偏摩尔量 Z_i 的关系,即广度性质 Z 等于各组分物质的量与其偏摩尔量的乘积之和。偏摩尔量 Z_i 是系统温度、压力和各组分物质的量的函数,是系统的性质,它并不仅与组分 i 有关。因此,不能把 n_iZ_i 简单地看成是组分 i 对系统广度性质 Z 的贡献。

3.1.3　吉布斯-杜亥姆公式

将偏摩尔量的集合公式在等温等压下进行微分,可得

$$dZ = \sum_{i=1}^{k} n_i dZ_i + \sum_{i=1}^{k} Z_i dn_i$$

与式(3-2)比较,得

$$\sum_{i=1}^{k} n_i dZ_i = 0 \tag{3-4}$$

两边同时除以 $n(=\sum_{i=1}^{k} n_i)$,得

$$\sum_{i=1}^{k} x_i dZ_i = 0 \tag{3-5}$$

式(3-4)和式(3-5)都可以称为吉布斯-杜亥姆公式。该公式表示的是不同组分、同一偏摩尔量间的关系。

3.2 化　学　势

在所有偏摩尔量中,偏摩尔吉布斯自由能 G_i 最为重要,应用最广,因此专门给它一个新的名称——化学势(chemical potential),用符号 μ 表示。在相平衡和化学平衡中,经常运用化学势来判断系统是否达到相平衡和化学平衡。

3.2.1　化学势的定义

在组成可变的多组分均相系统中,组分 i 的偏摩尔吉布斯自由能 G_i 有特殊的重要性,在化学热力学中通常把它称为化学势,用符号 μ_i 表示。故化学势的定义式为

$$\mu_i = G_i = \left(\frac{\partial G}{\partial n_i}\right)_{T,p,n_j(j\neq i)} \tag{3-6}$$

因此可以得到 $G=f(T,p,n_1,n_2,\cdots,n_k)$,其全微分的形式如下:

$$\begin{aligned} dG = & \left(\frac{\partial G}{\partial T}\right)_{p,n_1,n_2,\cdots,n_k} dT + \left(\frac{\partial G}{\partial p}\right)_{T,n_1,n_2,\cdots,n_k} dp + \left(\frac{\partial G}{\partial n_1}\right)_{T,p,n_2,\cdots,n_k} dn_1 \\ & + \left(\frac{\partial G}{\partial n_2}\right)_{T,p,n_1,n_3,\cdots,n_k} dn_2 + \cdots + \left(\frac{\partial G}{\partial n_k}\right)_{T,p,n_1,n_2,\cdots,n_{k-1}} dn_k \\ = & \left(\frac{\partial G}{\partial T}\right)_{p,n_1,n_2,\cdots,n_k} dT + \left(\frac{\partial G}{\partial p}\right)_{T,n_1,n_2,\cdots,n_k} dp + \sum_{i=1}^{k} \mu_i dn_i \end{aligned}$$

此式为组成可变的均相多组分系统的热力学基本关系式之一。按此方法,还可以得到其他热力学基本关系式和化学势的表达式。

$$dU = TdS - pdV + \sum_{i=1}^{k} \mu_i dn_i \tag{3-7}$$

$$dH = TdS + Vdp + \sum_{i=1}^{k} \mu_i dn_i \tag{3-8}$$

$$dA = -SdT - pdV + \sum_{i=1}^{k} \mu_i dn_i \tag{3-9}$$

$$dG = -SdT + Vdp + \sum_{i=1}^{k} \mu_i dn_i \tag{3-10}$$

$$\mu_i = \left(\frac{\partial U}{\partial n_i}\right)_{S,V,n_j(j\neq i)} = \left(\frac{\partial H}{\partial n_i}\right)_{S,p,n_j(j\neq i)} = \left(\frac{\partial A}{\partial n_i}\right)_{T,V,n_j(j\neq i)} = \left(\frac{\partial G}{\partial n_i}\right)_{T,p,n_j(j\neq i)} \tag{3-11}$$

上述四个偏微分中只有$\left(\frac{\partial G}{\partial n_i}\right)_{T,p,n_j(j\neq i)}$是偏摩尔量，其他三个均不是。由于$U$、$H$、$A$、$G$和$n$都是系统的广度性质，故化学势是系统的强度性质。

对于组成可变的系统，这四个热力学基本关系式中应用得最多的是式(3-10)，因为实际变化过程常常是在等温等压下进行的。

3.2.2 化学势判据

在等温等压及非体积功为零的条件下，可以用 $\mathrm{d}G$ 作为自发过程方向和限度的判据，即

$$\mathrm{d}G_{T,p,\delta W'=0} \leqslant 0 \quad \begin{pmatrix} < \text{自发} \\ = \text{平衡} \end{pmatrix}$$

由公式(3-10)可知，在等温等压和不做非体积功的条件下，可得到

$$\mathrm{d}G = \sum_{i=1}^{k} \mu_i \mathrm{d}n_i$$

故

$$\sum_{i=1}^{k} \mu_i \mathrm{d}n_i \leqslant 0 \quad \begin{pmatrix} < \text{自发} \\ = \text{平衡} \end{pmatrix} \quad (T,p\text{ 一定},\delta W'=0) \tag{3-12}$$

此式即为化学势判据。该判据在相平衡中可用于判断物质在两相间的转移方向，在化学平衡中可用于判断化学平衡移动的方向。

1. 化学势在相变中的应用

设多组分体系中，有 α 和 β 两相，在等温等压和不做非体积功的条件下，有微量的组分 B 自发地从 α 相转移到 β 相，则体系的吉布斯自由能减小，即

$$\mathrm{d}G = \mathrm{d}G^{\alpha} + \mathrm{d}G^{\beta} = \mu_{\mathrm{B}}^{\alpha}\mathrm{d}n_{\mathrm{B}}^{\alpha} + \mu_{\mathrm{B}}^{\beta}\mathrm{d}n_{\mathrm{B}}^{\beta} < 0$$

$$\mathrm{d}n_{\mathrm{B}}^{\alpha} = -\mathrm{d}n_{\mathrm{B}}^{\beta} < 0$$

$$\mathrm{d}G = (\mu_{\mathrm{B}}^{\alpha} - \mu_{\mathrm{B}}^{\beta})\mathrm{d}n_{\mathrm{B}}^{\alpha} < 0$$

$$\mu_{\mathrm{B}}^{\alpha} > \mu_{\mathrm{B}}^{\beta}$$

由此可见，当组分 B 在 α 相中的化学势大于 β 相时，则组分 B 就具有自发从 α 相转移到 β 相的趋势。

2. 化学势在化学平衡中的应用

设有下列化学反应，在等温等压和不做非体积功的条件下进行：

$$2SO_2 + O_2 \xlongequal{\quad} 2SO_3$$

当反应进行到某一程度，SO_2、O_2、SO_3 各自有确定的量，其化学势也有确定值，此时若有 $2\mathrm{d}n$ mol SO_2 和 $\mathrm{d}n$ mol O_2 自发反应生成 $2\mathrm{d}n$ mol SO_3，体系的 $\mathrm{d}G<0$，则

$$\mathrm{d}G = 2\mu_{SO_3}\mathrm{d}n - 2\mu_{SO_2}\mathrm{d}n - \mu_{O_2}\mathrm{d}n = (2\mu_{SO_3} - 2\mu_{SO_2} - \mu_{O_2})\mathrm{d}n$$

因 $\mathrm{d}n > 0$，则有

$$2\mu_{SO_3} < 2\mu_{SO_2} + \mu_{O_2}$$

即化学反应是由化学势大的一方向化学势小的一方进行，是自动发生的。

推广至任意的化学反应 $a\mathrm{A}+d\mathrm{D} \rightleftharpoons g\mathrm{G}+h\mathrm{H}$，则有

$$\begin{cases} a\mu_{\mathrm{A}} + d\mu_{\mathrm{D}} > g\mu_{\mathrm{G}} + h\mu_{\mathrm{H}}, & \text{反应向正方向进行} \\ a\mu_{\mathrm{A}} + d\mu_{\mathrm{D}} = g\mu_{\mathrm{G}} + h\mu_{\mathrm{H}}, & \text{反应达平衡状态} \\ a\mu_{\mathrm{A}} + d\mu_{\mathrm{D}} < g\mu_{\mathrm{G}} + h\mu_{\mathrm{H}}, & \text{反应向逆方向进行} \end{cases} \tag{3-13}$$

式(3-13)说明，化学反应的方向是由化学势决定的。当反应物的化学势高于产物时，则反应朝正方向进行；反之亦然。化学势是物质传递过程方向和限度的判据。

3.3 气体混合物中各组分的化学势

化学势在热力学中是非常重要的概念,它的绝对值和内能等其他热力学状态函数一样是很难测量的。但在实际过程中,人们关心的是系统始态、终态化学势的变化量而不是绝对值。为此,对物质处于不同状态,如气态、液态、固态、溶液中的组分等各选定一个标准态作为相对起点,并将此相对起点的化学势称为标准化学势。在其他状态下,物质的化学势就表示为与标准化学势的关系式,从而解决了化学势作为自发变化方向和限度的判据问题。

对于气体,规定温度为 T、压力为 $p^{\ominus}$下的纯理想气体为标准态。

3.3.1 理想气体的化学势

1. 单组分理想气体

由于该系统为纯物质,故其化学势等于摩尔吉布斯自由能。即

$$\mu^{*}=G_{\mathrm{m}}^{*}$$

由热力学基本关系式可得

$$\left(\frac{\partial G_{\mathrm{m}}^{*}}{\partial p}\right)_{T}=V_{\mathrm{m}}^{*}$$

故

$$\left(\frac{\partial \mu^{*}}{\partial p}\right)_{T}=V_{\mathrm{m}}^{*}=\frac{RT}{p}$$

当气体在等温条件下,压力由 $p^{\ominus}$变化到 p 时,经过定积分,得

$$\mu(T,p)=\mu^{\ominus}(T)+RT\ln\frac{p}{p^{\ominus}} \tag{3-14}$$

式中,$\mu^{\ominus}(T)$为理想气体在标准态时的化学势;p 为纯理想气体的压力。此式即为单组分理想气体的化学势的表达式。

2. 理想气体混合物

由于理想气体分子间没有作用力,分子的体积可忽略不计,故理想气体在混合前、后的行为完全相同。将式(3-14)中的 p 用理想气体混合物中组分 i 的分压 p_i 表示,就能表达理想气体混合物中组分 i 的化学势。

$$\mu_i(T,p)=\mu_i^{\ominus}(T)+RT\ln\frac{p_i}{p^{\ominus}} \tag{3-15}$$

3.3.2 非理想气体混合物的化学势——逸度的概念

对于实际气体,其本身并不满足理想气体状态方程式。因此在求其化学势时,必须用实际气体的状态方程式,如范德华方程等。在代入积分的过程中,发现关于压力的积分项非常复杂。为了使实际气体化学势的表达式具有与理想气体类似的简单形式,将所有的校正项合并,定义了一个新的概念——逸度,用符号 f 表示。f 可以看成是校正后的压力,$f=\gamma p$,其中 γ 称为逸度因子,其数值不仅与气体的特性有关,还与气体所处的温度和压力有关。一般来说,当温度一定时,压力较小,$\gamma<1$;当压力很大时,$\gamma>1$;当压力趋于零时,这时真实气体的行为接近于理想气体的行为,逸度的数值就趋近于压力的数值,故 $\gamma\to1$。

非理想气体混合物中任一组分的化学势可表示为

$$\mu_i(T,p)=\mu_i^{\ominus}(T)+RT\ln\frac{f_i}{p^{\ominus}} \tag{3-16}$$

3.4　稀溶液中的两个经验定律

1. 拉乌尔定律

1887 年，拉乌尔通过大量的实验，总结出了一条经验规律，即“一定温度下，稀溶液中溶剂的蒸气压等于纯溶剂的饱和蒸气压乘以溶液中溶剂的摩尔分数”，此为拉乌尔定律。若稀溶液中溶剂为 A，溶质为 B，则其数学表达式为

$$p_A = p_A^* x_A \tag{3-17}$$

由此可知，向溶剂中加入溶质会导致溶剂的蒸气压下降。从定性的角度可以解释为，如果溶质和溶剂分子间的相互作用的差异可以忽略，而且当溶剂和溶质形成溶液时体积不变，则由于在纯溶剂中加入溶质后减少了溶液单位体积和单位表面上的溶剂分子数目，因而也减少了单位时间内可能离开液相表面而进入气相的溶剂分子数，所以溶液中溶剂的蒸气压较纯溶剂低。

拉乌尔定律适用于稀溶液中的溶剂。

2. 亨利定律

1803 年，亨利归纳多次实验结果，得到了稀溶液的另一条重要规律，即“一定温度下，稀溶液中挥发性溶质的平衡分压与其在溶液中的浓度成正比”，这就是亨利定律。若稀溶液中溶质为 B，则其数学表达式为

$$p_B = k_x x_B \tag{3-18}$$

如果浓度用质量摩尔浓度或物质的量浓度表示，亨利定律又有下列不同的表达式：

$$p_B = k_b b_B$$

$$p_B = k_c c_B \tag{3-19}$$

上述两公式中 k_x、k_b 和 k_c 都称为亨利系数，其值取决于温度、溶质和溶剂的本性，彼此量值不同。p_B 为平衡时溶质 B 在气相中的分压力，$p_B = p y_B$，其中 p 为总压力，y_B 为溶质 B 在气相中的摩尔分数。该定律适用于稀溶液中的挥发性溶质，在使用该定律时，必须要求稀溶液中挥发性溶质在气液两相中的分子状态相同。例如氯化氢气体在三氯甲烷和苯中都是分子状态，在气相中也是分子，故服从亨利定律；当氯化氢溶解在水中时，是以氢离子和氯离子的形式存在，故不能使用亨利定律。

【例 3-1】 在 97.11 ℃时，$p_{H_2O}^* = 91.3$ kPa，与 $x_{乙醇} = 0.01195$ 的水溶液成平衡的总蒸气压为 101.325 kPa。试求在上述温度下，与 $x_{乙醇} = 0.02$ 的水溶液成平衡的蒸气中水和乙醇的分压是多少？

解　两溶液可视为乙醇的稀溶液，其中水(A)为溶剂，符合拉乌尔定律；乙醇(B)为溶质，符合亨利定律。

$$p_A = p_A^* x_A = p_A^* (1 - x_B) = 91.3 \times (1 - 0.02)\ \text{kPa} = 89.474\ \text{kPa}$$

$$p_{总} = p_A^* x_{A,1} + k_{x,B} x_{B,1}$$

$$k_{x,B} = \frac{p_{总} - p_A^* x_{A,1}}{x_{B,1}} = \frac{101.325 - 91.3 \times (1 - 0.01195)}{0.01195}\ \text{kPa} = 930.2\ \text{kPa}$$

$$p_B = k_{x,B} x_B = 930.2 \times 0.02\ \text{kPa} = 18.60\ \text{kPa}$$

3.5　理想液态混合物

1. 理想液态混合物的定义

所有组分在全部浓度范围内都遵守拉乌尔定律的液态混合物称为理想液态混合物，常称

为理想溶液。它同理想气体一样都是理想化的概念,本身并不实际存在,但是有一些液态混合物可以近似地看成是理想液态混合物。例如光学异构体混合物、同位素化合物的混合物、立体异构体的混合物以及相邻同系物的混合物等。

从宏观上看,当把两个或两个以上纯组分混合,构成理想液态混合物时,混合过程中没有热效应发生,体积也不发生变化,即

$$\Delta_{\text{mix}}H = 0, \quad \Delta_{\text{mix}}V = 0$$

也可以把它们视作理想液态混合物的特征。

从微观上说,理想液态混合物中各组分的分子大小相似,分子间的作用力相同。因此,当一种组分的分子被另一种组分的分子取代时,能量和空间结构都没有发生变化,在宏观上就表现出混合过程没有热效应和体积的变化。

2. 理想液态混合物中任一组分的化学势

设一理想液态混合物在温度为 T、压力为 p 时与其蒸气达到平衡,那么理想液态混合物中任一组分 B 在气液两相对应的化学势相等,即

$$\mu_{\text{B}}(\text{l},T,p) = \mu_{\text{B}}(\text{g},T,p)$$

若与理想液态混合物平衡的蒸气可以看作理想气体的混合物,则

$$\mu_{\text{B}}(\text{g},T,p) = \mu_{\text{B}}^{\ominus}(\text{g},T) + RT\ln\frac{p_{\text{B}}}{p^{\ominus}}$$

对于纯组分 B 在温度 T 达到气液平衡时,可得

$$\mu_{\text{B}}^{*}(\text{l},T,p) = \mu_{\text{B}}^{*}(\text{g},T,p)$$

若气态纯组分 B 可看作理想气体,则

$$\mu_{\text{B}}^{*}(\text{g},T,p) = \mu_{\text{B}}^{\ominus}(\text{g},T) + RT\ln\frac{p_{\text{B}}^{*}}{p^{\ominus}}$$

由于理想液态混合物中组分 B 遵守拉乌尔定律,即 $p_{\text{B}} = p_{\text{B}}^{*}x_{\text{B}}$,故

$$\mu_{\text{B}}(\text{g},T,p) = \mu_{\text{B}}^{\ominus}(\text{g},T) + RT\ln\frac{p_{\text{B}}^{*}}{p^{\ominus}} + RT\ln x_{\text{B}}$$

$$\mu_{\text{B}}^{*}(\text{l},T,p) = \mu_{\text{B}}^{\ominus}(\text{g},T) + RT\ln\frac{p_{\text{B}}^{*}}{p^{\ominus}}$$

$$\mu_{\text{B}}(\text{l},T,p) = \mu_{\text{B}}^{*}(\text{l},T,p) + RT\ln x_{\text{B}} \tag{3-20}$$

式中,$\mu_{\text{B}}^{*}(\text{l},T,p)$不是组分 B 的标准态化学势,而是当 $x_{\text{B}}=1$ 时,纯组分 B 在温度为 T、压力为 p 时的化学势。用公式(3-20)可表示理想液态混合物中任一组分的化学势。

3. 理想液态混合物的通性

将若干纯组分混合成理想液态混合物时,在混合过程中体积不变,焓不变,但熵增大,吉布斯自由能减小,这些都是理想液态混合物的通性。

3.6 理想稀溶液中各组分的化学势

3.6.1 理想稀溶液的定义

溶剂和溶质分别遵守拉乌尔定律和亨利定律的无限稀释的溶液称为理想稀溶液。理想稀溶液和稀的理想溶液是完全不同的概念,两者在热力学上的处理是不同的。前者的溶剂遵守

拉乌尔定律，溶质遵守亨利定律；后者的溶剂和溶质都遵守拉乌尔定律。通常，可以把较稀的溶液近似看作理想稀溶液。

以二组分理想稀溶液A-B为例，其中A为溶剂，B为溶质。

从宏观上看，当把A和B混合构成理想稀溶液时，将产生热效应和体积的变化。

从微观上看，理想稀溶液中各组分分子间作用力不同，分子大小不同，溶质和溶剂分子的周围都是溶剂分子。溶液中溶剂分子所处的环境与纯溶剂几乎相同，虽然溶质分子所处的环境与纯溶质不同，但是不同浓度的稀溶液中溶质分子所处的环境几乎相同。

3.6.2　理想稀溶液中任一组分的化学势

1. 溶剂A的化学势

由于理想稀溶液中溶剂遵守拉乌尔定律，所以它的化学势和理想液态混合物中任一组分的化学势的表达式相似，即

$$\mu_A(l,T,p)=\mu_A^*(l,T,p)+RT\ln x_A$$

2. 溶质B的化学势

理想稀溶液中溶质遵守亨利定律，当溶质达到气液平衡时，两相对应的化学势相等，即

$$\mu_B(l,T,p)=\mu_B(g,T,p)=\mu_B^{\ominus}(g,T)+RT\ln\frac{p_B}{p^{\ominus}}$$

将 $p_B=k_x x_B$ 代入，得

$$\mu_B(l,T,p)=\mu_B^{\ominus}(g,T)+RT\ln\frac{k_x}{p^{\ominus}}+RT\ln x_B$$

令

$$\mu_B^{\ominus}(g,T)+RT\ln\frac{k_x}{p^{\ominus}}=\mu_{B,x}^*(T,p)$$

则

$$\mu_B(l,T,p)=\mu_{B,x}^*(T,p)+RT\ln x_B \quad (3-21)$$

此式为理想稀溶液中溶质的化学势表达式。其中，$\mu_{B,x}^*(T,p)$可以看作当 $x_B=1$ 时，仍遵守亨利定律的假想状态的化学势。此假想状态如图3-1中 M 点所示。

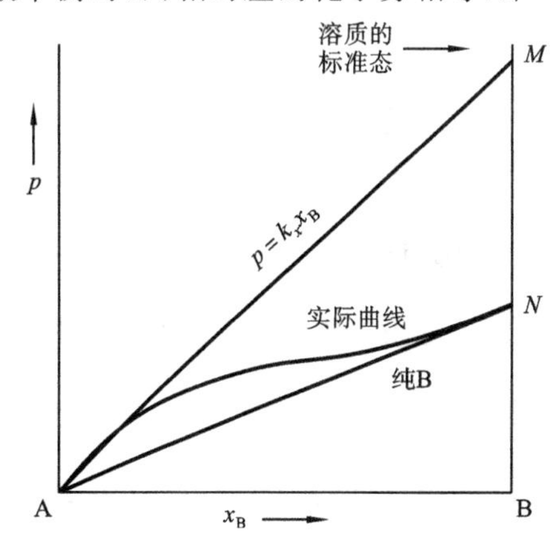

图3-1　理想稀溶液中溶质的标准态

3.7　实际溶液中各组分的化学势

1. 实际溶液的定义

实际溶液中，溶剂不遵守拉乌尔定律，溶质也不遵守亨利定律和拉乌尔定律。它们对理想液态混合物和理想稀溶液所遵守的定律均会产生偏差。

2. 实际溶液中任一组分的化学势

为了使实际溶液中各组分的化学势仍具有简单的形式，路易斯提出了活度的概念。他将实际溶液的偏差全部集中在对实际溶液的浓度校正上，其定义式为

$$a_B=\gamma_B x_B$$

式中，a_B 为活度；γ_B 为活度系数。活度相当于某种形式的“校正浓度”，活度系数则表示实际溶液中组分B的摩尔分数与理想液态混合物的偏差。如果将 x_B 换成 a_B，就能得到适应于实际溶液中各组分化学势的表达式，即

$$\mu_B = \mu_B^*(T,p) + RT\ln a_B \tag{3-22}$$

式中，$\mu_B^*(T,p)$是$x_B=1$、$\gamma_B=1$时组分B在该状态时的化学势，实际就是纯B状态。

3.8　化学势的应用——稀溶液的依数性

含有难挥发性非电解质的稀溶液会产生四种现象，即蒸气压下降、沸点升高、凝固点降低和渗透压。这些性质的数值只与溶液中溶质的数量有关，而与溶质的种类和本性无关，所以把这些性质称为稀溶液的依数性。

3.8.1　蒸气压下降

以二组分的理想稀溶液为例，其中A为溶剂，B为溶质。由于溶剂遵守拉乌尔定律，故蒸气压下降值可表示为

$$\Delta p_A = p_A^* - p_A = p_A^*(1-x_A) = p_A^* x_B$$

由于$n_A \gg n_B$，故$x_B \approx \dfrac{n_B}{n_A} = \dfrac{n_B}{m_A/M_A} = b_B M_A$，则

$$\Delta p_A = p_A^* M_A b_B = K_{vap} b_B \tag{3-23}$$

式中，n_A、n_B表示溶剂和溶质的物质的量；m_A表示溶剂的质量；M_A表示溶剂的摩尔质量；b_B表示溶质的质量摩尔浓度；K_{vap}表示蒸气压下降常数。此式说明蒸气压下降值与溶质的质量摩尔浓度成正比。

3.8.2　沸点升高

沸点是指液体的蒸气压与外压相等时的温度。由拉乌尔定律可知，含有非挥发性溶质的稀溶液的蒸气压在一定温度下要比纯溶剂的饱和蒸气压低。当纯溶剂的蒸气压达到外压并开始沸腾时，稀溶液在此温度下的蒸气压要低于外压。因此，稀溶液必须升高温度来增大其蒸气压，以达到沸点，稀溶液的沸点要高于纯溶剂(如图3-2所示)。

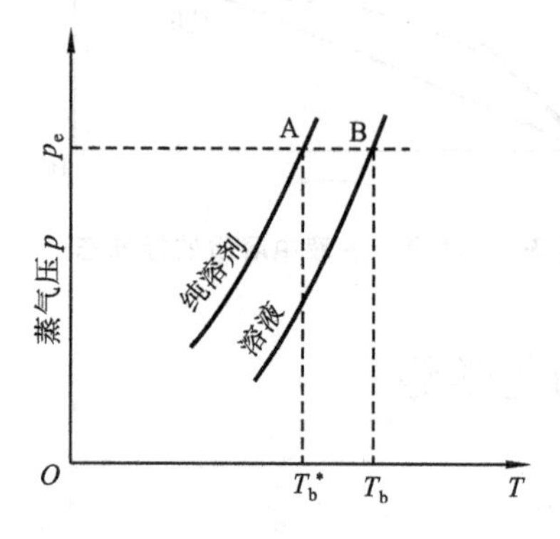

图3-2　稀溶液沸点升高示意图

沸点的升高值可通过化学势的表达式来进行推导。

设溶液在压力为p，沸点温度为T_b时，达到气液两相平衡，则

$$\mu_A(l,T,p,x_A) = \mu_A(g,T,p)$$

在定压下，若溶液的浓度由$x_A \longrightarrow x_A + dx_A$，沸点温度由$T_b \longrightarrow T_b + dT$，重新建立气液两相平衡时，有

$$\mu_A(l) + d\mu_A(l) = \mu_A(g) + d\mu_A(g)$$

$$\mu_A(l) = \mu_A(g)$$

$$d\mu_A(l) = d\mu_A(g)$$

$$\left(\frac{\partial \mu_A(l)}{\partial T}\right)_{p,x_A} dT + \left(\frac{\partial \mu_A(l)}{\partial x_A}\right)_{T,p} dx_A = \left(\frac{\partial \mu_A(g)}{\partial T}\right)_p dT$$

对稀溶液，$\mu_A(l) = \mu_A^*(l) + RT\ln x_A$，$\left(\dfrac{\partial \mu_A}{\partial T}\right)_p = -S_A$，代入上式得

$$-S_{A,l}dT+\frac{RT}{x_A}dx_A=-S_{A,g}dT$$

$$(S_{A,g}-S_{A,l})dT=-\frac{RT}{x_A}dx_A$$

$$S_{A,g}-S_{A,l}\approx\frac{\Delta_{vap}H_{m,A}}{T}$$

$$\frac{\Delta_{vap}H_{m,A}}{RT^2}dT=-\frac{1}{x_A}dx_A$$

若纯溶剂的沸点为 T_b^*，溶液的沸点为 T_b，$\Delta_{vap}H_{m,A}$ 与温度无关，对上式进行定积分得

$$\int_{T_b^*}^{T_b}\frac{\Delta_{vap}H_{m,A}}{RT^2}dT=\int_1^{x_A}-\frac{1}{x_A}dx_A$$

$$\frac{\Delta_{vap}H_{m,A}}{R}\left(\frac{1}{T_b^*}-\frac{1}{T_b}\right)=-\ln x_A$$

$$-\ln x_A=\frac{\Delta_{vap}H_{m,A}}{R}\left(\frac{T_b-T_b^*}{T_bT_b^*}\right)$$

令 $\Delta T_b=T_b-T_b^*$，$T_bT_b^*\approx(T_b^*)^2$，则

$$-\ln x_A=\frac{\Delta_{vap}H_{m,A}}{R}\frac{\Delta T_b}{(T_b^*)^2}$$

若 $-\ln x_A=-\ln(1-x_B)\approx x_B\approx\frac{n_B}{n_A}$，则上式可写为

$$\Delta T_b=\frac{R(T_b^*)^2}{\Delta_{vap}H_{m,A}}\frac{n_B}{n_A}=k_bb_B \tag{3-24}$$

这就是稀溶液沸点升高公式，其中 $k_b=\frac{R(T_b^*)^2}{\Delta_{vap}H_{m,A}}M_A$，称为沸点升高常数，单位是 $kg\cdot K\cdot mol^{-1}$，其数值仅与溶剂的性质有关；b_B 为质量摩尔浓度，单位是 $mol\cdot kg^{-1}$。此公式说明沸点升高值与溶质的质量摩尔浓度成正比。表 3-1 所列是一些常见溶剂的 k_b。

表 3-1　几种溶剂的 k_b

溶　剂	水	甲　醇	乙　醇	乙　醚	丙　酮	苯	氯　仿	四氯化碳
$k_b/(kg\cdot K\cdot mol^{-1})$	0.52	0.80	1.20	2.11	1.72	2.57	3.88	5.02

3.8.3　凝固点降低

在一定外压下，固态纯溶剂与溶液达到平衡时的温度称为溶液的凝固点。由拉乌尔定律可知，同一温度下稀溶液的蒸气压小于纯溶剂的蒸气压。同时，液态纯溶剂、固态纯溶剂和溶液的蒸气压都随着温度的降低而减小。由图 3-3 可知，当液态纯溶剂和固态纯溶剂的蒸气压相等时，温度即为纯溶剂的凝固点 T_f^*。此时溶液的蒸气压较前两者低，必须进一步降低温度，才能使固态纯溶剂与溶液的蒸气压相等，达到溶液的凝固点 T_f。显然，当向纯溶剂中加入溶质形成稀溶液后，凝固点下降了。

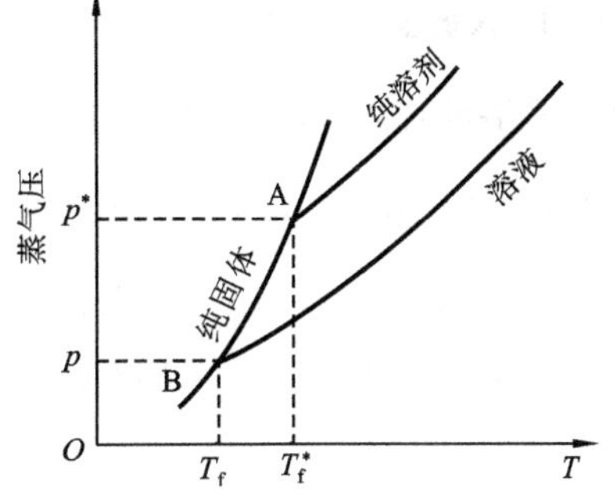

图 3-3　稀溶液凝固点降低示意图

凝固点下降值可用类似沸点升高值的过程进行

推导。

$$\Delta T_{\mathrm{f}} = \frac{R\,(T_{\mathrm{f}}^{*})^{2}}{\Delta_{\mathrm{fus}} H_{\mathrm{m,A}}} \frac{n_{\mathrm{B}}}{n_{\mathrm{A}}} = k_{\mathrm{f}} b_{\mathrm{B}} \tag{3-25}$$

这就是稀溶液凝固点降低公式,其中 $k_{\mathrm{f}} = \frac{R\,(T_{\mathrm{f}}^{*})^{2}}{\Delta_{\mathrm{fus}} H_{\mathrm{m,A}}} M_{\mathrm{A}}$,称为凝固点降低常数,单位是 kg·K·mol^{-1}。表 3-2 所列是一些常见溶剂的 k_{f}。

表 3-2　几种溶剂的 k_{f}

溶　剂	水	乙　酸	苯	环己烷	酚	萘	樟　脑
k_{f}/(kg·K·mol^{-1})	1.86	3.90	5.10	20	7.27	7.0	40

汽车散热器中的冷却水在冬季常加入适量乙二醇或甲醇,下雪天在路面上撒盐,以防止结冰,这些应用都是基于凝固点下降的原理。

【例 3-2】 苯的凝固点为 278.68 K。在 100 g 苯中加入 1 g 萘,溶液的凝固点下降 0.4022 K,试求苯的摩尔熔化热。

解

$$b_{\mathrm{B}} = \frac{n_{\mathrm{B}}}{m_{\mathrm{A}}} = \frac{1\times10^{-3}}{128.16\times10^{-3}\times100\times10^{-3}}\ \mathrm{mol\cdot kg^{-1}} = 0.07803\ \mathrm{mol\cdot kg^{-1}}$$

$$\Delta_{\mathrm{fus}} H_{\mathrm{m,苯}} = \frac{R\,(T_{\mathrm{f}}^{*})^{2} M_{\mathrm{A}} b_{\mathrm{B}}}{\Delta T_{\mathrm{f}}} = \frac{8.314\times278.68^{2}\times78.05\times10^{-3}\times0.07803}{0.4022}\ \mathrm{J\cdot mol^{-1}} = 9777\ \mathrm{J\cdot mol^{-1}}$$

3.8.4　渗透压

在图 3-4 中,用一半透膜将纯溶剂和稀溶液隔离开,经过一段时间后,发现稀溶液侧的液面要高于纯溶剂的液面。这种现象称为渗透现象,它说明溶剂分子透过半透膜进入稀溶液。为了防止溶剂向溶液转移,就必须在溶液上方额外施加一压力,这个压力称为渗透压,用 Π 表示。

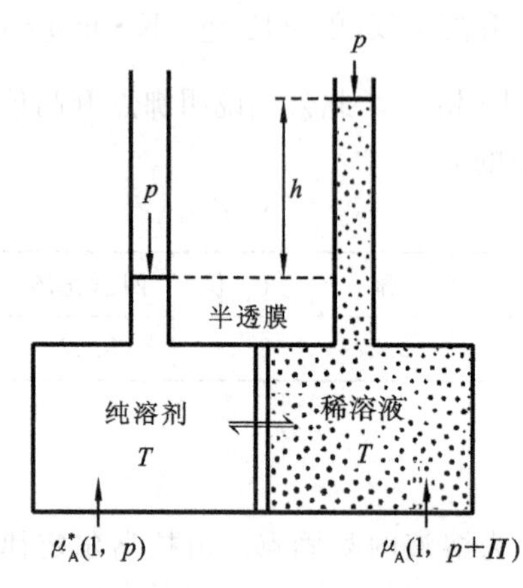

图 3-4　渗透压的产生示意图

从热力学的角度,可以通过化学势解释渗透现象。在渗透现象发生前,溶液中溶剂和纯溶剂的化学势可分别表示为

$$\mu_{\mathrm{A}}(\mathrm{l}) = \mu_{\mathrm{A}}(\mathrm{g}) = \mu_{\mathrm{A}}^{\ominus} + RT\ln\frac{p_{\mathrm{A}}}{p_{\mathrm{A}}^{\ominus}}$$

$$\mu_{\mathrm{A}}^{*}(\mathrm{l}) = \mu_{\mathrm{A}}^{*}(\mathrm{g}) = \mu_{\mathrm{A}}^{\ominus} + RT\ln\frac{p_{\mathrm{A}}^{*}}{p_{\mathrm{A}}^{\ominus}}$$

显然 $p_{\mathrm{A}}^{*} > p_{\mathrm{A}}$,因此 $\mu_{\mathrm{A}}^{*}(\mathrm{l}) > \mu_{\mathrm{A}}(\mathrm{l})$,所以溶剂分子有从纯溶剂进入溶液的倾向。

利用化学势,还可推导出渗透压与溶液浓度的关系。

对于稀溶液,温度 T、压力 $p+\Pi$ 时溶剂的化学势为

$$\mu_{\mathrm{A}}(\mathrm{l},T,p+\Pi) = \mu_{\mathrm{A}}^{*}(\mathrm{l},T,p+\Pi) + RT\ln x_{\mathrm{A}} = \mu_{\mathrm{A}}^{*}(\mathrm{l},T,p) + \int_{p}^{p+\Pi} V_{\mathrm{m}}^{*}\,\mathrm{d}p + RT\ln x_{\mathrm{A}}$$

对于纯溶剂,温度 T、压力 p 时的化学势为 $\mu_{\mathrm{A}}^{*}(\mathrm{l},T,p)$。当渗透达平衡时,两者化学势相等,即 $\mu_{\mathrm{A}}(\mathrm{l},T,p+\Pi) = \mu_{\mathrm{A}}^{*}(\mathrm{l},T,p)$,则

$$\int_{p}^{p+\Pi} V_{\mathrm{m}}^{*}\,\mathrm{d}p = -RT\ln x_{\mathrm{A}}$$

对于稀溶液,有 $\ln x_{\mathrm{A}} = \ln(1-x_{\mathrm{B}}) \approx -x_{\mathrm{B}}$,且纯溶剂的摩尔体积 V_{m}^{*} 在压力变化不大时可

视为常数，上式积分，得

$$\Pi V_{\mathrm{m}}^{*} = RTx_{\mathrm{B}}$$

对于稀溶液，$x_{\mathrm{B}} \approx \frac{n_{\mathrm{B}}}{n_{\mathrm{A}}}$，溶液的体积 $V \approx n_{\mathrm{A}} V_{\mathrm{m}}^{*}$，浓度 $c_{\mathrm{B}} = \frac{n_{\mathrm{B}}}{V}$，代入上式，得

$$\Pi = c_{\mathrm{B}} RT \tag{3-26}$$

该式称为范特霍夫的稀溶液渗透压公式。该式说明，在一定温度下，溶液的渗透压与溶质的浓度成正比。溶液越稀，公式越准确。渗透压测定法常被用来测定大分子的摩尔质量。

【例 3-3】 测得 30 ℃时蔗糖水溶液的质量摩尔浓度为 0.100 $\mathrm{mol \cdot kg^{-1}}$，纯水在 30 ℃时的密度为 1000 $\mathrm{kg \cdot m^{-3}}$。试求该蔗糖水溶液的渗透压。

解　$\Pi = c_{\mathrm{B}} RT \approx b_{\mathrm{B}} \rho_{\mathrm{A}}^{*} RT = 0.100 \times 1000 \times 8.314 \times 303.15\ \mathrm{Pa} = 252.03\ \mathrm{kPa}$

当施加在溶液上方的压力大于溶液的渗透压时，将使溶液中的溶剂通过半透膜渗透到纯溶剂中，这种现象称为反渗透。反渗透常用于海水淡化、工业废水处理、果汁浓缩等。

渗透现象不仅发生在溶剂和溶液之间，还可发生在浓度不等的溶液间。其中，渗透压彼此相等的溶液称为等渗溶液，渗透压相对较高的称为高渗溶液，渗透压相对较低的则称为低渗溶液。溶剂分子从低渗溶液流向高渗溶液。

渗透平衡与很多生命现象有关，在医学上有很重要的应用。例如，医院里常用的生理盐水的渗透压必须与血液的相同(780 kPa)，否则会造成体内红细胞的胀裂或干瘪。人的肾是一个特殊的半透膜，它能将代谢产生的废物通过渗透随尿排出，而将蛋白质留在肾小球内，所以尿液中出现蛋白质就表示肾功能受损。

本章小结

1. 偏摩尔量的定义：$Z_i \overset{\mathrm{def}}{=\!=\!=} \left(\frac{\partial Z}{\partial n_i}\right)_{T,p,n_j(j \neq i)}$，集合公式 $Z = n_1 Z_1 + n_2 Z_2 + \cdots + n_k Z_k = \sum_{i=1}^{k} n_i Z_i$。

2. 化学势的定义：$\mu_i = G_i = \left(\frac{\partial G}{\partial n_i}\right)_{T,p,n_j(j \neq i)}$，化学势判据 $\mathrm{d}G_{T,p,\delta W'=0} \leqslant 0 \begin{pmatrix} < \text{自发} \\ = \text{平衡} \end{pmatrix}$。

3. 理想气体化学势的表达式 $\mu_i(T,p) = \mu_i^{\ominus}(T) + RT\ln \frac{p_i}{p^{\ominus}}$，其中 $\mu_i^{\ominus}(T)$ 为理想气体标准态化学势。

4. 稀溶液中的溶剂和溶质分别遵守拉乌尔定律($p_{\mathrm{A}} = p_{\mathrm{A}}^{*} x_{\mathrm{A}}$)和亨利定律($p_{\mathrm{B}} = k_x x_{\mathrm{B}}$)。

5. 所有组分在全部浓度范围内都遵守拉乌尔定律的液态混合物称为理想液态混合物，其重要的特征是 $\Delta_{\mathrm{mix}} H = 0$，$\Delta_{\mathrm{mix}} V = 0$。

6. 理想溶液中任一组分的化学势为 $\mu_{\mathrm{B}}(\mathrm{l},T,p) = \mu_{\mathrm{B}}^{*}(\mathrm{l},T,p) + RT\ln x_{\mathrm{B}}$。

7. 理想稀溶液、实际溶液和理想液态混合物的区别。

8. 含有难挥发性非电解质的稀溶液的依数性包括蒸气压下降、沸点升高、凝固点降低和渗透压。

思　考　题

1. 偏摩尔量与摩尔量有什么区别？

2. 哪个偏微分既是化学势又是偏摩尔量?

3. 比较 $dG=-SdT+Vdp$ 和 $dG=-SdT+Vdp+\sum_{i=1}^{k}\mu_i dn_i$ 的应用条件。

4. 试解释下列现象。

(1) 纯水可以在 0 ℃时完全变成冰,但糖水溶液中水不可能在 0 ℃时结成冰。

(2) 白雪皑皑的寒冬,松树的叶子能常青而不冻。

(3) 被火锅里的肉汤烫伤的程度要比被开水烫伤严重得多。

5. 什么是稀溶液的依数性?

6. 有两个各装有 1000 g 水的烧杯,分别向第一个烧杯中加入 0.01 mol 的蔗糖,向第二个烧杯中加入 0.01 mol的 NaCl,按同样的速度降温,则两个烧杯里的溶液同时结冰。这种说法正确吗?

习　　题

1. 下列偏微分公式中哪些是偏摩尔量?哪些是化学势?

(1) $\left(\frac{\partial U}{\partial n_i}\right)_{S,V,n_j}$;(2) $\left(\frac{\partial H}{\partial n_i}\right)_{T,p,n_j}$;(3) $\left(\frac{\partial G}{\partial n_i}\right)_{T,V,n_j}$;(4) $\left(\frac{\partial V_m}{\partial n_i}\right)_{T,p,n_j}$;

(5) $\left(\frac{\partial A}{\partial n_i}\right)_{T,V,n_j}$;(6) $\left(\frac{\partial G}{\partial n_i}\right)_{T,p,n_j}$;(7) $\left(\frac{\partial S}{\partial n_i}\right)_{T,p,n_j}$;(8) $\left(\frac{\partial H}{\partial n_i}\right)_{S,p,n_j}$

((2)、(6)、(7)是偏摩尔量,(1)、(5)、(6)、(8)是化学势,(3)、(4)两者都不是)

2. 在 298 K 和一个大气压下,甲醇水溶液的密度为 $0.8946\ kg\cdot dm^{-3}$,其中甲醇的摩尔分数为 0.458,甲醇的偏摩尔体积 $V_{CH_3OH}=39.80\ cm^3\cdot mol^{-1}$,试求该溶液中水的偏摩尔体积。　($V_{H_2O}=16.72\ cm^3\cdot mol^{-1}$)

3. 在常温常压下,将一定量 n(mol)的 NaCl 加到 1 kg 水中,水的体积 $V(m^3)$随 n 的变化关系为

$$V=1.0013\times10^{-3}+1.6625\times10^{-5}n+1.773\times10^{-6}n^{3/2}+1.194\times10^{-7}n^2$$

求当 $n=2$ mol 时,H_2O 和 NaCl 的偏摩尔体积。

($V_{H_2O}=2.086\times10^{-5}\ m^3\cdot mol^{-1}$,$V_{NaCl}=1.799\times10^{-5}\ m^3\cdot mol^{-1}$)

4. 试比较水在不同状态时化学势的大小。

(1) H_2O(l,373 K,101.325 kPa)和 H_2O(g,373 K,101.325 kPa);

(2) H_2O(g,373 K,101.325 kPa)和 H_2O(g,373 K,2×101.325 kPa);

(3) H_2O(g,374 K,101.325 kPa)和 H_2O(l,374 K,101.325 kPa);

(4) H_2O(l,373 K,2×101.325 kPa)和 H_2O(g,373 K,2×101.325 kPa);

(5) H_2O(g,373 K,2×101.325 kPa)和 H_2O(g,374 K,101.325 kPa)。

((1) 相等;(2) 小于;(3) 小于;(4) 小于;(5) 大于)

5. 已知 90 ℃时,液态的纯 A 和纯 B 的饱和蒸气压分别为 76.0 kPa、120.0 kPa,两者混合后形成理想液态混合物。在一抽空容器中,加入液态的纯 A 和纯 B,恒温 90 ℃,当达到气液平衡时,体系的总压力为 103.0 kPa。试求平衡体系中 B 在气、液两相中的组成。　($x_B=0.6136$,$y_B=0.7149$)

6. 苯(A)和甲苯(B)的混合物可看作理想液态混合物。20 ℃时它们纯组分的饱和蒸气压分别为 9.96 kPa 和 2.97 kPa。试计算:

(1) $x_A=0.200$ 时,混合物中苯和甲苯的分压和总压;

(2) $y_A=0.200$ 时,苯在液相中的摩尔分数和总压。

((1) $p_A=2.38$ kPa,$p_B=1.99$ kPa,$p_总=4.37$ kPa;(2) $x_A=0.0694$,$p_总=3.46$ kPa)

7. 在温度为 298 K 时,氧气、氮气和二氧化碳的亨利系数分别为 $k_{x,O_2}=43\times10^8$ Pa,$k_{x,N_2}=86\times10^8$ Pa 和 $k_{x,CO_2}=1.6\times10^8$ Pa。若它们的分压分别为 $p_{O_2}=2.0\times10^4$ Pa,$p_{N_2}=7.5\times10^4$ Pa,$p_{CO_2}=5.0\times10^3$ Pa,求它们在水中的溶解度。　($n_{O_2}=0.258\ mol\cdot m^{-3}$,$n_{N_2}=0.484\ mol\cdot m^{-3}$,$n_{CO_2}=1.74\ mol\cdot m^{-3}$)

8. 20 ℃时,纯苯的饱和蒸气压为 10.0 kPa,氯化氢气体溶于苯时的亨利系数 $k_{x,HCl}=2\ 380$ kPa。若 20 ℃时

氯化氢气体溶于苯形成理想稀溶液，当总蒸气压为 101.325 kPa 时，氯化氢在液相中的组成为多少？在上述条件下，0.1 kg 的苯中溶有多少摩尔的氯化氢？已知 $M_{苯}=78.11\times10^{-3}\ \mathrm{kg\cdot mol^{-1}}$。

($n_{HCl}=0.05134\ \mathrm{mol}$，$x_{HCl}=0.03853$)

9. 在 100 g 苯中加入 13.76 g 联苯，所形成溶液的沸点为 82.4 ℃。已知纯苯的沸点为 80.1 ℃。试求：

(1) 苯的沸点升高常数；

(2) 苯的摩尔蒸发焓。(已知 $M_{苯}=78\ \mathrm{g\cdot mol^{-1}}$，$M_{联苯}=154\ \mathrm{g\cdot mol^{-1}}$)

((1) $k_b=2.57\ \mathrm{kg\cdot K\cdot mol^{-1}}$；(2) $\Delta_{vap}H_{m,苯}=31.5\ \mathrm{kJ\cdot mol^{-1}}$)

10. 樟脑的熔点是 172 ℃，$k_f=40\ \mathrm{kg\cdot K\cdot mol^{-1}}$(这个数值很大，因此用樟脑作溶剂测溶质的摩尔质量时，通常只需几毫克就够了)。今有 7.900 mg 酚酞和 129 mg 樟脑的混合物，测得该溶液的凝固点比樟脑低 8.00 ℃，求酚酞的摩尔质量。　($M_B=306.2\ \mathrm{g\cdot mol^{-1}}$)

11. 求 4.40% 葡萄糖($C_6H_{12}O_6$)的水溶液在 300.2 K 时的渗透压。(溶液的密度为 $1.015\times10^3\ \mathrm{kg\cdot m^{-3}}$)

($\Pi=6.189\times10^5\ \mathrm{Pa}$)

12. 凝固点为 273.12 K 的海水，在 293.2 K 时用反渗透法使其淡化，问最少需要加多大压力？(已知水的 $\Delta_{fus}H_{m,H_2O}=6004\ \mathrm{J\cdot mol^{-1}}$，$V_{m,l}^{*}=0.018\ \mathrm{dm^3\cdot mol^{-1}}$)　($p=25.9\times10^5\ \mathrm{Pa}$)

第4章　化学平衡

所有的化学反应都可以同时正向和逆向进行。当正向反应速率远远大于逆向反应速率时，在产物中往往检测不到反应物的存在，此时，可以忽略逆向反应，而认为整个反应进行完全了。但在多数情况下，逆向反应不可忽略。在各反应条件不发生变动的情况下，正向反应和逆向反应的速率终将持平，此时化学反应达到了最大限度，称其为化学平衡。显然，化学平衡是一种“动态平衡”，当一个反应达到化学平衡时，产物具有最大的产率。化学平衡的研究无论对化工生产还是对科学研究都具有非常重要的实际意义：一个化学反应，可否按照人们预期的方向顺利进行（如何判断反应的方向）；如果在既定的条件下反应可以进行，反应的最高产率又是多少（如何计算反应的限度）；通过哪些途径可以提高反应的产率（影响化学平衡的因素）。这些问题都是本章将要涉及的内容。需要注意的是，本章仅从热力学的角度来判断化学反应的方向与限度，不涉及动力学中的反应速率及机理问题。

4.1　化学反应的方向和平衡条件

4.1.1　化学反应的平衡条件

假设某一不做非体积功的封闭系统中，有化学反应发生，其满足 $\sum_{B}\nu_{B}B=0$ 。根据多组分系统的热力学基本方程，反应过程中系统的吉布斯自由能变化可表示为

$$dG=-SdT+Vdp+\sum_{B}\mu_{B}dn_{B}$$

如果该反应在恒温、恒压下进行，则上式变为

$$dG=\sum_{B}\mu_{B}dn_{B}$$

将反应进度 $d\xi=\dfrac{dn_{B}}{\nu_{B}}$ 代入上式，得

$$dG=\sum_{B}\nu_{B}\mu_{B}d\xi$$

等式两边同除以 $d\xi$，变为

$$\left(\frac{\partial G}{\partial \xi}\right)_{T,p}=\sum_{B}\nu_{B}\mu_{B}(\delta W'=0) \tag{4-1}$$

令 $\Delta_{r}G_{m}=\left(\dfrac{\partial G}{\partial \xi}\right)_{T,p}$，

则有

$$\Delta_{r}G_{m}=\sum_{B}\nu_{B}\mu_{B} \tag{4-2}$$

式中，$\Delta_{r}G_{m}$ 称为摩尔反应吉布斯自由能，单位为 $J\cdot mol^{-1}$。$\Delta_{r}G_{m}$ 表示在恒温恒压、不做非体积功的条件下，反应系统的吉布斯自由能随反应进度的变化率；也可将其理解为在恒温恒压、不做非体积功且系统各组成保持不变的情况下，反应进行 1 mol 反应进度时系统的吉布斯自由能变。

根据恒温恒压条件下的吉布斯自由能判据，

$$\begin{cases}\Delta_r G_m = \sum\limits_B \nu_B \mu_B < 0\text{，反应自发向右进行} \\ \Delta_r G_m = \sum\limits_B \nu_B \mu_B = 0\text{，反应达到平衡} \\ \Delta_r G_m = \sum\limits_B \nu_B \mu_B > 0\text{，反应自发向左进行(逆向进行)}\end{cases} \tag{4-3}$$

由此可见，在恒温恒压、不做非体积功的条件下，任一化学反应总是向着吉布斯自由能减小的方向进行，直到系统吉布斯自由能达到最小值，此时反应物的化学势总和等于生成物的化学势总和，系统达到平衡。因此，化学反应的平衡条件为

$$\Delta_r G_m = \sum_B \nu_B \mu_B = 0 \quad (dT = 0, dp = 0, \delta W' = 0) \tag{4-4}$$

4.1.2　化学反应的亲和势

化学反应的亲和势 A 定义为

$$A = -\left(\frac{\partial G}{\partial \xi}\right)_{T,p,W'=0} = -\sum_B \nu_B \mu_B \tag{4-5}$$

亲和势是状态函数，具有强度性质，单位为 $J \cdot mol^{-1}$。

对于一个给定的化学反应，除了摩尔反应吉布斯自由能 $\Delta_r G_m$ 之外，也可用亲和势 A 作为反应方向与限度的判据：

$$\begin{cases}A>0\text{，反应自发向右进行} \\ A=0\text{，反应达到平衡} \\ A<0\text{，反应自发向左进行}\end{cases} \tag{4-6}$$

由上式可知，亲和势可看作化学反应的推动力，它能够决定化学反应的方向与限度。

4.2　化学反应的平衡常数

4.2.1　气相反应的平衡常数

1. 标准平衡常数

前已证明，对于任意 $\sum\limits_B \nu_B B = 0$ 的化学反应，当其在恒温、恒压、不做非体积功的条件下达到化学平衡时，$\Delta_r G_m = \sum\limits_B \nu_B \mu_B = 0$。假设反应中的各组分均为理想气体，则任一组分 B 的化学势 μ_B 可表示为

$$\mu_B(T,p) = \mu_B^\ominus(T) + RT\ln\frac{p_B}{p^\ominus}$$

将上式代入 $\sum\limits_B \nu_B \mu_B = 0$ 中：

$$\begin{aligned}\sum_B \nu_B \mu_B &= \sum_B \nu_B \left(\mu_B^\ominus + RT\ln\frac{p_B^{eq}}{p^\ominus}\right) \\ &= \sum_B \nu_B \mu_B^\ominus + \sum_B \nu_B RT\ln\frac{p_B^{eq}}{p^\ominus}\end{aligned}$$

$$= \sum_{B} \nu_B \mu_B^{\ominus} + RT \sum_{B} \ln \left(\frac{p_B^{eq}}{p^{\ominus}} \right)^{\nu_B}$$

$$= \sum_{B} \nu_B \mu_B^{\ominus} + RT \ln \prod_{B} \left(\frac{p_B^{eq}}{p^{\ominus}} \right)^{\nu_B} = 0$$

则有

$$\ln \prod_{B} \left(\frac{p_B^{eq}}{p^{\ominus}} \right)^{\nu_B} = -\frac{1}{RT} \sum_{B} \nu_B \mu_B^{\ominus} \tag{4-7}$$

或表示为

$$\prod_{B} \left(\frac{p_B^{eq}}{p^{\ominus}} \right)^{\nu_B} = \exp\left(-\frac{1}{RT} \sum_{B} \nu_B \mu_B^{\ominus} \right) \tag{4-8}$$

式中，p_B^{eq} 为系统中任一组分 B 在反应达到平衡状态时的分压；$\mu_B^{\ominus}$ 为任一组分 B 标准态的化学势。由于 $\mu_B^{\ominus}$ 仅仅是温度的函数，在温度不变的情况下，式(4-8)的右项为一定值，所以等式的左项在温度一定时也有定值，且只是温度的函数。令

$$K^{\ominus} = \prod_{B} \left(\frac{p_B^{eq}}{p^{\ominus}} \right)^{\nu_B} \tag{4-9}$$

$K^{\ominus}$ 被称为化学反应的标准平衡常数，量纲为 1。

若将理想气体反应表示为

$$aA + dD \rightleftharpoons gG + hH$$

则

$$K^{\ominus} = \frac{\left(\frac{p_G^{eq}}{p^{\ominus}} \right)^{g} \left(\frac{p_H^{eq}}{p^{\ominus}} \right)^{h}}{\left(\frac{p_A^{eq}}{p^{\ominus}} \right)^{a} \left(\frac{p_D^{eq}}{p^{\ominus}} \right)^{d}}$$

在此进一步强调，$K^{\ominus}$ 仅是温度的函数，与系统的组成及平衡总压等因素无关。另外，应当注意，由于 $K^{\ominus}$ 的大小与反应方程的计量数有关，所以同一化学反应，若采用不同的计量方程来表示，则 $K^{\ominus}$ 的数值也不同。例如：

$$N_2(g) + 3H_2(g) \rightleftharpoons 2NH_3(g)$$

反应达到平衡时，

$$K_1^{\ominus} = \frac{\left(\frac{p_{NH_3}^{eq}}{p^{\ominus}} \right)^{2}}{\left(\frac{p_{H_2}^{eq}}{p^{\ominus}} \right)^{3} \left(\frac{p_{N_2}^{eq}}{p^{\ominus}} \right)}$$

若反应方程式写为

$$\frac{1}{2}N_2(g) + \frac{3}{2}H_2(g) \rightleftharpoons NH_3(g)$$

则反应达到平衡时，

$$K_2^{\ominus} = \frac{\frac{p_{NH_3}^{eq}}{p^{\ominus}}}{\left(\frac{p_{H_2}^{eq}}{p^{\ominus}} \right)^{\frac{3}{2}} \left(\frac{p_{N_2}^{eq}}{p^{\ominus}} \right)^{\frac{1}{2}}}$$

显然，$K_1^{\ominus} = (K_2^{\ominus})^2$。

对于有纯态凝聚相参与的理想气体反应系统，在表示反应标准平衡常数时，只需要写出参与反应的各气相物质的分压即可，不涉及纯态凝聚相。例如

$$NH_4Cl(s) \rightleftharpoons NH_3(g) + HCl(g)$$

$$K^{\ominus} = \frac{p_{HCl}^{eq} p_{NH_3}^{eq}}{(p^{\ominus})^2}$$

式(4-9)给出了理想气体化学反应的标准平衡常数定义式，对于高压实际气体参与的化学反应，只需将各组分的平衡分压 p_B^{eq} 用逸度 f_B^{eq} 代替即可：

$$K^{\ominus}=\prod_{B}\left(\frac{f_{B}^{eq}}{p^{\ominus}}\right)^{\nu_B} \tag{4-10}$$

2. 理想气体化学反应的各种经验平衡常数

对于理想气体化学反应，除了标准平衡常数外，为方便起见，还经常采用分压、浓度、摩尔分数、物质的量等来计算平衡常数，分别用符号 K_p、K_c、K_y、K_n 表示。这些均称为经验平衡常数，下面分别给予简单的讨论。

对于任一理想气体化学反应

$$aA+dD \rightleftharpoons gG+hH$$

$$K_p=\prod_{B}(p_{B}^{eq})^{\nu_B} \tag{4-11}$$

$$K_c=\prod_{B}(c_{B}^{eq})^{\nu_B} \tag{4-12}$$

$$K_y=\prod_{B}(y_{B}^{eq})^{\nu_B} \tag{4-13}$$

$$K_n=\prod_{B}(n_{B}^{eq})^{\nu_B} \tag{4-14}$$

其中，K_p 是用分压表示的经验平衡常数，将式(4-9)与式(4-11)比较可知，$K^{\ominus}$ 与 K_p 的关系为

$$K^{\ominus}=\prod_{B}\left(\frac{p_{B}^{eq}}{p^{\ominus}}\right)^{\nu_B}=\prod_{B}(p_{B}^{eq})^{\nu_B}\cdot\prod_{B}\left(\frac{1}{p^{\ominus}}\right)^{\nu_B}=K_p(p^{\ominus})^{-\sum_{B}\nu_B} \tag{4-15}$$

因为 $K^{\ominus}$ 仅是温度的函数，所以 K_p 也只是温度的函数，且与标准态的选择无关。K_p 的单位为 $(Pa)^{\sum_{B}\nu_B}$。

K_c 是用浓度表示的经验平衡常数，对于同一个反应，$K^{\ominus}$ 与 K_c 之间存在确定的换算关系。

$$K^{\ominus}=\prod_{B}\left(\frac{p_{B}^{eq}}{p^{\ominus}}\right)^{\nu_B}=\prod_{B}\left(\frac{n_{B}^{eq}RT}{Vp^{\ominus}}\right)^{\nu_B}=\prod_{B}\left(\frac{c_{B}^{eq}RT}{p^{\ominus}}\right)^{\nu_B}=\prod_{B}(c_{B}^{eq})^{\nu_B}\cdot\prod_{B}\left(\frac{RT}{p^{\ominus}}\right)^{\nu_B}$$
$$=K_c\left(\frac{RT}{p^{\ominus}}\right)^{\sum_{B}\nu_B} \tag{4-16}$$

因为 $K^{\ominus}$ 仅是温度的函数，所以 K_c 也只是温度的函数，且与标准态的选择无关。K_c 的单位为 $(mol\cdot m^{-3})^{\sum_{B}\nu_B}$。

K_y 是用摩尔分数表示的平衡常数，对于同一个反应，$K^{\ominus}$ 与 K_y 之间也存在确定的关系：

$$K^{\ominus}=\prod_{B}\left(\frac{p_{B}^{eq}}{p^{\ominus}}\right)^{\nu_B}=\prod_{B}\left(\frac{py_{B}^{eq}}{p^{\ominus}}\right)^{\nu_B}=\prod_{B}(y_{B}^{eq})^{\nu_B}\cdot\prod_{B}\left(\frac{p}{p^{\ominus}}\right)^{\nu_B}=K_y\left(\frac{p}{p^{\ominus}}\right)^{\sum_{B}\nu_B} \tag{4-17}$$

式中 p 为平衡时系统的总压，由上式知 K_y 不仅是温度的函数，还是总压 p 的函数。因为 y_B 的纲量为 1，所以 K_y 的纲量也为 1。

K_n 是用物质的量表示的经验平衡常数，对于同一个反应，$K^{\ominus}$ 与 K_n 之间存在确定的关系：

$$K^{\ominus}=\prod_{B}\left(\frac{p_{B}^{eq}}{p^{\ominus}}\right)^{\nu_B}=\prod_{B}\left(\frac{n_{B}^{eq}p}{np^{\ominus}}\right)^{\nu_B}=\prod_{B}(n_{B}^{eq})^{\nu_B}\cdot\prod_{B}\left(\frac{p}{np^{\ominus}}\right)^{\nu_B}=K_n\left(\frac{p}{np^{\ominus}}\right)^{\sum_{B}\nu_B} \tag{4-18}$$

式中，p 为平衡时系统的总压，$n=\sum_{B}n_B$，为平衡时系统中各组分物质的量之和。由上式可知，K_n 不仅是温度的函数，还与系统的总压和总的物质的量有关。K_n 的单位为 $(mol)^{\sum_{B}\nu_B}$。

比较式(4-15)到式(4-18)可以发现，当 $\sum_{B}\nu_B=0$，即反应前后计量数不变时，标准平衡常数与各种经验平衡常数之间存在如下关系：

$$K^{\ominus} = K_p = K_c = K_y = K_n \tag{4-19}$$

4.2.2 液相反应的平衡常数

对于液相反应，当其达到平衡时仍然可以用式(4-4)进行讨论，不过此时，液相中任一组分B的化学势 μ_B 要根据不同的情况，采用不同的表示形式。

1. 理想液态混合物反应系统

如果参加反应的各组分形成理想液态混合物，根据第3章内容，已知理想液态混合物中任一组分B的化学势表达式为

$$\mu_B = \mu_B^{\ominus} + RT\ln x_B$$

将其代入式(4-4)中，推导可得理想液态混合物反应系统的标准平衡常数 $K^{\ominus}$：

$$K^{\ominus} = \prod_B (x_B^{eq})^{\nu_B} \tag{4-20}$$

其推导过程与气相反应标准平衡常数的推导过程相似。

2. 理想稀溶液反应系统

如果参与反应的各组分均溶于同一溶剂，且形成理想稀溶液，由于溶液中溶质的组成可分别用摩尔分数 x_B、物质的量浓度 c_B 和质量摩尔浓度 b_B 等来表示，那么相应地，理想稀溶液中溶质的化学势表达式也有以下几种形式：

$$\mu_B = \mu_{x,B}^{\ominus} + RT\ln x_B$$

$$\mu_B = \mu_{c,B}^{\ominus} + RT\ln \frac{c_B}{c^{\ominus}}$$

$$\mu_B = \mu_{b,B}^{\ominus} + RT\ln \frac{b_B}{b^{\ominus}}$$

将以上各式分别结合公式(4-4)，可得理想稀溶液反应系统的标准平衡常数表达式：

$$K^{\ominus} = \prod_B (x_B^{eq})^{\nu_B} \tag{4-21}$$

$$K^{\ominus} = \prod_B \left(\frac{c_B^{eq}}{c^{\ominus}}\right)^{\nu_B} \tag{4-22}$$

$$K^{\ominus} = \prod_B \left(\frac{b_B^{eq}}{b^{\ominus}}\right)^{\nu_B} \tag{4-23}$$

3. 真实液相系统

对于真实的液态混合物反应系统，各组分的化学势可用活度表示：

$$\mu_B = \mu_B^{\ominus} + RT\ln a_B$$

因此真实液相系统的标准平衡常数可表示为

$$K^{\ominus} = \prod_B (a_B^{eq})^{\nu_B} \tag{4-24}$$

4.3 化学反应的等温方程

4.3.1 化学反应的标准摩尔吉布斯自由能

对任意一个化学反应系统，当系统中各组分均处于标准状态，且反应进行了1 mol反应进度时，系统吉布斯自由能的变化被称为标准摩尔反应吉布斯自由能，用符号 $\Delta_r G_m^{\ominus}$ 表示。

$$\Delta_r G_m^\ominus = \sum_B \nu_B \mu_B^\ominus \tag{4-25}$$

根据上式可知，由于任何物质的标准态化学势 $\mu_B^\ominus$ 在温度一定时都有确定的数值，因此，只要温度不变，任意一个化学反应都会有确定的 $\Delta_r G_m^\ominus$，即化学反应的 $\Delta_r G_m^\ominus$ 只是温度的函数，温度一定，则该反应的 $\Delta_r G_m^\ominus$ 为一常数。

将式(4-25)代入式(4-7)中，可得

$$\ln \prod_B \left(\frac{p_B^{eq}}{p^\ominus}\right)^{\nu_B} = -\frac{1}{RT}\Delta_r G_m^\ominus$$

已知 $\prod_B \left(\frac{p_B^{eq}}{p^\ominus}\right)^{\nu_B}$ 即为 $K^\ominus$，所以整理上式可得

$$\Delta_r G_m^\ominus = -RT\ln K^\ominus \tag{4-26}$$

式(4-26)反映出在温度一定时，$\Delta_r G_m^\ominus$ 与 $K^\ominus$ 之间的定量关系。若已知某温度下反应的 $\Delta_r G_m^\ominus$，可根据此式求算反应的 $K^\ominus$，反之亦然。使用此式时应当明确，虽然 $\Delta_r G_m^\ominus$ 与 $K^\ominus$ 之间有数值上的联系，但两者所处的状态是截然不同的。$K^\ominus$ 是描述反应系统达到平衡状态时各物质的广义活度之间的关系，而 $\Delta_r G_m^\ominus$ 需满足的条件则是反应系统中各组分均处于标准状态时，发生一个单位反应的吉布斯自由能变化值，在此应注意平衡状态与标准状态的区分。

4.3.2 化学反应的等温方程

理论上，$\Delta_r G_m^\ominus$ 是不可以直接用来判断化学反应的方向和限度的。本章前面已述及，要判断任意一个化学反应的方向和限度，需用摩尔反应吉布斯自由能 $\Delta_r G_m$。两者的区别在于：$\Delta_r G_m^\ominus$ 强调反应各组分均处于标准状态，温度不变时，$\Delta_r G_m^\ominus$ 为常数；$\Delta_r G_m$ 则不强调标准状态，任意温度和压力下进行 1 mol 反应的吉布斯自由能变化均可用 $\Delta_r G_m$ 表示。$\Delta_r G_m$ 不是常数，它与系统中各组分实际所处的状态有关。$\Delta_r G_m$ 和 $\Delta_r G_m^\ominus$ 之间可用范特霍夫等温方程联系起来。利用等温方程，可由 $\Delta_r G_m^\ominus$ 求算 $\Delta_r G_m$，进而判断某一反应进行的方向和限度。等温方程的推导过程如下。

对于任意理想气体化学反应

$$a\mathrm{A} + d\mathrm{D} \rightleftharpoons g\mathrm{G} + h\mathrm{H}$$

等温等压下，当系统到达某一指定状态时，其摩尔反应吉布斯自由能 $\Delta_r G_m$ 可表示为

$$\begin{aligned}\Delta_r G_m &= \sum_B \nu_B \mu_B = \sum_B \nu_B \left(\mu_B^\ominus + RT\ln\frac{p_B}{p^\ominus}\right) \\ &= \sum_B \nu_B \mu_B^\ominus + \sum_B \nu_B RT\ln\frac{p_B}{p^\ominus} = \Delta_r G_m^\ominus + RT\ln\prod_B\left(\frac{p_B}{p^\ominus}\right)^{\nu_B}\end{aligned}$$

注意，此时系统所处的状态为指定的任意状态，而非化学平衡状态，因此式中 p_B 为各组分在任意状态时的分压，与平衡分压 p_B^{eq} 不同。令

$$J_p = \prod_B \left(\frac{p_B}{p^\ominus}\right)^{\nu_B} = \frac{\left(\frac{p_G}{p^\ominus}\right)^g \left(\frac{p_H}{p^\ominus}\right)^h}{\left(\frac{p_A}{p^\ominus}\right)^a \left(\frac{p_D}{p^\ominus}\right)^d} \tag{4-27}$$

则

$$\Delta_r G_m = \Delta_r G_m^\ominus + RT\ln J_p \tag{4-28}$$

或表示为

$$\Delta_r G_m = -RT\ln K^\ominus + RT\ln J_p \tag{4-29}$$

式(4-28)和式(4-29)均称为范特霍夫等温方程。式中，J_p 称为压力商。

范特霍夫等温方程对于判断化学反应的方向与限度具有非常重要的实际意义。前已阐明，当 $\Delta_r G_m < 0$ 时，表示反应可正向进行；$\Delta_r G_m = 0$ 时，反应达到平衡；$\Delta_r G_m > 0$ 时，反应逆向进行。利用等温方程，可方便地根据 J_p 与 $K^\ominus$ 的关系判断反应的方向与限度：

当 $J_p < K^\ominus$ 时，$\Delta_r G_m < 0$，反应向右自发进行；

当 $J_p = K^\ominus$ 时，$\Delta_r G_m = 0$，反应处于平衡状态；

当 $J_p > K^\ominus$ 时，$\Delta_r G_m > 0$，反应向左自发进行。

4.3.3 $\Delta_r G_m^\ominus$ 的计算

无论是求算一个化学反应的标准平衡常数 $K^\ominus$，还是判断反应的方向和限度，标准摩尔反应吉布斯自由能 $\Delta_r G_m^\ominus$ 都是一项非常关键的数据，因此，关于 $\Delta_r G_m^\ominus$ 的计算就显得格外重要。$\Delta_r G_m^\ominus$ 的计算方法有以下几种。

(1) 由 $\Delta_r H_m^\ominus$ 和 $\Delta_r S_m^\ominus$ 计算 $\Delta_r G_m^\ominus$。

根据吉布斯自由能的定义，对于在等温条件下的反应，$\Delta_r G_m^\ominus$ 和 $\Delta_r H_m^\ominus$ 与 $\Delta_r S_m^\ominus$ 之间有如下关系：

$$\Delta_r G_m^\ominus = \Delta_r H_m^\ominus - T\Delta_r S_m^\ominus \tag{4-30}$$

若能求出某一温度下反应的 $\Delta_r H_m^\ominus$ 和 $\Delta_r S_m^\ominus$，即可根据上式计算 $\Delta_r G_m^\ominus$。

【例 4-1】 已知 298 K 时的下列数据：

	$CO_2(g)$	$CO(g)$	$O_2(g)$
$\Delta_f H_m^\ominus/kJ \cdot mol^{-1}$	-393.51	-110.53	0
$S_m^\ominus/J \cdot K^{-1} \cdot mol^{-1}$	213.74	197.67	205.14

试求 298 K 时，反应 $2CO(g) + O_2(g) \rightleftharpoons 2CO_2(g)$ 的 $\Delta_r G_m^\ominus$ 和 $K^\ominus$。判断反应在 298 K 的标准态下能否自发进行。

解 298 K 时，

$$\Delta_r H_m^\ominus = \sum_B \nu_B \Delta_f H_m^\ominus(B) = 2\Delta_f H_m^\ominus(CO_2, g) - 2\Delta_f H_m^\ominus(CO, g)$$

$$= (-2 \times 393.51 + 2 \times 110.53)\ kJ \cdot mol^{-1} = -565.96\ kJ \cdot mol^{-1}$$

$$\Delta_r S_m^\ominus = \sum_B \nu_B S_m^\ominus(B) = 2S_m^\ominus(CO_2, g) - S_m^\ominus(O_2, g) - 2S_m^\ominus(CO, g)$$

$$= (2 \times 213.74 - 205.14 - 2 \times 197.67)\ J \cdot K^{-1} \cdot mol^{-1} = -173\ J \cdot K^{-1} \cdot mol^{-1}$$

$$\Delta_r G_m^\ominus = \Delta_r H_m^\ominus - T\Delta_r S_m^\ominus$$

$$= [-565.96 \times 10^3 - 298 \times (-173)]\ J \cdot mol^{-1} = -5.144 \times 10^5\ J \cdot mol^{-1}$$

$$K^\ominus = \exp\left(-\frac{\Delta_r G_m^\ominus}{RT}\right) = \exp\left(-\frac{-5.144 \times 10^5\ J \cdot mol^{-1}}{8.314\ J \cdot K^{-1} \cdot mol^{-1} \times 298\ K}\right) = 1.477 \times 10^{90}$$

因为 298 K 时，$\Delta_r G_m^\ominus < 0$，所以反应可以自发进行。

除了标准状态之外，理论上 $\Delta_r G_m^\ominus$ 是不能用来判断化学反应的方向与限度的。然而在实际工作中又经常用 $\Delta_r G_m^\ominus$ 作为经验值来估计反应的方向。由等温方程可以看出，$\Delta_r G_m^\ominus$ 对 $\Delta_r G_m$ 的影响是非常大的。当 $\Delta_r G_m^\ominus$ 的绝对值足够大时，J_p 的大小不足以改变 $\Delta_r G_m^\ominus$ 的正负，$\Delta_r G_m$ 的正负能够与 $\Delta_r G_m^\ominus$ 保持一致，此时便可用 $\Delta_r G_m^\ominus$ 来估计反应的方向。一般情况下，当 $\Delta_r G_m^\ominus < -41.8\ kJ \cdot mol^{-1}$ 时，反应可以自发正向进行；$\Delta_r G_m^\ominus > -41.8\ kJ \cdot mol^{-1}$ 时，反应不能自发正向进行。应注意，这只是一个大致的范围，并非一定如此。

(2) 利用相关反应的 $\Delta_r G_m^\ominus$ 计算所研究反应的 $\Delta_r G_m^\ominus$。

吉布斯自由能是状态函数，因此可以利用盖斯定律将相关反应的 $\Delta_r G_m^\ominus$ 与所研究反应的

$\Delta_r G_m^{\ominus}$联系起来。

【例 4-2】 293 K 时，实验测得下列同位素交换反应的标准平衡常数分别为

(1) $H_2 + D_2 \rightleftharpoons 2HD$　$K_1^{\ominus} = 3.27$

(2) $H_2O + D_2O \rightleftharpoons 2HDO$　$K_2^{\ominus} = 3.18$

(3) $H_2O + HD \rightleftharpoons HDO + H_2$　$K_3^{\ominus} = 3.40$

试求 293 K 时反应 $H_2O + D_2 \rightleftharpoons D_2O + H_2$ 的 $\Delta_r G_m^{\ominus}$及 $K^{\ominus}$。

解　由题可知，反应(3)×2－(2)＋(1)可得反应 $H_2O + D_2 \rightleftharpoons D_2O + H_2$，根据盖斯定律可知，

$$\Delta_r G_m^{\ominus} = 2 \times \Delta_r G_m^{\ominus}(3) - \Delta_r G_m^{\ominus}(2) + \Delta_r G_m^{\ominus}(1)$$

$$-RT\ln K^{\ominus} = 2 \times (-RT\ln K_3^{\ominus}) - (-RT\ln K_2^{\ominus}) + (-RT\ln K_1^{\ominus})$$

$$K^{\ominus} = \frac{(K_3^{\ominus})^2 K_1^{\ominus}}{K_2^{\ominus}} = \frac{3.40^2 \times 3.27}{3.18} = 11.89$$

$$\Delta_r G_m^{\ominus} = -RT\ln K^{\ominus} = -8.314\ \mathrm{J \cdot K^{-1} \cdot mol^{-1}} \times 293\ \mathrm{K} \times \ln 11.89 = -6.032\ \mathrm{kJ \cdot mol^{-1}}$$

(3) 利用 $K^{\ominus}$计算反应的 $\Delta_r G_m^{\ominus}$。

对于一些已知平衡常数的化学反应，可由式(4-26)来计算化学反应的 $\Delta_r G_m^{\ominus}$。

(4)利用标准电动势 $E^{\ominus}$计算反应的 $\Delta_r G_m^{\ominus}$。

此法将在电化学一章中详细介绍。

除了上述几种方法之外，还有一种较为简便的方法，即通过参与反应的各组分的标准摩尔生成吉布斯自由能来计算。

对于任意化学反应，虽然其标准摩尔反应吉布斯自由能可用公式 $\Delta_r G_m^{\ominus} = \sum_B \nu_B \mu_B^{\ominus}$ 来表示，但 $\Delta_r G_m^{\ominus}$的具体数值却无法用该公式进行计算，因为迄今为止，所有物质的标准化学势绝对值无法确定。这种情形与标准摩尔反应焓非常类似。在前面处理标准摩尔反应焓的时候，引入了生成焓的概念，根据参与反应的各物质的标准摩尔生成焓 $\Delta_f H_m^{\ominus}$，可以方便地计算出反应的标准摩尔反应焓 $\Delta_r H_m^{\ominus}$。由于吉布斯自由能同样是状态函数，所以可以采取相似的办法，引入“标准摩尔生成吉布斯自由能”，从而简化 $\Delta_r G_m^{\ominus}$的计算过程。

标准摩尔生成吉布斯自由能的定义：在温度为 T、反应各组分均为标准态时，由最稳定单质生成 1 mol 某物质 B 时反应的标准摩尔吉布斯自由能，即为该物质 B 的标准摩尔生成吉布斯自由能，用符号 $\Delta_f G_m^{\ominus}$表示。由定义可知，标准态下各种最稳定单质的 $\Delta_f G_m^{\ominus}$为 0。

各种化合物在 298.15 K 时的 $\Delta_f G_m^{\ominus}$可通过化学手册查得。本书的附录 D 也列出了部分物质的 $\Delta_f G_m^{\ominus}$数据。

根据各化合物在 298.15 K 时的 $\Delta_f G_m^{\ominus}$，可方便地求得任意化学反应在 298.15 K 时的 $\Delta_r G_m^{\ominus}$。公式如下：

$$\Delta_r G_m^{\ominus} = \sum_B \nu_B \Delta_f G_m^{\ominus}(B) \tag{4-31}$$

【例 4-3】 求算反应

$$CO(g) + Cl_2(g) \rightleftharpoons COCl_2(g)$$

在 298 K 时的 $\Delta_r G_m^{\ominus}$及 $K^{\ominus}$。假设该反应为理想气体反应。已知 298 K 时，$\Delta_f G_m^{\ominus}(CO,g) = -137.3\ \mathrm{kJ \cdot mol^{-1}}$，$\Delta_f G_m^{\ominus}(COCl_2,g) = -210.5\ \mathrm{kJ \cdot mol^{-1}}$

解　由于 Cl_2为稳定单质，所以 $\Delta_f G_m^{\ominus}(Cl_2,g) = 0$

$$\Delta_r G_m^{\ominus} = \sum_B \nu_B \Delta_f G_m^{\ominus}(B) = \Delta_f G_m^{\ominus}(COCl_2,g) - \Delta_f G_m^{\ominus}(CO,g) - \Delta_f G_m^{\ominus}(Cl_2,g)$$

$$= -210.5\ \mathrm{kJ \cdot mol^{-1}} + 137.3\ \mathrm{kJ \cdot mol^{-1}} - 0 = -73.2\ \mathrm{kJ \cdot mol^{-1}}$$

由 $\Delta_r G_m^{\ominus} = -RT\ln K^{\ominus}$，得

$$K^{\ominus}=\exp\left(\frac{-\Delta_r G_m^{\ominus}}{RT}\right)=\exp\left(\frac{73.2\times 10^3\ \mathrm{J\cdot mol^{-1}}}{8.314\ \mathrm{J\cdot K^{-1}\cdot mol^{-1}}\times 298\ \mathrm{K}}\right)=6.78\times 10^{12}$$

4.4　影响化学平衡的因素

对于一个化学反应系统，其平衡状态由温度、压力和组成这三个因素所决定，当这三个因素中的任何一个发生改变时，系统的平衡将会发生移动，即旧的平衡被破坏，系统在新的条件下达到新的平衡。通常组成(即浓度)对化学平衡的影响在无机化学中有详细的讨论，下面主要讨论温度和压力对化学平衡的影响。

4.4.1　温度对化学平衡的影响

在影响化学平衡的各因素中，温度对平衡的影响最为显著。由于平衡常数是温度的函数，所以温度的改变可导致平衡常数的改变，也就是说，温度对化学平衡的影响是通过改变平衡常数来实现的。现将温度与平衡常数间的函数关系推导如下。

根据多组分系统的热力学基本方程 $\mathrm{d}G=-S\mathrm{d}T+V\mathrm{d}p+\sum_{\mathrm{B}}\mu_{\mathrm{B}}\mathrm{d}n_{\mathrm{B}}$，当系统压力及组成不变时，有

$$\mathrm{d}G=-S\mathrm{d}T$$

$$\left(\frac{\partial G}{\partial T}\right)_{p,n}=-S$$

对于恒温恒压下的相变或反应过程，有

$$\left[\frac{\partial(\Delta_r G_m^{\ominus})}{\partial T}\right]_{p,n}=-\Delta_r S_m^{\ominus} \tag{4-32}$$

将上式与公式 $\Delta_r G_m^{\ominus}=\Delta_r H_m^{\ominus}-T\Delta_r S_m^{\ominus}$ 结合，可得

$$\left[\frac{\partial(\Delta_r G_m^{\ominus})}{\partial T}\right]_{p,n}=\frac{\Delta_r G_m^{\ominus}-\Delta_r H_m^{\ominus}}{T} \tag{4-33}$$

式(4-32)和式(4-33)称为吉布斯-亥姆霍兹方程，它揭示了化学反应的标准摩尔吉布斯自由能随温度的变化规律。由于 $\Delta_r G_m^{\ominus}$ 与 $K^{\ominus}$ 之间联系密切，因此该方程是推导 $K^{\ominus}$ 与 T 之间函数关系的基础。

把 $\Delta_r G_m^{\ominus}=-RT\ln K^{\ominus}$ 代入吉布斯-亥姆霍兹方程中

$$\left[\frac{\partial(-RT\ln K^{\ominus})}{\partial T}\right]_{p,n}=\frac{-RT\ln K^{\ominus}-\Delta_r H_m^{\ominus}}{T}$$

$$-R\ln K^{\ominus}-RT\left(\frac{\partial \ln K^{\ominus}}{\partial T}\right)_{p,n}=-R\ln K^{\ominus}-\frac{\Delta_r H_m^{\ominus}}{T}$$

整理得

$$\left(\frac{\partial \ln K^{\ominus}}{\partial T}\right)_{p,n}=\frac{\Delta_r H_m^{\ominus}}{RT^2} \tag{4-34}$$

式(4-34)称为范特霍夫等压方程，该方程反映了平衡常数随温度的变化关系。利用式(4-34)，可以定性地分析温度改变对化学平衡的影响。

当 $\Delta_r H_m^{\ominus}>0$ 时，反应吸热，$\frac{\partial \ln K^{\ominus}}{\partial T}>0$，平衡常数随温度的升高而增大，平衡右移，说明升高温度对于吸热反应有利；

当 $\Delta_r H_m^\ominus<0$ 时，反应放热，$\frac{\partial \ln K^\ominus}{\partial T}<0$，平衡常数随温度的升高而减小，平衡左移，说明升高温度对于放热反应不利。

将范特霍夫等压方程进行积分，还可以定量地计算不同温度下化学反应的 $K^\ominus$ 或 $\Delta_r H_m^\ominus$。

当温度范围变化不大时，反应的 $\Delta_r H_m^\ominus$ 可以近似看作常数。此时将等压方程进行不定积分，可得

$$\ln K^\ominus=-\frac{\Delta_r H_m^\ominus}{RT}+C \tag{4-35}$$

式中，C 为积分常数。由上式可以看出，以 $\ln K^\ominus$ 对 $\frac{1}{T}$ 作图，可得一直线，直线的斜率为 $-\frac{\Delta_r H_m^\ominus}{R}$，通过斜率可求得 $\Delta_r H_m^\ominus$。

若对等压方程进行定积分，可得

$$\ln\frac{K_2^\ominus}{K_1^\ominus}=-\frac{\Delta_r H_m^\ominus}{R}\left(\frac{1}{T_2}-\frac{1}{T_1}\right) \tag{4-36}$$

当 $\Delta_r H_m^\ominus$ 已知时，根据式(4-36)，可通过某一温度 T_1 下的 $K_1^\ominus$ 求得另一温度 T_2 下的 $K_2^\ominus$；或由两个已知温度下的 $K^\ominus$ 求取 $\Delta_r H_m^\ominus$。

【例 4-4】 在 1137 K、100 kPa 时，反应 $Fe(s)+H_2O(g) \rightleftharpoons FeO(s)+H_2(g)$ 达平衡时，$H_2(g)$ 的平衡分压为 $p_{1,H_2}=60.0$ kPa；总压不变，将反应温度升高至 1298 K 时，$H_2(g)$ 的平衡分压 $p_{2,H_2}=56.9$ kPa。求：

(1) 在 1137～1298 K 时上述反应的标准摩尔反应焓，设 $\Delta_r H_m^\ominus$ 在此温度范围内为常数；

(2) 在 1200 K 下上述反应的 $\Delta_r G_m^\ominus$。

解　(1)1137 K 时，反应的标准平衡常数 $K_1^\ominus$ 为

$$K_1^\ominus=\frac{\left(\frac{p_{1,H_2}}{p^\ominus}\right)}{\left(\frac{p_{1,H_2O}}{p^\ominus}\right)}=\frac{p_{1,H_2}}{p_{1,H_2O}}=\frac{60.0\ \text{kPa}}{(100-60.0)\ \text{kPa}}=1.50$$

1298 K 时，反应的标准平衡常数 $K_2^\ominus$ 为

$$K_2^\ominus=\frac{\left(\frac{p_{2,H_2}}{p^\ominus}\right)}{\left(\frac{p_{2,H_2O}}{p^\ominus}\right)}=\frac{p_{2,H_2}}{p_{2,H_2O}}=\frac{56.9\ \text{kPa}}{(100-56.9)\ \text{kPa}}=1.32$$

根据范特霍夫等压方程：$\ln\frac{K_2^\ominus}{K_1^\ominus}=-\frac{\Delta_r H_m^\ominus}{R}\left(\frac{1}{T_2}-\frac{1}{T_1}\right)$

$$\Delta_r H_m^\ominus=\frac{RT_1T_2}{T_2-T_1}\ln\frac{K_2^\ominus}{K_1^\ominus}$$

$$=\frac{8.314\ \text{J}\cdot\text{K}^{-1}\cdot\text{mol}^{-1}\times1137\ \text{K}\times1298\ \text{K}}{1298\ \text{K}-1137\ \text{K}}\ln\frac{1.32}{1.50}=-9741\ \text{J}\cdot\text{mol}^{-1}$$

(2) $T_3=1200$ K，$K_3^\ominus$ 可由 $K_1^\ominus$ 或 $K_2^\ominus$ 代入等压方程计算得出。

$$\ln K_3^\ominus=\ln K_1^\ominus-\frac{\Delta_r H_m^\ominus}{R}\left(\frac{1}{T_3}-\frac{1}{T_1}\right)$$

$$=\ln 1.50-\frac{-9741\ \text{J}\cdot\text{mol}^{-1}}{8.314\ \text{J}\cdot\text{K}^{-1}\cdot\text{mol}^{-1}}\left(\frac{1}{1200\ \text{K}}-\frac{1}{1137\ \text{K}}\right)=0.351$$

$$K_3^\ominus=1.42$$

则 1200 K 时，反应的 $\Delta_r G_m^\ominus$ 为

$$\Delta_r G_m^\ominus=-RT\ln K_3^\ominus$$

$$=-8.314\ \text{J}\cdot\text{K}^{-1}\cdot\text{mol}^{-1}\times1200\ \text{K}\times\ln 1.42=-3.50\ \text{kJ}\cdot\text{mol}^{-1}$$

【例 4-5】 已知某反应的平衡常数在 250～400 K 温度范围内为 $\ln K^{\ominus}=-\dfrac{21020\ \mathrm{K}}{T}+37.2$。试求 300 K 时，反应的 $\Delta_r G_m^{\ominus}$，$\Delta_r H_m^{\ominus}$ 和 $\Delta_r S_m^{\ominus}$。

解　300 K 时，$\ln K^{\ominus}=-\dfrac{21020\ \mathrm{K}}{300\ \mathrm{K}}+37.2=-32.87$

$$\Delta_r G_m^{\ominus}=-RT\ln K^{\ominus}$$

$$=-8.314\ \mathrm{J\cdot K^{-1}\cdot mol^{-1}}\times 300\ \mathrm{K}\times(-32.87)=81.98\ \mathrm{kJ\cdot mol^{-1}}$$

对比范特霍夫等压方程的不定积分式 $\ln K^{\ominus}=-\dfrac{\Delta_r H_m^{\ominus}}{RT}+C$ 可知，

$$\frac{\Delta_r H_m^{\ominus}}{R}=21020\ \mathrm{K}$$

$$\Delta_r H_m^{\ominus}=21020\ \mathrm{K}\times R=21020\ \mathrm{K}\times 8.314\ \mathrm{J\cdot K^{-1}\cdot mol^{-1}}=174.8\ \mathrm{kJ\cdot mol^{-1}}$$

由 $\Delta_r G_m^{\ominus}=\Delta_r H_m^{\ominus}-T\Delta_r S_m^{\ominus}$ 可知，

$$\Delta_r S_m^{\ominus}=\frac{\Delta_r H_m^{\ominus}-\Delta_r G_m^{\ominus}}{T}$$

$$=\frac{174.8\ \mathrm{kJ\cdot mol^{-1}}-81.98\ \mathrm{kJ\cdot mol^{-1}}}{300\ \mathrm{K}}=309\ \mathrm{J\cdot K^{-1}\cdot mol^{-1}}$$

当温度范围变化较大时，$\Delta_r H_m^{\ominus}$不能看作常数。此时需将 $\Delta_r H_m^{\ominus}$与温度的函数关系式代入等压方程中进行积分。

$\Delta_r H_m^{\ominus}$与温度的关系式可由基尔霍夫公式获得。

将

$$\Delta_r H_m^{\ominus}=\Delta H_0+\Delta aT+\frac{1}{2}\Delta bT^2+\frac{1}{3}\Delta cT^3 \tag{4-37}$$

代入等压方程积分，得

$$\ln K^{\ominus}=-\frac{\Delta H_0}{RT}+\frac{\Delta a}{R}\ln T+\frac{1}{2R}\Delta bT+\frac{1}{6R}\Delta cT^2+I \tag{4-38}$$

式中，ΔH_0 和 I 都是积分常数，ΔH_0 可根据式(4-37)，由已知温度下的 $\Delta_r H_m^{\ominus}$求得，I 可通过将某已知温度的 $K^{\ominus}$代入式(4-38)求得。已知 ΔH_0 和 I，便可利用式(4-38)求出任意温度下的 $K^{\ominus}$。

4.4.2　压力对化学平衡的影响

一般情况下，压力对凝聚相的影响较小，所以对于液相反应和固相反应，可以忽略压力对其平衡组成的影响。然而对于气相反应(或有气体参加的反应)而言，压力的改变虽然不能影响平衡常数的大小，却可以使系统的组成发生变化，进而影响平衡的移动。

前面在讨论平衡常数的时候提到，对于理想气体反应，除了标准平衡常数 $K^{\ominus}$之外，还可以用 K_y 等来表示平衡常数。根据式(4-17)，即

$$K^{\ominus}=K_y\left(\frac{p}{p^{\ominus}}\right)^{\sum_B \nu_B}$$

若 $\sum_B \nu_B>0$，增加系统总压 p，$\left(\dfrac{p}{p^{\ominus}}\right)^{\sum_B \nu_B}$ 将随之增大，由于 $K^{\ominus}$在温度不变时为常数，因此 K_y 将减小，即平衡随着总压的增大向左移动。说明对于气体分子数增大的反应，增大总压不利于反应正向进行。

若 $\sum_B \nu_B<0$，增加系统总压 p，$\left(\dfrac{p}{p^{\ominus}}\right)^{\sum_B \nu_B}$ 将随之减小，温度恒定时 $K^{\ominus}$不变，因此 K_y 会增大，即平衡随着总压的增大向右移动。说明对于气体分子数减小的反应，增大总压有利于反应正向进行。

若 $\sum_B \nu_B=0$，则 $K^{\ominus}=K_y$，由于温度恒定时 $K^{\ominus}$为常数，所以此时 K_y 也是常数，即总压的

改变对平衡无影响。

【例 4-6】 反应 $PCl_5(g) \rightleftharpoons PCl_3(g)+Cl_2(g)$，在 200 ℃时，$K^{\ominus}=0.308$，试计算此温度下，压力分别为 5×10^4 Pa 和 1×10^6 Pa 时 PCl_5 的平衡转化率。

解 设反应起始时 PCl_5 的量为 1 mol，平衡转化率为 α，反应达平衡时

$$PCl_5(g) \rightleftharpoons PCl_3(g)+Cl_2(g)$$

$$n/\text{mol}\qquad 1-\alpha\qquad\qquad \alpha\qquad\qquad \alpha$$

$$n_{总}=1-\alpha+\alpha+\alpha=1+\alpha$$

$$K^{\ominus}=\frac{\dfrac{p^{eq}_{PCl_3}}{p^{\ominus}}\times\dfrac{p^{eq}_{Cl_2}}{p^{\ominus}}}{\dfrac{p^{eq}_{PCl_5}}{p^{\ominus}}}=\frac{p^{eq}_{PCl_3}\times p^{eq}_{Cl_2}}{p^{eq}_{PCl_5}\times p^{\ominus}}=0.308$$

已知

$$p^{eq}_{PCl_3}=p\times y_{PCl_3}=\frac{p\alpha}{1+\alpha}$$

$$p^{eq}_{Cl_2}=p\times y_{Cl_2}=\frac{p\alpha}{1+\alpha}$$

$$p^{eq}_{PCl_5}=py_{PCl_5}=\frac{p(1-\alpha)}{1+\alpha}$$

则

$$K^{\ominus}=\frac{p^{eq}_{PCl_3}\times p^{eq}_{Cl_2}}{p^{eq}_{PCl_5}\times p^{\ominus}}=\frac{\left(\dfrac{p\alpha}{1+\alpha}\right)^2}{\dfrac{p(1-\alpha)}{1+\alpha}\times p^{\ominus}}=\frac{p\alpha^2}{p^{\ominus}(1-\alpha^2)}=0.308$$

当 $p=5\times10^4$ Pa 时，代入上式解得 $\alpha=61.7\%$

当 $p=10^6$ Pa 时，代入上式解得 $\alpha=17.2\%$

由此可见，对于气体分子数增加的反应，减小总压可以提高反应的转化率。

4.4.3　惰性气体对化学平衡的影响

此处所说的惰性气体，是指存在于系统中但不参与反应的组分。在温度和压力恒定的情况下，向反应系统中加入惰性气体，可以增大系统总的物质的量，从而影响参与反应的各组分的组成。根据式(4-18)，即

$$K^{\ominus}=K_n\left(\frac{p}{np^{\ominus}}\right)^{\sum_B \nu_B}$$

若 $\sum_B \nu_B>0$，增加系统总的物质的量 n，$\left(\dfrac{p}{np^{\ominus}}\right)^{\sum_B \nu_B}$ 将随之减小，由于 $K^{\ominus}$ 为常数，因此 K_n 增大，平衡向右移动。说明对于气体分子数增大的反应，充入惰性气体有利于反应正向进行。

若 $\sum_B \nu_B<0$，增加系统总的物质的量 n，$\left(\dfrac{p}{np^{\ominus}}\right)^{\sum_B \nu_B}$ 将随之增大，$K^{\ominus}$ 不变，则 K_n 减小，平衡向左移动。说明对于气体分子数减小的反应，充入惰性气体不利于反应正向进行。

若 $\sum_B \nu_B=0$，则 $K^{\ominus}=K_n$，当温度恒定时 $K^{\ominus}$ 为常数，此时 K_n 也是常数，系统总的物质的量对 K_n 无影响，即有无惰性气体均不会影响反应的平衡。

【例 4-7】 在【例 4-6】中，若压力为 5×10^4 Pa，在系统中加入 $N_2(g)$，使原料气中 $N_2(g)$ 与 $PCl_5(g)$ 的物质的量之比为 10∶1，求 PCl_5 的平衡转化率。

解 设反应起始时 PCl_5 的量为 1 mol，平衡转化率为 α，反应达平衡时

$$PCl_5(g) \rightleftharpoons PCl_3(g)+Cl_2(g)\qquad N_2(g)$$

$$n/\text{mol}\qquad 1-\alpha\qquad\qquad \alpha\qquad\qquad \alpha\qquad\qquad 10$$

$$n_{总} = 1 - \alpha + \alpha + \alpha + 10 = (11 + \alpha)$$

$$K^{\ominus} = \frac{p_{PCl_3}^{eq} \times p_{Cl_2}^{eq}}{p_{PCl_5}^{eq} \times p^{\ominus}} = \frac{\left(\frac{p\alpha}{11+\alpha}\right)^2}{\frac{p(1-\alpha)}{11+\alpha} \times p^{\ominus}} = \frac{p\alpha^2}{p^{\ominus}(11+\alpha)(1-\alpha)} = 0.308$$

当 $p = 5 \times 10^4$ Pa 时，代入上式解得 $\alpha = 89.2\%$

与【例 4-6】的结果相比，可以看出，对于气体分子数增加的反应，加入惰性气体可以提高反应的转化率。

本章小结

1. 化学反应的方向和平衡条件：在等温等压、不做非体积功的条件下，任一化学反应总是向着吉布斯自由能减小的方向进行，当反应系统达到化学平衡时，$\Delta_r G_m = \sum_B \nu_B \mu_B = 0$。

2. 标准平衡常数的表示方法：$K^{\ominus} = \prod_B \left(\frac{p_B^{eq}}{p^{\ominus}}\right)^{\nu_B}$。标准平衡常数与各种经验平衡常数之间存在定量关系。当 $\sum_B \nu_B = 0$ 时，标准平衡常数与各种经验平衡常数的数值相同：$K^{\ominus} = K_p = K_c = K_y = K_n$。

3. 标准平衡常数和标准摩尔反应吉布斯自由能可通过公式 $\Delta_r G_m^{\ominus} = -RT\ln K^{\ominus}$ 联系起来。其中，标准摩尔反应吉布斯自由能的数值可通过热力学公式 $\Delta_r G_m^{\ominus} = \Delta_r H_m^{\ominus} - T\Delta_r S_m^{\ominus}$、平衡常数 $K^{\ominus}$、标准摩尔生成吉布斯自由能 $\Delta_f G_m^{\ominus}$、盖斯定律等方法计算得到。

4. $\Delta_r G_m^{\ominus}$ 与 $\Delta_r G_m$ 是两个不同的概念，判断化学反应进行的方向和限度，要采用 $\Delta_r G_m$。两者在数值上有紧密的联系，根据等温方程可由 $\Delta_r G_m^{\ominus}$ 计算出 $\Delta_r G_m$，计算时应注意 $K^{\ominus}$ 与 J_p 的区别。

5. 在影响化学平衡的各因素中，温度对平衡的影响尤为特殊。改变温度可以影响平衡常数的数值，从而导致化学平衡的移动。温度对平衡的影响可根据范特霍夫等压方程进行判断与计算。系统总压的改变与惰性气体的充入不会影响平衡常数的改变，却可以影响系统中各组分的组成，从而造成平衡的移动。

思考题

1. 反应的平衡常数改变了，化学平衡一定会移动；反之，化学平衡移动了，反应的平衡常数也一定会改变。这种说法是否正确？为什么？
2. 反应的 $\Delta_r G_m^{\ominus}$ 与 $\Delta_r G_m$ 有何异同？应如何理解它们各自的物理意义？
3. 范特霍夫等温方程和范特霍夫等压方程怎样表示？两者各有什么重要的用途？
4. 化学平衡的移动取决于哪些客观因素？这些因素如何影响化学平衡？
5. 有反应 $3A(s) + 2B(g) \rightleftharpoons C(g) + 2D(g)$，在一定温度和压力下，反应达到平衡。试讨论下列各种改变对平衡移动的影响：

   (1) 增大系统的总压；

   (2) 充入氮气但保持系统总体积不变；

   (3) 充入氮气但保持系统总压不变；

   (4) 充入 B 气体但保持系统总压不变；

   (5) 向系统中加入 A(s)并保持系统总压不变。

习 题

一、选择题

1. 4 mol $H_2(g)$与 2 mol $N_2(g)$混合，生成 2 mol $NH_3(g)$。若以下式为基本单元：$3H_2(g)+N_2(g)\longrightarrow 2NH_3(g)$。则反应进度$\xi$为(　　)。
   (A) 1 mol　　(B) 2 mol　　(C) 4/3 mol　　(D) 4 mol
2. 温度和压力恒定时，反应 $aA+bB\rightleftharpoons cC+dD$ 达到化学平衡的条件是(　　)。
   (A) $\mu_A=\mu_B=\mu_C=\mu_D$　　(B) $\mu_A+\mu_B=\mu_C+\mu_D$
   (C) $a\mu_A=b\mu_B=c\mu_C=d\mu_D$　　(D) $a\mu_A+b\mu_B=c\mu_C+d\mu_D$
3. 关于 $\Delta_r G_m$ 的说法，错误的是(　　)。
   (A) $\Delta_r G_m$ 表示在等温等压、不做非体积功的条件下，反应系统的吉布斯自由能随反应进度的变化率
   (B) $\Delta_r G_m$ 表示在等温等压、不做非体积功且系统各组成保持不变的情况下，反应进行了 1 mol 反应进度时系统的吉布斯自由能变
   (C) 等温等压下，当某一化学反应达到平衡时，反应的 $\Delta_r G_m=0$
   (D) 对任一化学反应，当温度不变时，$\Delta_r G_m$ 为一常数
4. 对任一化学反应，影响其标准平衡常数 $K^\ominus$ 的因素是(　　)。
   (A) 浓度　　(B) 压力　　(C) 温度　　(D) 催化剂
5. 下列说法中，不正确的是(　　)。
   (A) 对于任一化学反应，其标准平衡常数 $K^\ominus$ 仅是温度的函数
   (B) 对于任一化学反应，$\Delta_r G_m^\ominus$ 只是温度的函数
   (C) 公式 $\Delta_r G_m^\ominus=-RT\ln K^\ominus$ 仅能反映 $K^\ominus$ 与 $\Delta_r G_m^\ominus$ 在数值上的联系，但两者所处的状态是不同的
   (D) 反应的 $K^\ominus$ 改变，平衡一定会移动；反之，平衡移动了，$K^\ominus$ 一定会改变
6. 已知 $NH_4HCO_3(s)$在某温度下的分解反应为 $NH_4HCO_3(s)\rightleftharpoons NH_3(g)+CO_2(g)+H_2O(g)$。该温度下，在两个容积相等的密闭容器 A 和 B 中分别加入 1 kg 和 10 kg $NH_4HCO_3(s)$，当两容器内的反应均达到平衡时，下列说法中正确的是(　　)。
   (A) 容器 A 中的压力大于容器 B 中的压力　　(B) 容器 A 中的压力小于容器 B 中的压力
   (C) 两容器内压力相等　　(D) 无法判断哪个容器中的压力大
7. 已知反应 $2NH_3(g)\rightleftharpoons 3H_2(g)+N_2(g)$在等温条件下，标准平衡常数为 0.25，在此条件下，氨的合成反应 $3/2H_2(g)+1/2N_2(g)\longrightarrow NH_3(g)$的标准平衡常数为(　　)。
   (A) 4　　(B) 2　　(C) 0.5　　(D) 1
8. 标准摩尔反应吉布斯自由能变 $\Delta_r G_m^\ominus$的定义为(　　)。
   (A) 298.15 K 下，各反应组分均处于标准状态时，化学反应进行了 1 mol 反应进度的吉布斯自由能变
   (B) 温度 T 下，反应系统总压为 100 kPa 时，化学反应进行 1 mol 反应进度的吉布斯自由能变
   (C) 温度 T 下，各反应组分均处于标准状态时，化学反应进行了 1 mol 反应进度的吉布斯自由能变
   (D) 化学反应的标准平衡常数 $K^\ominus=1$ 时，化学反应进行了 1 mol 反应进度的吉布斯自由能变
9. 在等温等压下，当反应的 $\Delta_r G_m^\ominus=5\ \mathrm{kJ\cdot mol^{-1}}$，该反应能否进行？(　　)
   (A) 能正向自发进行　　(B) 能逆向自发进行
   (C) 不能进行　　(D) 不能判断
10. 已知 903 K 时反应 $SO_2(g)+0.5O_2(g)\rightleftharpoons SO_3(g)$的 $K^\ominus=5.428$，在同一温度下，反应 $2SO_3(g)\rightleftharpoons 2SO_2(g)+O_2(g)$的 $\Delta_r G_m^\ominus$为(　　)。
    (A) $12.7\ \mathrm{kJ\cdot mol^{-1}}$　　(B) $-12.7\ \mathrm{kJ\cdot mol^{-1}}$　　(C) $-25.4\ \mathrm{kJ\cdot mol^{-1}}$　　(D) $25.4\ \mathrm{kJ\cdot mol^{-1}}$
11. PCl_5 的分解反应为 $PCl_5(g)\rightleftharpoons PCl_3(g)+Cl_2(g)$，在 473 K 达到平衡时，$PCl_5(g)$有 48.5%分解，在 573 K 达到平衡时，$PCl_5(g)$有 97%分解，则此反应为(　　)。

(A) 吸热反应 (B) 放热反应

(C) 既不吸热也不放热 (D) 两个温度下的平衡常数相等

12. 等温等压下,在反应 $PCl_5(g) \rightleftharpoons PCl_3(g) + Cl_2(g)$ 的平衡系统中加入一定量的 $N_2(g)$,则( )。

(A) 平衡向左移动 (B) 平衡向右移动 (C) 平衡不移动 (D) 无法判断

13. 等温等容下,在反应 $PCl_5(g) \rightleftharpoons PCl_3(g) + Cl_2(g)$ 的平衡系统中加入一定量的 $N_2(g)$,则( )。

(A) 平衡向左移动 (B) 平衡向右移动 (C) 平衡不移动 (D) 无法判断

二、填空题

1. 化学反应的平衡条件为________________。

2. 在用 $K^{\ominus}$、K_p、K_c、K_y、K_n 表示的各平衡常数中,仅与温度有关的平衡常数有____________;除温度外,还与压力有关的平衡常数是____________。在____________情况下,上述各平衡常数数值相同。

3. 若已知 1000 K 下反应

$0.5C(s) + 0.5CO_2(g) \rightleftharpoons CO(g)$ 的 $K_1^{\ominus} = 1.138$

$2C(s) + O_2(g) \rightleftharpoons 2CO(g)$ 的 $K_2^{\ominus} = 22.37 \times 10^{40}$

则 $CO(g) + 0.5O_2(g) \rightleftharpoons CO_2(g)$ 的 $K_3^{\ominus} =$____________。

4. 在 298 K 时,磷酸酯结合到醛缩酶的平衡常数 $K = 540$,直接测定焓的变化是 $-87.8\ kJ \cdot mol^{-1}$,若假定 $\Delta_r H$ 与温度无关,则在 310 K 时平衡常数的值是____________。

5. 温度对化学反应平衡常数影响很大,在等压下,它们的定量关系是____________。当________时,升高温度对反应进行有利;当________时,升高温度对反应进行不利。

6. 反应 $2NO(s) + O_2(g) \rightleftharpoons 2NO_2(g)$ 的 $\Delta_r H_m^{\ominus} < 0$,若上述反应平衡后

T 一定时再增大压力,则平衡向________移动,$K^{\ominus}$________;

在 T、p 不变时减少 $NO_2(g)$ 的分压,则平衡向________移动,$K^{\ominus}$________;

在 T、p 不变时加入惰性气体,则平衡向________移动,$K^{\ominus}$________;

等压下升高温度,则平衡向________移动,$K^{\ominus}$________。

三、计算题

1. $N_2O_4(g)$ 的解离反应为 $N_2O_4(g) \rightleftharpoons 2NO_2(g)$,在 50 ℃、34.8 kPa 时,测得 $N_2O_4(g)$ 的解离度 $\alpha = 0.630$,求在该温度下反应的标准平衡常数 $K^{\ominus}$。

($K^{\ominus} = 0.916$)

2. 在 600 K、200 kPa 下,1 mol A(g)与 1 mol B(g)进行如下反应:$A(g) + B(g) \rightleftharpoons D(g)$。当反应达到平衡时有 0.4 mol D(g)生成。

(1) 计算上述反应在 600 K 下的 $K^{\ominus}$;

(2) 求在 600 K、200 kPa 时,在真空容器内放入物质的量为 n 的 D(g),同时按上述反应的逆反应进行分解,反应达平衡时 D(g)的解离度 α。

((1) $K^{\ominus} = 0.8889$;(2) $\alpha = 0.60$)

3. NH_4HS 的分解反应为

$$NH_4HS(s) \rightleftharpoons NH_3(g) + H_2S(g)$$

将固体 NH_4HS 放在 25 ℃的真空容器中,已知 25 ℃时,NH_4HS 分解反应的平衡常数为 0.1112。NH_4HS 分解达到平衡时,容器内的压力为多少?如果容器中原来盛有压力为 4.00×10^4 Pa 的气体 H_2S,则达到平衡时容器内的压力又是多少?

(6.67×10^4 Pa;7.78×10^4 Pa)

4. 在 1373 K 时,有下列反应发生:

(1) $C(s) + 2S(s) \rightleftharpoons CS_2(g)$ $K_1^{\ominus} = 0.258$

(2) $Cu_2S(s) + H_2(g) \rightleftharpoons 2Cu(s) + H_2S(g)$ $K_2^{\ominus} = 3.9 \times 10^{-3}$

(3) $2H_2S(g) \rightleftharpoons 2H_2(g) + 2S(s)$ $K_3^{\ominus} = 2.29 \times 10^{-2}$

试计算在 1373 K 时，用碳还原 $Cu_2S(s)$ 反应的平衡常数 $K^\ominus$。

（$K^\ominus=8.99\times10^{-8}$）

5. 298 K、100 kPa 下，有理想气体反应：$4HCl(g)+O_2(g)\rightleftharpoons 2Cl_2(g)+2H_2O(g)$。求该反应的标准平衡常数 $K^\ominus$ 和经验平衡常数 K_p、K_y 及 K_c。

（$K^\ominus=2.216\times10^{13}$，$K_p=2.216\times10^{8}\ Pa^{-1}$，$K_y=2.216\times10^{13}$，$K_c=5.490\times10^{11}\ mol^{-1}\cdot dm^3$）

6. 利用标准摩尔生成吉布斯自由能，求算下列反应在 298 K 时的 $\Delta_r G_m^\ominus$ 及 $K^\ominus$，并估计反应正向进行的可能性。

(1) $SO_2(g)+1/2O_2(g)\rightleftharpoons SO_3(g)$

(2) $C(s)+2H_2O(g)\rightleftharpoons CO_2(g)+2H_2(g)$

(3) $AgNO_3(s)\rightleftharpoons Ag(s)+NO_2(g)+1/2O_2(g)$

7. 尿素的生成反应：$C(石墨)+1/2O_2(g)+N_2(g)+2H_2(g)\rightleftharpoons CO(NH_2)_2(s)$。已知 25 ℃时，上述反应的标准摩尔反应熵 $\Delta_r S_m^\ominus=-456.3\ J\cdot K^{-1}\cdot mol^{-1}$，标准摩尔反应焓 $\Delta_r H_m^\ominus=-333.5\ kJ\cdot mol^{-1}$，以及下列各物质的标准摩尔生成吉布斯自由能：

物质	$NH_3(g)$	$CO_2(g)$	$H_2O(g)$
$\Delta_f G_m^\ominus/kJ\cdot mol^{-1}$	-16.5	-394.4	-228.6

(1) 求 25 ℃时，$CO(NH_2)_2(s)$ 的标准摩尔生成吉布斯自由能 $\Delta_f G_m^\ominus$。

(2) 求 25 ℃时，下列反应的标准平衡常数 $K^\ominus$。

$$CO_2(g)+2NH_3(g)\rightleftharpoons H_2O(g)+CO(NH_2)_2(s)$$

（(1) $\Delta_f G_m^\ominus=-197.6\ kJ\cdot mol^{-1}$　(2) $K^\ominus=0.585$）

8. 已知在某一温度下，下列反应：

(1) $2CO(g)+O_2(g)\rightleftharpoons 2CO_2(g)$　$\Delta_r G_m^\ominus(1)=-514.2\ kJ\cdot mol^{-1}$

(2) $2H_2(g)+O_2(g)\rightleftharpoons 2H_2O(g)$　$\Delta_r G_m^\ominus(2)=-456.1\ kJ\cdot mol^{-1}$

试求在相同温度下反应 $CO(g)+H_2O(g)\rightleftharpoons CO_2(g)+H_2(g)$ 的 $\Delta_r G_m^\ominus$。

（$\Delta_r G_m^\ominus=-29.1\ kJ\cdot mol^{-1}$）

9. 已知 298 K 时的下列数据：

(1) $CO_2(g)+4H_2(g)\rightleftharpoons CH_4(g)+2H_2O(g)$　$\Delta_r G_m^\ominus(1)=-112.6\ kJ\cdot mol^{-1}$

(2) $2H_2(g)+O_2(g)\rightleftharpoons 2H_2O(g)$　$\Delta_r G_m^\ominus(2)=-456.1\ kJ\cdot mol^{-1}$

(3) $2C(s)+O_2(g)\rightleftharpoons 2CO(g)$　$\Delta_r G_m^\ominus(3)=-272.0\ kJ\cdot mol^{-1}$

(4) $C(s)+2H_2(g)\rightleftharpoons CH_4(g)$　$\Delta_r G_m^\ominus(4)=-51.1\ kJ\cdot mol^{-1}$

试求反应 $CO_2(g)+H_2(g)\rightleftharpoons H_2O(g)+CO(g)$ 在 298 K 时的 $\Delta_r G_m^\ominus$ 及 $K^\ominus$。

（$\Delta_r G_m^\ominus=30.55\ kJ\cdot mol^{-1}$，$K^\ominus=4.41\times10^{-6}$）

10. 已知 298 K 时反应 $C_2H_5OH(g)\rightleftharpoons C_2H_4(g)+H_2O(g)$ 的有关数据如下：

	$C_2H_5OH(g)$	$C_2H_4(g)$	$H_2O(g)$
$\Delta_f H_m^\ominus/kJ\cdot mol^{-1}$	-235.1	52.26	-241.82
$S_m^\ominus/J\cdot K^{-1}\cdot mol^{-1}$	282.7	219.6	188.83

(1) 试求反应在 298 K 时的 $\Delta_r G_m^\ominus$ 及 $K^\ominus$。

(2) 假定反应的 $\Delta_r H_m^\ominus$ 和 $\Delta_r S_m^\ominus$ 不随温度而变，求 300 ℃时反应的标准平衡常数 $K^\ominus$。

（(1) $\Delta_r G_m^\ominus=8.072\ kJ\cdot mol^{-1}$，$K^\ominus=0.0385$；(2) $K^\ominus=260.6$）

11. 某反应在 327 ℃与 347 ℃时的标准平衡常数 $K_1^\ominus$ 与 $K_2^\ominus$ 分别为 1×10^{-12} 和 5×10^{-12}。计算在此温度范围内反应的 $\Delta_r H_m^\ominus$ 和 $\Delta_r S_m^\ominus$。设反应的 $\Delta_r C_{p,m}=0$。

（$\Delta_r H_m^\ominus=249.01\ kJ\cdot mol^{-1}$，$\Delta_r S_m^\ominus=185.2\ J\cdot K^{-1}\cdot mol^{-1}$）

12. 分别计算反应 $CO(g)+2H_2(g) \rightleftharpoons CH_3OH(g)$ 在 298 K 和 573 K 的 $\Delta_r G_m^\ominus$ 及 $K^\ominus$。有关数据如下：

	CO (g)	H_2(g)	CH_3OH(g)
$\Delta_f H_m^\ominus(298\ K)/kJ \cdot mol^{-1}$	−110.52	0	−200.7
$S_m^\ominus(298\ K)/J \cdot K^{-1} \cdot mol^{-1}$	197.56	130.57	239.7
$C_{p,m}/J \cdot K^{-1} \cdot mol^{-1}$	29.12	28.82	43.89

($\Delta_r G_m^\ominus(298\ K)=-24.918\ kJ \cdot mol^{-1}$，$K^\ominus(298\ K)=2.33\times10^4$，
$\Delta_r G_m^\ominus(573\ K)=39.578\ kJ \cdot mol^{-1}$，$K^\ominus(573\ K)=2.466\times10^{-4}$)

13. 有理想气体反应 $2H_2(g)+O_2(g) \rightleftharpoons 2H_2O(g)$，在 2000 K 时，已知 $K^\ominus=1.55\times10^7$。

(1) 计算 H_2(g)和 O_2(g)分压各为 1×10^4 Pa，H_2O(g)分压为 1×10^5 Pa 的混合气中，进行上述反应的 $\Delta_r G_m$，并判断反应进行的方向；

(2) 当 H_2(g)和 O_2(g)分压仍然分别为 1×10^4 Pa 时，欲使反应不能正向进行，水蒸气的分压最少需要多大？

($\Delta_r G_m=-1.06\times10^5\ J \cdot mol^{-1}$，$p_{H_2O}=1.24\times10^7$ Pa)

14. 已知反应 $CO(g)+H_2O(g) \rightleftharpoons CO_2(g)+H_2(g)$ 在 700 ℃时 $K^\ominus=0.71$，(1) 若系统中四种气体的分压都是 1.5×10^5 Pa；(2) 若 $p_{CO}=1.0\times10^6$ Pa，$p_{H_2O}=5.0\times10^5$ Pa，$p_{CO_2}=p_{H_2}=1.5\times10^5$ Pa；哪个条件下正向反应能够进行？

((1) 不可以；(2) 可以)

15. 在高温下，水蒸气通过灼热煤层反应生成水煤气的反应为 $C(s)+H_2O(g) \rightleftharpoons CO(g)+H_2(g)$。已知在 1000 K 及 1200 K 时，$K^\ominus$分别为 2.472 及 37.58。

(1) 求算该反应在此温度范围内的 $\Delta_r H_m^\ominus$；

(2) 求算 1100 K 时该反应的 $K^\ominus$。

($\Delta_r H_m^\ominus=1.36\times10^5\ J \cdot mol^{-1}$，$K^\ominus=10.94$)

16. 反应 $2CH_3OH(g) \rightleftharpoons 2H_2(g)+HCOOCH_3(g)$ 的等压方程为 $\ln K^\ominus=\dfrac{7254\ K}{T}-12.50$。

试求：(1)该反应的 $\Delta_r H_m^\ominus$；(2) 该反应在 300 K 时的 $\Delta_r G_m^\ominus$。

($\Delta_r H_m^\ominus=-60.313\ kJ \cdot mol^{-1}$，$\Delta_r G_m^\ominus=-29.134\ kJ \cdot mol^{-1}$)

17. 在 101.325 kPa 时，有如下反应：$UO_3(s)+2HF(g) \rightleftharpoons UO_2F_2(s)+H_2O(g)$。此反应的标准平衡常数 $K^\ominus$ 与温度 T 的关系为 $\lg K^\ominus=\dfrac{6550\ K}{T}-6.11$。

(1) 求上述反应的标准摩尔反应焓 $\Delta_r H_m^\ominus$；

(2) 若要求 HF(g)的平衡组成 $y_{HF}=0.01$，则反应温度应为多少？

($\Delta_r H_m^\ominus=-125.4\ kJ \cdot mol^{-1}$，$T=648.5$ K)

18. 工业上乙苯脱氢制苯乙烯：

$$C_6H_5CH_2CH_3(g) \rightleftharpoons C_6H_5CHCH_2(g)+H_2(g)$$

已知 627 ℃时，$K^\ominus=1.49$。(1) 试求算在此温度及标准压力下乙苯的平衡转化率；(2) 若用水蒸气与乙苯的物质的量之比为 10 的原料气，乙苯的平衡转化率又为多少？

((1) $\alpha=77.4\%$；(2) $\alpha=94.9\%$)

19. 已知反应 $2SO_3(g) \rightleftharpoons 2SO_2(g)+O_2(g)$ 在 1000 K 时，$K^\ominus=0.29$。试求算在此温度及标准压力下，SO_3(g)的解离度。欲使 SO_3(g)的解离度降低到 20%，系统总压应控制为多少？

($\alpha=0.539$，$p=5.11\times10^6$ Pa)

20. 反应 $N_2O_4(g) \rightleftharpoons 2NO_2(g)$ 在 60 ℃时 $K^\ominus=1.33$。试求算在此温度及标准压力下

(1) 纯 $N_2O_4(g)$的解离度；

(2) 1 mol $N_2O_4(g)$在2 mol惰性气体中，$N_2O_4(g)$的解离度；

(3) 当反应系统的总压为10^6 Pa时，纯 $N_2O_4(g)$的解离度。

((1) $\alpha=0.500$，(2) $\alpha=0.652$，(3) $\alpha=0.181$)

第5章 相 平 衡

众所周知，化工生产对原材料和产品都有一定的纯度要求，因此常常需要对原材料和产品进行必要的分离和提纯。提纯最常用的方法就是结晶、精馏、萃取、吸收等，这些操作都涉及多相系统的相变化及相平衡问题。因此，相平衡的基本规律是化工生产过程中各种分离和提纯的理论基础。

相平衡的研究方法可以采用函数法和图形法。函数法即根据热力学基本关系式，导出系统的温度、压力和各相组成之间的定量关系，它主要适用于一般的理想系统；图形法就是将实验测得的多相平衡系统的温度、压力和各相组成之间的关系用图像的形式表示出来，这种图形称为相图。由于相图具有直观方便的特点，它已成为研究多相平衡系统的重要工具，所以掌握相图的绘制和分析是本章的核心内容。在本章中主要介绍一些基本的典型相图，目的在于以这些相图作为基础，进而看懂其他稍复杂的相图，并了解其应用。

5.1 基本概念

5.1.1 相

系统中每一个宏观的均匀部分，或系统中物理性质和化学性质完全相同的部分称为相。相的数目称为相数，用符号 P 表示。相的存在与系统所含物质数量的多寡无关，仅取决于平衡系统的组成和外界条件。由图 5-1 可见，相与相之间有明显的界面，越过界面，相的性质立即发生变化。虽然相是均匀的，但并非一定是连续的，例如在水中投入两块冰，只能算作两相(水和冰)而非三相(图 5-1(b))。如果系统中同时含有几种不同的固态物质(或者因为它们的组成不同，或者因为其晶体状态不同)，也有几个相。如图 5-1(c)，尽管石灰粉与粉笔灰混合，表面上看很均匀，但不能算是一相，因为在显微镜下可以看清它们在形态上是有区别的。然而，化学上的均匀并不意味着物质成分的单一。在水中放入少许食盐，完全溶解了，即成为一相；溶解不完全，则为固体盐和水溶液两相。再如通常情况下，无论多少种气体混合，各部分性质完全均匀，故平衡时只能是一个气相(图 5-1(a))。因此，不难推知，假若因不同溶剂的互溶程度不同，自然可一相、两相(图 5-1(d))或三相共存(图 5-1(e))。

5.1.2 组分数

表示平衡系统中所含的物质种类的数目称为物种数，用符号 S 表示。足以确定平衡系统中所有各相组成所需的最少物种数，称为独立组分数或简称为组分数，用符号 C 表示。

组分数与物种数有所区别。系统含有几种物质，则物种数 S 就是几；C 可小于或等于 S，因它不仅与物种数 S 有关，还受到系统的某种条件限制。它们之间的关系可以用下面几个例子说明。

1. 有化学反应条件时的组分数

例如，由 Fe(s)、FeO(s)、C(s)、CO(g)和 CO_2(g)组成的系统在一定条件下存在下列平衡：

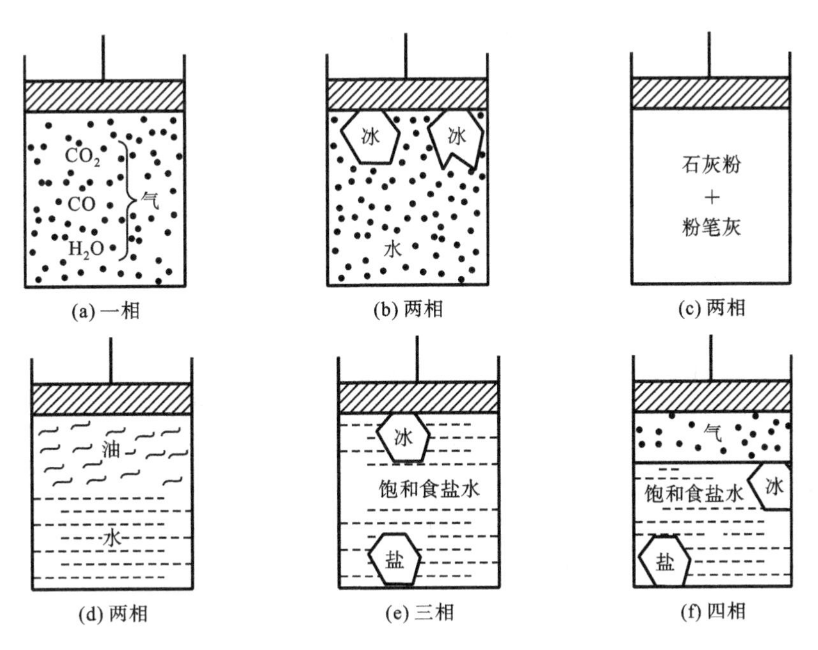

(a) 一相　(b) 两相　(c) 两相　(d) 两相　(e) 三相　(f) 四相

图 5-1　相与相数

$$FeO(s) + CO(g) \rightleftharpoons Fe(s) + CO_2(g) \tag{1}$$

$$FeO(s) + C(s) \rightleftharpoons Fe(s) + CO(g) \tag{2}$$

$$CO_2(g) + C(s) \rightleftharpoons 2CO(g) \tag{3}$$

表面上看，有五种物质和三个化学平衡，实际上其中只有两个平衡是独立的，例如由上述反应(2)减去反应(3)即得反应(1)，其中任何一个平衡可根据另外两个平衡推导出来。因此系统只存在两个独立的化学平衡关系式。此平衡系统有三个固相、两个气相。固相浓度均为1，分别是Fe(s)、C(s)、FeO(s)三种物质，但其中有一种物质可以由另外两种物质生成，如Fe可以由FeO加C还原出来，故这三种物质有两种是独立的。气相有两种物质CO、CO_2，要想知道气相浓度，只需要知道其中一种物质的量就可以了，如果知道CO_2的分压，就肯定能求出CO的分压，这两种物质中有一个是独立的。因此，要确定该系统各相（四个相）的组成（即浓度），至少要知道三种物质的量。用数学式表示为$C=S-R=5-2=3$，其中R为独立的化学平衡关系数。由此可见，在计算系统的组分时，如果有化学平衡存在，应从物种数中扣去独立的化学平衡关系式数目。

2. 有浓度限制条件时的组分数

假定系统中有N_2、H_2和NH_3三种物质在反应的温度、压力下达到平衡，$N_2(g)+3H_2(g) \rightleftharpoons 2NH_3(g)$，其组分数$C=S-R=3-1=2$。但若开始投放的$N_2$和$H_2$的物质的量比满足反应式化学计量比1∶3，或者开始只投放NH_3，分解得N_2和H_2物质的量比也是1∶3。这样，当已知其中任一组分的平衡分压，便可由比例关系和平衡常数计算其他两种成分的分压，系统的组成就可以确定，于是组分数变为1，而不是原先的2。以此类推，系统中有R'个独立的浓度限制条件，就可使独立变动的物种数减少R'。应该强调，浓度限制条件只能适用于同一相，因为同一相才存在浓度制约，否则就会产生错误。比如，碳酸钙的热分解，产生的气体CO_2和固体CaO，虽说其物质的量之比为1∶1，但两者各处于不同的相中，相互不存在浓度制约，故不能作为浓度限制条件。这就是说，$CaCO_3$热分解，系统的组分数仍然为2，而不是1。

至此，可以得出结论，系统的组分数 C 可归纳为如下等式：

$$C = S - R - R' \tag{5-1}$$

式中，S 为系统中的物种数；R 是独立化学平衡关系数；R' 是同一相的独立浓度限制条件数。对于同一客观系统，物种数随表示形式的不同而异，但组分数始终保持一定值。例如，对于 NaCl 和水组成的不饱和溶液，若不计它们的电离，则 $C=2$；若要考虑其电离，则生成的物质共有 H_2O、H^+、OH^-、Na^+ 及 Cl^- 五种；此时仅有 1 个水的解离平衡，NaCl 完全解离，则有两个独立的浓度限制条件：$c_{H^+}=c_{OH^-}$，$c_{Na^+}=c_{Cl^-}$，故组分数仍然不变，即 $C=5-1-2=2$。可见，组分数确实是表征系统性质的一个重要客观参数。正是由于组分数不随考虑问题的方法的不同而改变，故在相图分类中，以组分数为准，把系统分为单组分、二组分等不同组分系统。

【例 5-1】 在一抽空容器中，放入一定量的 $NH_4HCO_3(s)$，加热时可发生下列反应：

$$NH_4HCO_3(s) \rightleftharpoons NH_3(g) + CO_2(g) + H_2O(g)$$

求平衡时系统的组分数。

解 物种数 $S=4$，系统中有一平衡分解反应，$R=1$。系统中还存在着浓度限制条件：$n(NH_3(g))=n(CO_2(g))=n(H_2O(g))$，并且它们在同一相中，因此 $R'=2$。根据式 $C=S-R-R'$ 得 $C=4-1-2=1$，即只要知道平衡时任一物质的分压，便可确定气相的组成(或浓度)。

5.1.3 自由度数

在不引起旧相消失和新相形成的前提下，系统中可独立自由变动的强度性质(如温度、压力、组成等)称为自由度，其个数称为自由度数，常用 F 表示。例如对液态水，系统的温度和压力在一定范围内可任意改变，而不会产生新相，即仍能保持单相，这意味着它有两个独立可变因素，故自由度 $F=2$。如果水达到液-气两相平衡，T、p 两变量中只有一个可以独立变化。例如 100 ℃下水的饱和蒸气压只能是 101.325 kPa，温度若变化，压力也需相应调整才能重新达到平衡，因此 $F=1$。这就是说，如果温度作为变量可以改变，压力就不能随意变动(即固定温度，水就有固定的平衡蒸气压)；反之，若指定平衡压力，温度就不能随意选择，否则必将导致两相平衡状态的破坏。自由度是随相数、独立组分数而变化的，它们之间的关系可用相律描述。

5.1.4 相律

1. 相律概述

相律是吉布斯根据热力学原理推导出来的，是物理化学中普遍性的规律之一。

根据数学原理：n 个独立方程式可以限制 n 个变量，则

自由度数＝总变量数－独立方程式数

(1) 总变量数。

假设在平衡系统中有 S 种化学物质，分布于 $P(\alpha,\beta,\gamma\cdots)$ 个相中，且在各相中各物质分子的形态相同。此时，每一相中有 S 个组成变量，那 P 个相就有 SP 个组成变量。此外，在平衡系统中，所有各相的温度、压力都相等，故整个系统的总变量数为$(SP+2)$。

(2) 独立方程式数。

① 在每一相中，因 S 个组成变量要满足 $\sum_{1}^{S} x_B = 1$，故系统中 P 个相就有 P 个方程式数。

② 根据相平衡条件，平衡时每一种物质在每个相中的化学势应相等，即 $\mu_B^{\alpha}=\mu_B^{\beta}=\mu_B^{\gamma}=\cdots$

$=\mu_B^P$，一种物质就有$(P-1)$个关系式，则S种物质就有$S(P-1)$个关系式。

③ 若系统有R个独立的化学平衡关系式存在，还有R'个独立的浓度限制条件，则系统中总的方程式数为

$$P+S(P-1)+R+R'$$

故
$$F=(PS+2)-[P+S(P-1)+R+R']=(S-R-R')-P+2$$

$$F=C-P+2 \tag{5-2}$$

这就是相律表达式，它是1875年由吉布斯以热力学方法导出的，故又称为吉布斯相律。

2. 相律推导的几点说明

(1) S种物质可以不存在于每一相中，不影响相律的形式。因为若某相中缺少某种物质，则浓度项少一个，即未知数少一个，但关联该物质在各相间平衡的化学势等式也少了一个，所以自由度数不变。

(2) 相律$F=C-P+2$式中的2表示系统整体的温度、压力皆相同。若不符合此条件(如渗透系统)，则该式需补充。若尚有其他因素，则不一定是2。

(3) 对于只由液相、固相形成的系统，由于压力对相平衡影响很小，可以不考虑压力对相平衡的影响，相律可写为$F=C-P+1$。

【例5-2】 碳酸钠与水可组成下列几种化合物：$Na_2CO_3 \cdot H_2O$，$Na_2CO_3 \cdot 7H_2O$、$Na_2CO_3 \cdot 10H_2O$。在标准压力下，与碳酸钠水溶液及冰共存的含水盐最多可有几种？

解 此系统由Na_2CO_3和H_2O构成，则$C=2$。

因压力恒定，故$F=C-P+1$，又因相数最多时自由度数最少，故$F=0$时，$P=3$。系统中最多可有三相共存，即与Na_2CO_3水溶液及冰共存的含水盐最多只能有一种，究竟是哪一种，需由实验所得相图确定。

【例5-3】 试说明下列平衡系统的自由度数。

(1) 25 ℃及标准压力下，KCl(s)与其水溶液平衡共存；

(2) I_2(s)与I_2(g)呈平衡态；

(3) 开始时，用任意量的HCl(g)和NH_3(g)组成的系统中，反应$HCl(g)+NH_3(g) \rightleftharpoons NH_4Cl(s)$达平衡。

解 (1) $C=2$，$P=2$，则

$$F=C-P+0=2-2+0=0$$

指定温度、压力下，饱和KCl溶液的浓度为定值，系统已无自由度。

(2) $C=1$，$P=2$，则

$$F=C-P+2=1-2+2=1$$

即系统的p和T之间有函数关系，两者之中只有一个独立可变。I_2(s)的平衡蒸气压与升华的温度有关。

(3) $S=3$，$R=1$，$R'=0$，$C=3-1=2$，$P=2$，则

$$F=C-P+2=2-2+2=2$$

温度、总压及任一气体的浓度三个变量中，有两个可独立变动。

5.2 单组分系统相图

对于单组分系统($C=1$)，相律$F=C-P+2=3-P$。显然，当$F=0$时，$P=3$，即系统中最多只有三相共存。而最多的自由度数取决于最少的相数，相数最少为1。当$P=1$时，$F=2$，这说明只要两个独立变量(如T、p)就足以完整表征系统的状态。倘若以实验数据为基础绘制这些变量之间的图，或其他变量间关系的图，即可构成各类相图，例如p-T、p-V等相图。常用的是p-T相图。

相图又称为状态图,它表明指定条件下系统是由哪些相构成的,各相的组成是什么。以单组分系统的 p-T 相图为例,其特征与相数、自由度数之间的对应关系列于表 5-1 中。

表 5-1　单组分系统中相图间各变量关系

相数 P	自由度数 F	系 统 名 称	相 图 特 征
1	2	二变量系统	面
2	1	单变量系统	线
3	0	无变量系统	点

由表 5-1 可知,单组分系统的相图是二维的,在其中有单相面、两相线、三相点,但这些面、线、点居于何处,属于哪些相构成,却不能从相律中得知,只能通过实验来确定。下面介绍单组分系统的相图。

5.2.1　水的相图

众所周知,水有三种不同的聚集状态。在指定的温度、压力下可以互成平衡,即

$$冰 \rightleftharpoons 水, \quad 水 \rightleftharpoons 水蒸气, \quad 水蒸气 \rightleftharpoons 冰$$

在特定条件下还可以建立冰$\rightleftharpoons$水$\rightleftharpoons$水蒸气的三相平衡。表 5-2 的实验数据表明了水在各种平衡条件下,温度和压力的对应关系。水的相图(图 5-2)就是根据这些数据描绘而成的。

表 5-2　水的相平衡数据

温　度 t/℃	系统的饱和蒸气压 p/kPa		平衡压力 p/kPa
	水$\rightleftharpoons$水蒸气	水蒸气$\rightleftharpoons$冰	冰$\rightleftharpoons$水
−20	0.126	0.103	1.935×10^5
−15	0.191	0.165	1.561×10^5
−10	0.286	0.259	1.104×10^5
−5	0.421	0.414	0.598×10^5
0.00989	0.610	0.610	0.610
20	2.338	—	—
40	7.376	—	—
60	19.916	—	—
80	47.343	—	—
100	101.325	—	—
200	1554.2	—	—
300	8590.3	—	—
374	22060	—	—

根据表 5-2 的数据,可画出水的 p-T 图,如图 5-2 所示。

(1) 两相线。在图 5-2 中，有三条实线分别代表上述三种两相平衡状态，线上的点代表两相平衡的必要条件，即平衡时系统温度与压力的对应关系。*OB* 线是冰与水蒸气的两相平衡线，它表示冰的饱和蒸气压与升华温度的对应关系，称为升华曲线。由图可知，冰的饱和蒸气压随温度的下降而降低。*OC* 线是水蒸气与水的两相平衡线，它代表气液平衡时，沸点与蒸气压的对应关系，称为蒸气压曲线或蒸发曲线。显然，水的饱和蒸气压随沸点的升高而增大。*OA* 线是冰与水的两相平衡线，它表示冰的熔点随外压变化的对应关系，故称为冰的熔化曲线。由于熔化的逆过程就是凝固，因此它又表示水的凝固点随外压变化的关系，故也可称为水的凝固点曲线。该线甚陡，略向左倾，斜率呈负值，意味着外压剧增，但冰的熔点仅略有降低，大约是每增加 1 个 $p^{\ominus}$，下降 0.0075 ℃。水的这种行为是反常的，因为大多数物质的熔点是随压力增大而稍有升高的。

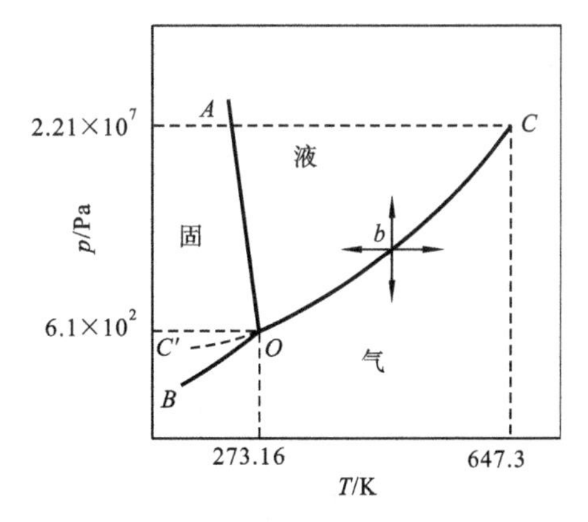

图 5-2　水的相图

在单组分系统中，当系统状态点落在某曲线上，则意味着系统处于两相共存状态，即 $P=2$、$F=1$。这说明温度和压力中只有一个可以自由变动，另一个随之而定。关于两相线的分析以及斜率的定量计算将在克拉贝龙方程式中讨论。必须指出，*OC* 线不能向上无限延伸，只能到水的临界点(即 647.3 K(374 ℃)、2.21×10^7 Pa)为止。因为在临界点液体的密度与气体的密度相等，气-液界面消失。如果特别小心，*OC* 线能向下延伸，如虚线 *OC′* 所示，它代表过冷水与水蒸气共存，是一种不稳定的状态，称为亚稳状态。*OC′* 线在 *OB* 线之上，表示过冷水的蒸气压比同温度下处于稳定状态的冰的蒸气压高，其稳定性较低，稍微搅动或投入晶种将有冰析出。*OB* 线在理论上可向左下方延伸到绝对零点附近，但向右上方不得越过交点 *O*，因为事实上不存在升温时应该熔化而未熔化的过热冰。*OA* 线向左上方延伸大约至 2.03×10^8 Pa 时，相图变得复杂，会出现多种晶型的冰，称为同质多晶现象，在高压下水的相图可参阅其他参考书。

(2) 单相区(面)。在图 5-2 中，三条两相线将平面分成三个区域，每个区域代表一个单相区，其中 *BOC* 为气相区，*AOB* 为固相区，*AOC* 为液相区。它们都满足 $P=1$、$F=2$，说明这些区域内 T、p 均可在一定范围内自由变动而不会引起新相形成或旧相消失。换句话说，要同时指定 T、p 两个变量才能确定系统的一个状态。

(3) 三相点。三条线的交点 *O* 是气、液、固三相平衡共存的点，称为三相点。在三相点上 $P=3$、$F=0$，故系统的温度、压力皆恒定，不能变动，否则会破坏三相平衡。三相点的压力为 0.610 kPa，温度为 0.00989 ℃，这一温度已被规定为 273.16 K。值得强调的是，三相点温度不同于通常所说的水的冰点，冰点是指暴露于空气中的冰和水两相平衡时的温度，在这种情况下，水已被空气中的各种组分(CO_2、N_2、O_2 等)所饱和，已成为多组分系统。由于其他组分的溶入致使原来水的冰点下降约 0.0023 ℃。其次，因三相点压力为 0.610 kPa，而冰点压力为 101.325 kPa，根据克拉贝龙方程计算其相应冰点温度又降低 0.0075 ℃，这两种效应之和即 0.0098 ℃≈0.01 ℃，就使得水的冰点比三相点低 0.0098 ℃，即通常的 0 ℃(或 273.15 K)。

此外，图中还有一个临界点 *C*，温度压力确定，当系统温度超过临界温度时，气体是不可能通过加压而液化。目前的超临界技术就是基于此点物质的性质。

5.2.2 硫的相图

硫有四种不同的聚集状态:固态的正交(或斜方)硫(R)、固态的单斜硫(M)、液态硫(l)和气态硫(g),分别标注在硫的相图(图 5-3)中。已知单组分系统不能超过三个相,故上述四个相不可能同时存在。硫的相图中有四个三相点:B、C、G、E。各点代表的平衡系统如下:

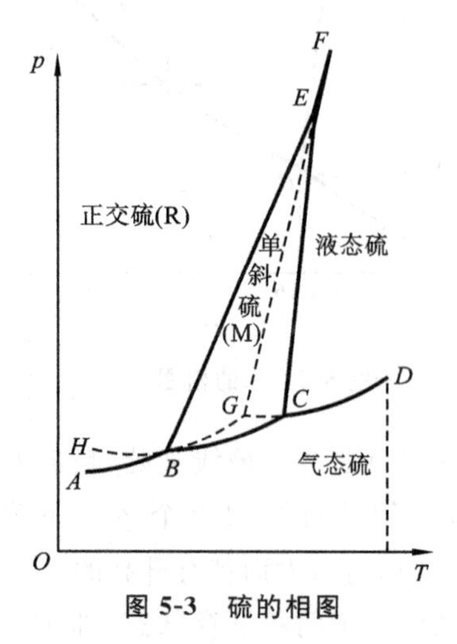

图 5-3 硫的相图

B 点:$S(R) \rightleftharpoons S(M) \rightleftharpoons S(g)$

C 点:$S(M) \rightleftharpoons S(g) \rightleftharpoons S(l)$

E 点:$S(R) \rightleftharpoons S(M) \rightleftharpoons S(l)$

G 点:$S(R) \rightleftharpoons S(g) \rightleftharpoons S(l)$

虚线 BH 为单斜硫和气态硫的介稳平衡态;虚线 BG 为正交硫和气态硫的介稳平衡态;虚线 EG 为正交硫和液态硫的介稳平衡态;虚线 GC 为液态硫和气态硫的介稳平衡态。

由相图可以清楚地看出系统在一定温度和压力下所处的状态。各状态的分析与水的相图相似,可自行分析。

5.2.3 克拉贝龙-克劳修斯方程概述

1. 克拉贝龙方程

单组分系统中满足两相平衡的条件是该物质在两相的化学势相等。假定温度为 T、压力为 p 时,同一物质于 α、β 两相的化学势分别为 μ^{α}、μ^{β},则平衡时有

$$\mu^{\alpha} = \mu^{\beta} \tag{5-3}$$

若系统的温度发生一个极微小变化,即从 T 变到 $T+dT$ 时,压力也相应地发生极微小变化,由 p 变到 $p+dp$,系统又重新达到平衡。此时物质在两相中的化学势均发生了极微小变化,但在新的平衡条件下物质在两相的化学势仍相等,即

$$\mu^{\alpha} + d\mu^{\alpha} = \mu^{\beta} + d\mu^{\beta} \tag{5-4}$$

比较式(5-3)与式(5-4),可得

$$d\mu^{\alpha} = d\mu^{\beta} \tag{5-5}$$

因纯物质的化学势等于该物质的摩尔吉布斯自由能,即

$$\mu = \frac{G}{n} = G_m \tag{5-6}$$

故

$$d\mu^{\alpha} = dG_m^{\alpha}, \quad d\mu^{\beta} = dG_m^{\beta} \tag{5-7}$$

代入式(5-5),则有

$$dG_m^{\alpha} = dG_m^{\beta} \tag{5-8}$$

这说明系统达到平衡时,两相吉布斯自由能的改变量也相等,根据热力学基本方程有

$$-S_m^{\alpha}dT + V_m^{\alpha}dp = -S_m^{\beta}dT + V_m^{\beta}dp \tag{5-9}$$

移项整理可得

$$\frac{dp}{dT} = \frac{S_m^{\beta} - S_m^{\alpha}}{V_m^{\beta} - V_m^{\alpha}} = \frac{\Delta_{\alpha}^{\beta}S_m}{\Delta_{\alpha}^{\beta}V_m} \tag{5-10}$$

式中,$\Delta_{\alpha}^{\beta}S_m$、$\Delta_{\alpha}^{\beta}V_m$ 分别表示 1 mol 物质从 α 相转移到 β 相的熵变和体积变化。因温度和压力的变化很小,相变过程的熵变可近似地用等温等压下的熵变公式表示:

$$\Delta_{\alpha}^{\beta}S_m = \frac{\Delta_{\alpha}^{\beta}H_m}{T} \tag{5-11}$$

式中，$\Delta_{\alpha}^{\beta}H_{m}$ 表示相应的摩尔相变潜热，如摩尔蒸发焓 $\Delta_{vap}H_{m}$、摩尔熔化焓 $\Delta_{fus}H_{m}$、摩尔升华焓 $\Delta_{sus}H_{m}$ 或晶型转变的摩尔焓变 $\Delta_{trs}H_{m}$。现将式(5-11)代入式(5-10)，可得

$$\frac{dp}{dT}=\frac{\Delta_{\alpha}^{\beta}H_{m}}{T\cdot\Delta_{\alpha}^{\beta}V_{m}} \tag{5-12}$$

此即反映单组分系统两相平衡时温度与压力之间的相互关系——克拉贝龙方程。公式指出：若系统的温度发生变化，为继续保持两相平衡，压力也要随之变化。要注意的是，上式在推导过程中没有引入任何人为假设，因此式(5-12)可适用于纯物质系统的两相平衡，如气-液、气-固、液-固、晶型转变等。

2. 克拉贝龙-克劳修斯方程

当克拉贝龙方程应用于有气相参与的两相平衡(如液-气、固-气平衡)时，因气体体积远大于液体和固体的体积，对比之下可略去液相或固相的体积，即 $\Delta V\approx V(g)$。再假定蒸气服从理想气体状态方程，则

$$\frac{dp}{dT}=\frac{\Delta_{\alpha}^{\beta}H_{m}}{T\dfrac{RT}{p}}=\frac{p\Delta_{\alpha}^{\beta}H_{m}}{RT^{2}} \tag{5-13}$$

即

$$\frac{d\ln p}{dT}=\frac{\Delta_{\alpha}^{\beta}H_{m}}{RT^{2}} \tag{5-14}$$

这就是克拉贝龙-克劳修斯方程的微分形式，若对上式进行积分，并假设温度变化范围不大，可将 $\Delta_{\alpha}^{\beta}H_{m}$ 视为与温度无关的常数，则积分结果为

不定积分式

$$\ln p=-\frac{\Delta_{\alpha}^{\beta}H_{m}}{R}\frac{1}{T}+C \tag{5-15}$$

定积分式

$$\ln\frac{p_{2}}{p_{1}}=\frac{\Delta_{\alpha}^{\beta}H_{m}(T_{2}-T_{1})}{RT_{1}T_{2}} \tag{5-16}$$

可见，只要知道 $\Delta_{\alpha}^{\beta}H_{m}$，就可以根据已知温度 T_1 时的饱和蒸气压 p_1 计算另一温度 T_2 时的饱和蒸气压 p_2，或者由已知压力下的沸点求得另一压力下的沸点。当然，若已知两个温度下的蒸气压，也可用来计算 $\Delta_{\alpha}^{\beta}H_{m}$。若以 $\ln p$ 对 $\frac{1}{T}$ 作图可得一直线，由直线斜率及截距可求得 $\Delta_{\alpha}^{\beta}H_{m}$ 和积分常数 C。另外，对摩尔蒸发焓 $\Delta_{vap}H_{m}$ 还可以用经验规则进行估算，对于一些非极性液体物质来说，若分子不以缔合形式存在，摩尔蒸发焓与其正常沸点之比均为恒定，或此液体的摩尔蒸发熵为一常数，即

$$\frac{\Delta_{vap}H_{m}}{T_{b}}=\Delta_{vap}S_{m}\approx 88\ \mathrm{J\cdot mol^{-1}\cdot K^{-1}}$$

上式称为特鲁顿规则。

要强调的是，使用克拉贝龙-克劳修斯方程的定积分或不定积分形式时，应注意公式的适用范围。只有当温度变化不大时，$\Delta_{\alpha}^{\beta}H_{m}$ 才可视为常数，而且该气态物质应服从理想气体状态方程，否则将引起误差。当温度变化范围较宽时，必须考虑 $\Delta_{\alpha}^{\beta}H_{m}$ 对温度的依赖关系，此时得到的方程较复杂。

【例 5-4】 已知水在 101.3 kPa 压力下的沸点是 100 ℃，汽化焓为 $4.07\times10^{4}\ \mathrm{J\cdot mol^{-1}}$，试计算：

(1) 水在 25 ℃时的饱和蒸气压，与实验值 3.168 kPa 比较，并计算其百分误差；

(2) 设某高山上气压为 80.0 kPa，求此时水的沸点。

解　式(5-16)可写为

$$\ln\frac{p_{2}}{p_{1}}=\frac{\Delta_{vap}H_{m}(T_{2}-T_{1})}{RT_{2}T_{1}}$$

(1) $$\ln\frac{p_2}{101.3}=\frac{4.07\times10^4\times(298-373)}{8.314\times298\times373},\quad p_2=3.725\ \text{kPa}$$

$$\text{百分误差}=\frac{3.725-3.168}{3.168}\times100\%=17.6\%$$

(2) $$\ln\frac{80.0}{101.3}=\frac{4.07\times10^4\times(T_2-373)}{8.314\times T_2\times373}$$

$$T_2=366\ \text{K}\quad(\text{即}\ 93\ ℃)$$

【例 5-5】 固态氨的饱和蒸气压 $\ln p(\text{s})=21.01-\frac{3754}{T}$,液态氨的饱和蒸气压 $\ln p(\text{l})=17.47-\frac{3065}{T}$。试求:

(1) 三相点的温度和压力;

(2) 三相点的摩尔蒸发焓、升华焓和熔化焓。

解 (1) 在三相点时有 $p(\text{s})=p(\text{l})$,所以根据固态氨的饱和蒸气压和液态氨的饱和蒸气压相等可以求出三相点的温度和压力。

由 $21.01-\frac{3754}{T}=17.47-\frac{3065}{T}$,得

$$T=194.6\ \text{K}$$

由 $\ln p(\text{s})=21.01-\frac{3754}{194.6}=1.722$,得

$$p=5.596\ \text{kPa}$$

(2) $\ln p=-\frac{\Delta_{\text{trs}}H_{\text{m}}}{RT}+B$,分别与固态氨的饱和蒸气压和液态氨的饱和蒸气压表达式比较,得

$$\Delta_{\text{sub}}H_{\text{m}}=3754\times8.314\ \text{J}\cdot\text{mol}^{-1}=31.21\ \text{kJ}\cdot\text{mol}^{-1}$$

$$\Delta_{\text{vap}}H_{\text{m}}=3065\times8.314\ \text{J}\cdot\text{mol}^{-1}=25.48\ \text{kJ}\cdot\text{mol}^{-1}$$

5.2.4 超临界流体萃取

超临界流体萃取(supercritical fluid extraction,简称 SFE)技术是利用超临界流体作为萃取剂,从液体或固体中萃取特定成分,以达到分离目的产物的一种新型分离技术。超临界流体(SCF)是指超过临界温度和临界压力的非凝缩性的高密度流体。超临界流体兼有气体和液体两者的特点,密度接近液体,而黏度和扩散系数接近气体,因此不仅具有与液体溶剂相当的溶解能力,而且具有优良的传质性能。超临界流体萃取技术利用上述超临界流体的特殊性质,将其在萃取塔的高压下与待分离的固体或液体混合物接触,并调节系统的操作温度和压力,萃取出所需组分。

超临界流体萃取具有其他分离方法无可比拟的优点:溶剂易于和产物分离、安全无毒、不造成环境污染、操作条件温和、不易破坏有效成分等。很多物质都有超临界流体区,但由于 CO_2 的临界温度不高(364.2 K),临界压力也不高(7.28 MPa),且无毒、无臭、无公害,所以在实际操作中常使用 CO_2 超临界流体作为萃取剂。因此,超临界流体萃取技术在生化、医药、日化、环保、石化及其他相关领域具有广阔的应用前景。

1. *在生物化工中的应用*

由超临界流体的特性可知,它特别适用于热敏性生物物质的分离和提取。目前超临界流体萃取技术已应用于提取和精制混合油脂,采用超临界 CO_2 富集微生物菌丝体中的不饱和脂肪酸及萃取牛脑中的胆固醇等。

2. *在食品工业中的应用*

超临界流体萃取技术在食品工业中的应用已有相当长的历史。用超临界流体萃取技术脱

除咖啡豆和茶叶中的咖啡因早已实现工业化生产;超临界流体萃取技术还可应用于啤酒的生产及萃取植物中的精油,与蒸馏法相比,此法具有明显优势:萃取时间短、成本低、产品更纯净。将超临界流体技术应用于食品领域,可使食品的外观、风味和口感更好。

3. 在医药行业中的应用

超临界流体萃取在医药行业中的应用是非常广泛的,尤其值得一提的是在中药有效成分的提取方面,我国做了大量工作。目前,超临界流体萃取中药有效成分已实现工业化生产。

4. 在环境保护中的应用

用超临界流体萃取技术可以清除固体物料中的有机毒性物质,用于治理环境中的有机污染物。

5.3 二组分气-液平衡系统

将相律应用于二组分系统,因 $C=2$,其相数与自由度的关系为

$$F = C - P + 2 = 4 - P$$

当 $P=1$、$F=3$ 即系统相数最少时,有三个自由度,也就是说需用三个独立变量才足以完整地描述系统的状态。通常情况下,描述系统状态时以温度 T、压力 p 和组成 x 三个变量为坐标构成的是立体模型图,见图 5-4。这种图的绘制和使用均不太方便,为便于在平面上将平衡关系表示出来,常需固定某一个变量,从而得到立体图形在特定条件下的截面图。比如,固定 T 可得 p-x 图,固定 p 可得 T-x 图,固定 x 可得 T-p 图。前两种平面图在工业上的提纯、分离、精馏、分馏方面很有实用价值,是本章讨论的重点。

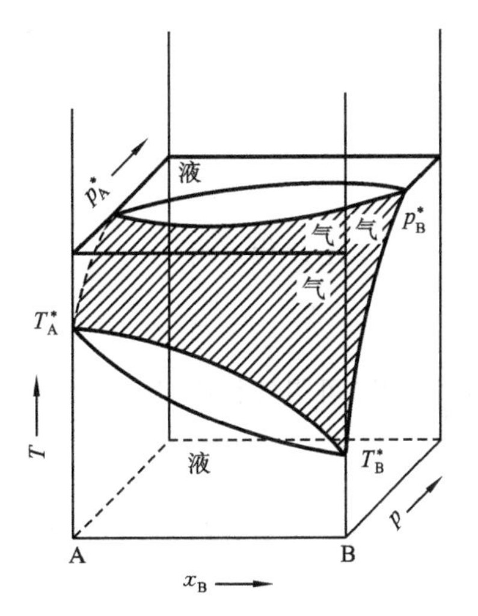

图 5-4 完全互溶双液系统 p-T-x 立体模型图

二组分系统相图的类型很多,根据两相平衡时各相的聚集状态,常分为气-液系统、固-液系统和固-气系统。本节就是指液体仅由两种物质组成,而研究范围内仅出现气-液两相平衡的系统,也称为双液系统。在双液系统中,常根据两种液态物质的互溶程度不同又分为完全互溶系统、部分互溶系统和完全不互溶系统。两种液体在全部浓度范围内都能互相混溶的系统,称为完全互溶双液系统。系统中两个组分的分子结构相似程度往往有所差别,所构成的溶液的性质也各异,所以服从拉乌尔定律的程度就有所不同。为此,完全互溶双液系统又分为理想和非理想两种情形。

5.3.1 理想溶液压力-组成图

1. 液相线的绘制

根据相似相溶原则,一般来说,两种结构很相似的化合物,例如甲苯和苯、正己烷和正庚烷、同分异构化合物的混合物等,均能以任何比例混合成近似的理想溶液。图 5-5 为一定温度下两组分理想溶液的 p-x 图,各组分在全浓度范围内的蒸气压与组成的关系均遵守拉乌尔定律,即

$$p_{\mathrm{B}}=p_{\mathrm{B}}^{*}x_{\mathrm{B}} \tag{5-17}$$

$$p_{\mathrm{A}}=p_{\mathrm{A}}^{*}x_{\mathrm{A}}=p_{\mathrm{A}}^{*}(1-x_{\mathrm{B}}) \tag{5-18}$$

可分别用直线(虚线)表示。

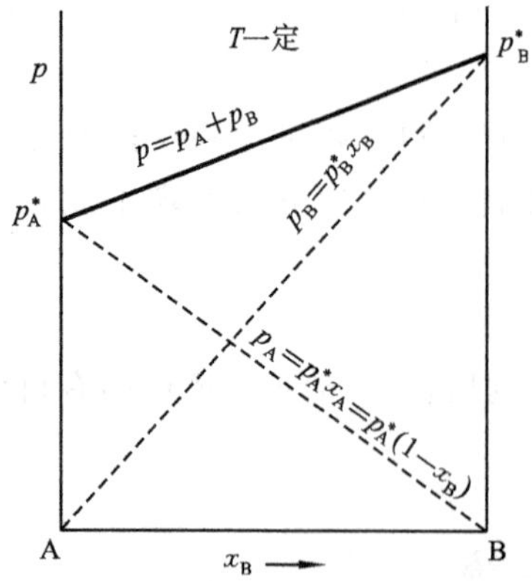

若以 p 表示溶液的总蒸气压,则有

$$p=p_{\mathrm{A}}+p_{\mathrm{B}}=p_{\mathrm{A}}^{*}(1-x_{\mathrm{B}})+p_{\mathrm{B}}^{*}x_{\mathrm{B}}=p_{\mathrm{A}}^{*}+(p_{\mathrm{B}}^{*}-p_{\mathrm{A}}^{*})x_{\mathrm{B}} \tag{5-19}$$

图 5-5　理想溶液的 p-x 图

如在等温下,以 x_{B} 为横坐标,以蒸气压为纵坐标,在 p-x 图上可分别表示出分压、总压与液相组成的关系式。由图 5-5 知,二组分理想溶液总蒸气压必然落在两个纯组分蒸气压 p_{A}^{*}、p_{B}^{*} 之间。图中实线表示溶液蒸气压随液相组成变化关系的曲线,称为液相线。根据液相线可找到总蒸气压下溶液的组成,或指定溶液组成时的蒸气压。显然,此时系统的自由度为 1。

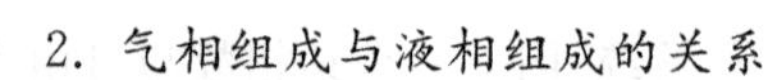

2. 气相组成与液相组成的关系

由于 A、B 两组分蒸气压不同,气-液平衡时气相的组成与液相的组成必然也不同。设气相中的总蒸气压为 p,气-液平衡时气相中组分 A 和组分 B 的摩尔分数分别为 y_{A} 和 y_{B},根据分压定律,有下列的关系:

$$p_{\mathrm{A}}=py_{\mathrm{A}}\quad 或\quad y_{\mathrm{A}}=\frac{p_{\mathrm{A}}}{p}$$

$$p_{\mathrm{B}}=py_{\mathrm{B}}\quad 或\quad y_{\mathrm{B}}=\frac{p_{\mathrm{B}}}{p}$$

以拉乌尔定律代入得

$$y_{\mathrm{A}}=\frac{p_{\mathrm{A}}^{*}x_{\mathrm{A}}}{p},\quad y_{\mathrm{B}}=\frac{p_{\mathrm{B}}^{*}x_{\mathrm{B}}}{p} \tag{5-20}$$

两式相除可得气相中组分 A 和组分 B 的摩尔分数比为

$$\frac{y_{\mathrm{A}}}{y_{\mathrm{B}}}=\frac{p_{\mathrm{A}}^{*}x_{\mathrm{A}}}{p_{\mathrm{B}}^{*}x_{\mathrm{B}}} \tag{5-21}$$

若纯液体 B 比纯液体 A 易挥发,即 $p_{\mathrm{B}}^{*}>p_{\mathrm{A}}^{*}$,从上式得到

$$\frac{y_{\mathrm{A}}}{y_{\mathrm{B}}}<\frac{x_{\mathrm{A}}}{x_{\mathrm{B}}}$$

又因为　　$x_{\mathrm{A}}+x_{\mathrm{B}}=1,\quad y_{\mathrm{A}}+y_{\mathrm{B}}=1$

所以

$$\frac{1-y_{\mathrm{B}}}{y_{\mathrm{B}}}<\frac{1-x_{\mathrm{B}}}{x_{\mathrm{B}}}$$

得

$$y_{\mathrm{B}}>x_{\mathrm{B}}$$

结果表明:在相同温度下有较高蒸气压的易挥发组分 B,在气相中的浓度要大于在液相中的浓度,而有较低蒸气压的难挥发组分 A 则相反,这个规律称为柯诺瓦洛夫(Konowalov)第一定律。

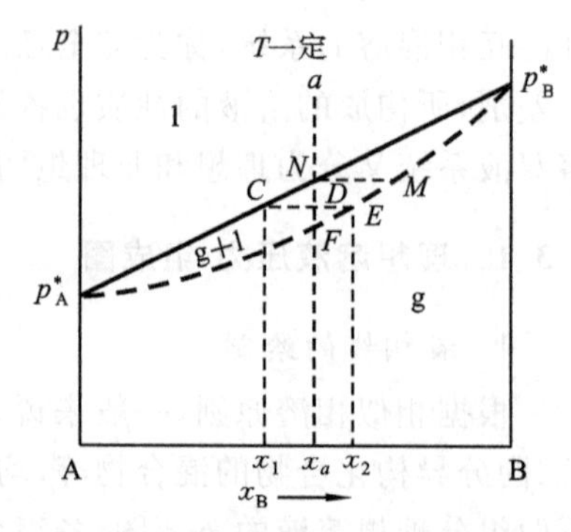

图 5-6　理想溶液的 p-$x(y)$图

将液相组成、气相组成与压力的关系绘于同一图中,得图 5-6。图中实线为液相线,虚线为气相线,液相线以上(高压区)为液相区(l 区),气相线以下(低压区)为气相区(g

区),两线所包围的区域为气液两相平衡共存区(g+l区)。据相律 $F=C-P+1=3-P$ 可知,单相区内,$F=2$;在两相区,$F=1$。这意味着描述系统的状态,前者需两个变量,后者仅需一个变量,即系统的压力或组成。假若液相区有一系统点 a,组成为 x_a,从图中可以看出当组成不变时降压过程中的相变化情况。当压力降至液相线上的 N 点时,开始形成蒸气,与之平衡的蒸气组成为 M 点对应的浓度。若继续降压到 D 点,此时气液两相平衡共存,如水平线 CE。C、E 两点称为相点,分别表示相平衡的液相和气相的状态(组成分别是 x_1 和 x_2),CE 连线(联系两相点的直线)又称为结线。在压力由 N 点至 D 点的过程中,系统点和共轭(即共存)的两相点都在变,液相点沿液相线由 N 点降至 C 点,气相点沿气相线由 M 点降至 E 点。这充分说明只要系统点落进两相区内始终是两相共存,系统的总组成虽然不变,但两相的组成及其相对数量都随压力改变。当继续降压至 F 点时,溶液几乎全部汽化,将进入气相区。

3. 杠杆规则

现在考虑用相图计算两相区内共轭两相的相对量的方法。以图5-6为例:当系统点为 D,总组成为 x_a 时,溶液处于气、液两相平衡区,液相点 C 的组成为 x_1,而气相点 E 的组成为 x_2。分别以 n_l、n_g 表示液、气两相的物质的量,而以 n 表示系统总的物质的量,则 $n=n_l+n_g$。对B组分进行物料衡算,整个系统含B组分的物质的量应等于各相中所含B组分的物质的量的和,即B组分的含量必须满足下列衡算式:

$$x_a(n_l+n_g)=x_1n_l+x_2n_g$$

移项整理上式可得

$$\frac{n_l}{n_g}=\frac{x_2-x_a}{x_a-x_1}=\frac{\overline{DE}}{\overline{CD}}$$

即

$$n_l\,\overline{CD}=n_g\,\overline{DE} \tag{5-22}$$

上式与力学中的杠杆规则类似,因此这一规律也称为杠杆规则。杠杆规则不仅适用于二组分气-液系统的任何两相区,也适用于气-固、液-固、液-液、固-固等系统的两相区。至于组成的表示,可用摩尔分数 x,也可用质量分数 w。当用 w 代替 x 作图时,式(5-22)仍可应用,只要将物质的量 n 改为质量即可。

5.3.2 理想溶液温度-组成图

温度-组成图是恒压下以溶液的温度 T 为纵坐标,组成以 x 或 y 为横坐标制成的相图,一般根据实验数据直接绘制,对于理想溶液也可以根据 p-x 图的数据间接求得。表5-3所示为甲苯(A)和苯(B)二组分系统在 $p^{\ominus}$ 下的实验结果,其中 x_B、y_B 分别为温度为 T(℃)时B组分在液相、气相中的摩尔分数,p_B^* 为该平衡温度下纯B的饱和蒸气压,y_B(计算值)可由式(5-20)计算得出。由于苯比甲苯容易挥发,由表可知,y_B 恒大于 x_B。以表中数据作图得图5-7。

表5-3 甲苯(A)和苯(B)二组分系统在 $p^{\ominus}$ 下的气-液平衡数据

x_B	0	0.100	0.200	0.400	0.600	0.800	0.900	1.000
y_B	0	0.206	0.372	0.621	0.792	0.912	0.960	1.000
T/℃	110.6(T_A^*)	109.2	102.2	95.3	89.4	84.4	82.2	80.1(T_B^*)
p_B^*/kPa	237.4	212.6	191.2	158.4	134.2	115.4	108.2	101.3
y_B(计算值)	0	0.210	0.377	0.626	0.795	0.921	0.962	1.000

T-x 图的形状恰似倒转的 p-x 图形,蒸气压较高的纯组分的沸点较低,蒸气压较低的纯组

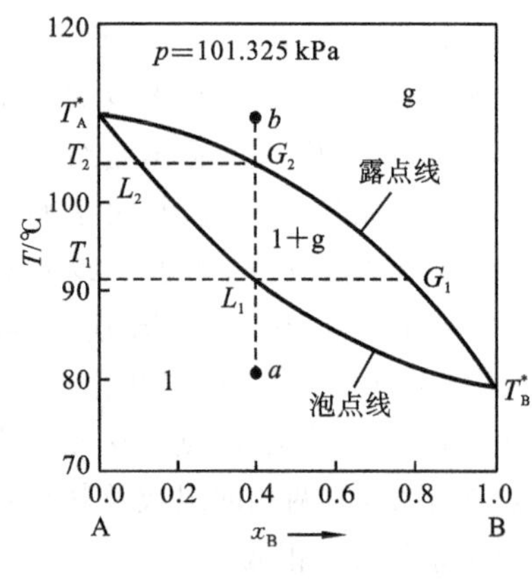

图 5-7　甲苯和苯的 T-$x(y)$图

分沸点较高。图 5-7 中,上方的 T-y_B线为气相线,表示饱和蒸气组成随温度的变化,也称为露点线(一定组成的气体冷却至线上温度时开始有露珠凝结),此线上方(高温区)为气相区;下方的 t-x_B线为液相线,代表沸点与液相组成的关系,称为泡点线(一定组成的溶液加热至线上温度时可沸腾起泡),此线以下(低温区)为液相区。T_A^*、T_B^*分别代表纯甲苯和纯苯的沸点。气、液两线包围的区域为两相共存区,此区内系统点分成共轭的气、液两相,且各相组成只取决于平衡温度,而与总组成无关。与 p-$x(y)$图相比,T-$x(y)$图中不存在直线,这说明 T-$x(y)$关系不如 p-$x(y)$关系那样简单。显而易见,溶液中蒸气压越高的组分沸点越低,而沸点低的组分在气相中的成分总比在液相中大。因此,T-$x(y)$图的气相线总是在液相线上方,这恰与 p-$x(y)$图相反。这一规律在非理想溶液中依然存在。

5.3.3　非理想溶液的 p-x 图和 T-x 图

由于实际溶液中分子间有相互作用,随着溶液浓度的增大,其蒸气压与组成关系并不服从拉乌尔定律。当系统的总蒸气压和各组分的蒸气分压的实验值均大于拉乌尔定律的计算值时,称为发生了正偏差;若小于拉乌尔定律的计算值,则称为发生了负偏差。产生偏差的原因大致可划分为如下三个方面。其一是分子环境发生变化,分子间作用力改变而引起挥发性的改变。当同类分子间引力大于异类分子间引力时,混合后作用力降低,挥发性增强,产生正偏差;反之,则产生负偏差。其二是由于混合后分子发生缔合或解离现象引起挥发性改变。若解离度增加或缔合度减少,蒸气压增大,产生正偏差;反之,出现负偏差。其三是由于两组分混合后生成化合物,蒸气压降低,产生负偏差。由气-液平衡实验数据表明,实际溶液的 p-x 图及 T-x 图按正、负偏差大小,大致可分成以下四种类型。

1. 产生一般正、负偏差的系统

系统的总蒸气压总是介于两纯组分蒸气压之间,正、负偏差都不是很大。因为溶液的蒸气压与拉乌尔定律产生了偏差,所以在 p-x 图上的蒸气压-组成之间已不再是直线关系,而是曲线关系,如图 5-8 和图 5-9 所示。图中的虚线表示溶液符合拉乌尔定律时的蒸气压-组成线,实线表示溶液偏离拉乌尔定律时的蒸气压-组成线。

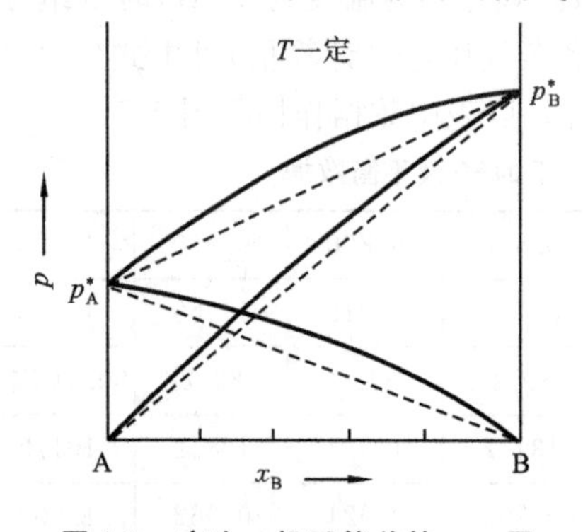

图 5-8　产生一般正偏差的 p-x 图

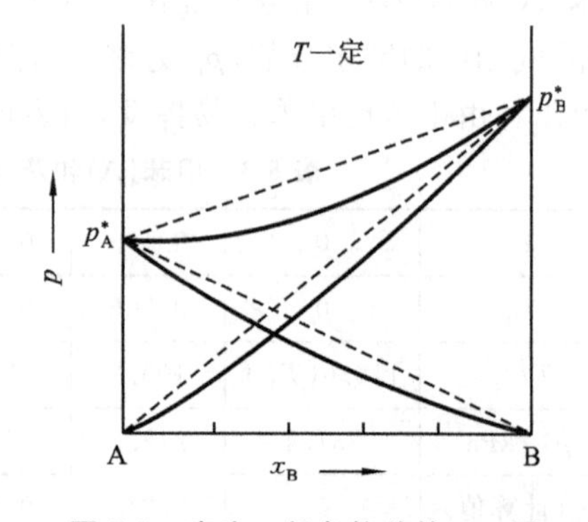

图 5-9　产生一般负偏差的 p-x 图

若将气相线也绘入上述图中，便得到完整描述这类溶液的 p-$x(y)$ 相图和 T-$x(y)$ 相图，如图 5-10、图 5-11 所示。

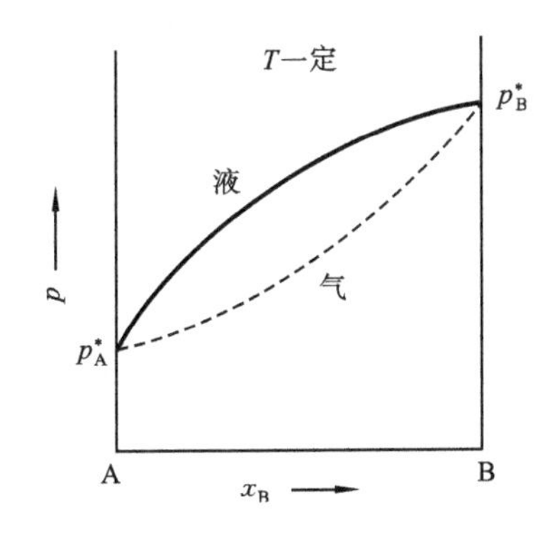

图 5-10 产生一般正偏差的 p-$x(y)$ 图

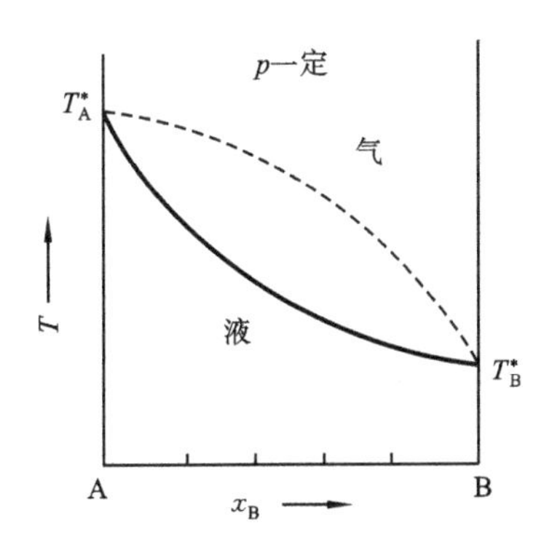

图 5-11 产生一般正偏差的 T-$x(y)$ 图

2. 产生较大正、负偏差的系统

蒸气压较拉乌尔定律产生较大正、负偏差，以至于在一定浓度范围内，溶液的总蒸气压会大于(或小于)任何一个纯组分的蒸气压，在 p-x 相图上会出现最高(或最低)点。蒸气压最高的溶液的沸点最低，故 T-x 图上会出现最低点；蒸气压最低的溶液的沸点最高，故 T-x 图上会出现最高点。如图 5-12 所示。

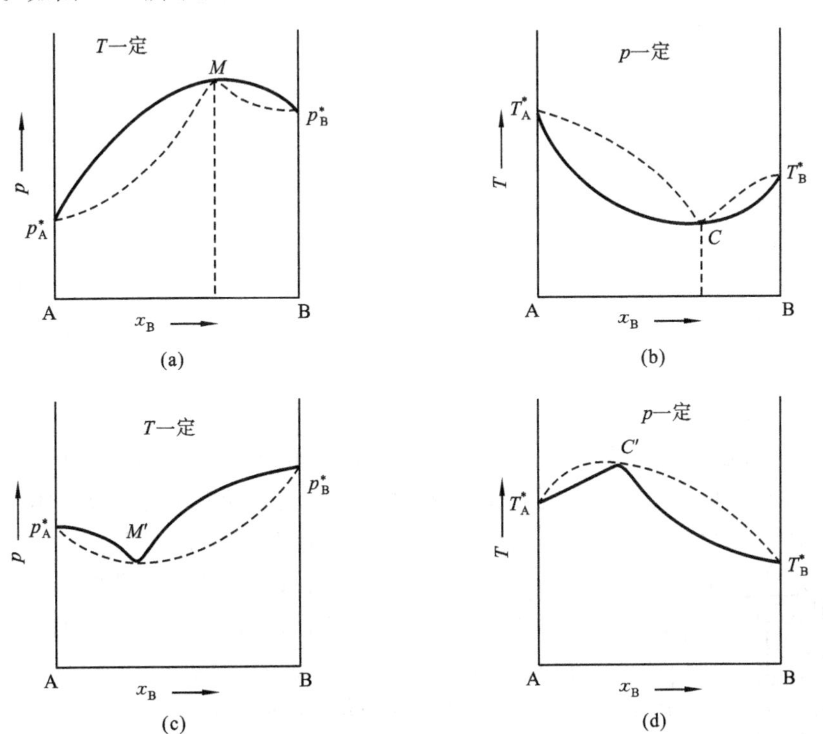

图 5-12 产生较大正、负偏差的 p-$x(y)$ 图和 T-$x(y)$ 图

这类溶液相图的特点：在 p-x 图或 T-x 图上会出现最高点或最低点，在该点处，气相线和液相线相切(即切线相交)。说明在此点的气相组成与液相组成相同，即 $y_B=x_B$，此规则称为柯诺瓦洛夫第二定律。此点的温度称为最高恒沸点或最低恒沸点，此点的溶液称为恒沸混合物。属于这类系统的有水-乙醇、甲醛-苯、乙醇-苯、二硫化碳-丙酮等。

值得注意的是这类图可看作由两个简单相图的组合，如图 5-12(a)中 M 点的左边可看作纯 A 与恒沸混合物构成的 p-x 图，右边为恒沸混合物与纯 B 构成的 p-x 图。其次，因气相与液相组成在这一点相同，故对于恒沸混合物溶液不能用简单的蒸馏方法将它们分离成纯组分。

应该注意的是，在一定外压下，恒沸混合物的沸点和组成固定不变，若外压改变，沸点和组成也随之改变，因此，恒沸混合物并不是具有确定组成的化合物，而是两种组分挥发能力暂时相等的一种状态下的物质。

各类恒沸混合物的组成和沸点如表 5-4 和表 5-5 所示。

表 5-4　有最高恒沸点的恒沸混合物(压力为 101325 Pa)

组分 A	组分 B	最高恒沸点/K	组分 B 的质量分数
水	HNO_3	393.65	0.68
水	HCl	381.65	0.2024
水	HBr	399.15	0.475
水	HI	400.15	0.57
水	HF	393.15	0.37
水	甲酸	380.25	0.77
氯仿	丙酮	337.85	0.20
吡啶	甲酸	422.15	0.18
HCl	甲醚	271.65	0.40

表 5-5　有最低恒沸点的恒沸混合物(压力为 101325 Pa)

组分 A	组分 B	最低恒沸点/K	组分 B 的质量分数
水	乙醇	351.28	0.9557
四氯化碳	甲醇	328.85	0.2056
二硫化碳	丙酮	312.35	0.33
氯仿	甲醇	326.55	0.126
乙醇	苯	340.78	0.6824
乙醇	氯仿	332.55	0.93

5.3.4　精馏原理

通过精馏的方法分离 A 和 B 的液态混合物是此类相图的一个实际应用。精馏过程是多次简单蒸馏的组合，也就是通过反复汽化、冷凝的方式以达到较完全地分离液体混合物中不同组分的过程。图 5-13 为精馏塔的示意图。

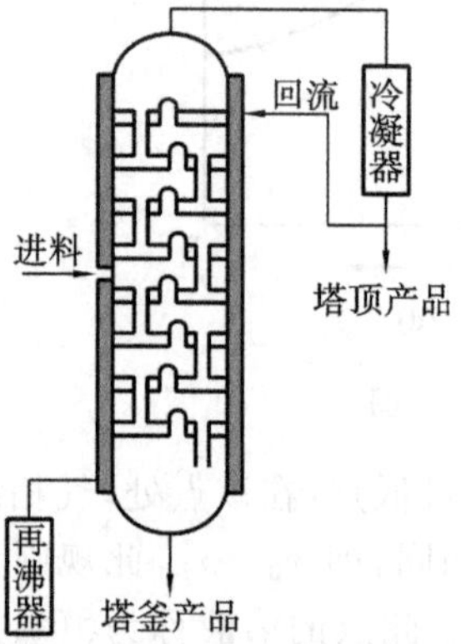

图 5-13　精馏塔的示意图

精馏塔由三部分组成。①底部的蒸馏釜，一般用蒸汽加热釜中的物料，使之沸腾并部分汽化。②塔身(实验室中称为精馏柱)，其外壳是用保温物质隔热的，塔身内上下排列着多块塔板。例如筛板塔，上面有很多小孔，供上升气流通过，并有溢流管以便回流冷凝液进入下层塔板。③顶部装有冷凝器，低沸点的蒸气最后自塔顶进入冷凝器，冷凝液部分回流入塔内以保持精馏塔的稳定操作，其余部分收集为低沸点产品。高沸点产品则流入加热釜并从釜底排出，进料口的位置有选择地置于某层塔板上，以使原料与该层液体的浓度一致。

精馏的基本原理如下：由于两组分蒸气压不同，故一定温度下达到平衡时两相的组成也不同，在气相中易挥发成分比液相中的多；若将蒸气冷凝，所得冷凝物（或称馏分）就富集了低沸点组分，而残留物（母液）富集了高沸点的组分。具体操作过程大致如下：假设待分离的A、B混合液系统点为图5-14中O点，此时液-气平衡，液气两相的组成分别为x_4和y_4。液相中所含高沸点或难挥发成分（A）比原溶液多，气相中则含低沸点或易挥发成分（B）比原溶液多。如果仅将气相降温到T_3，则气相将部分地冷凝为液体，得到组成为x_3的液相和y_3的气相；再将y_3的气相降温到T_2，就得到组成为x_2的液相和组成为y_2的气相。以此类推，从图中可见$y_4<y_3<y_2<y_1$，如果继续下去，不断将气相部分冷凝，最后得到的蒸气组成接近于纯B。

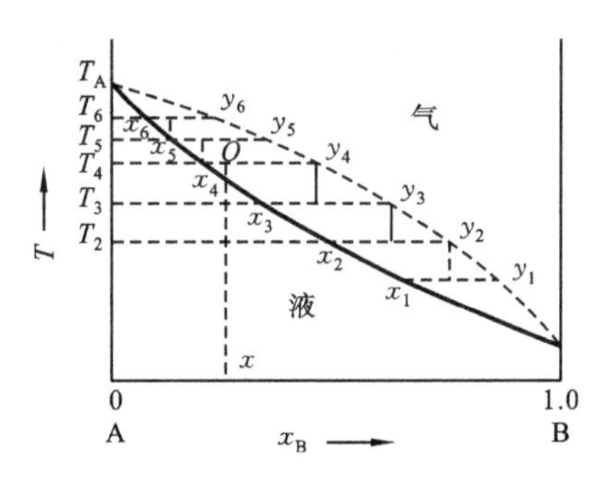

图5-14 精馏原理示意图

再考虑液相部分，如果将x_4的液相升温到T_5，液相部分汽化，气相、液相的组成分别为y_5和x_5，再把组成为x_5的液相升温到T_6，则得到组成为y_6的气相和组成为x_6的液相。显然$x_6<x_5<x_4<x_3$，即液相中A的含量不断增加，液相组成沿液相线逐渐上升，最后趋近于纵轴，即得到纯A。总之，多次反复部分汽化和部分冷凝的结果，使气相组成沿气相线下降，最后的馏出液为纯B，而液相组成沿液相线上升，最后釜底液为纯A，这就是精馏的基本原理。上述部分冷凝和部分汽化的过程是在精馏塔中连续进行的。

对无最高和最低恒沸点的溶液可以通过精馏的方法使其组分完全分离。但对有最高和最低恒沸点的溶液用普通精馏的方法不能将它们完全分离，只能得到一个纯组分和一个恒沸混合物。

例如，水和乙醇是具有最低恒沸点的系统，在压力为101325 Pa时，纯水的沸点为373.15 K，纯乙醇的沸点为351.45 K，而恒沸混合物的恒沸点为351.28 K，恒沸混合物中乙醇的质量分数为0.9557，所以如用质量分数小于0.9557的乙醇混合物进行精馏，就不可能得到纯乙醇，只能得到恒沸混合物。

对于形成恒沸混合物的系统，要对组分进行最终分离，必须采用其他特殊的方法和手段，如共沸蒸馏、萃取蒸馏等。

5.3.5 完全不互溶液体系统——水蒸气蒸馏

如果两种液体彼此互溶的程度非常小，以至于可忽略不计，则可近似看成是完全不互溶的。例如，H_2O(A)和氯苯(B)，当系统中A、B液体共存时，因互不相溶，其总蒸气压等于两种纯液体蒸气压之和，$p=p_A^*+p_B^*$。在此系统中，只要两种液体共存，系统的总蒸气压恒高于任一纯组分的蒸气压，而其沸点比纯A、纯B的沸点都低，如图5-15所示。

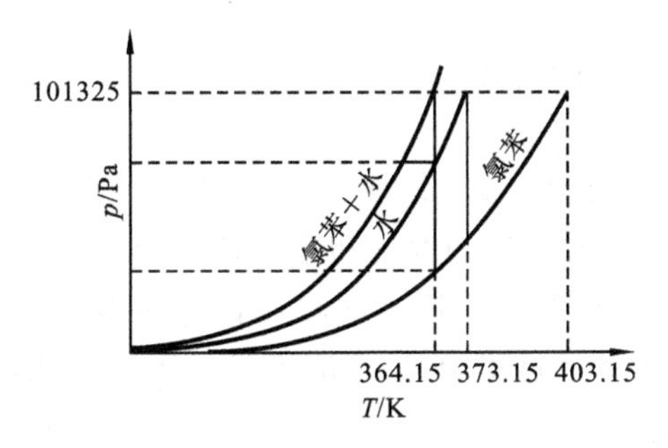

图5-15 水-氯苯及混合物系统蒸气压图

实验室中或工业上常利用上述特性来提纯一些由于沸点较高而不易（或不能）直接进行蒸馏的有机化合物，也可用于提纯因未达纯组分沸点就已分解而不能用常压蒸馏提纯的有机化合物。由图5-15可知，若把不溶于水的高沸点有机物氯苯和水一起蒸馏，使之在沸点（91 ℃）沸腾。馏出物中水和氯苯互不相溶，容易分层，从而获得纯氯苯，这种加水蒸气以蒸馏出有机物质的方法称为水蒸气蒸馏。实际进行水蒸气蒸馏时，常使水蒸气以气泡的形式通过高沸点液体，可以起到供热和搅拌的作用，水蒸气蒸馏尤其适用于从植物药中提取挥发性有效成分。

设水蒸气蒸馏时的蒸气为理想气体，两组分蒸气压分别是 $p_{H_2O}^*$和 p_B^*。根据分压定律，有以下关系：

$$p_{H_2O}^* = py_A = p\frac{n_{H_2O}}{n_{H_2O}+n_B}$$

$$p_B^* = py_B = p\frac{n_B}{n_{H_2O}+n_B}$$

上面两式相除得

$$\frac{p_{H_2O}^*}{p_B^*} = \frac{n_{H_2O}}{n_B} = \frac{m_{H_2O}}{M_{H_2O}}\frac{M_B}{m_B}$$

或

$$\frac{m_{H_2O}}{m_B} = \frac{p_{H_2O}^*}{p_B^*}\frac{M_{H_2O}}{M_B} \tag{5-23}$$

式中，$p_{H_2O}^*$、p_B^* 分别表示纯水和纯有机物 B 的饱和蒸气压；p 为系统的总蒸气压；M_{H_2O}、M_B分别表示 H_2O 和有机物 B 的摩尔质量；m_{H_2O}、m_B分别表示馏出物中水和有机物的质量。$\frac{m_{H_2O}}{m_B}$表示蒸馏出单位质量有机物 B 所需的水蒸气用量，称为水蒸气消耗系数。该系数越小，水蒸气蒸馏的效率越高。由式(5-23)可以看出，对于那些摩尔质量 M_B较大、蒸气压 p_B^* 较大的有机物，水蒸气消耗系数较小，用水蒸气蒸馏的效率较高。一般来说，有机物(B)的摩尔质量远比水(A)大，若有一定的蒸气压，则由水蒸气带出来的有机物的相对质量仍不会太低。

水蒸气蒸馏的方法也可以用来测定与水完全不互溶的有机物的摩尔质量 M_B。

$$M_B = M_{H_2O}\frac{p_{H_2O}^* m_B}{p_B^* m_{H_2O}} \tag{5-24}$$

【例 5-6】 在压力为 101.325 kPa 下，溴苯(C_6H_5Br)和水混合系统的沸点为 368.15 K，在此温度时纯水的蒸气压为 8.4505×10^4 Pa，纯溴苯的蒸气压为 1.6820×10^4 Pa，如用水蒸气蒸馏法蒸出 1.0 kg 溴苯，理论上需要多少千克水蒸气？

解 根据式(5-23)，有

$$\frac{m_{H_2O}}{m_{C_6H_5Br}} = \frac{p_{H_2O}^* M_{H_2O}}{p_{C_6H_5Br}^* M_{C_6H_5Br}}$$

所以

$$m_{H_2O} = 1.0\ \text{kg}\times\frac{18.02\times10^{-3}\ \text{kg}\cdot\text{mol}^{-1}\times8.4505\times10^4\ \text{Pa}}{157\times10^{-3}\ \text{kg}\cdot\text{mol}^{-1}\times1.6820\times10^4\ \text{Pa}} = 0.577\ \text{kg}$$

理论上蒸馏 1 kg 溴苯需要水蒸气 0.577 kg。

5.4　二组分液-液平衡系统

根据相律，在一定压力下，液、液两相平衡时，自由度数 $F=2-2+1=1$。本节仅讨论部分互溶双液系统的液-液平衡。部分互溶双液系统的特点是在一定的温度和浓度范围内，由于两种液体的相互溶解度有限而形成两个饱和的液层，这对彼此互相饱和的溶液称为共轭溶液。即在相图中有双液相区的存在。从实验上看，当某一组分的量很少时，可溶于另一量大的组分而形成一个不饱和的均相溶液，然而当溶解量达到饱和并超过其溶解度时，就会形成共轭溶液。根据溶解度随温度变化的规律，部分互溶双液系统的温度-组成图可分为三种类型。

1. 具有最高临界溶解温度的系统

这类系统的特点是相互溶解度随温度的升高而增加，以致达到某一温度时，两饱和液层的组成相同，形成了单一的液层。再升温时，无论组成如何，两液体均完全互溶，仅以单相区存在。以图 5-16 的水-苯胺为例。图中帽形曲线以内是两相共存区；曲线以外，系统只存在一相，是液相单相区。如在 373 K 时两者部分互溶，分为两层，一层是苯胺在水中的饱和溶液 A'，另一层是水在苯胺中的饱和溶液 A''，这两层溶液是相互平衡共存的，称为共轭溶液。这对共轭溶液的状态分别为相点 A' 和相点 A''，相点对应的浓度即水和苯胺在该温度下的相互溶解度。两共轭溶液的相对质量可以根据杠杆规则计算。

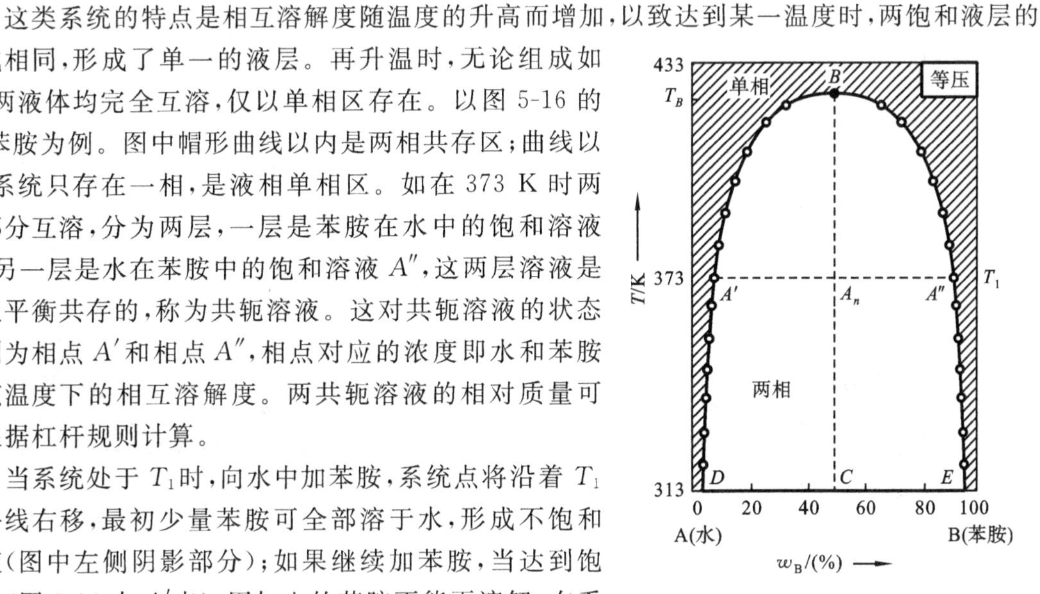

图 5-16　水(A)-苯胺(B)系统溶解度图

当系统处于 T_1 时，向水中加苯胺，系统点将沿着 T_1 水平线右移，最初少量苯胺可全部溶于水，形成不饱和溶液(图中左侧阴影部分)；如果继续加苯胺，当达到饱和后(图 5-16 中 A' 点)，因加入的苯胺不能再溶解，在系统中将形成另一液层 A''。A'、A'' 点对应的浓度分别为该温度下苯胺在水中和水在苯胺中的溶解度。此时，随着苯胺的加入，系统点向右移动，但两饱和液层浓度保持不变，只是水层的量逐渐减少，苯胺层的量逐渐增加。当系统点达到 A'' 时，水层将消失，此后随着苯胺的增加而系统点右移进入单一液相区，即水在苯胺中的不饱和溶液相。

曲线 $DA'BA''E$ 构成水-苯胺系统的溶解度曲线。虚线 BC 左边为苯胺在水中的溶解度曲线，而 BC 右边为水在苯胺中的溶解度曲线。不言而喻，曲线以外是单一液相区，以内是两相区，两相区内共轭相点连线如虚线 $A'A''$(即结线)。尽管系统点可以在结线上移动，但两液层的组成不变，只是水层与苯胺层这两层质量分数比($w_1 : w_2$)在满足的条件下变化。根据杠杆规则，如图中两相区内的 A_n 点应服从如下等式：

$$\frac{w_{A'}}{w_{A''}} = \frac{\overline{A''A_n}}{\overline{A_nA'}}$$

从图中还可看出，温度越高，两共轭层组成越靠近。当温度升至 T_B 时，共轭层组成相同，且会聚于曲线上的最高点 B，T_B 称为该系统的最高临界溶解温度或称最高会溶点。在临界温度以上不存在分层现象，全浓度范围内都能互溶形成单一液相。最高临界溶解温度越低，两液体间互溶性越好，故可应用最高临界溶解温度来量度液体间的互溶性。属于这种类型的系统，还有异丁醇-水、苯酚-水、正己烷-硝基苯等。

2. 具有最低临界溶解温度的系统

以水-三乙基胺为例，其溶解度曲线如图 5-17 所示。容易看出，此两组分液体间的溶解度随温度的降低而增加，且两共轭层组成也随之更靠近，最终会聚于曲线最低点 B。点 B 对应的温度 T_B(约为 291.2 K)称为最低临界溶解温度或最低会溶点，在此温度以下就不存在分层现象，而是互溶成均匀液相。曲线上 B 点的左边即为三乙基胺在水中的溶解度曲线，B 点右边为水在三乙基胺中的溶解度曲线，曲线以外只存在单一液相，曲线内则是由两共轭层组成的两相区，而两层的相对量同样可用杠杆规则确定。

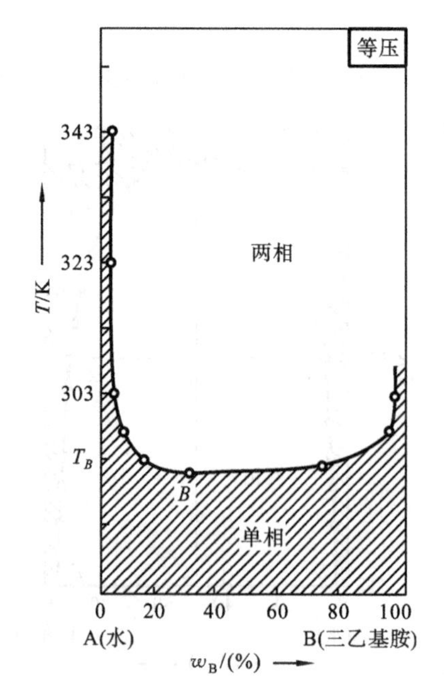

图 5-17　水(A)-三乙基胺(B)系统溶解度图

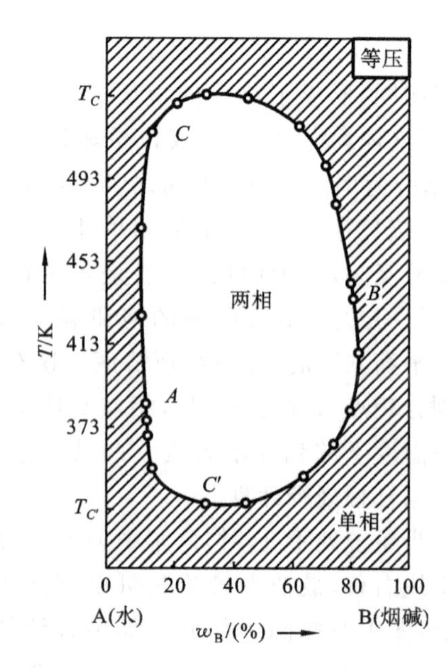

图 5-18　水(A)-烟碱(B)系统溶解度图

3. 具有两种临界溶解温度的系统

此类系统以图 5-18 所示的水-烟碱系统为例。它酷似由前两类曲线组合而成的环形线。在溶解度曲线的内部是两相区,外部为单相区。高温时溶解度随温度的升高而增加,曲线最终会聚于 C 点;低温时溶解度随温度的降低而增加,曲线最终会聚于另一点 C';T_C 和 $T_{C'}$ 分别称为最高与最低临界溶解温度或最高与最低会溶点。在这两个温度之外,两组分液体均能混溶成均匀单相。

5.5　二组分液-固平衡系统

5.5.1　生成简单低共熔混合物相图

当所考虑的平衡不涉及气相而仅涉及固相和液相时,系统常称为凝聚相系统或固-液系统。固体和液体的可压缩性甚小,压力对平衡性质的影响可忽略不计,即可将压力视为常量。根据相律 $F=C-P+1=3-P$,因系统最少相数为 $P=1$,故在等压下二组分系统的最高自由度数 $F=2$,仅需用两个独立变量就足以完整地描述系统的状态。常用的变量是温度和组成,故在二组分固-液系统中最常遇到的是 T-x 图或 T-w 图。下面结合绘制简单低共熔混合物相图,介绍两种绘制相图的方法——热分析法及溶解度法。

1. 热分析法

热分析法研究固-液平衡系统相图主要是依据系统发生相变时伴随着相变潜热的吸收或放出,导致系统冷却速率的变化,来研究相变过程的规律。由实验数据所绘制的温度与时间的曲线称为步冷曲线,由步冷曲线斜率的变化可提供相的产生、消失和达成相平衡的信息。下面以 Sb-Pb 合金系统为例,讨论绘制步冷曲线及由此确定相应的温度-组成图的方法。

首先配好一定组成的混合物,如 Pb 的质量分数分别为 0、40%、60%、88%、95%、100%的六个样品，加热使其全部熔化，然后让其缓慢地自行冷却，分别记录每个样品温度随时间变化的数据，作出如图 5-19 所示的六条步冷曲线。其中样品①是纯 Sb，属单组分。其步冷曲线可分析如下：等压下凝聚系统相律表达式为 $F=C-P+1=2-P$。可见，温度若在凝固点以上，则 $P=1$，$F=1$，系统温度发生变化但不影响其单相特征。过程仅有降温时可得出曲线上部的平滑段，当降温至 Sb 的凝固点(631 ℃)时将有固相析出，固、液两相平衡，$P=2$，$F=0$，此时温度应维持不变，这就出现如曲线上所示的平台段(平台段长度与样品的量有关)。直到液体全部凝固，系统又变成单一固相，其自由度 $F=1$，温度可以继续变化，冷却过程可用曲线下部的平滑段表示。同理，曲线⑥为 Pb 单组分步冷曲线，形状与曲线①类似，而差别在于其凝固点较低(327 ℃)，出现平台段较迟。

曲线②为含 Pb 40%的二组分系统，$C=2$，高温时为熔化液相，因 $P=1$，$F=2$，即温度和组成在一定范围内均可变化而不影响其单相特征。当组成恒定时，温度仍可均匀下降，如曲线的上部平滑线。当温度降至 H 点时，液相中的金属 Sb 达到饱和而析出固体 Sb，出现了固、液两相平衡。此时，$P=2$，$F=1$，温度仍可不断下降，而液相浓度因 Sb 的析出不断增大，固体析出所放出凝固潜热可部分抵偿环境吸走的热，于是冷却速率较前缓慢，出现斜率较小的中间平滑线 Ha，步冷曲线上拐点(或转折点)H 点的出现意味着新相的产生。若继续降温至最低共熔点温度 T_E，液相中金属 Pb 也已饱和，则 Sb、Pb 同时析出，形成共晶体，此时三相共存，$F=0$，表明系统与环境虽有温差，但系统通过固相析出量的自动调节维持温度为最低共熔点(246 ℃)不变，故出现平台段 aa'(或称停点)。只有当液相全部凝固后，系统中仅剩下固体 Sb 和 Pb，即包夹着先前析出 Sb 晶体的共晶混合物，才能继续降温。这一过程可用 a'点以下的平滑段表示。

曲线③、⑤的形状与②类似，不同的只是第一拐点温度高低以及平台段的长短，越接近低共熔点组成的同量样品，达到低共熔点温度时剩余的液相量越多，析出低共熔物的时间也越长，故③的平台段比②要长，平台段延续的时间通常称为停顿时间。自然，曲线⑤最终可得包夹着先前析出 Pb 晶体的共晶混合物。

曲线④的形状又独具一格。除上、下平滑线外，仅在共熔点处出现平台段，而且都比其他曲线的平台段来得长。其原因是样品组成刚好等于低共熔混合物的组成，在降温至 T_E时并非哪一种金属固体先行析出，而是两种同时析出，成为共晶体，即两纯组分微晶组成的机械混合物。此时，系统维持温度不变。完成不同组成的步冷曲线之后，将各拐点 M、H、K、E、F、N 及同处水平的三相点(或停点)a、b、E、d 平行地转移到温度-组成图上，连接 M、H、K、E 即为 Sb 的凝固点变化曲线，连接 N、F、E 即为 Pb 的凝固点变化曲线，通过 a、b、E、d 作水平三相线，至此 Sb-Pb 合金相图完成，如图 5-20 所示。

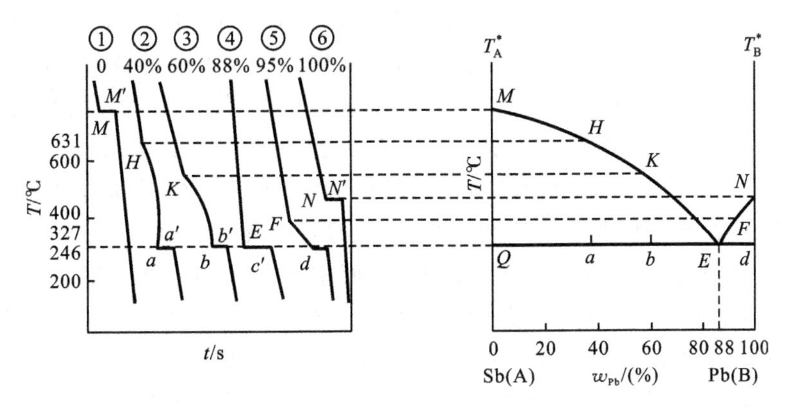

图 5-19 Sb-Pb 的步冷曲线　　图 5-20 Sb-Pb 系统的 T-w 图

应该指出,前述低共熔物组成(曲线④)往往事先未能得知,需要由实验确定;可利用平台段延续时间(停顿时间)与组成的关系,用内插法求得。如图 5-21 所示,纵坐标代表停顿时间,横坐标代表 Pb 的质量分数,分别由 M、H、K 点连线及 N、F 点连线交于 E 点(88% Pb),就是低共熔物的组成。顶点 M、N 分别代表纯组分 Sb 和 Pb,它们不存在三相点,其步冷曲线在此温度下没有停顿时间,不出现平台段。

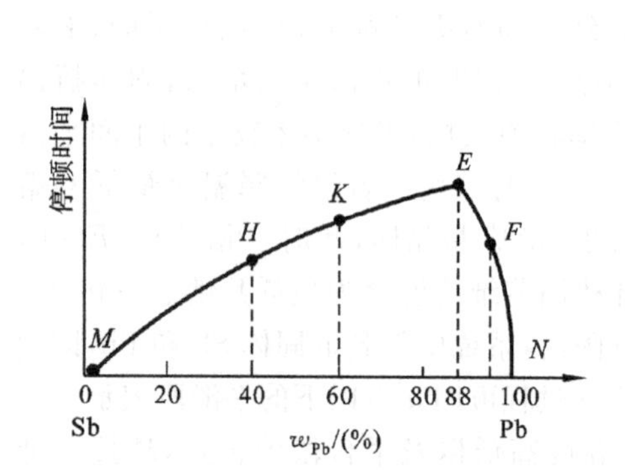

图 5-21　内插法求低共熔物的组成

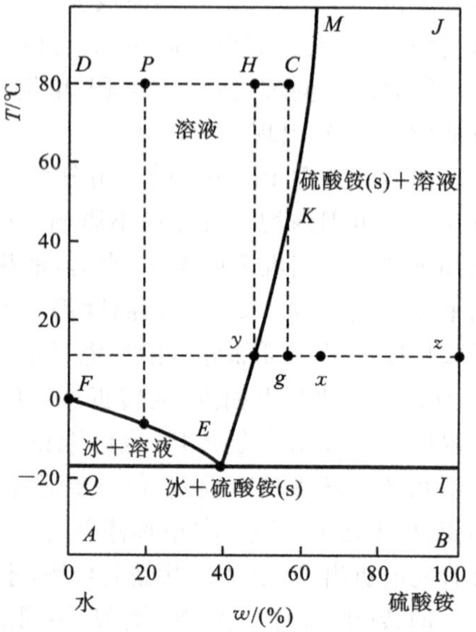

图 5-22　硫酸铵-水系统相图

2. *溶解度法*

图 5-22 为根据硫酸铵在不同温度下水中的溶解度实验数据绘制的水盐系统相图,这类构成相图的方法称为溶解度法。纵坐标为温度 T(℃),横坐标为硫酸铵质量分数(以 w 表示)。图中 FE 线是冰与盐溶液平衡共存的曲线,它表示水的凝固点随盐的加入而下降的规律,故又称为水的凝固点降低曲线。ME 线是硫酸铵与其饱和溶液平衡共存的曲线,它表示硫酸铵的溶解度随温度变化的规律(在此例中盐溶解度随温度升高而增大),故称为硫酸铵的溶解度曲线。一般盐的熔点很高,大大超过其饱和溶液的沸点,所以 ME 不可向上任意延伸。FE 线和 ME 线上都满足 $P=2,F=1$,这意味着温度和浓度两者之中只有一个可以自由变动。FE 线与 ME 线交于 E 点,在此点上必然出现冰、盐和盐溶液三相共存。当 $P=3$ 时,$F=0$,表明系统的状态处于 E 点时,系统的温度和各相的组成均有固定不变的数值;在此例中,温度为 −18.3 ℃,相应的硫酸铵浓度为 39.8%。换句话说,不管原先盐水溶液的组成如何,温度一旦降至 −18.3 ℃,系统就出现有冰(Q 点表示)、盐(I 点表示)和盐溶液(E 点表示)的三相平衡共存。连接这三个相点构成水平线 QEI,因同时析出冰、盐共晶体,故也称共晶线。此线上各系统点(除两端点 Q 和 I 外)均保持三相共存,系统的温度及三个相的组成固定不变。倘若从此类系统中取走热量,则会结晶出更多的冰和盐,而相点为 E 的溶液的量将逐渐减少直到消失。溶液消失后,系统中仅剩下冰和盐两个固相,即 $P=2,F=1$,温度可继续下降即系统将落入只存在冰和盐两个固相共存的两相区。若从上向下看,E 点的温度是代表冰和盐一起自溶液中析出的温度,可称为共析点。反之,若由下往上看,E 点的温度是代表冰和盐能够共同熔化的最低温度,可称为最低共熔点。溶液 E 凝成的共晶机械混合物称为共晶体或简单低共熔

物。FE 线和 EM 线的上方区域是均匀的液相区，因 $F=3-P=3-1=2$，故只有同时指定温度和盐溶液浓度两个变量才能确定一个系统点。FQE 是冰、盐溶液两相共存区。$MEIJ$ 是盐与饱和盐溶液两相共存区。在受制约的两相区内，$P=2$，$F=1$，只能有一个自由度，即液相的组成随温度的变化而变化。而 $QABI$ 为一不受制约的区域，温度及总组成可以任意变动。但因各相组成（纯态）固定，故常选温度为独立变量，即仍有 $F=1$。为确定两相区内某系统点的两相点，可通过该系统点作水平线（即结线）交于两端点，例如 $MEIJ$ 区内的系统点 g 的两个相点就是 y 和 z，y 为浓度约 44％的饱和盐溶液相，z 为固相纯盐，两相质量比应遵守杠杆规则，即

$$\frac{m_l}{m_s}=\frac{\overline{gz}}{\overline{gy}}$$

水-盐系统的相图可用于盐的分离和提纯，帮助人们有效地选择用结晶法分离提纯盐类的最佳工艺条件，视具体情况可采取降温、蒸发浓缩或加热等各种不同的方法。例如，欲从 80 ℃、20％的 $(NH_4)_2SO_4$ 溶液中获得纯 $(NH_4)_2SO_4$ 晶体应采取哪些操作步骤。

显然，若单纯降温，图 5-22 中的 P 点则进入 FQE 冰、液两相区，得不到硫酸铵晶体。因为继续降温，冰不断析出，溶液的组成往 FE 线下滑，至 E 点（－18.3 ℃）出现三相共存。此时系统的温度及溶液的组成均恒定不变，直至全部液相变为固相为止，最终得到的只能是冰和固体 $(NH_4)_2SO_4$ 的混合物。由此可见，当溶液的组成小于 E 点对应的组成时，用单纯降温的方法是分离不出纯盐的。可以采取的途径是先将此溶液蒸发浓缩，使系统点 P 沿水平方向右移至 C 点，此时溶液中硫酸铵含量约 50％，冷却此溶液到 K 点（约 50 ℃），溶液已成饱和。若再降低温度，无疑将析出硫酸铵固体，当温度降至 g 点（10 ℃），系统中则有组成为 y 的溶液和纯盐共存。若降至－18.3 ℃，则整个系统又成三相共存状态，析不出纯盐。故最佳方案是先行浓缩而后降温，但温度又不能降至冰-盐共析点，根据相图分析，10 ℃时系统中固相所占的百分率与 0 ℃时所占的百分率相差无几，所以一般以冷却至 10～20 ℃为宜。根据上述原则，就可以利用相图确定硫酸铵的纯化条件。如 C 点代表粗盐的热溶液组成，先滤去杂质，然后降温，冷却至 50 ℃即 K 点时，便有纯硫酸铵晶体析出，继续降温，结晶不断增加，至 10 ℃时，饱和液浓度相当于 y 点。至此，可将晶体与母液分开，并将母液重新加热到 H 点，再溶入粗硫酸铵，适当补充些水分，系统点又自 H 点移到 C 点，然后又过滤、降温、结晶、分离、加热、溶入粗盐……如此使溶液的相点沿 $HCgyH$ 路程循环多次，从而达到粗盐的提纯精制目的。循环次数的多少，视母液中杂质浓缩程度对结晶纯度的影响而定。此外，水-盐相图具有低共熔点特征，可用来制造科学实验中的低温条件。例如，只要把冰和食盐（NaCl）混合，当有少许冰融化成水，又有盐溶入时，则三相共存，溶液的浓度将向最低共熔物的组成 E 逼近，同时系统自发地通过冰的熔化耗热而降低温度，直至达到最低共熔点。此后，只要冰和盐存在，且三相共存，则此系统就保持最低共熔点温度（－21.1 ℃）恒定不变。

不同的水-盐系统，其最低共熔物的总组成以及最低共熔点各不相同，表 5-6 列举了几种常见的水-盐系统的有关数据。

表 5-6 某些水-盐系统的最低共熔点温度及最低共熔物组成

盐	最低共熔点温度/℃	最低共熔物组成 w/(％)
NaCl	－21.1	23.3
NaBr	－28.0	40.3
NaI	－31.5	39.0
KCl	－10.7	19.7

续表

盐	最低共熔点温度/℃	最低共熔物组成 $w/(\%)$
KBr	−12.6	31.3
KI	−23.0	52.3
$(NH_4)_2SO_4$	−18.3	39.8
$MgSO_4$	−3.9	16.5
Na_2SO_4	−1.1	3.84
KNO_3	−3.0	11.20
$CaCl_2$	−5.5	29.9
$FeCl_3$	−55	33.1
NH_4Cl	−15.4	19.7

【例 5-7】 试计算 200 g 含$(NH_4)_2SO_4$ 60%的溶液冷却至 10 ℃时(图 5-22 中的 x 点),各相中各组分的质量。

解 由图 5-22 可知

$$\overline{gz} = 100 - 60 = 40, \quad \overline{gy} = 60 - 44 = 16$$

根据杠杆规则: $$\frac{m_l}{m_s} = \frac{\overline{gz}}{\overline{gy}} = \frac{200 - m_s}{m_s} = \frac{40}{16}$$

从中解出固相$(NH_4)_2SO_4$ 质量为 $$m_s = \frac{200 \times 16}{56}\ g = 57.1\ g$$

液相质量为 $$m_l = (200 - 57.1)\ g = 142.9\ g$$

故液相中$(NH_4)_2SO_4$的质量为 $142.9 \times 44\%\ g = 62.9\ g$

液相中水的质量为 $(142.9 - 62.9)\ g = 80\ g$

5.5.2 形成化合物的二组分系统相图

在二组分固-液系统中,在有些情况下两组分能按一定比例相互反应生成稳定化合物或不稳定的化合物。此类相图表面上虽较复杂,但认真分析,其实还是前类相图的组合。

1. 形成稳定化合物

如图 5-23 所示,若 A、B 两组分按物质的量 1∶1 形成 AB 化合物,可以认为其相图是由两个形成简单低共熔物的系统构成的。一个是 A-AB 系统,另一个是 B-AB 系统。前者的最低共熔点用 E_1 表示,而后者的最低共熔点用 E_2 表示。AB 既为一化合物,其步冷曲线就如纯物质一样只有一个平台段,此化合物加热到熔点(T_D)前组成恒定不变,而在熔化时平衡液相的组成与化合物的组成是一致的,故 D 点称为化合物的一致熔点或相合熔点,而这类化合物称为相合熔点化合物或稳定化合物。各区域的相态已标于图上,各区、线和点的意义如前所述。CuCl 与 $FeCl_3$ 构成此类相图,如图 5-24 所示,图中 C 指相合熔点化合物。当然组成比也可为 1∶2、1∶3 等,其相应的化合物则为 AB_2、AB_3等。不过 CD 线相应的位置不同而已。

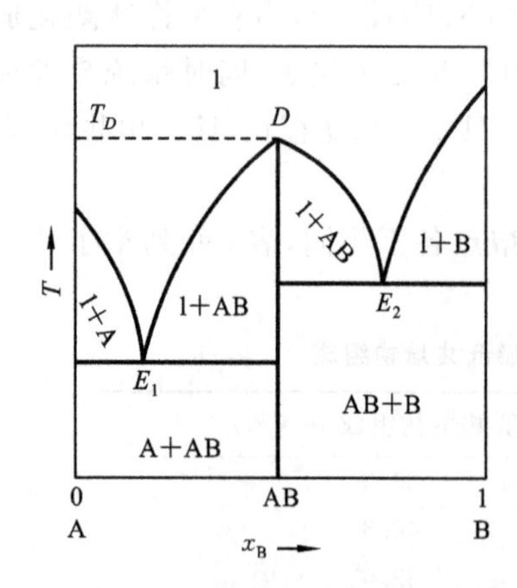

图 5-23 形成稳定化合物的 AB 相图

某些情况下,A、B 两组分之间可形成多种相合熔点化合物,可以认为这类相图是由好几个简单的低共熔混合物相图合并而成。例如,水跟无机盐或无机酸可生成多种稳定的含结晶水的化合物,图 5-25 所示为 H_2O-H_2SO_4系统相图，H_2O 和 H_2SO_4 能形成三种水合物：① $H_2SO_4 \cdot 4H_2O$，其结晶温度为 −25.8 ℃，质量分数为 57.6%；② $H_2SO_4 \cdot 2H_2O$，其结晶温度为 −39.6 ℃，质量分数为 73%；③ $H_2SO_4 \cdot H_2O$，其结晶温度为 8.3 ℃，质量分数为 84.3%。可以将此图看成是由四个简单的二组分相图组成的，它共有三种硫酸的水合物和四个最低共熔点（E_1、E_2、E_3、E_4）。若要获得某一种水合物，则必须控制溶液浓度及温度在一定范围之内。例如，浓度在 E_2、E_3 之间，改变温度使系统状态落于 A_2B+l 区内，就可以结晶出 $H_2SO_4 \cdot 2H_2O$ 固体。根据此图，还可以确定各种商品硫酸在不同气温下应具有怎样的浓度，才能够避免在运输和储藏过程中不致冷冻结晶。由图中可以看出：98%的浓硫酸的结晶温度为 0.1 ℃，在冬季这种硫酸难免冻结。因此，可选择在最低共熔点附近，例如改为 92.5%的硫酸（E_4 为 93.3%），它的凝固点则约为 −35 ℃，这样在运输和储藏过程中可避免冻结。能形成相合熔点化合物的系统还有很多，如 Fe_2Cl_6-H_2O、H_2O-NaI、Au-Fe、$CuCl_2$-KCl 等。

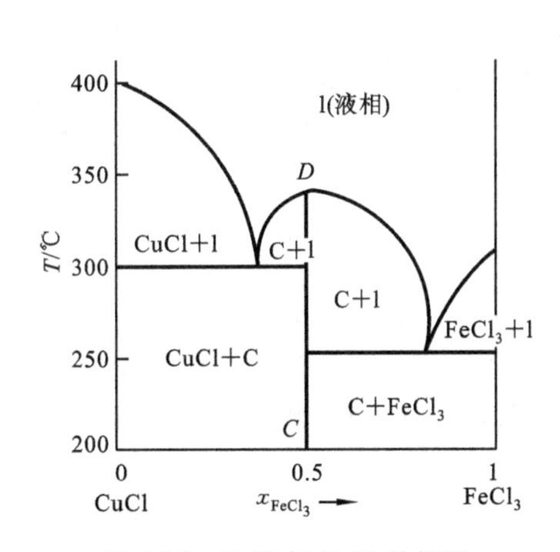

图 5-24 CuCl 与 $FeCl_3$ 的相图

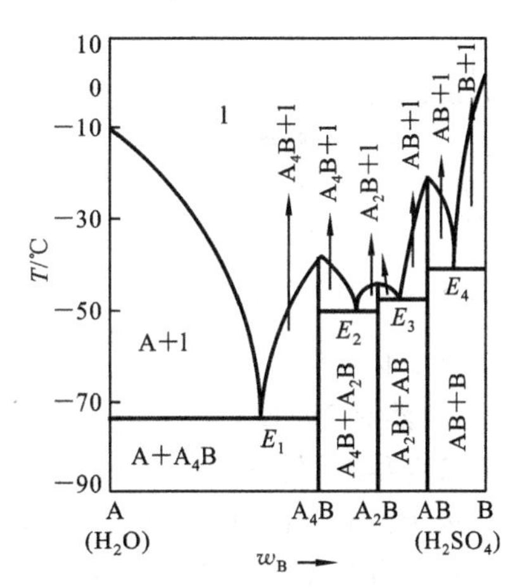

图 5-25 H_2O-H_2SO_4 系统相图

2. *形成不稳定化合物*

有的系统在两组分之间形成的化合物在温度未达到其熔点时，就已分解成为另一个新的固相和一个组成不同于原化合物的溶液，这种化合物称为不相合熔点化合物或不稳定化合物，而这类分解过程称为转熔或转晶反应，可以用反应式表示如下：

$$D'(s) \underset{\text{冷却}}{\overset{\text{加热}}{\rightleftharpoons}} D_1(s) + d(l)$$

式中，D′表示不相合熔点化合物；D_1 表示分解反应后生成的新固相（它可能是系统的某一纯组分，也可能是组成与 D′不同的另一种化合物）；d 表示转熔液。当然，上式也属于等温等压下的可逆反应，平衡时三相共存，依相律 $F=3-P=3-3=0$，故组成也不能变动，在步冷曲线上出现平台段。由反应式可以看出，加热则反应右移，D′分解；冷却，则反应左移，生成 D′。具有这类特点的系统有 Na_2SO_4-H_2O、SiO_2-Al_2O_3、CaF_2-$CaCl_2$、Na-K 等。

现以 Na-K 系统为例。如图 5-26 所示，Na 与 K 可形成不相合熔点化合物 Na_2K（以 D′表示）。图中曲线 Md 代表 Na 的熔点曲线。曲线 NE 代表 K 的熔点曲线。曲线 dE 代表不相合熔点化合物 D′的熔点曲线。水平线 $D_1D'd$ 代表固体 Na、不相合熔点化合物 Na_2K 及组成为 d 的溶液的三相平衡共存线，此水平线对应的温度称为系统的转熔温度（如图 5-26 中的 7 ℃）。图 5-26 中的弧形虚线表示 Na_2K 化合物若能稳定存在时的假想状态。

再看图 5-26，分析溶液处于点 d 左侧的系统点 a、b、c 的降温相变情况：点 b 的组成类似于

D′,当系统降温至 Md 线上时必有固体 Na 析出,继而进入两相区 MD_1d,随着温度降低,析出的 Na 增多,溶液相点沿 Md 移动。刚达 7 ℃(转熔温度)时,液相点为 d,此刻固体 Na 与溶液相的质量分数比 $w_{Na}:w_{液}=\overline{D'd}:\overline{D'D_1}$,随着平衡时间的延长,将会发生由固体 Na 与溶液 d 凝固成不相合熔点化合物 Na_2K 的反应,此时三相共存,$F=0$,温度不变。当 Na 与溶液 d 的数量正好全部转变为 Na_2K(D′)之后,系统中仅有一相(Na_2K)存在,$F=1$,温度又可均匀下降。必须指出,Na 与溶液相转熔反应是在固相 Na 表面进行的,故生成的不相合熔点化合物 D′(Na_2K)常包裹在晶粒 Na 表面,阻止了固相 Na 进一步反应,于是得到的并非纯 D′,而是内核为 Na 的混晶,这种现象称为包晶现象,包晶的产生过程如图 5-27 所示。

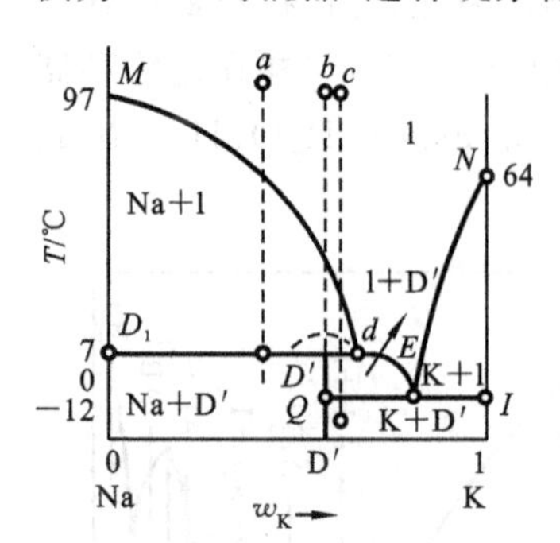

图 5-26　Na-K 系统相图

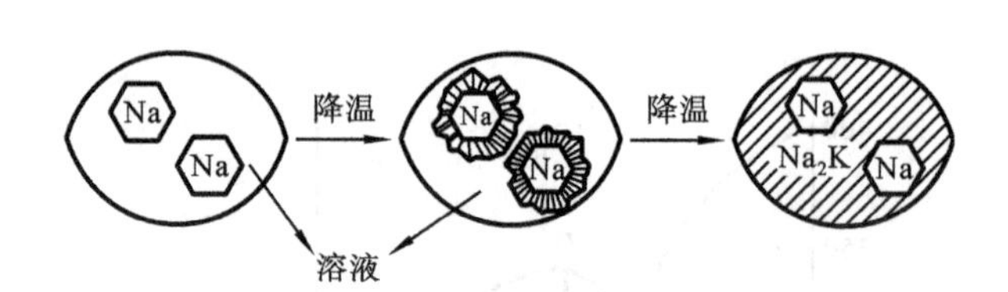

图 5-27　包晶的产生过程

点 a 物系降温至 Md 线上时,同样先析出纯 Na,随之进入两相区,当降至 7 ℃时发生转熔反应,自然有 Na_2K 生成。因为点 a 物系含 Na 量比 D' 中含 Na 量来得多,这样转熔反应进行到 d 液耗尽时,仍有固体 Na 剩余,就形成了固体 Na 与固体 Na_2K 两相共存的局面(即 Na+D′),因为没有凝固热的放出,所以降温速度加快。

点 c 物系开始降温时的相变化如同前两点。只是由于其组成较 D' 的含 Na 量少,故降温至 7 ℃以下,转熔反应进行至固体 Na 耗尽后剩余的是溶液 d,形成了 Na_2K 与溶液两相共存区(即 D′+l)。此刻 $F=1$(温度或组成其中一个是可变的),又可均匀降温,并不断析出 D′,同时溶液相点沿曲线 dE 下滑,至 −12 ℃时,开始析出由 K 的细晶和 Na_2K 的细晶组成的低共熔物,此刻固体 K、固体 Na_2K 及相点为 E 的溶液三相共存($F=0$)。若系统继续放热至溶液全部凝固之后,只剩下两个固相(D′+K)共存,此时系统可以继续降温。

5.5.3　二组分部分互溶的系统相图

有些系统中二组分在固相时既不是完全不互溶,也不是完全互溶,而是部分互溶。这往往是一个组分的半径较小,恰好填入含量较多组分的晶格间隙中,即在局部浓度范围内相互溶解,故称为部分互溶型固溶体或间隙固溶体。部分互溶系统相图主要分为低共熔点型和转熔点型两种。

1. 低共熔点型

典型相图如 Sn-Pb 合金系统相图(图 5-28)所示,这种羊角状的图形并不陌生,它酷似双液部分互溶的气-液平衡相图。两角点 M、N 分别为 Sn、Pb 的熔点,而熔点以下的左、右端区域分别为 Pb 溶于 Sn 中的固溶体(以 α 表示)以及 Sn 溶于 Pb 中的固溶体(以 β 表示)。MQ、NI 分别为 α、β 固溶体的熔点曲线,而 ME、NE 分别为 α、β 固溶体的凝固曲线,其交点 E 就是低共熔点(即区别于两纯物质的最低共熔点)。QEI 水平线是指组成为 Q 的 α 相,组成为 I 的 β 相和溶液 E 的三相平衡共存线。各相区的相态已注明。现仅分析系统点 a 降温过程的相变情况。当原来处于液相区的点 a 降温至点 b 时，开始析出组成为 h 的 β 固溶体。当降温到两相区点 c 时，则由组成为 J 的溶液相与组成为 k 的 β 固溶体达两相平衡，继续降温至点 d，又将出现 α 固溶体，而与之平衡的溶液组成为 E，从而达到三相平衡，$F=0$，系统温度及各相组成都恒定不变。直到溶液 E 全部凝固后进入两相区，$P=2$，$F=1$，方可均匀降温，最后达 F 点，此即由组成为 x 的 α 相与组成为 y 的 β 相两相共存的系统。属于低共熔点类型的相图还有 Ag-Cu、Pb-Sb、AgCl-CuCl、KNO_3-$NaNO_3$ 等。

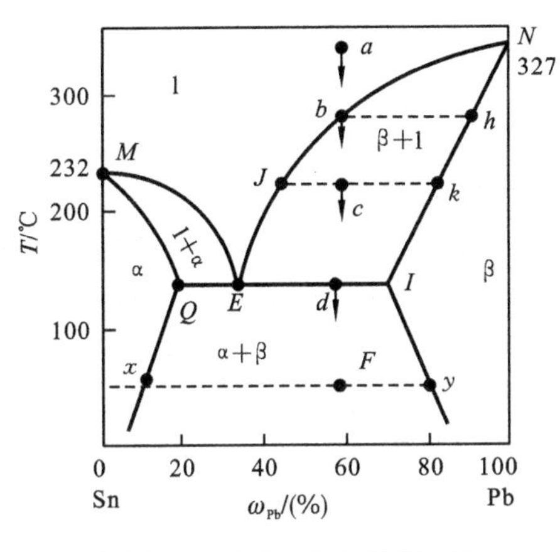

图 5-28 Sn-Pb 合金系统相图

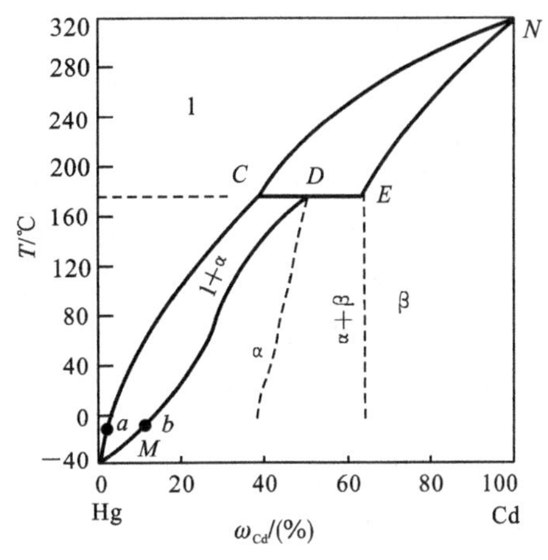

图 5-29 Cd-Hg 系统相图

2. 转熔点型

图 5-29 是 Cd-Hg 系统相图，已知 M、N 分别为 Hg、Cd 的熔点，各区域相态已于图中注明。在 182 ℃处的水平线 CDE 即指组成为 E 的固溶体 β、组成为 D 的固溶体 α 和组成为 C 的溶液三相平衡共存，其平衡关系可表示为

$$\mathrm{D}(\alpha\ 相) \rightleftharpoons \mathrm{E}(\beta\ 相)+\mathrm{C}(溶液)$$

由一种固溶体转变为另一种固溶体时的温度就称为转熔温度或转熔点。属于此类相图的还有 AgCl-LiCl、Ag-$NaNO_3$、Fe-Au 等。

图 5-29 还可提供一个重要信息：在镉标准电池中，镉汞齐电极的浓度可以保持一定的比例。由图明显看出：常温下，若汞齐中 Cd 的含量小于 5%（如图中的 a 点），此时，系统为液相；若 Cd 的含量约为 14%（如图中 b 点），则系统为单相固溶体；当汞齐中 Cd 的含量为 5%～14% 时（即组成落于 $a \rightarrow b$ 范围内），系统由液相（饱和溶液 a）和 α 固溶体（组成为 b 的镉汞齐）两相平衡共存。标准电池中常用含 Cd 12.5%的汞齐与含 $CdSO_4 \cdot \frac{8}{3}H_2O$ 晶体的 $CdSO_4$ 饱和溶液作为负极。由杠杆规则可知，在此浓度范围内，充电或放电时系统中 Cd 的总量（即两相区的组成点）的微小变化只会影响液相（饱和溶液）和固溶体（汞齐）的相对含量，而不影响它们的浓度。各相组成既然不变，就可得到相对稳定的电位。

5.6 三组分系统

5.6.1 三组分系统的组成表示法

三组分系统范围甚广，常见的典型三组分系统有部分互溶的液体系统、二盐一水系统及合

金系统等。根据相律，三组分系统的自由度与系统相数间的关系可表示为

$$F=C-P+2=3-P+2=5-P$$

当 $F=0$ 时，$P=5$，表明三组分系统最多可有五个相平衡共存。当 $P=1$ 时，则 $F=4$，可见为完整地描述该系统的状态必须用四个独立变量。常用变量为温度、压力和任意两个独立的浓度，故表示这类相图属于四维空间问题。如果温度或压力有一个为恒定，则有三个自由度，用三维空间坐标系就可以作出其相图。如以 A、B 和 C 表示三个组分，则三个浓度变量中仅有两个是独立的，即 $x_A+x_B+x_C=1$ 或 $w_A+w_B+w_C=1$。在二维空间(平面上)就可以同时将三者的浓度表示出来，常用的平面坐标系有等边三角坐标系和直角坐标系。在本节中采用前一种坐标系。

在三角坐标系中利用一个等边三角形来表示三组分系统的组成。如图 5-30 所示，三角形三个顶点 A、B、C 分别表示系统的三种纯组分。AB、BC、CA 分别表示 A 和 B、B 和 C 以及 C 和 A 的二组分系统。三角形内部的任何一点都代表一个三组分系统。将三角形的每一条边分为 1 的 10 等份，每一等份代表 0.1。通过三角形内任意点 O 引平行于各边的平行线，则在各边所截的长度之和必定等于三角形的边长，即 $a+b+c=AB=BC=CA=1$ 或 $a'+b'+c'=AB=BC=CA=1$。因此，O 点的组成可由这些平行线在各边上的截距 a'、b'、c' 来表示。常按逆时针方向在三角形的三条边上标出 A、B、C 三个组分的质量分数，即从 O 点作与 BC 的平行线，在线上得到长度 a'，即为 A 的质量分数；同理，在 AB 线上得到长度 b'，为 B 的质量分数；在 BC 线上得到长度 c'，为 C 的质量分数。

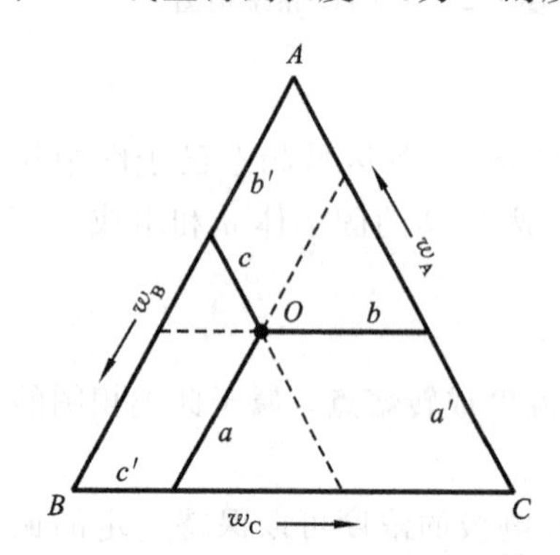

图 5-30　三组分系统的成分表示法

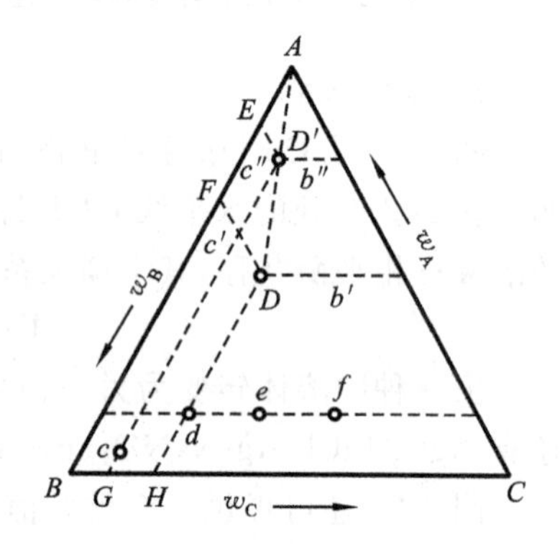

图 5-31　三组分系统的组成表示法

等边三角形表示三组分系统的组成，有以下几个特点。

(1) 等含量规则。即平行于等边三角形任意一边的直线(如图 5-31 中的 def 线)上的任一点，含有该对顶角所代表的组分(如组分 A)的质量分数应相等。

(2) 等比例规则。由三角形的相似原理可知，通过三角形的任一顶点(如 A)的直线(如图 5-31 中 AD)上各点的系统(如点 D 和点 D')，A 组分的质量分数不同，但 B 和 C 两个组分的质量分数之比不变。

(3) 杠杆规则。如图 5-32 所示，当把系统点分别为 D 和 E 的两个三组分系统合并成一个新的三组分系统时，新的系统点一定在 D、E 的连线上，具体位置可由杠杆规则决定。图中新系统点为 O，混合前系统 D 与系统 E 质量分别为 m_D 和 m_E，则可证明如下关系成立：

$$\frac{m_D}{m_E}=\frac{\overline{OE}}{\overline{DO}}=\frac{\overline{df}}{\overline{bd}}$$

(4) 重心规则。当把三个组成不同的系统 D、F、E 混合起来，形成一个新系统时(如图 5-33所示)，新的系统点 H 一定处在小三角形 DFE 中间，准确位置可由重心规则求出：先按性

质(3)求出 D、E 的混合系统点 G,同样再按性质(3)求出 G、F 的混合系统点 H。H 点就是 D、F、E 的三个三组分系统构成的混合物的系统点。

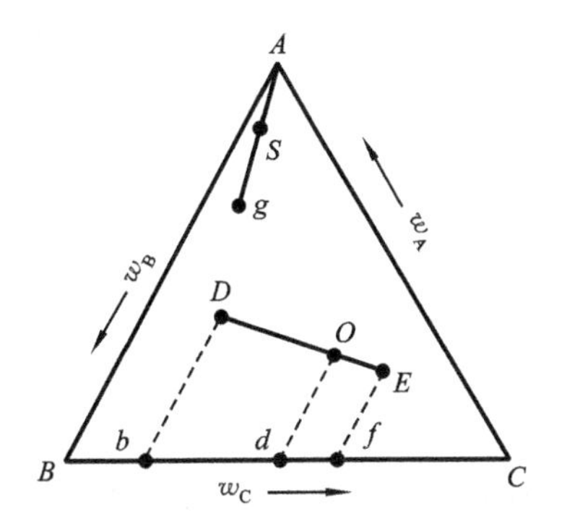

图 5-32 三组分系统的杠杆规则

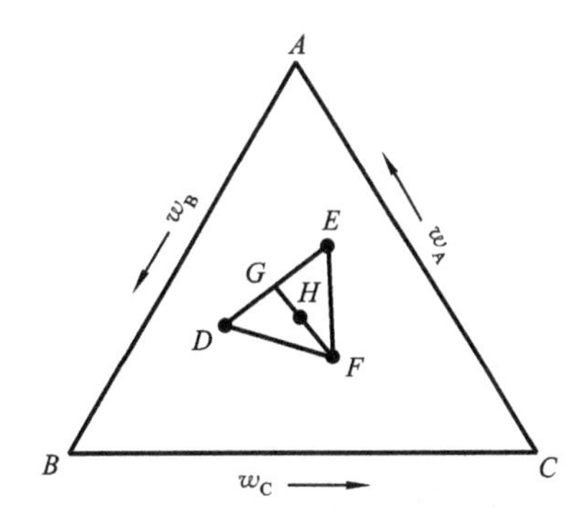

图 5-33 三组分系统的重心规则

(5) 背向性规则。如图 5-32 所示,设 S 为三组分液相系统点,如果由其中析出纯组分 A 的晶体时,则剩余液相的组成将沿 AS 的延长线即背离顶点 A 的方向变化。假定在结晶过程中,液相的浓度变化到 g 点,则此时析出晶体 A 的量与剩余液体量之比等于线段比 $\overline{SA}:\overline{gS}$。反之,若在液相中加入组分 A,则系统点将沿 gA 的连线向接近 A 的方向移动。

5.6.2 部分互溶三液体系统

由等边三角形三顶点 A、B、C 表示的三种液体,可两两组成三个液对。图 5-34 是两个液对(A-B、A-C)完全互溶、另一个液对(B-C)部分互溶系统的简单例子的相图。例如醋酸(A)、氯仿(B)和水(C)三种液体组成的三组分系统,水和醋酸、氯仿和醋酸均完全互溶,而氯仿和水在一定温度下仅部分互溶。此三组分系统平衡相图可用图 5-34 表示。底边 BC 代表氯仿和水二组分系统。Ba 范围表示水在氯仿中的不饱和溶液,bC 范围表示氯仿在水中的不饱和溶液,ab 范围表示液、液两相平衡,两共轭溶液的状态点分别为 a 和 b,a 为水在氯仿中的饱和溶液(氯仿层),b 为氯仿在水中的饱和溶液(水层)。

假设原始溶液在系统点 d,从图上可知,系统分为两平衡液层:一层浓度在 a 点,是水在氯仿中的饱和溶液;另一层在 b 点,是氯仿在水中的饱和溶液。若向其中不断地加入醋酸,则系统点将沿 dA 线向点 A 移动。由于 A 在这两层溶液中非等量分配,因此代表两层溶液浓度变化的对应点连接线(也称结线)a_1b_1,a_2b_2,…和底边 BC 线不平行。若已知系统点到达 c_2,根据连接线可知两共轭溶液的组成分别为 a_2 和 b_2,并可利用杠杆规则求得共轭溶液的相对质量。若在系统中继续加入 A,系统点将沿 c_2A 直线向点 A 移动。A 的加入使得 B 和 C 的互溶程度增加,当系统点接近 b_4 时,系统点恰与帽形曲线相交,此时共轭溶液 a_4 的质量趋近零,当越过此点,a_4 相消失,系统只有一相。

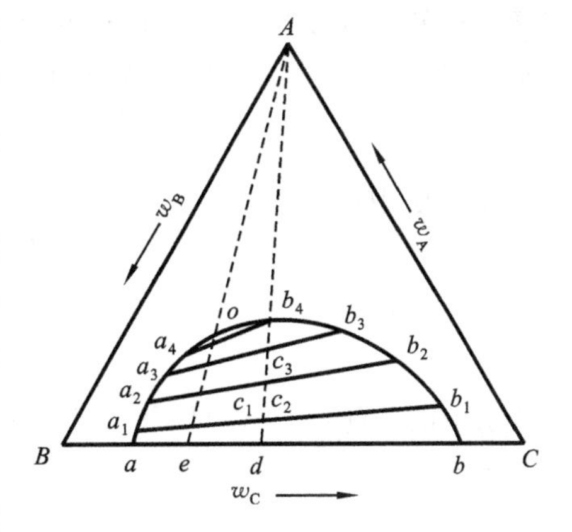

图 5-34 三液体有一对部分互溶的相图

若向系统点为 e(eA 线正通过点 o)的样品中加入醋酸,系统点将沿 eA 线向点 A 方向移动。在 aob 区域内,系统为两共轭的三组分溶液。继续加入醋酸,平衡时两液相的组成分别沿曲线 ao 及 bo 移动，两液相的相对质量之比只有少量的变化。当系统点到达点 o 时，不是哪一个液相先消失，而是两液相间的界面消失，成为均匀的一相。再继续加入醋酸，则此单一液相的组成沿 oA 变化。这个由两个三组分共轭溶液变成一个三组分溶液的点 o 称为临界点(或称会溶点)，临界点不一定是最高点，而是结线收缩至最后所形成的点，越过该点系统不再分层。

5.7　分配定律及其应用

5.7.1　分配定律

实验证明，在等温等压下，如果一个物质溶解在两个同时存在的互不相溶的液体里，达到平衡后，该物质在两相中的浓度之比等于常数，这一定律称为分配定律。

$$\frac{c_B^\alpha}{c_B^\beta}=K \tag{5-25}$$

式中，c_B^α、c_B^β 分别表示溶质 B 在溶剂 α、β 中的浓度；K 称为分配系数。影响 K 的因素有温度、压力、溶质及两种溶剂的性质。当溶液浓度不大时，该式能很好地与实验结果相吻合。

这个经验定律也可以从热力学得到证明。令 μ_B^α、μ_B^β 分别代表溶质 B 在 α、β 相中的化学势，等温等压下，达平衡时，有

$$\mu_B^\alpha=\mu_B^\beta$$

因为

$$\mu_B^\alpha=\mu_B^{*\alpha}+RT\ln a_B^\alpha$$

$$\mu_B^\beta=\mu_B^{*\beta}+RT\ln a_B^\beta$$

所以

$$\mu_B^{*\alpha}+RT\ln a_B^\alpha=\mu_B^{*\beta}+RT\ln a_B^\beta$$

$$\frac{a_B^\alpha}{a_B^\beta}=\exp\left(\frac{\mu_B^{*\beta}-\mu_B^{*\alpha}}{RT}\right)=K(T,p) \tag{5-26}$$

如果 B 在 α 相及 β 相中的浓度不大，则活度可以用浓度代替，就得到式(5-25)。

应用分配定律时应注意，如果溶质在任一溶剂中有缔合现象或解离现象，则分配定律仅适用于在溶质中分子形态相同的部分。

以苯甲酸(C_6H_5COOH)在水和 $CHCl_3$ 中的分配为例，C_6H_5COOH 在水中部分解离，解离度为 α，而在 $CHCl_3$ 层中则形成双分子。如以 c_W 代表 C_6H_5COOH 在水中的总浓度($mol\cdot dm^{-3}$)，c_C 代表 C_6H_5COOH 在 $CHCl_3$ 层中的总浓度(用单分子的 $mol\cdot dm^{-3}$ 表示)，m 为 $CHCl_3$ 层中苯甲酸呈单分子状态的浓度($mol\cdot dm^{-3}$)，则

在水层中：

$$\underset{c_W(1-\alpha)}{C_6H_5COOH} \;=\!=\; \underset{c_W\alpha}{C_6H_5COO^-} + \underset{c_W\alpha}{H^+}$$

在 $CHCl_3$ 层中：

$$\underset{\frac{c_C-m}{2}}{(C_6H_5COOH)_2} \;=\!=\; \underset{m}{2C_6H_5COOH}$$

$$K_1=\frac{2m^2}{c_C-m}$$

在两层中的分配：

$$\underset{m}{C_6H_5COOH(CHCl_3\text{ 层})} \;=\!=\; \underset{c_W(1-\alpha)}{C_6H_5COOH(\text{水层})}$$

$$K=\frac{c_W(1-\alpha)}{m}$$

若在 $CHCl_3$ 中缔合度很大，即单分子的浓度很小，$c_C \gg m$，$c_C - m \approx c_C$，则

$$K_1 = \frac{m^2}{c_C} \quad 或 \quad m = \sqrt{K_1 c_C}$$

若在水层中解离度很小，$1-\alpha \approx 1$，则

$$K = \frac{c_W}{m}$$

或

$$K' = \frac{c_W}{c_C^{1/2}}$$

如以 $\lg c_C$ 对 $\lg c_W$ 作图，其斜率等于 2。

5.7.2　分配定律的应用——萃取

部分互溶液体三组分系统相图在液-液萃取过程中有重要用途。例如，芳烃和烷烃的分离在工业上所采用的方法就是以此类相图的规律为依据的。

芳烃、非芳烃以及溶剂都是混合物，其组分数实际上大于 3。但为了讨论简便，这里以苯作为芳烃的代表，以正庚烷作为非芳烃的代表，以二乙二醇醚为溶剂，用三组分相图来说明工业上的连续多级萃取过程。图 5-35 是苯(A)-正庚烷(B)-二乙二醇醚(S)在标准压力 $p^\ominus$ 下和 397 K 时的相图。由图可见，A 与 B、A 与 S，在给定的温度下都能完全互溶；B 与 S 则部分互溶。设原始组成在 F 点，加入 S 后，系统沿 FS 线向 S 方向变化，当总组成在 O 点时，原料液与所用溶剂的数量比可按杠杆规则计算。此时系统分为两相，其组成分别为 x_1 和 y_1。如果把这两层溶液分开，分别蒸去溶剂，则得到由 G、H 点所代表的两个溶液(G 点在 Sy_1 的延长线上，H 在 Sx_1 的延长线上)。这就是说，经过一次萃取并除去溶剂后，就能把 F 点的原溶液分成 H 和 G 两个溶液，G 中含苯比 F 多，H 中含正庚烷较 F 多。如果对浓度为 x_1 层的溶液再加入溶剂进行第二次萃取，此时的系统点将沿 x_1S 向 S 方向变化，设到达 O' 点，此时系统呈两相，其组成分别为 x_2 和 y_2 点，此时 x_2 点所代表的系统中所含正庚烷又较 x_1 中的含量多。如此反复多次，最后可得到基本上不含苯的正庚烷，从而实现了分离。工业上上述过程是在萃取塔(图 5-36)中进行(在塔中有多层筛板)的，溶剂从塔顶进料，原料从塔中进料，依靠密度的不同，在塔内上升和下降的液相充分混合，反复萃取，最后芳烃就不断地溶解在二乙二醇醚中，在塔底作为萃取液排出，脱除芳烃的烷烃则作为萃余液从塔顶送出。

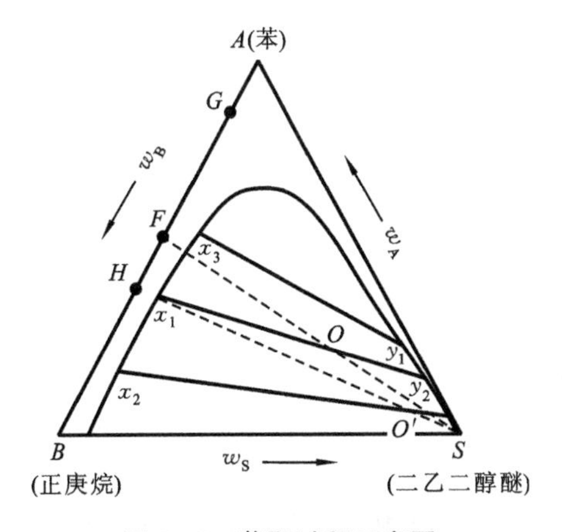

图 5-35　萃取过程示意图

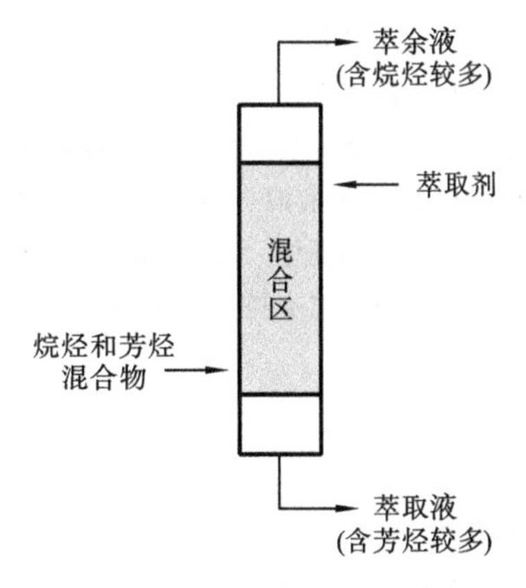

图 5-36　芳烃和烷烃的分离示意图

本章小结

1. 基本概念：系统中物理性质与化学性质完全相同的部分称为相，相的数目记为 P。足以确定平衡系统中所有各相组成所需的最少物种数称为组分数，用 C 表示。在不引起旧相消失和新相形成的前提下，系统中可独立自由变动的强度性质（包括 T、p、x 等）称为自由度，自由度数常用 F 表示。

2. 相律：体现相数、组分数、自由度数之间的关系的定律，可用于一切多相平衡系统。

3. 相图：用图形表示多相平衡系统的状态如何随温度、压力和浓度而变化。特点：简单、直观。

4. 单组分系统相图：水的状态图中点（三相点、临界点）的温度、压力都固定，$F=0$；线（气-液、气-固、液-固两相平衡线），$F=1$；面（气、液、固单相），$F=2$，温度、压力在一定范围内可任意改变。

5. 二组分系统相图：二组分气-液、液-液和液-固平衡相图。气-液平衡相图依据液态互溶情况分成液态完全互溶（理想液态混合物、真实液态混合物）、液态部分互溶及液态完全不互溶系统三种情况，并分别给出了其典型的 p-x 图、T-x 图。液-固平衡系统只需讨论 T-x 图，其形状与气-液平衡中的 T-x 相图类似。此外还介绍两种绘制相图的方法：热分析法及溶解度法。利用相图可分析不同 T、p、x 下的相变情况，在分析两相区内的相变情况时，可用杠杆规则确定两相的量。

6. 三组分系统相图的组成表示方法及部分互溶三液体系统的平衡相图。

7. 分配定律：在等温等压下，如果一个物质溶解在两个同时存在的互不相溶的液体里，达到平衡后，该物质在两相中浓度之比等于常数。用于萃取计算。

思考题

1. 相点与系统点有什么区别？
2. 单组分系统的三相点与简单低共熔点有何异同点？
3. 低共熔物能不能看作化合物？
4. 水的三相点就是水的冰点吗？
5. 沸点和恒沸点有何不同？
6. 什么是组分数？物种数和组分数有什么区别？
7. 什么情况下液-液混合物可以通过蒸馏的方法完全分离？
8. 单组分系统相图中，为什么水的固-液平衡线的斜率为负值？
9. 克拉贝龙方程与克拉贝龙-克劳修斯方程的区别是什么？

习　题

一、判断题

1. 在一个给定的系统中，物种数可以因分析问题的角度的不同而不同，但独立组分数是一个确定的数。（　）

2. 单组分系统的物种数一定等于1。（　）

3. 自由度就是可以独立变化的变量。　(　　)
4. 相图中的点都是代表系统状态的点。　(　　)
5. 恒定压力下,根据相律得出某一系统的 $F=1$,则该系统的温度就有一个唯一确定的值。　(　　)
6. 单组分系统的相图中两相平衡线都可以用克拉贝龙方程定量描述。　(　　)
7. 根据二元液系的 p-x 图可以准确地判断该系统的液相是否是理想液体混合物。　(　　)
8. 在相图中总可以利用杠杆规则计算两相平衡时两相的相对量。　(　　)
9. 杠杆规则只适用于 T-x 图的两相平衡区。　(　　)
10. 对于二元互溶液系,通过精馏方法总可以得到两个纯组分。　(　　)

二、选择题

1. 硫酸与水可组成三种化合物,即 $H_2SO_4 \cdot H_2O(s)$、$H_2SO_4 \cdot 2H_2O(s)$、$H_2SO_4 \cdot 4H_2O(s)$,在等压下,能与硫酸水溶液共存的化合物最多有(　　)种。

(A) 1　(B) 2　(C) 3　(D) 0

2. 在 101325 Pa 的压力下,I_2 在液态水与 CCl_4 中的溶解已达到平衡(无固体 I_2 存在),此系统的自由度数为(　　)。

(A) 1　(B) 2　(C) 3　(D) 0

3. NaCl 水溶液和纯水经半透膜达到渗透平衡,该系统的自由度数是(　　)。

(A) 1　(B) 2　(C) 3　(D) 4

4. 如图,对于形成简单低共熔混合物的二元相图,当物系的组成为 x,冷却到 T 时,固液两相的质量之比是(　　)。

(A) $w(s):w(l)=ac:ab$　(B) $w(s):w(l)=bc:ab$

(C) $w(s):w(l)=ac:bc$　(D) $w(s):w(l)=bc:ac$

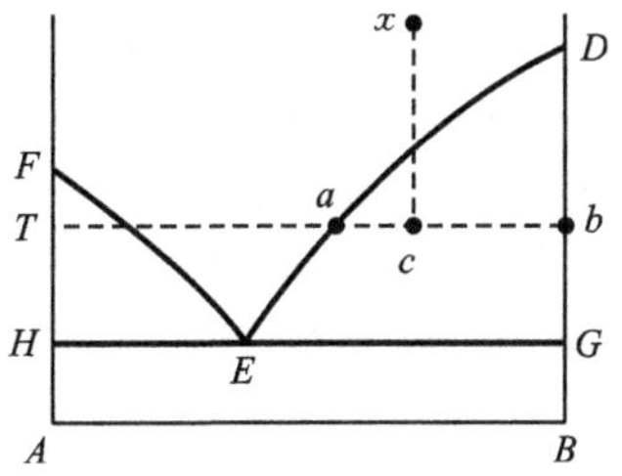

5. 在相图上,当物系处于哪一个点时只有一个相?(　　)

(A) 恒沸点　(B) 熔点　(C) 临界点　(D) 低共熔点

6. 下图是 FeO 与 SiO_2 的恒压相图,那么存在(　　)个稳定化合物。

(A) 1　(B) 2　(C) 3　(D) 4

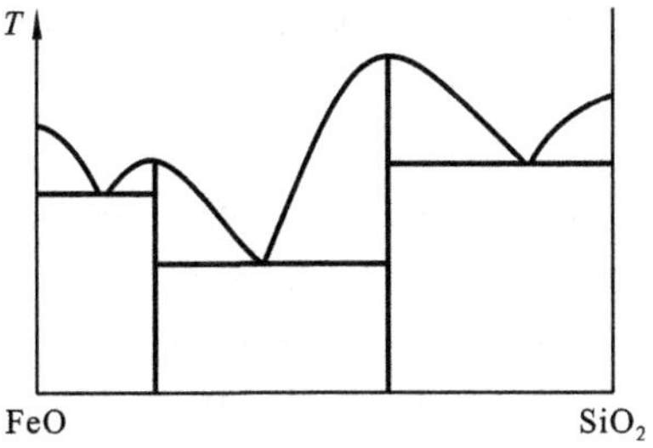

7. 两组分理想溶液,在任何浓度下,其蒸气压(　　)。

(A) 恒大于任一纯组分的蒸气压　(B) 恒小于任一纯组分的蒸气压

(C) 介于两个纯组分的蒸气压之间　(D) 与溶液组成无关

8. 水蒸气蒸馏通常适用于某有机物与水组成的(　　)。

(A) 完全互溶双液系 (B) 互不相溶双液系

(C) 部分互溶双液系 (D) 所有双液系

9. A与B是互不相溶的两种液体,A的正常沸点为80 ℃,B的正常沸点为120 ℃。把A、B混合组成一个系统,那么这个混合物的正常沸点(　　)。

(A) 小于80 ℃ (B) 大于120 ℃

(C) 介于80 ℃与120 ℃之间 (D) 无法确定范围

三、计算题

1. 滑冰鞋下面的冰刀与冰接触面长为7.68 cm,宽为0.00245 cm。

(1) 若滑冰者体重为60 kg,施于冰面上的压力为多少(双脚滑行)?

(2) 在该压强下,冰的熔点是多少?已知冰的摩尔熔化热为6009.5 $J\cdot mol^{-1}$,冰的密度为0.92 $g\cdot cm^{-3}$,水的密度为1.0 $g\cdot cm^{-3}$。 ((1) $p=1.56\times10^{8}$ Pa;(2) $T_2=262$ K)

2. 乙酰乙酸乙酯$CH_3COCH_2COOC_2H_5$是有机合成的重要试剂,它的蒸气压方程为$\ln p=-5960/T+B$,p的单位是Pa,此试剂在正常沸点181 ℃时部分分解,但在70 ℃是稳定的,可在70 ℃时减压蒸馏提纯,压力应降到多少?该试剂的摩尔汽化热是多少? ($p_2=1442$ Pa,49.6 $J\cdot mol^{-1}$)

3. 已知甲苯、苯在90 ℃下纯液体的饱和蒸气压分别为54.22 kPa和136.12 kPa。两者可形成理想液态混合物。取200.0 g甲苯和200.0 g苯置于带活塞的导热容器中,始态为一定压力下90 ℃的液态混合物。在恒温90 ℃下逐渐降低压力,问:

(1) 压力降到多少时,开始产生气相?此气相的组成如何?

(2) 压力降到多少时,液相开始消失?最后一滴液相的组成如何? ((1) $p=0.54$;(2) $p=0.46$)

4. 热分析方法测得Ca-Mg二组分系统有如下数据。

w_{Ca}	0	0.1	0.19	0.46	0.55	0.65	0.79	0.90	1.00
转折点温度 T_1/K	—	883	787	973	994	923	739	1028	—
水平线的温度 T_2/K	924	787	787	787	994	739	739	739	1116

(1) 根据以上数据画出相图,在图上标出各相区的相态;

(2) 若相图中有化合物生成,写出化合物的分子式(相对原子质量:Ca 40,Mg 24);

(3) 将含Ca为0.40(质量分数)的混合物700 g加热熔化后,再冷却至787 K时,最多能得纯化合物多少克? (3/4,$m=408$ g)

5. NaCl-H_2O二组分系统的低共熔点为−21.1 ℃,此时冰、$NaCl\cdot 2H_2O$(s)和浓度为22.3%(质量分数)的NaCl水溶液平衡共存,在−9 ℃时有一不相合熔点,在该熔点温度时,不稳定化合物$NaCl\cdot 2H_2O$分解成无水NaCl和27%的NaCl水溶液,已知无水NaCl在水中的溶解度受温度的影响不大(当温度升高时,溶解度略有增加)。

(1) 请绘制相图,并指出图中线、面的意义。

(2) 若在冰-水平衡系统中加入固体NaCl作制冷剂,可获得最低温度是多大?

(3) 若有1000 g 28%的NaCl溶液,由160 ℃冷到−10 ℃,此过程中最多能析出多少克纯NaCl?

((1) 略;(2) $T=-21.1$ ℃;(3) $m=13.7$ g)

6. 酚-水系统在60 ℃分成两液相,第一相含16.8%(质量分数)的酚,第二相含44.9%的水。

(1) 如果系统中含90 g水和60 g酚,那么每相质量为多少?

(2) 如果要使含80%酚的100 g溶液变混浊,必须加水多少克? ((1) $w_1=59.1$ g;(2) $w_2=90.9$ g)

7. 80 ℃时溴苯和水的蒸气压分别为8.825 kPa和47.335 kPa,溴苯的正常沸点是156 ℃。计算:

(1) 溴苯水蒸气蒸馏的温度,已知实验室的大气压为101.325 kPa。

(2) 在这种水蒸气蒸馏的蒸气中溴苯的质量分数。已知溴苯的摩尔质量为157 $g\cdot mol^{-1}$。

(3) 蒸出10 kg溴苯需消耗多少千克水蒸气?

((1) $T=368.4$ K;(2) $w=1.593$;(3) $m=6.28$ kg)

第 6 章　电　化　学

电化学是研究化学现象与电现象之间关系的学科，学科内容涵盖电化学热力学和电化学动力学。热力学主要研究化学能及电能之间相互转化的规律，动力学则主要研究电极反应机理和电极反应速率及其影响因素。电化学是一门应用性极强的学科，其应用领域主要围绕两个方面展开：一方面是利用化学反应来产生电能，将能够自发进行的反应设计为原电池，把化学能转变为电能；另一方面是利用电能来驱动化学反应，将不能自发进行的反应放置在电解槽中，输入电能使反应进行，从而制备某些物质，或进行电化学加工及表面处理等应用。

6.1　电化学体系及法拉第定律

6.1.1　电化学体系

1. 导体的分类

凡能导电的物质皆称为导电体或导体，导体一般可分为两类。

第一类导体是电子导体，多为固体材料例如金属、石墨和某些金属化合物等。在这些物质中存在着自由电子，在外加电压下，依靠自由电子的定向移动而导电。在导电过程中自身不发生化学变化。

第二类导体是离子导体，例如电解质溶液及熔融状态的电解质等。离子导体依靠其阴、阳离子的定向移动而导电，而且在电极与溶液的界面上，通过得、失电子的电极反应来完成整个导电过程。

2. 电解池和原电池

电化学过程必须借助一定的装置——电化学池才能实现，对于有法拉第电流通过的电化学池（即流过池中各部分的电流均遵守法拉第定律）可分为两类：电解池和原电池。

1）电解池

利用电能使化学反应发生的装置称为电解池，在电解池中电能转变为化学能。电解池装置如图 6-1(a)所示。电解池的主要特点是，当外加电势高于分解电压时，可使不能自发进行的反应在电解池中被强制进行。电解池主要用于电解制备某些物质，或进行电极的表面处理，如电镀、抛光等。

把两个电极置于电解液中，并将它们与直流电源相连，构成一个电解池，如图 6-1(a)所示。在电化学中规定：凡是发生氧化反应的电极称为阳极，凡是发生还原反应的电极称为阴极。同时又规定：电势高的电极称为正极，电势低的称为负极。在图 6-1(a)所示的电解池中，与直流电源正极相连的电极电势高，为正极，与直流电源负极相连的电极电势低，为负极。电子由直流电源的负极流向阴极，溶液中的阳离子向阴极迁移，在阴极上得到电子，阴离子向阳极迁移，在阳极上失去电子而发生氧化反应。

在图 6-1(a)中，将两个铂电极插入 HCl 的水溶液中，接通外电源，在电场的作用下，溶液中的 H^+ 向阴极（负极）迁移，而 Cl^- 向阳极（正极）迁移。电极反应为

阴极(还原反应) $2H^+ + 2e^- = H_2$

阳极(氧化反应) $2Cl^- = Cl_2 + 2e^-$

电池反应为 $2HCl = H_2 + Cl_2$

可见,对于电解池,由于外电源消耗了电功,电解池内发生了非自发反应。

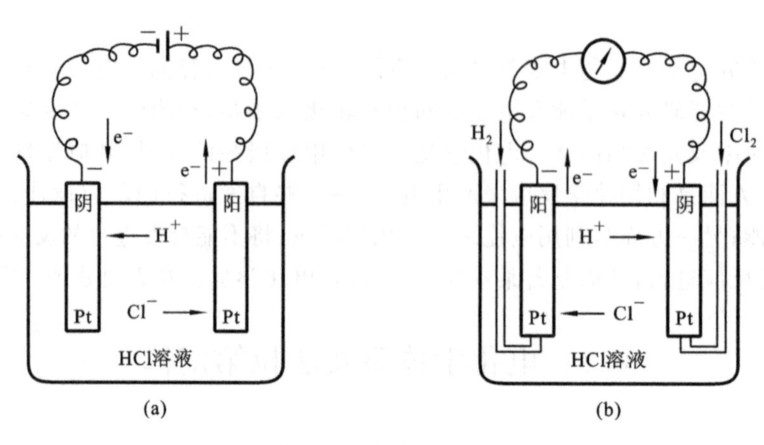

图 6-1 电解质溶液的导电机理示意图

2) 原电池

利用两电极发生的化学反应产生电流的装置称为原电池或自发电池。图 6-1(b)所示为原电池。分别通氢气和氯气于 HCl 水溶液中的两个铂电极上,电极反应为

阳极(负极)发生氧化反应 $H_2 = 2H^+ + 2e^-$

阴极(正极)发生还原反应 $Cl_2 = 2Cl^- - 2e^-$

电池反应为 $H_2 + Cl_2 = 2HCl$

在两电极上生成的 H^+ 和Cl^- 进入溶液中,在负极(阳极)上因有多余的电子而具有较低的电势,在正极(阴极)上因缺少电子而具有较高的电势。用导线通过负载连接两电极,就会产生电流而对外做电功。溶液中的 H^+ 向阴极扩散迁移,Cl^- 向阳极扩散迁移,溶液中阴、阳离子的定向移动构成电流回路,因此对原电池而言,电池内发生了自发的氧化还原反应:$H_2 + Cl_2 = 2HCl$。在等温等压条件下,使电化学系统的吉布斯自由能降低,化学能转化成对外所做的电功。

综上所述,电解质溶液的导电机理如下:

(1) 电流在溶液中的传导由阴、阳离子定向迁移而共同承担;

(2) 两电极上所发生的氧化还原反应导致电子得失,从而使电极与溶液界面处的电流得以连续。

6.1.2 法拉第定律

在实现化学能和电能相互转化后,研究两者之间的定量关系对于实际生产而言至关重要。法拉第(Faraday)归纳了多次实验的结果,于 1833 年得出一个规律,即法拉第定律。用于描述电极上通过的电量与电极反应物质量之间的关系,又称为电解定律,是电化学遵循的基本定律,可表述如下:通电于电解质溶液之后:①对单个电池而言,电极上发生化学反应的物质的量与通入电解池的电量成正比;②将几个电解池串联,通入电流后,在各个溶液的两极上起作用的物质(基本单元)的物质的量相同。

在电化学中，我们以所带电量相当于元电荷 e(即一个质子的电荷或一个电子电荷的绝对值)的电解质作为物质的量的基本单元。例如，H^+、$\frac{1}{2}SO_4^{2-}$、$\frac{1}{3}Fe^{3+}$ 等。当 1 mol 电子的电量通过电极时，电极上得、失电子的物质的量(n)也为 1 mol(基本单元)。如 $\frac{1}{2}Cu^{2+} + e^- \longrightarrow \frac{1}{2}Cu$，说明 1 mol 电子能还原 0.5 mol 金属铜，即在阴极上有 $\frac{1}{2}\times 63.55$ g 铜析出。由电解质溶液的导电机理可知，对于给定的电极，通过的电量越多，在电极上被夺取或放出的电子数目就越多，发生化学变化的物质的量必然也多。

1 mol 质子所带的电荷量(1 mol 电子所带电量的绝对值)称为法拉第常数，用 F 表示，即

$$F = N_A e = 6.022\times 10^{23}\,\text{mol}^{-1}\times 1.6022\times 10^{-19}\,\text{C}$$
$$= 96484.5\ \text{C}\cdot\text{mol}^{-1} \approx 96500\ \text{C}\cdot\text{mol}^{-1}$$

式中，N_A 为阿伏加德罗常数，e 为质子的电荷。若在含有正离子 M^{z+} 的电解质溶液中通电，价数为 z 的正离子须得到 z 个电子，被还原为 M，电极反应的通式可写为

$$M^{z+}(\text{氧化态}) + ze^- \longrightarrow M(\text{还原态})$$

在阴极上生成 1 mol 金属 M 所需的电子数为 $N_A z$，相应的电量为 zF。当通过的电量为 Q 时，所沉积出的金属的物质的量 n 为

$$n = \frac{Q}{zF} \quad 或 \quad Q = nzF \tag{6-1}$$

若用来表示所沉积金属的质量，则应有

$$m = \frac{QM}{zF} \tag{6-2}$$

式中，M 表示金属的摩尔质量。式(6-1)和式(6-2)是法拉第定律的数学表示式，它反映了电荷和物质之间有着确切的结合关系。

法拉第定律是自然科学中最准确的定律之一，它揭示了电能与化学能之间的定量关系。无论是对电解池还是原电池都适用，而且没有任何限制条件，在任何温度、压力下均适用，实验越精确，所得结果与法拉第定律越吻合。此类定律在科学上并不多见。

【例 6-1】 将两电极插入硝酸银溶液中，通以 0.20 A 的电流 30 min，求阴极析出银的质量。

解　因为 $Q=It$，又

$$n=\frac{Q}{zF}=\frac{m}{M}$$

所以

$$m=\frac{QM}{zF}=\frac{ItM}{zF}=\frac{0.2\ \text{A}\times 30\times 60\ \text{s}\times 107.88\ \text{g}\cdot\text{mol}^{-1}}{1\times 96500\ \text{C}\cdot\text{mol}^{-1}}=0.402\ \text{g}$$

即通电 30 min，便可在阴极还原析出 0.402 g 的银。

6.2　离子的电迁移和迁移数

6.2.1　离子的电迁移现象

无论是原电池还是电解池，都需要构成一个导电回路，其内部工作介质都离不开电解质溶液，电解质溶液的运动决定了溶液的导电情况，本节主要介绍电解质溶液中离子的运动情况。电解质溶液通电后，在电极上发生电解作用，溶液中的阴、阳离子分别向两极移动，在相应的两极界面上发生氧化、还原反应，最后使两极附近的溶液浓度发生变化。这种阴、阳离子在电场

作用下进行定向迁移的现象称为离子的电迁移。这个过程可用图 6-2 示意说明。

设想在两个惰性电极之间有平面 AA'和 BB'，将电解质溶液分为阴极区、阳极区和中间区三个部分。假定在未通电前，各部分均含有阴、阳离子各 5 mol，用“+”“−”分别代表 1 mol 阳离子和 1 mol 阴离子。今有 4 mol 电子的电量通过外电路，在阳极上有 4 mol 阴离子发生氧化反应，同时在阴极上有 4 mol 阳离子发生还原反应，在溶液中的离子也同时发生迁移。当溶液中通过 4 mol 电子的电量时整个导电任务是由阳、阴离子共同分担的，每种离子所迁移的电量随着它们迁移的速率不同而不同，现假设有以下两种情况。

1. 阴、阳离子的迁移速率相等

导电任务各分担一半。在 AA'截面上，有 2 mol 的阳离子及 2 mol 的阴离子逆向通过，在 BB'截面也是如此(见图 6-2(a))。通完电以后，中间区溶液的浓度不变，阳极区及阴极区的浓度彼此相同，但与原溶液的浓度不同。

2. 阳离子的速率 3 倍于负离子

阳离子传导电量是阴离子的 3 倍，在溶液中的任意截面上，将有 3 mol 的正离子及 1 mol 负离子逆向通过(见图 6-2(b))。通电完毕后，中间区溶液的浓度仍保持不变，但阴、阳两极区的浓度互不相同，且两极区的浓度比原溶液都有所下降，但下降的程度不同。

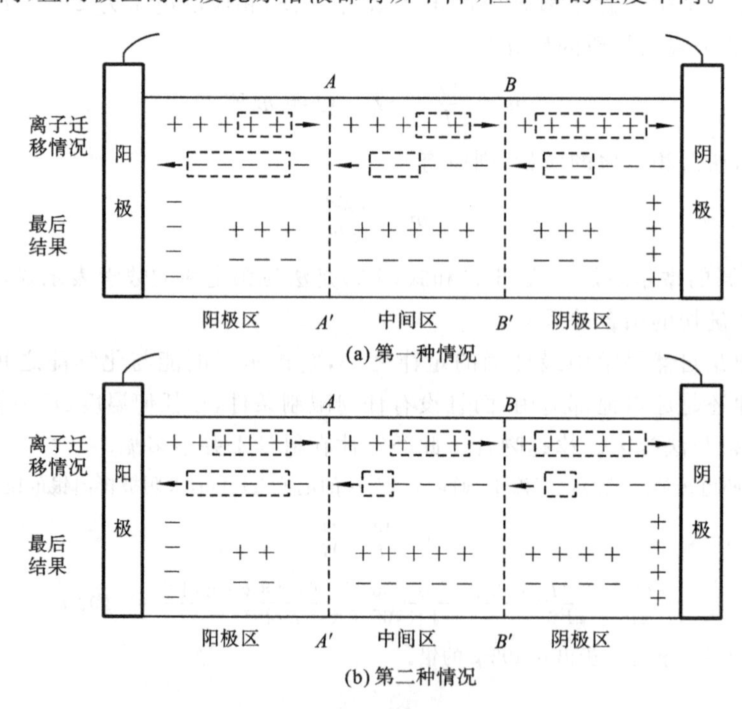

图 6-2　离子电迁移现象示意图

根据上述两种假设可归纳出如下的规律：

(1) 向阴、阳两极方向迁移的阳、阴离子的物质的量的总和恰好等于通入溶液的总电量；

(2) $\dfrac{\text{阳极区物质的量的减少}}{\text{阴极区物质的量的减少}}=\dfrac{\text{正离子所传导的电量}(Q_+)}{\text{负离子所传导的电量}(Q_-)}=\dfrac{\text{正离子的迁移速率}}{\text{负离子的迁移速率}}$。

上面讨论的是惰性电极的情况。若电极本身也参加反应，则阴极区和阳极区溶液浓度的变化情况要复杂一些，但它仍然满足上述两条规律。

6.2.2 离子的迁移数

1. 离子迁移数的概念

离子的电迁移现象展示了通电后电解液中离子运输电荷的情况。为了表示不同离子对运载电流的贡献，提出了迁移数的概念。离子B的迁移数定义为该离子所运载的电流占总电流的分数，用符号 t 表示，其量纲为1。若溶液中只有一种正离子和一种负离子，它们的迁移数分别用 t_+ 和 t_- 表示，有

$$t_+=\frac{I_+}{I_++I_-},\quad t_-=\frac{I_-}{I_++I_-} \tag{6-3}$$

显然

$$t_++t_-=1 \tag{6-4}$$

对于一个含有多种离子的电解质溶液，则有

$$t_B=\frac{I_B}{I},\quad \sum t_B=1$$

溶液中离子的带电运动，某种离子运载电流的多少取决于该离子的运动速率、离子的浓度及所带电荷的多少。通电过程中，单位时间内流过溶液中某一截面 A_s 正、负电流的量可由下式计算：

$$I_+=A_s v_+ c_+ z_+ F \tag{6-5}$$
$$I_-=A_s v_- c_- |z_-| F$$

式中，c_+、c_- 分别表示正、负离子的物质的量浓度；z_+、z_- 分别表示正、负离子的电荷数；A_s 表示截面的面积；v_+、v_- 分别表示正、负离子的运动速率；F 为法拉第常数。显然，单位时间内在 $A_s\times v_+$ 体积元内的正离子均可穿过截面 A_s，其所带的电荷量由 c_+z_+F 决定；负离子与之类似。由于溶液整体为电中性，有 $c_+z_+=c_-|z_-|$，而 A_s 和 F 均为常数，所以将式(6-5)代入式(6-3)，可得

$$t_+=\frac{v_+}{v_++v_-},\quad t_-=\frac{v_-}{v_++v_-} \tag{6-6}$$

该式表明，离子的迁移数主要取决于溶液中离子的运动速率，与离子价数及浓度无关。不过离子的运动速率受许多因素的影响，如浓度、温度、离子的大小、离子的水化程度等。因此，在给出离子在某种溶液中的迁移数时，要指明相应的条件，特别是温度和浓度条件。

2. 离子的迁移率（离子的淌度）

离子在电场中的运动速率除了与离子的本性、溶剂性质、溶液浓度及温度等因素有关外，还与电场强度有关。因此，为了便于比较，通常将离子B在指定溶剂中电场强度 $E=1\ \mathrm{V\cdot m^{-1}}$ 时的运动速率称为该离子的电迁移率（历史上称离子淌度），以 u_B 表示：

$$u_B=\frac{v_B}{E} \tag{6-7}$$

电迁移率的单位为 $\mathrm{m^2\cdot V^{-1}\cdot s^{-1}}$。

表6-1列出了298.15 K时无限稀释溶液中的几种离子的电迁移率。

将电迁移率 u_B 与离子速率 v_B 的关系式(6-7)代入式(6-6)，可得

$$t_+=\frac{u_+}{u_++u_-},\quad t_-=\frac{u_-}{u_++u_-} \tag{6-8}$$

需要注意的是，电场强度虽然影响离子的运动速率，但并不影响离子迁移数，因为当电场强度改变时，阴、阳离子的速率都按相同比例改变。

表 6-1　298.15 K 时无限稀释溶液中的几种离子的电迁移率

正离子	$u_+^\infty/(m^2\cdot V^{-1}\cdot s^{-1})$	负离子	$u_-^\infty/(m^2\cdot V^{-1}\cdot s^{-1})$
H^+	36.30×10^{-8}	OH^-	20.52×10^{-8}
K^+	7.62×10^{-8}	SO_4^{2-}	8.27×10^{-8}
Ba^{2+}	6.59×10^{-8}	Cl^-	7.92×10^{-8}
Na^+	5.19×10^{-8}	NO_3^-	7.40×10^{-8}
Li^+	4.01×10^{-8}	HCO_3^-	4.61×10^{-8}

3. 迁移数的测定方法(选学内容)

希托夫(Hittorf)法是通过测定电极附近电解质浓度的变化来确定离子迁移数的,其原理参见图 6-3。

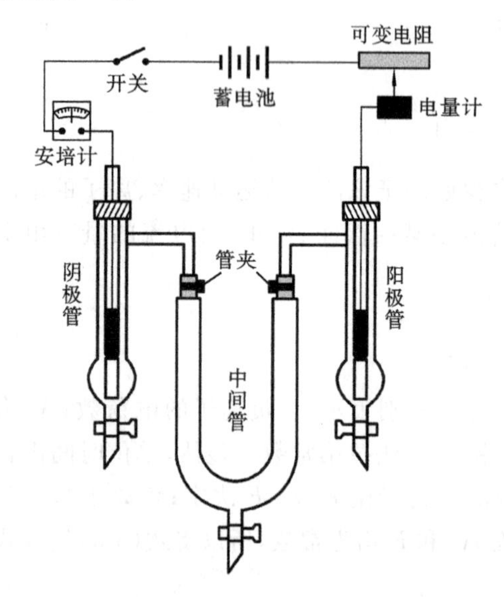

图 6-3　希托夫法测定离子迁移数装置示意图

实验装置包括一个阴极管、一个阳极管和一个中间管。阴极管和阳极管与中间管之间装有管夹,可控制连通或关闭。外电路中串联有电量计,可测定通过电路的总电荷量。

实验中测定通电前、后阳极区或阴极区电解质浓度,由此可算出相应区域内电解质浓度的变化;根据外电路电量计所测定的总电荷量可算出电极反应的物质的量。对选定电极区域内某种离子进行物料衡算,即可算出该离子的迁移数。

基本思路如下:电解后某离子剩余的物质的量 $n_{电解后}$=该离子电解前的物质的量 $n_{电解前}$±该离子参与电极反应的物质的量 $n_{反应}$±该离子迁移的物质的量 $n_{迁移}$,即

$$n_{电解后}=n_{电解前}\pm n_{反应}\pm n_{迁移} \tag{6-9}$$

$n_{反应}$前面的正、负号,根据电极反应是增加还是减少该离子在溶液中的量来确定,增加取正号,减少取负号,如该离子不参加电极反应则没有这一项;$n_{迁移}$前面的正、负号,根据该离子是迁入还是迁出来确定,迁入取正号,迁出取负号。下面通过具体例子来说明。

【例 6-2】 用铜电极电解 $CuSO_4$ 水溶液。电解前每 100 g $CuSO_4$ 溶液中含 10.06 g $CuSO_4$。通电一定时间后,测得银电量计中析出 0.5008 g Ag,并测知阳极区溶液重 54.565 g,其中含 $CuSO_4$ 5.726 g。试计算 $CuSO_4$ 溶液中的铜离子和硫酸根离子的迁移数。

解　电解前、后 $CuSO_4$ 量的改变

$$m_{CuSO_4}=5.726-(54.565-5.726)\times\frac{10.06}{100-10.06}\ g=0.2632\ g$$

从铜电极溶解的 Cu^{2+} 的量为

$$n_{Cu^{2+}}=\frac{n_{Ag}}{2}=\frac{m_{Ag}}{2M_{Ag}}=\frac{0.5008}{2\times107.868}\ mol=2.321\times10^{-3}\ mol$$

从阳极区迁移出去的 Cu^{2+} 的量为

$$n'_{Cu^{2+}}=n_{Cu^{2+}}-n_{CuSO_4}=\left(2.321\times10^{-3}-\frac{0.2632}{159.61}\right)mol=6.7198\times10^{-4}\ mol$$

因此

$$t_{Cu^{2+}}=\frac{Q_+}{Q}=\frac{2n_{Cu^{2+}}}{n_{Ag}}=\frac{2M_{Ag}n'_{Cu^{2+}}}{m_{Ag}}=\frac{2\times107.868\times6.7198\times10^{-4}}{0.5008}=0.289$$

$$t_{SO_4^{2-}}=1-t(Cu^{2+})=1-0.289=0.711$$

6.3　电解质溶液的电导

6.3.1　电导、电导率与摩尔电导率的概念

1. 电导

溶液的导电能力可以用电导 G 表示，其定义为电阻 R 的倒数，即

$$G = \frac{1}{R} \tag{6-10}$$

电导的单位为 S(西门子)，1 S=1 Ω^{-1}。

2. 电导率

由电学原理可知，均匀导体的电阻与其导体的长度 l 成正比，而与导体的截面积 A 成反比，即

$$R = \rho \frac{l}{A} \tag{6-11}$$

式中，ρ 表示电阻率，其倒数$\frac{1}{\rho}$称为电导率，用符号 κ 表示，有

$$G = \frac{1}{\rho}\frac{A}{l} = \kappa \frac{A}{l} \tag{6-12}$$

式(6-12)表明，电导率为单位长度、单位截面积导体所具有的电导，其单位为 $S \cdot m^{-1}$。对电解质溶液来说，电导率的物理意义是指面积各为 1 m^2 且相距 1 m 时的两电极溶液的电导。或者说它是单位立方体的体积内所含溶液的电导。因其数值与电解质的种类、浓度及温度等因素有关，故仅以电导率的大小来衡量不同电解质的导电能力是不够的。为了更好地比较各种电解质溶液的导电能力，必须对电解质在溶液中的含量做出规定，从而引入一个新的概念——摩尔电导率。

3. 摩尔电导率

表示电解质溶液的导电能力，更常用的是摩尔电导率 Λ_m。Λ_m 的定义：将含有 1 mol 电解质的溶液置于相距为 1 m 的两个平行电极之间测得的电导，如图 6-4 所示。

$$\Lambda_m = \frac{\kappa}{c} = V_m \kappa \tag{6-13}$$

式中，V_m 表示含有 1 mol 电解质溶液的体积，$m^3 \cdot mol^{-1}$；c 表示电解质溶液的浓度，$mol \cdot m^{-3}$；$1/c$ 即为 V_m。由式(6-13)知，Λ_m 的单位为 $S \cdot m^2 \cdot mol^{-1}$。

注意：① 当浓度 c 的单位是 $mol \cdot dm^{-3}$ 时，则要换算成 $mol \cdot m^{-3}$，然后进行计算；②在使用摩尔电导率这个量时，应将浓度为 c 的物质的基本单元置于 Λ_m 后的括号或下标中，以免出错。例如，$\Lambda_{m,\frac{1}{2}CuSO_4}$ 与 $\Lambda_{m,CuSO_4}$ 都可称为摩尔电导率，只是所取的基本单元不同，显然 $\Lambda_{m,CuSO_4} = 2\Lambda_{m,\frac{1}{2}CuSO_4}$。

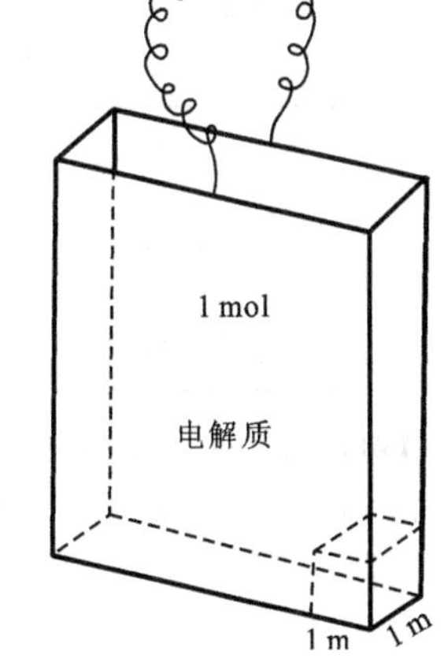

图 6-4　摩尔电导率的定义

引入摩尔电导率的概念是为了便于比较不同类型、不同浓度电解质的导电能力，便于人们在科学研究和生产过程中选择导电性能好的电解液。

6.3.2 电解质溶液的电导测定

借助于图 6-5 所示的装置来测定电解质溶液的电阻,然后求电阻的倒数即得电导。随着实验技术的不断发展,目前已有不少测定电导、电导率的仪器,并可把测出的电阻值换算成电导值在仪器上反映出来。电导率仪的测量原理和物理学上测电阻的惠斯通电桥类似。

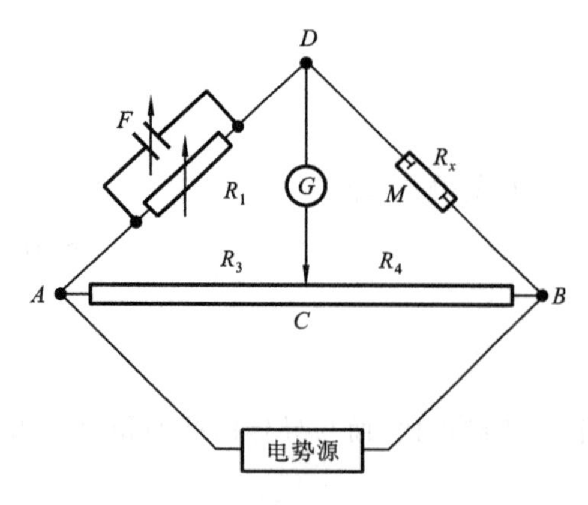

图 6-5 惠斯通电桥示意图

图 6-5 中 AB 为均匀的滑线电阻;R_1 为可变电阻;R_3、R_4 分别表示 AC、BD 段的电阻,M 为放有待测溶液的电导池,设其电阻为 R_x;G 为耳机(或阴极示波器);电势源是一定频率的交流电源,通常取其频率为 1000 Hz,在可变电阻 R_1 上并联了一个可变电容 F,这是为了与电导池实现阻抗平衡。接通电源后,移动接触点 C,直到耳机中声音最小(或示波器中无电流通过)为止。这时 D、C 两点的电位相等,DGC 线路中电流几乎为零,电桥已达平衡,有如下关系:

$$\frac{R_1}{R_x}=\frac{R_3}{R_4}$$

$$\frac{1}{R_x}=\frac{R_3}{R_1R_4}=\frac{AC}{BC}\frac{1}{R_1} \tag{6-14}$$

式中,R_1、R_3、R_4 可从实验中测得,从而可以求出电导池中溶液的电导(即电阻 R_x 的倒数)。若知道电极间的距离和电极面积及溶液的浓度,原则上利用式(6-12)、式(6-13)就可求得 κ、Λ_m 等物理量。

但是,电导池中两极之间的距离 l 及涂有铂黑的电极面积 A 是很难测量的。通常是把已知电阻率的溶液(常用一定浓度的 KCl 溶液)注入电导池,就可确定 l/A 值,该值称为电导池常数,用 K_{cell} 表示,单位是 m^{-1},即

$$R=\rho\frac{l}{A}=\rho K_{cell} \quad 或 \quad K_{cell}=\kappa R \tag{6-15}$$

表 6-2 列出了在 298 K 及 $p^\ominus$ 下几种浓度 KCl 水溶液的 κ 和 Λ_m 值。

表 6-2 在 298 K 及 $p^\ominus$ 下几种浓度 KCl 水溶液的 κ 和 Λ_m 值

$c/(mol\cdot dm^{-3})$	0.001	0.01	0.1	1.0
$\kappa/(S\cdot m^{-1})$	0.01469	0.1413	1.289	11.2
$\Lambda_m/(S\cdot m^2\cdot mol^{-1})$	0.01469	0.01413	0.0129	0.0112

【例 6-3】 298 K 时在一电导池中盛有 0.0200 $mol\cdot dm^{-3}$ 的 KCl 溶液,测得电阻为 82.4 Ω。若用同一电导池充以 0.0050 $mol\cdot dm^{-3}$ 的 K_2SO_4 溶液,电阻为 326 Ω。已知 25 ℃时 0.0200 $mol\cdot dm^{-3}$ 的 KCl 溶液的电导率为 0.2768 $S\cdot m^{-1}$。试求:(1) 电导池常数;(2) 0.0050 $mol\cdot dm^{-3}$ 的 K_2SO_4 溶液的电导率和摩尔电导率。

解 (1)
$$K_{cell}=\kappa R=0.2768\ S\cdot m^{-1}\times 82.4\ \Omega=22.81\ m^{-1}$$

(2)
$$\kappa=\frac{1}{R}K_{cell}=\frac{1}{326\ \Omega}\times 22.81\ m^{-1}=0.06997\ S\cdot m^{-1}$$

$$\Lambda_m=\frac{\kappa}{c}=\frac{0.06997\ S\cdot m^{-1}}{0.0050\times10^3\ mol\cdot m^{-3}}=0.01399\ S\cdot m^2\cdot mol^{-1}$$

6.3.3 电导率、摩尔电导率与浓度的关系

图6-6所示为一些电解质溶液在不同浓度时的电导率。在浓度不大时，强电解质溶液的电导率随浓度增大（导电粒子数目增多）而升高，但当浓度增大到一定程度以后，离子间距减小，阴、阳离子的运动受彼此间作用力的牵引，因而使离子的运动速率变慢，电导率反而下降。所以在电导率与浓度的关系曲线上可能会出现最高点，如HCl、KOH溶液。对于一些中性盐强电解质，存在饱和的限制，可能不会出现最高点，如KCl溶液。但弱电解质溶液的电导率随浓度的变化不显著，这是因为浓度增大使其电离度变小，所以溶液中离子数目变化不大。

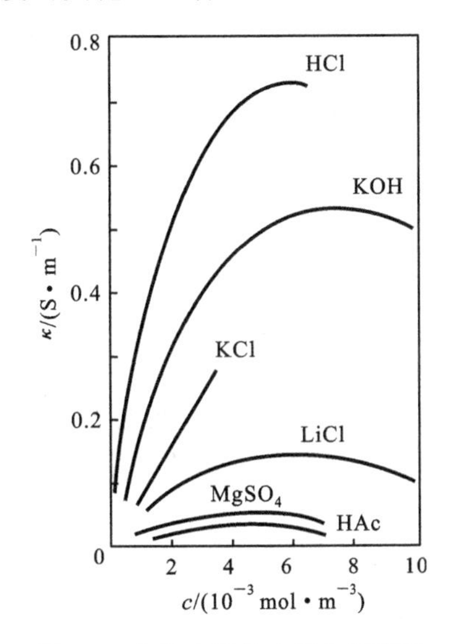

图6-6 电导率随浓度变化示意图

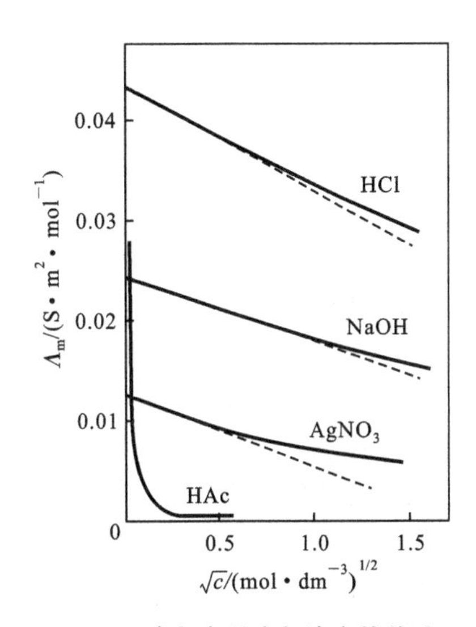

图6-7 摩尔电导率与浓度的关系

对于摩尔电导率而言，因为溶液中含有能导电的粒子数目是一定的，当浓度降低时，溶液的摩尔体积变大，粒子之间相互作用力减弱，阴、阳离子的运动速率因而加快，故摩尔电导率变大。当浓度降低到一定程度之后，强电解质的摩尔电导率几乎保持不变，见图6-7。

从图6-7可以看出，摩尔电导率与电导率不同，随着浓度的增加，摩尔电导率反而降低，而强电解质与弱电解质的摩尔电导率降低情况也不相同。强电解质溶液的浓度对它的摩尔电导率影响不大，溶液浓度降低，摩尔电导率略有升高，当溶液浓度很稀时，摩尔电导率很快达到一个极限值，此值称为该电解质溶液无限稀释时的摩尔电导率，用 Λ_m^∞ 表示。科尔劳施（Kohlrausch，1840—1910，德国化学家、物理学家）根据实验结果发现，在很稀的溶液中，强电解质的摩尔电导率与其浓度的平方根呈线性关系。若用公式表示则为

$$\Lambda_m=\Lambda_m^\infty-A\sqrt{c} \tag{6-16}$$

式中，A 在一定温度下，对于一定的电解质和溶剂来说是一个常数。将直线外推至与纵坐标相交处即得到溶液在无限稀释时的摩尔电导率 Λ_m^∞。

强电解质的 Λ_m^∞ 可用外推法求出。但弱电解质（如HAc、$NH_3\cdot H_2O$ 等）直到溶液稀释至 $0.005\ mol\cdot dm^{-3}$ 时，摩尔电导率 Λ_m 与 $\sqrt{c}$ 仍然不呈直线关系，并且在极稀的溶液中，浓度稍微改变一点，Λ_m^∞ 的值就可能变动很大，即实验上的少许误差对外推求得的 Λ_m^∞ 影响很大。因此，

通过实验值直接求弱电解质的 Λ_m^∞ 遇到了困难。科尔劳施的离子独立移动定律解决了这个问题。

6.3.4 离子独立移动定律和离子的摩尔电导率

科尔劳施根据大量的实验数据发现了一个规律，即在无限稀释的溶液中，每一种离子是独立移动的，不受其他离子的影响。例如，HCl 和 HNO_3、KCl 与 KNO_3、LiCl 和 $LiNO_3$ 三对电解质的 Λ_m^∞ 的差值相等，而与正离子的种类(即不论是 H^+、K^+，还是 Li^+)无关(表 6-3)。

表 6-3　298 K 时一些强电解质的无限稀释摩尔电导率 Λ_m^∞　　单位：$S\cdot m^2\cdot mol^{-1}$

电解质	Λ_m^∞	差　值	电解质	Λ_m^∞	差　值
KCl	0.01499	34.9×10^{-4}	HCl	0.042616	4.9×10^{-4}
LiCl	0.01150		HNO_3	0.04213	
KOH	0.02715	34.8×10^{-4}	KCl	0.014986	4.9×10^{-4}
LiOH	0.02367		KNO_3	0.014496	
KNO_3	0.01450	34.9×10^{-4}	LiCl	0.011503	4.9×10^{-4}
$LiNO_3$	0.01101		$LiNO_3$	0.01101	

同样，具有相同正离子的三组电解质的 Λ_m^∞ 差值也是相等的，与负离子的种类无关。无论在水溶液还是在非水溶液中都发现了这个规律。科尔劳施认为，在无限稀释时，每一种离子是独立移动的，不受其他离子的影响，每一种离子对 Λ_m^∞ 都有恒定的贡献。由于通电于溶液后，电流的传递分别由正、负离子共同分担，因而电解质的 Λ_m^∞ 可认为是两种离子的摩尔电导率之和，这就是离子独立移动定律，用公式表示为

$$\Lambda_m^\infty = \Lambda_{m,+}^\infty + \Lambda_{m,-}^\infty \tag{6-17}$$

式中，$\Lambda_{m,+}^\infty$、$\Lambda_{m,-}^\infty$ 分别表示正、负离子在无限稀释时的摩尔电导率。

根据离子独立移动定律，在极稀的 HCl 溶液和极稀的 HAc 溶液中，氢离子的无限稀释摩尔电导率 Λ_{m,H^+}^∞ 是相同的，也就是说，凡在一定的温度和一定的溶剂中，只要是极稀溶液，同一种离子的摩尔电导率都是同一数值，而不论另一种离子是何种离子。表 6-4 列出了一些离子在无限稀释水溶液中的摩尔电导率。这样，弱电解质的 Λ_m^∞ 就可以由强电解质的 Λ_m^∞ 或离子的 Λ_m^∞ 求得，而离子的 Λ_m^∞ 可由离子的迁移率求得。例如：

表 6-4　298.15 K 时无限稀释水溶液中离子的摩尔电导率

正离子	$\Lambda_{m,+}^\infty/(S\cdot m^2\cdot mol^{-1})$	负离子	$\Lambda_{m,-}^\infty/(S\cdot m^2\cdot mol^{-1})$
H^+	349.82×10^{-4}	OH^-	198.0×10^{-4}
Li^+	38.69×10^{-4}	Cl^-	76.34×10^{-4}
Na^+	50.11×10^{-4}	Br^-	78.4×10^{-4}
K^+	73.52×10^{-4}	I^-	76.8×10^{-4}
NH_4^+	73.4×10^{-4}	NO_3^-	71.44×10^{-4}
Ag^+	61.92×10^{-4}	CH_3COO^-	40.9×10^{-4}
$1/2Ca^{2+}$	59.50×10^{-4}	ClO_4^-	68.0×10^{-4}
$1/2Ba^{2+}$	63.64×10^{-4}	$1/2SO_4^{2-}$	79.8×10^{-4}

$$\begin{aligned}\Lambda_{m,HAc}^\infty &= \Lambda_{m,H^+}^\infty + \Lambda_{m,Ac^-}^\infty \\ &= [\Lambda_{m,H^+}^\infty + \Lambda_{m,Cl^-}^\infty] + [\Lambda_{m,Na^+}^\infty + \Lambda_{m,Ac^-}^\infty] - [\Lambda_{m,Na^+}^\infty + \Lambda_{m,Cl^-}^\infty]\end{aligned}$$

$$= \Lambda_{m,HCl}^{\infty} + \Lambda_{m,NaAc}^{\infty} - \Lambda_{m,NaCl}^{\infty}$$

结果表明，醋酸的极限摩尔电导率可由强电解质 HCl、NaAc 和 NaCl 的极限摩尔电导率的数据求得。

电解质的摩尔电导率是正、负离子电导率贡献的总和，所以离子的迁移数也可以看作某种离子摩尔电导率占电解质的摩尔电导率的分数。对于 1∶1 型的电解质在无限稀释时，有

$$\Lambda_m^{\infty} = \Lambda_{m,+}^{\infty} + \Lambda_{m,-}^{\infty}$$

$$t_+ = \frac{\Lambda_{m,+}^{\infty}}{\Lambda_m^{\infty}}, \quad t_- = \frac{\Lambda_{m,-}^{\infty}}{\Lambda_m^{\infty}} \tag{6-18}$$

对于浓度不太大的强电解质溶液，可近似有

$$\Lambda_m = \Lambda_{m,+} + \Lambda_{m,-}$$

$$t_+ = \frac{\Lambda_{m,+}^{\infty}}{\Lambda_m}, \quad t_- = \frac{\Lambda_{m,-}^{\infty}}{\Lambda_m} \tag{6-19}$$

t_+、t_- 和 Λ_m 的值都可由实验测得，从而就可计算离子的摩尔电导率。

6.4 电导测定的应用

6.4.1 检测水的纯度

在日常生活和生产中，不同领域对水的纯度需求不同，如实验室、制药及微电子等行业常常对水的纯度有较高的要求；盐场修建优先选择海水含盐量高的地区，海底电缆埋设优先选择含盐量较低的海域等。可用测定水的电导率的大小来检测水的纯度。常温下自来水的电导率一般约为 $1.0\times10^{-1}\,S\cdot m^{-1}$，普通蒸馏水的电导率约为 $1.0\times10^{-3}\,S\cdot m^{-1}$，重蒸水（蒸馏水经用 $KMnO_4$ 和 KOH 溶液处理以除去 CO_2 及有机杂质，然后在石英器皿中重新蒸馏）和去离子水的电导率一般小于 $1.0\times10^{-4}\,S\cdot m^{-1}$，所以只要测定水的电导率就可知其纯度是否符合要求。

6.4.2 弱电解质的解离度及解离常数的测定

在弱电解质溶液中，只有已解离的部分才能承担传递电量的任务，在无限稀释的溶液中，可认为弱电解质能全部解离，其摩尔电导率 Λ_m^{∞} 即为离子无限稀释摩尔电导率的加和。一定浓度下的弱电解质的 Λ_m 与其无限稀释的 Λ_m^{∞} 的差别取决于两个因素：一是电解质的解离度；二是离子间的相互作用力。由于一般弱电解质的解离度（degree of dissociation）很小，离子浓度很低，故可将离子间的相互作用忽略不计，则 Λ_m 与 Λ_m^{∞} 的差别可认为只由部分解离和全部解离产生的离子数目不同所致，由此可得到

$$\alpha = \frac{\Lambda_m}{\Lambda_m^{\infty}} \tag{6-20}$$

α 即为弱电解质在浓度为 c 时的解离度。

以 1—1 价型弱电解质 HAc 为例，设其起始浓度为 c，则

	HAc	+	H_2O	$\longrightarrow$	H_3O^+	+	Ac^-
起始时	c				0		0
平衡时	$c(1-\alpha)$				$c\alpha$		$c\alpha$

解离平衡常数

$$K^{\ominus}=\frac{\alpha^2}{1-\alpha}\frac{c}{c^{\ominus}}$$

将式(6-20)代入,得

$$K_{\alpha}^{\ominus}=\frac{\Lambda_{\mathrm{m}}^2}{\Lambda_{\mathrm{m}}^{\infty}(\Lambda_{\mathrm{m}}^{\infty}-\Lambda_{\mathrm{m}})}\frac{c}{c^{\ominus}} \tag{6-21}$$

该式称为奥斯特瓦尔德稀释定律。

【例 6-4】 298.15 K 时,实验测得 0.01 mol·L^{-1}的磺胺($C_6H_8O_2N_2S$)水溶液的电导率 κ_{SN} 为 1.103×10^{-3} S·m^{-1},磺胺钠盐的无限稀释摩尔电导率 $\Lambda_{\mathrm{m,SN\text{-}Na}}^{\infty}$ 为 0.01003 S·m^2·mol^{-1}。试求 0.01 mol·L^{-1}的磺胺水溶液中磺胺的解离度及解离平衡常数。

解　查表 6-3、表 6-4 可得 $\Lambda_{\mathrm{m,HCl}}^{\infty}=0.042616$ S·m^2·mol^{-1},$\Lambda_{\mathrm{m,Na^+}}^{\infty}=50.11\times10^{-4}$ S·m^2·mol^{-1},$\Lambda_{\mathrm{m,Cl^-}}^{\infty}=76.34\times10^{-4}$ S·m^2·mol^{-1}

故

$$\begin{aligned}\Lambda_{\mathrm{m,SN}}^{\infty}&=\Lambda_{\mathrm{m,SN\text{-}Na}}^{\infty}+\Lambda_{\mathrm{m,HCl}}^{\infty}-(\Lambda_{\mathrm{m,Na^+}}^{\infty}+\Lambda_{\mathrm{m,Cl^-}}^{\infty})\\&=[0.01003+0.042616-(50.11\times10^{-4}+76.34\times10^{-4})]\ \mathrm{S\cdot m^2\cdot mol^{-1}}\\&=0.0400\ \mathrm{S\cdot m^2\cdot mol^{-1}}\end{aligned}$$

再根据式(6-13),有 $\Lambda_{\mathrm{m}}=\frac{\kappa_{\mathrm{SN}}}{c}=\frac{1.103\times10^{-3}}{0.01\times10^{3}}\ \mathrm{S\cdot m^2\cdot mol^{-1}}=1.103\times10^{-4}\ \mathrm{S\cdot m^2\cdot mol^{-1}}$

于是

$$\alpha=\frac{\Lambda_{\mathrm{m,SN}}}{\Lambda_{\mathrm{m,SN}}^{\infty}}=\frac{1.103\times10^{-4}}{0.0400}=0.276\%$$

$$K^{\ominus}=\frac{\alpha^2}{1-\alpha}\frac{c}{c^{\ominus}}=\frac{(2.76\times10^{-3})^2}{1-0.00276}\times0.01=7.64\times10^{-8}$$

6.4.3　难溶盐的溶解度(或溶度积)的测定

难溶盐在水中的溶解度很小,一般很难直接测定,但用电导测定法可以很方便地计算其溶解度。具体方法是先测定纯水的电导率 $\kappa_{水}$,再用此水配制待测难溶盐的饱和溶液,测定该饱和溶液的电导率 $\kappa_{溶液}$,于是可得难溶盐的电导率(由于溶液极稀,故水对电导的贡献不能忽略)。根据式(6-13)$\Lambda_{\mathrm{m}}=\frac{\kappa}{c}$,式中 c 表示难溶盐的物质的量浓度,由于溶液中难溶盐的浓度很小,故可近似认为难溶盐饱和溶液的 $\Lambda_{\mathrm{m}}\approx\Lambda_{\mathrm{m}}^{\infty}$,因此可得

$$c_{饱和}=\frac{\kappa_{溶液}-\kappa_{水}}{\Lambda_{\mathrm{m}}^{\infty}} \tag{6-22}$$

式中,$\Lambda_{\mathrm{m}}^{\infty}$ 可查表求得。从上式可求得难溶盐的饱和溶液的浓度 c,即为溶解度 s。

【例 6-5】 298.15 K 时,测得 AgBr 饱和水溶液的电导率为 1.576×10^{-4} S·m^{-1},所用水的电导率 κ 为 1.519×10^{-4} S·m^{-1},试求 AgBr 在该温度时的溶解度。

解　根据式(6-22),有

$$c_{饱和}=\frac{\kappa_{溶液}-\kappa_{水}}{\Lambda_{\mathrm{m,AgBr}}^{\infty}}=\frac{\kappa_{溶液}-\kappa_{水}}{\Lambda_{\mathrm{m,Ag^+}}^{\infty}+\Lambda_{\mathrm{m,Br^-}}^{\infty}}$$

查表 6-4 得　$\Lambda_{\mathrm{m,Ag^+}}^{\infty}=6.192\times10^{-3}$ S·m^2·mol^{-1},　$\Lambda_{\mathrm{m,Br^-}}^{\infty}=7.84\times10^{-3}$ S·m^2·mol^{-1}

所以

$$c=\frac{1.576\times10^{-4}-1.519\times10^{-4}}{6.192\times10^{-3}+7.84\times10^{-3}}\ \mathrm{mol\cdot m^{-3}}=4.062\times10^{-4}\ \mathrm{mol\cdot m^{-3}}$$

故 AgBr 在该温度时的溶解度为

$$s_{\mathrm{AgBr}}=c_{饱和}=4.062\times10^{-4}\ \mathrm{mol\cdot m^{-3}}$$

6.4.4　电导滴定

在分析化学中,常用指示剂的变色来确定滴定分析的终点,但当指示剂选择不理想或溶液

混浊、有颜色不便使用指示剂时，电导滴定常能收到非常好的效果。利用滴定过程中溶液电导的变化来确定滴定终点的方法，称为电导滴定法。

电导滴定的原理是借滴定过程中离子浓度的变化或某种离子被另一种与其电迁移速率不同的离子所取代，因而导致溶液电导发生改变，根据溶液的电导的变化来确定滴定终点。电导滴定不需要使用指示剂，使用辅助设备可进行自动记录和绘制滴定曲线，并将未知物计算出来。因此，常用于中和反应、氧化还原反应与沉淀反应等的滴定。图 6-8 是以强酸强碱滴定来说明电导滴定终点判断示意图。

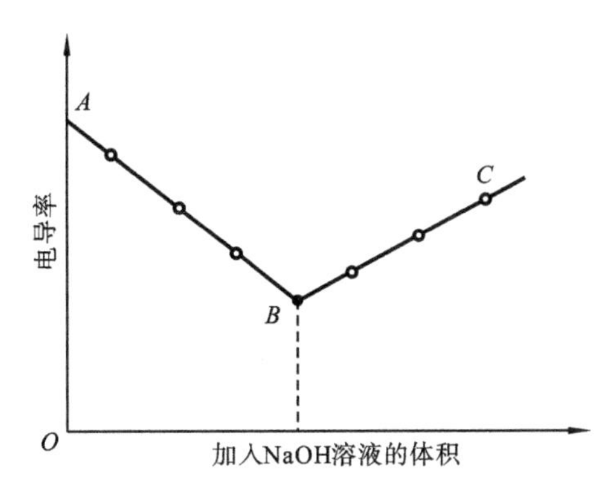

图 6-8　电导滴定终点判断示意图

6.5　电解质溶液的活度、活度系数及德拜-休克尔极限公式(选学内容)

由于原电池和电解池中使用的电解质溶液浓度一般比较高，所以在热力学计算中需要使用活度来代替浓度。电解质溶液的活度表示法与第 3 章中所讲的非电解质稀溶液的活度表示本质上没有什么区别，只是电解质溶液的整体活度是电解质解离后正、负离子的共同贡献。下面将介绍关于电解质溶液的活度及活度系数的表示方法。

6.5.1　平均离子活度和平均离子活度系数

活度与活度系数的概念是在第 3 章中介绍真实溶液化学势的表达式时引出的，对于电解质溶液，同样可以从化学势表达式中引出相应的活度与活度系数的表示方法。

以强电解质 $C_{\nu_+}A_{\nu_-}$ 为例，设其在水中全部解离：

$$C_{\nu_+}A_{\nu_-} \longrightarrow \nu_+ C^{z_+} + \nu_- A^{z_-}$$

因溶液中电解质的化学势 μ_B 应为正离子化学势 μ_+ 和负离子化学势 μ_- 的总和，即

$$\mu_B = \nu_+\mu_+ + \nu_-\mu_- \tag{6-23}$$

根据化学势的定义　　$\mu_B = \mu_B^{\ominus} + RT\ln a_B$

则电解质、正离子、负离子的化学势分别为

$$\mu_B = \mu_B^{\ominus} + RT\ln a_B \tag{6-24a}$$

$$\mu_+ = \mu_+^{\ominus} + RT\ln a_+ \tag{6-24b}$$

$$\mu_- = \mu_-^{\ominus} + RT\ln a_- \tag{6-24c}$$

式中，a_B、a_+、a_- 分别表示电解质、正离子和负离子的活度；$\mu_B^{\ominus}$、$\mu_+^{\ominus}$、$\mu_-^{\ominus}$ 分别表示三者的标准化学势。

将式(6-24)代入式(6-23),整理后得

$$\mu_{\mathrm{B}}=\mu_{\mathrm{B}}^{\ominus}+RT\ln(a_{+}^{\nu_{+}}a_{-}^{\nu_{-}}) \tag{6-25}$$

其中

$$\mu_{\mathrm{B}}^{\ominus}=\nu_{+}\mu_{+}^{\ominus}+\nu_{-}\mu_{-}^{\ominus} \tag{6-26}$$

将式(6-25)与式(6-24a)对比,可有

$$a_{\mathrm{B}}=a_{+}^{\nu_{+}}a_{-}^{\nu_{-}} \tag{6-27}$$

此式即电解质的活度与其阴、阳离子活度之间的关系式。

到目前为止,还无法单独测出电解质溶液中某种离子的活度,只能测出正、负离子活度的平均值,因此引入平均离子活度的定义:

$$a_{\pm}=(a_{+}^{\nu_{+}}a_{-}^{\nu_{-}})^{\frac{1}{\nu}} \tag{6-28}$$

其中

$$\nu=\nu_{+}+\nu_{-} \tag{6-29}$$

将式(6-28)与式(6-27)结合可知

$$a_{\mathrm{B}}=a_{\pm}^{\nu}=a_{+}^{\nu_{+}}a_{-}^{\nu_{-}} \tag{6-30}$$

由此可得电解质的化学势为

$$\mu_{\mathrm{B}}=\mu_{\mathrm{B}}^{\ominus}+RT\ln a_{\pm}^{\nu} \tag{6-31}$$

若所配制的电解质溶液的质量摩尔浓度为 b 时,根据前面给出的解离式,可知溶液中正离子和负离子的质量摩尔浓度分别为

$$b_{+}=\nu_{+}b \tag{6-32a}$$

$$b_{-}=\nu_{-}b \tag{6-32b}$$

定义正离子、负离子的活度系数分别为

$$\gamma_{+}=\frac{a_{+}}{\dfrac{b_{+}}{b^{\ominus}}} \tag{6-33a}$$

$$\gamma_{-}=\frac{a_{-}}{\dfrac{b_{-}}{b^{\ominus}}} \tag{6-33b}$$

代入式(6-24b)和式(6-24c),可将离子的化学势写为

$$\mu_{+}=\mu_{+}^{\ominus}+RT\ln\left(\frac{\gamma_{+}b_{+}}{b^{\ominus}}\right) \tag{6-34a}$$

$$\mu_{-}=\mu_{-}^{\ominus}+RT\ln\left(\frac{\gamma_{-}b_{-}}{b^{\ominus}}\right) \tag{6-34b}$$

这样式(6-25)可表示为

$$\mu_{\mathrm{B}}=\mu_{\mathrm{B}}^{\ominus}+RT\ln\left[\gamma_{+}^{\nu_{+}}\ \gamma_{-}^{\nu_{-}}\ \left(\frac{b_{+}}{b^{\ominus}}\right)^{\nu_{+}}\ \left(\frac{b_{-}}{b^{\ominus}}\right)^{\nu_{-}}\right] \tag{6-35}$$

由于单独一种离子的活度系数无法测定,所以也只能使用其总体的平均值。定义电解质的平均离子活度系数 $\gamma_{\pm}$ 为

$$\gamma_{\pm}=(\gamma_{+}^{\nu_{+}}\ \gamma_{-}^{\nu_{-}})^{\frac{1}{\nu}} \tag{6-36}$$

同时定义电解质的 $b_{\pm}$ 为

$$b_{\pm}=(b_{+}^{\nu_{+}}\ b_{-}^{\nu_{-}})^{\frac{1}{\nu}} \tag{6-37}$$

将 $\gamma_{\pm}$ 和 $b_{\pm}$ 的定义式代入式(6-35),并与前面的式(6-31)比较,可有

$$\mu_{\mathrm{B}}=\mu_{\mathrm{B}}^{\ominus}+RT\ln\left[\gamma_{\pm}^{\nu}\ \left(\frac{b_{\pm}}{b^{\ominus}}\right)^{\nu}\right]=\mu_{\mathrm{B}}^{\ominus}+RT\ln a_{\pm}^{\nu} \tag{6-38}$$

则有
$$a_{\pm}=\frac{\gamma_{\pm}\, b_{\pm}}{b^{\ominus}} \tag{6-39}$$

当 $b\to 0$ 时，$\gamma_{\pm}\to 1$。

表 6-5 列出了 298.15 K 时水溶液中一些电解质在不同质量摩尔浓度下的平均离子活度系数。

表 6-5　298.15 K 时水溶液中电解质的平均离子活度系数 $\gamma_{\pm}$

$b/(\mathrm{mol\cdot kg^{-1}})$	0.001	0.005	0.01	0.05	0.10	0.50	1.0	2.0	4.0
HCl	0.965	0.928	0.904	0.830	0.796	0.757	0.809	1.009	1.762
NaCl	0.966	0.929	0.904	0.823	0.778	0.682	0.658	0.671	0.783
KCl	0.965	0.927	0.901	0.815	0.769	0.650	0.605	0.575	0.582
HNO_3	0.965	0.927	0.902	0.823	0.785	0.715	0.720	0.783	0.982
NaOH	—	—	0.899	0.818	0.766	0.693	0.679	0.700	0.890
$CaCl_2$	0.887	0.783	0.724	0.574	0.518	0.448	0.500	0.792	2.934
K_2SO_4	0.89	0.78	0.71	0.52	0.43	—	—	—	—
H_2SO_4	0.830	0.639	0.544	0.340	0.265	0.154	0.130	0.124	0.171
$CdCl_2$	0.819	0.623	0.524	0.304	0.228	0.100	0.066	0.044	—
$BaCl_2$	0.88	0.77	0.2	0.56	0.49	0.39	0.39	—	—
$CuSO_4$	0.74	0.53	0.41	0.21	0.16	0.068	0.047	—	—
$ZnSO_4$	0.734	0.477	0.387	0.202	0.148	0.063	0.043	0.035	—

【例 6-6】 试利用表 6-5 中的数据，计算 298.15 K 时，$b=0.10\ \mathrm{mol\cdot kg^{-1}}$ 的 $CdCl_2$ 水溶液中电解质的活度及平均离子活度。

解　对于 $CdCl_2$，$\nu_+=1$，$\nu_-=2$，$\nu=\nu_++\nu_-=3$，$CdCl_2$ 的平均质量摩尔浓度

$$b_{\pm}=(b_+^{\nu_+}b_-^{\nu_-})^{\frac{1}{\nu}}=(b_{\mathrm{Cd^{2+}}}b_{\mathrm{Cl^-}}^2)^{\frac{1}{3}}=(4b^3)^{\frac{1}{3}}=0.10\times 4^{1/3}\ \mathrm{mol\cdot kg^{-1}}=0.1587\ \mathrm{mol\cdot kg^{-1}}$$

由表 6-5 查得，298.15 K 时 $0.10\ \mathrm{mol\cdot kg^{-1}}$ $CdCl_2$ 的 $\gamma_{\pm}=0.228$，则

$$a_{\pm}=\gamma_{\pm}b_{\pm}/b^{\ominus}=0.228\times 0.1587=0.03618$$
$$a_{\mathrm{CdCl_2}}=a_{\pm}^{\nu}=0.03618^3=4.736\times 10^{-5}$$

根据表 6-5 所列数据可知：

(1) 电解质平均离子活度系数 $\gamma_{\pm}$ 与溶液的浓度有关，在稀溶液范围内，$\gamma_{\pm}$ 随浓度降低而增加；

(2) 在稀溶液范围内，对相同价型的电解质而言，当浓度相同时，其 $\gamma_{\pm}$ 十分接近，而不同价型的电解质，虽浓度相同，其 $\gamma_{\pm}$ 也不相同，高价型电解质的 $\gamma_{\pm}$ 较小。

6.5.2　离子强度

在稀溶液范围内，影响 $\gamma_{\pm}$ 大小的主要是浓度和价型两个因素。为了能综合反映这两个因

素对 $\gamma_\pm$ 的影响，1921 年，路易斯提出了一个新的物理量——离子强度，用 I 表示，定义为

$$I = \frac{1}{2}\sum b_B z_B^2 \tag{6-40}$$

即将溶液中每种离子的质量摩尔浓度 b_B 乘以该离子电荷数 z_B 的平方，所得诸项之和的一半称为离子强度。

在此基础上，路易斯根据实验结果总结出在稀溶液范围内一定价型电解质的平均离子活度系数 $\gamma_\pm$ 与离子强度的关系为

$$\lg\gamma_\pm \propto \sqrt{I} \tag{6-41}$$

6.5.3 德拜-休克尔极限公式

1923 年，德拜(Debye)和休克尔(Hückel)提出了解释稀溶液性质的强电解质离子互吸理论，导出了定量计算离子平均活度系数的德拜-休克尔极限公式：

$$\lg\gamma_\pm = -Az_+|z_-|\sqrt{I} \tag{6-42}$$

式中，A 是一个与溶剂性质、温度等有关的常数，在 25 ℃ 的水溶液中 $A = 0.509(\mathrm{mol\cdot kg^{-1}})^{-\frac{1}{2}}$。因为在推导过程中有些假设只有在溶液非常稀时才能成立，故称为极限公式，该公式只适用于稀溶液。

由式(6-42)可知，当温度、溶剂确定后，电解质的平均离子活度系数 $\gamma_\pm$ 只与离子所带电荷数以及溶液的离子强度有关。因此不同电解质，只要价型相同，即 $z_+|z_-|$ 相同，以 $\lg\gamma_\pm$ 对$\sqrt{I}$作图，均应在一条直线上。图 6-9 为不同价型电解质水溶液的 $\lg\gamma_\pm$-$\sqrt{I}$图，图中实线为实验值，虚线为德拜-休克尔极限公式的计算值。由图可看出，在溶液浓度很低时，理论值与实验值很符合。另外图中曲线显示，在相同离子强度下，$z_+|z_-|$越大的电解质 $\gamma_\pm$ 越小，且偏离理想的程度越高。这也说明了静电作用力是使电解质溶液偏离理想溶液的主要原因。

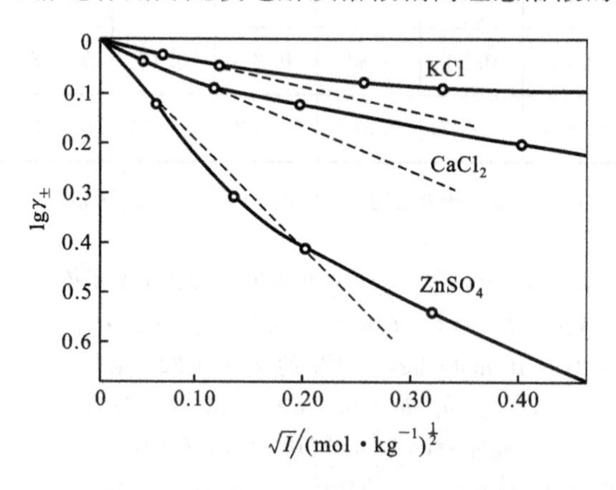

图 6-9　德拜-休克尔极限公式的验证

【例 6-7】　试用德拜-休克尔极限公式计算 25 ℃时 $b=0.005\ \mathrm{mol\cdot kg^{-1}}$ 的 $ZnCl_2$ 水溶液中，$ZnCl_2$ 的平均离子活度系数 $\gamma_\pm$。

解　　$b_{Zn^{2+}} = b \quad b_{Cl^-} = 2b \quad z_+ = 2 \quad z_- = -1$

$$I = \frac{1}{2}\sum b_B z_B^2 = \frac{1}{2}[b\times 2^2 + 2b\times(-1)^2] = 3b = 0.015\ \mathrm{mol\cdot kg^{-1}}$$

25 ℃时水溶液中 $A = 0.509\ (\mathrm{mol\cdot kg^{-1}})^{-\frac{1}{2}}$，则

$$\lg\gamma_\pm = -Az_+|z_-|\sqrt{I} = -0.509\times 2\times\sqrt{0.015} = -0.1247,\quad \gamma_\pm = 0.750$$

6.6 可逆电池与惠斯通标准电池

6.6.1 原电池

原电池是利用电极上的氧化还原反应自发地将化学能转化为电能的装置。而对于阴极(正极)、阳极(负极)的规定,现结合实例深入地介绍其主要内容。

Cu-Zn 电池的装置如图 6-10 所示,将锌片插入 1 $mol \cdot kg^{-1}$的 $ZnSO_4$溶液中,将铜片插入 1 $mol \cdot kg^{-1}$的 $CuSO_4$溶液中,两种溶液之间用多孔塞隔开。多孔塞允许离子通过,但能防止两种溶液由于相互扩散而完全混合。当电池向外界供电时,其电极反应和电池反应为

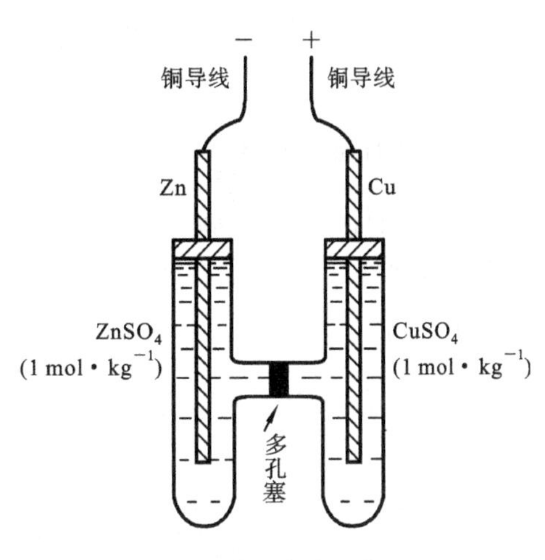

图 6-10 铜锌原电池示意图

阳(负)极 $Zn(s) \longrightarrow Zn^{2+} + 2e^-$

阴(正)极 $Cu^{2+} + 2e^- \longrightarrow Cu(s)$

电池反应 $Zn(s) + Cu^{2+} \longrightarrow Zn^{2+} + Cu(s)$

为书写方便,通常用电池符号式来表示一个电池。

Cu-Zn 电池的电池符号式表示如下:

(—)Zn | $ZnSO_4$(aq) ¦ $CuSO_4$(aq) | Cu(+)

IUPAC 规定,用电池符号式表示电池时,需将原电池负极写在左边,正极写在右边;用实垂线“|”表示相与相之间的界面;两液体之间的接界用单虚垂线“¦”表示,若加入盐桥则用双垂线“‖”表示;同一相中的物质用逗号隔开。

6.6.2 可逆电池

由于热力学研究的对象必须是平衡系统,对一个过程来说,平衡就意味着可逆,所以在用热力学的方法研究电池时,要求电池是可逆的。电池的可逆包括以下三方面的含义。

(1) 电池内进行的化学反应必须是可逆的,即充电反应和放电反应互为逆反应。

(2) 能量的转换必须可逆,即充、放电时电流无穷小,保证电池内进行的化学反应是在无限接近平衡态的条件下进行的。

(3) 电池中所进行的其他过程(如离子的迁移等)也必须可逆。

严格来说,由两个不同电解质溶液构成的具有液体接界的电池都是热力学不可逆的,因为在液体接界处存在着不可逆的离子扩散。不过在一般精度要求许可范围内,为研究方便,有时可忽略一些较小的不可逆性。所以图 6-10 所示的 Cu-Zn 电池是具有化学可逆性的电池,在充电时上述电极反应将逆向进行。不过由于在液体接界处的离子扩散过程是不可逆的,故严格地讲,Cu-Zn 电池为不可逆电池。若忽略液体接界处的不可逆性,在电流 $I \rightarrow 0$ 时的可逆充、放电条件下,可将 Cu-Zn 电池近似看作可逆电池。

有的电池,两种电极只涉及一种溶液,称为单液电池。例如下列电池

(—)Pt | H_2(g) | HCl(aq) | AgCl(s) | Ag(+)

左侧的电极为氢电极。将镀有一层铂黑的铂片浸入 HCl 水溶液中,并不断地向铂片上通入纯净的、压力为 p 的氢气,这样就构成氢电极。右侧为银-氯化银电极,它是将表面上覆盖有一层

AgCl 的银棒浸入含有 Cl^- 的溶液中而构成。

设原电池的电动势与外加反方向电池电动势的差值为 dE。当 dE>0 时,原电池放电并发生下列反应:

负极 $H_2(g) \longrightarrow 2H^+ + 2e^-$

正极 $2AgCl(s) + 2e^- \longrightarrow 2Ag(s) + 2Cl^-$

电池反应 $H_2(g) + 2AgCl(s) \longrightarrow 2Ag(s) + 2HCl(aq)$

当 dE<0 时,原电池充电而变为电解池,上述电极及电池反应都朝反方向进行。这种单液电池才是真正的可逆电池,由于电池中只有一种电解质存在,所以在化学可逆的前提下,在电流 $I \to 0$ 时,可认为其是一个高度可逆的电池。中间用盐桥连接的双液电池可近似地视为可逆电池。

6.6.3 惠斯通标准电池

惠斯通标准电池是高度可逆电池,它的主要用途是配合电势差计测定其他电池的电动势。其装置如图 6-11 所示。电池的阳极是含 $w_{Cd}=0.125$ 的镉汞齐,将其浸于硫酸镉溶液中,该溶液为 $CdSO_4 \cdot \frac{8}{3}H_2O(s)$ 晶体的饱和溶液。阴极为汞与硫酸亚汞的糊状体,此糊状体也浸在硫酸镉的饱和溶液中。为了使引出的导线与糊状体接触紧密,在糊状体的下面放少许汞。

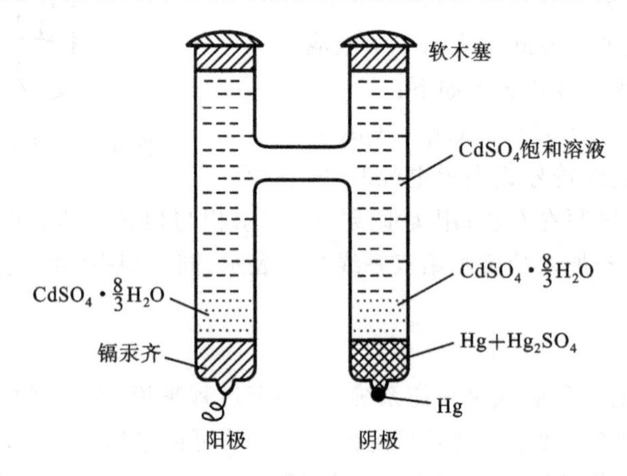

图 6-11 惠斯通标准电池

惠斯通标准电池符号式表示如下:

$$(-)\text{镉汞齐}(w_{Cd}=0.125)\,|\,CdSO_4 \cdot \frac{8}{3}H_2O(s)\,|\,CdSO_4\text{ 饱和溶液}\,|\,Hg_2SO_4(s)\,|\,Hg(+)$$

电极反应和电池反应为

阳极(负极) $Cd(\text{汞齐}) + SO_4^{2-} + \frac{8}{3}H_2O(l) \longrightarrow CdSO_4 \cdot \frac{8}{3}H_2O(s) + 2e^-$

阴极(正极) $Hg_2SO_4(s) + 2e^- \longrightarrow 2Hg(l) + SO_4^{2-}$

电池反应 $Cd(\text{汞齐}) + Hg_2SO_4(s) + \frac{8}{3}H_2O(l) \rightleftharpoons 2Hg(l) + CdSO_4 \cdot \frac{8}{3}H_2O(s)$

惠斯通标准电池的最大优点是它的电动势稳定,随温度改变很小。除了上述饱和的标准电池外,还有一种不饱和的惠斯通电池,其电动势受温度影响更小。

6.7 原电池热力学

借助于不同温度下的可逆电池电动势的测定，可求得相应反应的各热力学函数的变化，如 $\Delta_r H_m$、$\Delta_r S_m$、$\Delta_r G_m$ 等。因此，研究可逆电池热力学十分有意义。

6.7.1 由可逆电动势计算电池反应的摩尔吉布斯自由能变

由热力学第二定律可知，等温等压下，系统吉布斯自由能的改变等于系统与环境交换的可逆非体积功，即 $\Delta_r G = W'_r$。而原电池在等温等压、可逆放电时所做的可逆电功就是系统发生化学反应对环境所做的可逆非体积功 W'_r，其值等于可逆电动势 E 与电荷量 Q 的乘积，当反应进度 $\xi=1$ 时，系统吉布斯自由能的减少应等于系统对外所做的最大非体积功，即

$$\Delta_r G_m = W'_r = -zFE \tag{6-43}$$

此式说明，只要测得可逆电池电动势 E，即可求得该电池反应的 $\Delta_r G_m$。

6.7.2 由原电池电动势的温度系数计算电池反应的摩尔熵变

在一定压力下，电动势随温度的变化率 $\left(\frac{\partial E}{\partial T}\right)_p$ 称为电动势的温度系数，单位为 $V \cdot K^{-1}$，其值可通过实验测定一系列不同温度下的电动势求得。因

$$\left(\frac{\partial \Delta_r G_m}{\partial T}\right)_p = -\Delta_r S_m$$

由式(6-43)可知

$$\Delta_r S_m = zF\left(\frac{\partial E}{\partial T}\right)_p \tag{6-44}$$

若已知某电池的电动势 E 与温度的函数关系式，即可用上式计算在任一温度和指定压力下，给定电池反应的 $\Delta_r S_m$。

6.7.3 电池反应摩尔反应焓的计算

将式(6-43)和式(6-44)代入公式 $\Delta_r H_m = \Delta_r G_m + T\Delta_r S_m$，即得

$$\Delta_r H_m = -zFE + zFT\left(\frac{\partial E}{\partial T}\right)_p \tag{6-45}$$

式中，$\Delta_r H_m$ 是化学反应的摩尔焓变，相当于只有体积功的等压热效应，即为反应热。由此式可知，只要测得 E 随温度的变化，得出 E 的温度系数 $\left(\frac{\partial E}{\partial T}\right)_p$，就可以根据式(6-45)求出反应的 $\Delta_r H_m$。

6.7.4 原电池可逆放电反应过程的可逆热

原电池等温可逆放电时，化学反应过程的摩尔反应热 $Q_{r,m}$ 为可逆热，故

$$Q_{r,m} = T\Delta_r S_m = zFT\left(\frac{\partial E}{\partial T}\right)_p \tag{6-46}$$

由上式可知，电池在等温等压下可逆放电时，根据 $\left(\frac{\partial E}{\partial T}\right)_p$ 的符号，可以确定电池工作时是放热还是吸热，即

若$\left(\frac{\partial E}{\partial T}\right)_p>0$,则$Q_{r,m}>0$,电池反应过程将从环境吸热;

若$\left(\frac{\partial E}{\partial T}\right)_p=0$,则$Q_{r,m}=0$,电池反应过程与环境无热交换;

若$\left(\frac{\partial E}{\partial T}\right)_p<0$,则$Q_{r,m}<0$,电池反应过程将向环境放热。

【例 6-8】 298 K,电池(-)Ag(s)|AgCl(s)|KCl(l)|Cl_2(g)|Pt(+)的电动势$E=0.0455$ V,$\left(\frac{\partial E}{\partial T}\right)_p=-3.38\times10^{-5}$ V·K^{-1},求此电池反应的$\Delta_r H_m$、$\Delta_r S_m$及可逆放电时的热效应$Q_{r,m}$。

解 电池反应为$Ag(s)+\frac{1}{2}Cl_2(g)\rightleftharpoons AgCl(s)$,在两电极上得失电子数$z=1$。

$$\begin{aligned}\Delta_r H_m &= -zF\left[E-T\left(\frac{\partial E}{\partial T}\right)_p\right]\\ &= -1\times96500\ C\cdot mol^{-1}\times(0.0455\ V+298\ K\times3.38\times10^{-5}\ V\cdot K^{-1})\\ &= -5363\ J\cdot mol^{-1}\end{aligned}$$

$$\Delta_r S_m = zF\left(\frac{\partial E}{\partial T}\right)_p = 1\times96500\times(-3.38\times10^{-5})\ J\cdot mol^{-1}\cdot K^{-1} = -3.26\ J\cdot mol^{-1}\cdot K^{-1}$$

$$Q_{r,m} = T\Delta_r S_m = 298\times(-3.26)\ J\cdot mol^{-1} = -971.9\ J\cdot mol^{-1}$$

【例 6-9】 求 298 K 时,下列电池的温度系数,并计算可逆放电的热效应。

(-)Pt|H_2(g,100 kPa)|H_2SO_4(l,0.01 mol·kg^{-1})|O_2(g,100 kPa)|Pt(+)

已知$E=1.228$ V,水的$\Delta_f H_m^{\ominus}=-2.858\times10^5$ J·mol^{-1}。

解 电池反应为$H_2(p)+\frac{1}{2}O_2(g)\rightleftharpoons H_2O(l)$,在两电极上得失电子数$z=2$,由式

$$\Delta_f H^{\ominus}_{m,H_2O(l)} = \Delta_r H_m = -zF\left[E-T\left(\frac{\partial E}{\partial T}\right)_p\right]$$

得

$$\left(\frac{\partial E}{\partial T}\right)_p = \frac{E+\frac{\Delta_f H^{\ominus}_{m,H_2O(l)}}{zF}}{T} = \frac{1.228\ V+\frac{-2.858\times10^5\ J\cdot mol^{-1}}{2\times96500\ C\cdot mol^{-1}}}{298\ K} = -8.48\times10^{-4}\ V\cdot K^{-1}$$

$$\Delta_r S_m = zF\left(\frac{\partial E}{\partial T}\right)_p = 2\times96500\times(-8.48\times10^{-4})\ J\cdot mol^{-1}\cdot K^{-1} = -164\ J\cdot mol^{-1}\cdot K^{-1}$$

$$Q_{r,m} = T\Delta_r S_m = 298\times(-164\times10^{-3})\ kJ\cdot mol^{-1} = -48.8\ kJ\cdot mol^{-1}$$

6.7.5 能斯特方程

设在T、p恒定时,某可逆电池的反应为

$$aA+dD\rightleftharpoons gG+hH$$

根据化学反应等温式

$$\Delta G_m = \Delta G_m^{\ominus}+RT\ln\frac{a_G^g a_H^h}{a_A^a a_D^d} = -RT\ln K^{\ominus}+RT\ln\frac{a_G^g a_H^h}{a_A^a a_D^d}$$

由式(6-43)代入可得

$$E_{MF} = \frac{RT}{zF}\ln K^{\ominus}-\frac{RT}{zF}\ln\frac{a_G^g a_H^h}{a_A^a a_D^d} \tag{6-47}$$

若参与反应各物质的活度都是1($a_i=1$),即处于标准状态,则此时的电动势称为电池的标准电动势$E_{MF}^{\ominus}$,$K^{\ominus}$为电池反应的标准平衡常数,上式可写为

$$E_{MF}^{\ominus} = \frac{RT}{zF}\ln K^{\ominus} = -\frac{\Delta G_m^{\ominus}}{zF} \tag{6-48}$$

将式(6-48)代入式(6-47)，可得

$$E_{MF} = E^{\ominus}_{MF} - \frac{RT}{zF}\ln\frac{a_G^g a_H^h}{a_A^a a_D^d} \tag{6-49}$$

由于 $E^{\ominus}_{MF}$ 是常数，所以这个公式表明溶液活度与电池电动势 E_{MF} 的关系，式(6-49)即为能斯特方程。

能斯特方程是计算可逆电池电动势的基本公式，它定量地说明了影响电动势的各个因素，即电池反应温度及各物质的活度之间的关系。在应用能斯特方程时，首先应了解电池反应，明确反应物和产物。出现纯固体物质时，其活度为 1，气体的活度用分压力表示；对于溶液中的各个溶质，一般用与物质的量浓度相应的活度 a 表示。当浓度很小时，可用浓度代替活度。对于一个自发的电池反应，由能斯特方程式求得的电动势应为正值。

能斯特方程也是电动势测定应用方面最基本的公式。若 $T=298$ K，可用常用对数表示为

$$E_{MF} = E^{\circ}_{MF} - \frac{0.0592}{z}\lg\frac{a_G^g a_H^h}{a_A^a a_D^d} \tag{6-50}$$

6.8　电极电势和电池的电动势

电池的电动势 E 是在通过电池的电流趋于零时两极间的电势差，它等于构成电池的各相界面上所产生电势差的代数和。以 Cu-Zn 电池为例：

$$(-)\mathrm{Zn}\mid \mathrm{ZnSO_4(aq)} \mathbin{\vdots} \mathrm{CuSO_4(aq)} \mid \mathrm{Cu}(+)$$

$$\Delta E_1 \qquad\qquad \Delta E_2 \qquad\qquad \Delta E_3$$

则有

$$E_{MF} = \Delta E_1 + \Delta E_2 + \Delta E_3$$

式中，ΔE_1 表示阳极电势差，即 Zn 与 $ZnSO_4$ 溶液间的电势差；ΔE_2 表示液体接界电势，即 $ZnSO_4$ 溶液与 $CuSO_4$ 溶液间的电势差，也称扩散电势；ΔE_3 表示阴极电势差，即 Cu 与 $CuSO_4$ 溶液间的电势差。

单个电极电势差的绝对值是无法直接测定的，为方便计算和理论研究，提出了相对电极电势的概念，即选一个参考电极作为共同的比较标准，规定参考电极电势为零。将所研究的电极与参考电极构成一个电池，该电池的电动势即为所研究电极的电极电势。利用这样得到电极电势数值，就可方便地计算由任意两个电极所组成的电池电势了。

原则上任何电极都可以作为比较基准，但习惯上，一律采用标准氢电极为基准。

6.8.1　标准氢电极

标准氢电极的构成：把镀有铂黑的铂片(用电镀法在铂片表面上镀一层铂黑，以增加电极的表面积，促进对气体的吸附，并有利于与溶液达到平衡)浸入含有氢离子的溶液中，并不断通入纯净的氢气，使氢气冲打在铂片上，同时使溶液被氢气所饱和，氢气泡围绕铂片浮出，如图 6-12 所示。

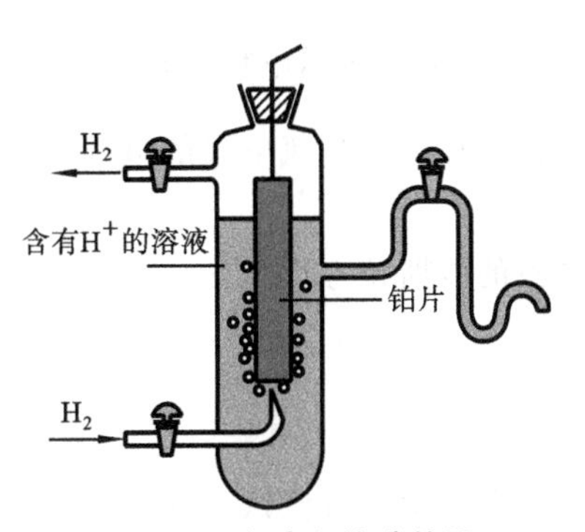

图 6-12　氢电极构造简图

氢气的压力 $p=p^{\circ}=100$ kPa，溶液中氢离子的活度 $a_{H^+}=1$ 时的氢电极，称为标准氢电极，可表示为

$$\mathrm{Pt}\mid \mathrm{H_2}(p^{\ominus})\mid \mathrm{H^+}(a_{H^+}=1)$$

6.8.2　电极电势

以标准氢电极为阳极，给定电极为阴极，组成下列电池：

$$(-)Pt|H_2(g,100\ kPa)|H^+(a_{H^+}=1)\parallel 给定电极(+)$$

根据 IUPAC 建议规定此电池的电动势为给定电极的电极电势，以 $E_{电极}$ 表示，也即标准氢电极在任何温度下的标准电极电势都为零。这样定义的电极电势为还原电极电势，因为待测电极发生的总是还原反应，这与电极实际发生的反应无关。

当待测电极中各组分均处在标准状态时，相应的电极电势称为标准电极电势，以 $E^{\ominus}$ 表示。下面结合锌电极讨论电极电势。

以锌电极作为阴极，与标准氢电极组成如下电池：

$$(-)Pt|H_2(g,100\ kPa)|H^+(a_{H^+}=1)\parallel Zn^{2+}(a_{Zn^{2+}})|Zn(+)$$

阳极　　$H_2(g,100\ kPa)\longrightarrow 2H^+(a_{H^+}=1)+2e^-$

阴极　　$Zn^{2+}(a_{Zn^{2+}})+2e^-\longrightarrow Zn$

电池反应　　$Zn^{2+}(a_{Zn^{2+}})+H_2(g,100\ kPa)\rightleftharpoons Zn+2H^+(a_{H^+}=1)$

根据能斯特方程式(6-49)有

$$E_{MF}=E^{\ominus}_{MF}-\frac{RT}{2F}\ln\frac{a_{Zn}(a_{H^+})^2}{a_{Zn^{2+}}\dfrac{p_{H_2}}{p^{\ominus}}}$$

因标准氢电极中 $a_{H^+}=1$，$p=p^{\ominus}=100\ kPa$，故

$$E_{MF}=E^{\ominus}_{MF}-\frac{RT}{2F}\ln\frac{a_{Zn}}{a_{Zn^{2+}}}$$

按规定，此电池的电动势 E_{MF} 即是锌电极的电极电势 $E_{Zn^{2+}/Zn}$，电池的标准电动势 $E^{\ominus}_{MF}$ 即为锌电极的标准电极电势 $E^{\ominus}_{Zn^{2+}/Zn}$，因此上式可写为

$$E_{Zn^{2+}/Zn}=E^{\ominus}_{Zn^{2+}/Zn}-\frac{RT}{2F}\ln\frac{a_{Zn}}{a_{Zn^{2+}}}$$

将上述方法推广到任意电极，由于待测电极的电极反应均规定为还原反应，其电极反应都须写成下列通式：

$$M^{z+}(氧化态)+ze^-\longrightarrow M(还原态)$$

式中，z 为电极反应中得到的电子数，取正值。由此可得电极的能斯特方程的通式为

$$E_{M^{z+}/M}=E^{\ominus}_{M^{z+}/M}-\frac{RT}{zF}\ln\frac{a_M}{a_{M^{z+}}}$$

式中，$E^{\ominus}_{M^{z+}/M}$ 表示电极的标准电极电势。当有气体参加反应时，应将活度 a 换为相对压力 $\frac{p}{p^{\ominus}}$ 进行计算。例如氯电极的电极反应为

$$Cl_2(g)+2e^-\longrightarrow 2Cl^-$$

电极的能斯特方程为

$$E_{Cl_2/Cl^-}=E^{\ominus}_{Cl_2/Cl^-}-\frac{RT}{2F}\ln\frac{(a_{Cl^-})^2}{\dfrac{p_{Cl_2}}{p^{\ominus}}}$$

在稀溶液中可近似认为 $a_{H_2O}\approx 1$。

表 6-6 中列出了 25 ℃时酸性溶液中一些电极的标准电极电势。

表 6-6　25 ℃时酸性溶液中电极的标准电极电势(标准状态压力 $p^\ominus$=100 kPa)

电极反应	$E_A^\ominus$/V
$Li^+ + e^- \rightleftharpoons Li$	−3.045
$K^+ + e^- \rightleftharpoons K$	−2.931
$Na^+ + e^- \rightleftharpoons Na$	−2.714
$Mg^{2+} + 2e^- \rightleftharpoons Mg$	−2.372
$2CO_2 + 2H^+ + 2e^- \rightleftharpoons H_2C_2O_4$	−0.49
$S + 2e^- \rightleftharpoons S^{2-}$	−0.476
$Fe^{2+} + 2e^- \rightleftharpoons Fe$	−0.447
$Cd^{2+} + 2e^- \rightleftharpoons Cd$	−0.403
$Ni^{2+} + 2e^- \rightleftharpoons Ni$	−0.257
$Sn^{2+} + 2e^- \rightleftharpoons Sn$	−0.1375
$Pb^{2+} + 2e^- \rightleftharpoons Pb$	−0.1262
$2H^+ + 2e^- \rightleftharpoons H_2$	0.000
$Sn^{4+} + 2e^- \rightleftharpoons Sn^{2+}$	0.151
$Cu^{2+} + e^- \rightleftharpoons Cu^+$	0.17
$Cu^{2+} + 2e^- \rightleftharpoons Cu$	0.3400
$Cu^+ + e^- \rightleftharpoons Cu$	0.521
$Zn^{2+} + 2e^- \rightleftharpoons Zn$	−0.7630
$I_2(s) + 2e^- \rightleftharpoons 2I^-$	0.5355
$O_2(g) + 2H^+ + 2e^- \rightleftharpoons H_2O_2$	0.695
$Fe^{3+} + e^- \rightleftharpoons Fe^{2+}$	0.771
$Hg_2^{2+}(g) + 2e^- \rightleftharpoons 2Hg$	0.7986
$Ag^+ + e^- \rightleftharpoons Ag$	0.7996
$Br_2(l) + 2e^- \rightleftharpoons 2Br^-$	1.087
$IO_3^- + 6H^+ + 5e^- \rightleftharpoons 1/2I_2 + 3H_2O$	1.195
$O_2(g) + 4H^+ + 4e^- \rightleftharpoons 2H_2O$	1.229
$Cr_2O_7^{2-} + 14H^+ + 6e^- \rightleftharpoons 2Cr^{3+} + 7H_2O$	1.33
$ClO_4^- + 8H^+ + 7e^- \rightleftharpoons 1/2Cl_2 + 4H_2O$	1.39
$Cl_2(g) + 2e^- \rightleftharpoons 2Cl^-$	1.3583
$BrO_3^- + 6H^+ + 6e^- \rightleftharpoons Br^- + 3H_2O$	1.4842
$ClO_3^- + 6H^+ + 6e^- \rightleftharpoons Cl^- + 3H_2O$	1.451
$PbO_2(s) + 4H^+ + 2e^- \rightleftharpoons Pb^{2+} + 2H_2O$	1.455
$ClO_3^- + 6H^+ + 5e^- \rightleftharpoons 1/2Cl_2 + 3H_2O$	1.47

续表

电 极 反 应	$E_{A}^{\ominus}/V$
$MnO_4^- + 8H^+ + 5e^- \rightleftharpoons Mn^{2+} + 4H_2O$	1.51
$BrO_3^- + 6H^+ + 5e^- \rightleftharpoons 1/2Br_2 + 3H_2O$	1.52
$HBrO + H^+ + e^- \rightleftharpoons 1/2Br_2 + H_2O$	1.596
$HClO + H^+ + e^- \rightleftharpoons 1/2Cl_2 + H_2O$	1.628
$MnO_4^- + 4H^+ + 3e^- \rightleftharpoons MnO_2 + 2H_2O$	1.679
$PbO_2(s) + SO_4^{2-} + 4H^+ + 2e^- \rightleftharpoons PbSO_4(s) + 2H_2O$	1.691
$H_2O_2 + 2H^+ + 2e^- \rightleftharpoons 2H_2O$	1.776
$S_2O_8^{2-} + 2e^- \rightleftharpoons 2SO_4^{2-}$	2.01
$F_2(g) + 2H^+ + 2e^- \rightleftharpoons 2HF$	3.053

由于规定了标准电极电势对应的反应为还原反应，所以：

若 $E_{电极}^{\ominus}>0$，例如 $E_{Cu^{2+}/Cu}^{\ominus}=0.3400\ V>0$，表明反应 $Cu^{2+}+H_2 \longrightarrow Cu(s)+2H^+$，即在 25 ℃的标准状态下，上述反应能自发进行；

若 $E_{电极}^{\ominus}<0$，例如 $E_{Zn^{2+}/Zn}^{\ominus}=-0.7630\ V<0$，表明反应 $Zn^{2+}+H_2 \longrightarrow Zn(s)+2H^+$，即在 25 ℃的标准状态下，上述反应不能自发进行，但其逆反应则能自发进行。

由此可见，还原电极电势的高低，反映了电极氧化态物质获得电子变成还原态物质趋向的大小。随电势的升高，氧化态物质获得电子变为还原态物质的能力在增强；反过来，随电势的降低，还原态物质失去电子变成氧化态物质的趋势在增强。

原电池的电动势是两个电极电势之差，即 $E=E_{右}-E_{左}$，这样计算出的 E 若为正值，则表示在该条件下电池反应能自发向右进行。

6.8.3 原电池电动势的计算

利用标准电极电势和能斯特方程，可以计算由任意两个电极构成的电池的电动势。方法为先按电极的能斯特方程，分别计算两个电极电势，再由 $E=E_{右}-E_{左}$，计算电池的电动势 E。

【例 6-10】 计算 25 ℃时下列电池的电动势：

$$(-)Zn\ |\ ZnSO_4(b=0.01\ mol\cdot kg^{-1})\ ⦙\ CuSO_4(b=0.001\ mol\cdot kg^{-1})\ |\ Cu(+)$$

解 电极反应为

阳极 $Zn(s) \longrightarrow Zn^{2+}+2e^-$

阴极 $Cu^{2+}+2e^- \longrightarrow Cu(s)$

由于单个离子的活度系数无法测定，故常近似认为 $\gamma_+=\gamma_-=\gamma_\pm$，查表 6-5 可知，25 ℃ 0.01 $mol\cdot kg^{-1}$ $ZnSO_4$ 水溶液的 $\gamma_\pm=0.387$，0.001 $mol\cdot kg^{-1}$ 的 $CuSO_4$ 水溶液 $\gamma_\pm=0.74$。查表 6-6，$E_{Cu^{2+}/Cu}^{\ominus}=0.3400\ V$，$E_{Zn^{2+}/Zn}^{\ominus}=-0.7630\ V$。电极反应 $z=2$，则

$$E_{左}=E_{Zn^{2+}/Zn}=E_{Zn^{2+}/Zn}^{\ominus}-\frac{0.0592\ V}{2}\lg\frac{a_{Zn}}{a_{Zn^{2+}}}$$

$$=-0.7630\ V-\frac{0.0592\ V}{2}\lg\frac{1}{0.387\times 0.01}=-0.834\ V$$

$$E_{右}=E_{Cu^{2+}/Cu}=E_{Cu^{2+}/Cu}^{\ominus}-\frac{0.0592\ V}{2}\lg\frac{a_{Cu}}{a_{Cu^{2+}}}$$

$$=0.3400\ V-\frac{0.0592\ V}{2}\lg\frac{1}{0.74\times 0.001}=0.2473\ V$$

最后，得电池电动势

$$E=E_{右}-E_{左}=1.0813\ \mathrm{V}$$

6.9　极化作用和电极反应

6.9.1　极化作用与极化曲线

将电能转化为化学能的装置为电解池，通过施加电信号，可使自发的电池反应逆向进行，主要用于制备某些无机及有机物，如汽油防爆剂四乙基铅，或进行电化学加工，如抛光、电镀等。当电解槽与外接电源同性电极相连时，按照可逆电池的原则，施加电压等于电池的可逆电动势时，原则上电池反应的逆反应应该发生。但实际上，所施加的电解电压要比可逆电动势大得多才能使电解槽正常工作，额外的电压需求除了用来补偿溶液电阻分担的电压，更主要是用来克服电极上的极化。

当电极上无电流通过时，电极处于平衡状态，电极电势是可逆电极电势 $E_{\mathrm{Ox|Red,R}}$（下角标 R 表示可逆）；当有电流通过时，电极电位偏离，偏离程度随着电流密度 j 的增大而增大，偏离后的电极电位为不可逆电极电势 $E_{\mathrm{Ox|Red,I}}$（下角标 I 表示不可逆），这种电极电位随施加电流密度的变化而变化的现象称为“极化”。$E_{\mathrm{Ox|Red,I}}$ 与 $E_{\mathrm{Ox|Red,R}}$ 偏差的绝对值称为“超电势”，用 η 表示，则

$$\eta=|E_{\mathrm{Ox|Red,I}}-E_{\mathrm{Ox|Red,R}}|$$

无论是原电池还是电解池，当电极上有电流通过时，电极皆存在极化现象，即电位偏离平衡电位的现象。对于阳极（anode），$E_{\mathrm{Ox|Red,I}}$ 相对于 $E_{\mathrm{Ox|Red,R}}$ 会正向偏移，电极电势变大，对于阴极（cathode），$E_{\mathrm{Ox|Red,I}}$ 则负向偏移，电极电势变小，偏移后的极化电位与平衡电位间的关系可用下式表达：

$$E_{\mathrm{a,Ox|Red,I}}=E_{\mathrm{Ox|Red,R}}+\eta_{\mathrm{a}}$$

$$E_{\mathrm{c,Ox|Red,I}}=E_{\mathrm{Ox|Red,R}}-\eta_{\mathrm{c}}$$

$E_{\mathrm{a,Ox|Red,I}}$、$E_{\mathrm{c,Ox|Red,I}}$ 分别表示阳极和阴极极化电位，下角标 a 表示阳极，c 表示阴极。

电极电位随电流密度变化的曲线可以用极化曲线表示，极化曲线以电流密度为纵坐标，电极电势为横坐标，原电池和电解池的极化曲线见图 6-13，图中可见，在电解槽和原电池体系中，阴、阳极的电位随电流变化导致电解槽的电解电压和原电池的工作电压在不同电流密度下数值皆不同。

当电解槽在某一电流密度下工作时，施加的电解电压数值应包含三个部分：①电解反应逆反应的可逆电池电动势 E_{R}；②电极极化现象产生的超电势 η；③电解液的电阻导致的电压降 IR。则电解槽需要施加的最低分解电压可表示如下：

$$E_{分解}=E_{\mathrm{a,Ox|Red,I}}-E_{\mathrm{c,Ox|Red,I}}+IR=E_{\mathrm{R}}+\eta_{\mathrm{a}}+\eta_{\mathrm{c}}+IR$$

上述公式有助于在生产中判断如何降低电解电压，进而降低能耗。对于电解池，因为极化的存在，电流密度越大，需要施加的分解电压也越大，则能耗高。但也因为存在极化现象，H_2(g)在大多数金属上具有较高的超电势，因此不易析出，才使水溶液中阴极镀 Zn(s)、Sn(s) 和 Ni(s)等成为可能。

对于原电池，实际输出的工作电压可表达为

$$E_{工作电压}=E_{\mathrm{c,Ox|Red,I}}-E_{\mathrm{a,Ox|Red,I}}-IR=E_{\mathrm{R}}-\eta_{\mathrm{a}}-\eta_{\mathrm{c}}-IR$$

当电池放电电流越大时,工作电压则越小,输出电功能力越差。因此,在电池制作和使用中人们会尽量减小极化。

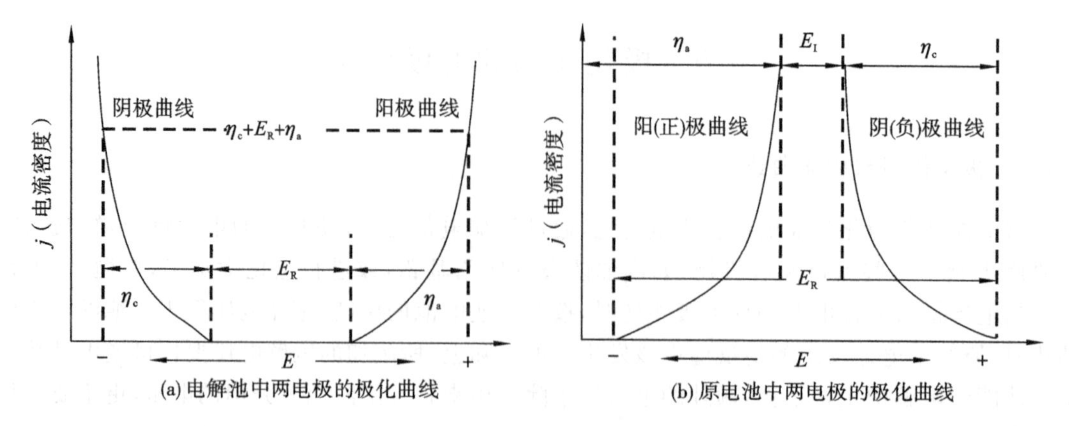

(a) 电解池中两电极的极化曲线

(b) 原电池中两电极的极化曲线

图 6-13 原电池和电解池的极化曲线

6.9.2 去极化作用

实际的电极过程都是复杂的多相反应,由一系列的反应步骤串联而成。每个步骤速度有快有慢,其中速度最慢的步骤控制着整个电极反应的速度,称为速控步骤。电极的极化主要取决于速控步骤的特点,控制步骤不同,表现出不同的极化类型,通常可将极化分为电化学极化、浓差极化和电阻极化三类。

①电化学极化:又称为活化极化,由于电极表面电荷交换速度(电化学反应速率)小于电子在电极中的传递速度而造成的极化。

②浓差极化:由于溶液中有关物质扩散速度小于该物质在电极表面的消耗或生成速度而造成的极化。

③电阻极化:又称为欧姆极化,由于在电极表面生成了氧化膜、钝化膜或其他高电阻不溶性腐蚀产物,增大了体系电阻而造成的极化。

不论原电池还是电解池,从能量利用角度,极化现象的存在是不利的,因此人们在生产和生活过程中往往需要减小或消除极化作用,简称去极化。极化是多方面的因素造成的,去极化则需要这些因素向相反方向变化。这些因素可能是温度、浓度、搅拌条件、溶液 pH 值等,也可能是一些物质,人们把能引起去极化作用的物质称为去极化剂。

升高温度可有效降低极化作用,这是因为一方面升温会加快电化学反应速率,减小电化学极化,另一方面升温会促进有关物质的扩散,加速传质过程,减弱浓差极化。搅拌或充气能有效减小电极表面与溶液本体的浓度差,可以减小甚至消除浓差极化。溶液的 pH 值直接影响电极表面难溶产物的形成或溶解,从而对欧姆极化产生影响。

去极化剂的种类很多,阳极去极化剂可以是沉淀剂或配位剂,与阳极反应产物产生沉淀或发生配位反应。而阴极去极化剂可以是阳离子、阴离子、中性分子等各种氧化剂。

极化和去极化互为依存又互为矛盾,在科研和生产中,人们通过各种途径实现一定的极化程度和极化特征,以达到既定的目的。如电镀生产中极化程度和极化特征对镀层质量有重大影响,很多情况下极化程度大,镀层质量往往更好,而在腐蚀科学中,极化与去极化直接决定了腐蚀速度的快慢,可以说,一切影响极化和去极化的因素都是影响腐蚀速度的因素。

本章小结

1. 法拉第定律：电极上起作用的物质的量与通入电量成正比。若通电于几个串联的电解池，则各个电解池的每个电极上起作用的物质的量相同。

2. 电解质溶液的导电机理：由溶液中离子的定向移动而导电，而且导电任务是由正、负离子共同完成的。

3. 为了描述电解质溶液的导电行为，本章引入了离子迁移速率、离子电迁移率、离子迁移数、电导、电导率、摩尔电导率和离子摩尔电导率等概念。

4. 离子独立移动定律：在无限稀释的电解质溶液中，离子彼此独立运动，互不影响。该定律解决了无限稀释的电解质溶液的摩尔电导率的计算问题。此外，在浓度极稀的强电解质溶液中，其摩尔电导率与浓度的平方根呈线性关系，据此可用外推法求无限稀释时强电解溶液的极限摩尔电导率。

5. 为了描述电解质溶液偏离理想溶液的行为，以及解决溶液中单个离子的性质无法用实验测定的问题，本章引入了离子强度、平均离子活度、平均离子质量摩尔浓度和平均活度系数等概念及有关计算。

6. 原电池是将化学能转变为电能的装置，两个电极和电解质是电池最重要的组成部分。对于一个可逆化学电池，电池两极间的电势差称为电池的电动势，可用电池反应的能斯特方程计算电极电势和电池的电动势。

7. 利用原电池的电动势、温度系数与热力学函数之间的关系，一方面可由热力学函数计算原电池的电动势；另一方面可通过电化学实验来测定热力学函数、平衡常数等重要热力学数据。

思考题

1. 原电池的阴、阳极和正、负极，电解池的阴、阳极和正、负极关系如何？
2. 电导率与摩尔电导率的概念有何不同？它们各与哪些因素有关？
3. 为什么用交流电桥测定溶液的电导？为什么用 1000 Hz(即 c/s，周每秒)的频率测定溶液的电导？测准溶液电导的关键是什么？
4. 电解质在水溶液中时，作为溶剂的水解离为 H^+、OH^-，为什么一般不考虑它们的迁移数？影响离子迁移数的主要因素是什么？
5. 弱电解质的极限摩尔电导率为什么不能用外推法，而要用计算的方法求得？强电解质溶液的极限摩尔电导率为什么可以用外推法求得？
6. 离子独立移动定律说明什么问题？
7. 离子强度概念在理论上有什么重要意义？电解质离子平均活度系数的大小主要取决于何种因素？
8. 标准电极电势表中给出的数据一般指 298 K 下的数据，对于不同温度下的标准电极电势能否通过电极电势的能斯特公式计算？
9. 如何根据原电池两电极的还原电极电势的大小确定原电池的阴、阳极和正、负极？

习　题

1. 当 2 A 的电流通过 40 mL、0.2 mol · dm^{-3} $Fe_2(SO_4)_3$溶液时，需多少时间才能完全还原为 $FeSO_4$？

($t=12.9$ min)

2. 在 50 ℃及 100 kPa 下电解硫酸铜溶液，当通入的电量为 1930 C 时，在阴极上沉淀出 0.2859 g 的铜，问同时在阴极上有多少升氢气放出？ ($V=0.148\ dm^{-3}$)

3. 已知 25 ℃时，0.02 $mol\cdot dm^{-3}$ KCl 溶液的电导率为 0.2768 $S\cdot m^{-1}$。25 ℃时，将上述 KCl 溶液放入某电导池中，测得其电阻为 453 Ω，其电导池常数为多大？同一电导池中若装入同样体积的、1 dm^3 中含有 0.555 g 的 $CaCl_2$溶液，测得其电阻为 1050 Ω，试计算该溶液的电导率及摩尔电导率。

($K_{cell}=125\ m^{-1}$，$\kappa=0.119\ S\cdot m^{-1}$，$\Lambda_m=0.238\ S\cdot m^2\cdot mol^{-1}$)

4. 电导池内装有两个半径为 4.00×10^{-2}m 的相互平行的银电极，电极之间距离为 0.24 m。若在电解池内装满 0.1000 $mol\cdot dm^{-3}$ $AgNO_3$溶液，并施以 40.0 V 的电压，测得此时的电流强度为 0.1976 A。试计算该溶液的电导及电导率、摩尔电导率。($G=4.94\times10^{-3}$S，$\kappa=0.236\ S\cdot m^{-1}$，$\Lambda_m=2.36\times10^{-3}\ S\cdot m^2\cdot mol^{-1}$)

5. 298 K 时，以 0.010 $mol\cdot dm^{-3}$的 KCl 溶液充满电导池，测得其电阻为 56.2 Ω，若将该电导池改充以 0.050 $mol\cdot dm^{-3}$的 Na_2SO_4溶液，测得其电阻为 1092 Ω，试计算：

(1) 该电导池的电导池常数；(2) Na_2SO_4溶液的电导率；(3) Na_2SO_4溶液的摩尔电导率。

((1) $K_{cell}=7.94\ m^{-1}$；(2) $\kappa=7.27\times10^{-3}\ S\cdot m^{-1}$；(3) $\Lambda_m=1.45\times10^{-4}\ S\cdot m^2\cdot mol^{-1}$)

6. 已知在 298.15 K 时，丁酸钠、氯化钠和氯化氢的水溶液的极限摩尔电导率分别是 $0.687\times10^{-2}\ S\cdot m^2\cdot mol^{-1}$、$1.2639\times10^{-2}\ S\cdot m^2\cdot mol^{-1}$、$4.2596\times10^{-2}\ S\cdot m^2\cdot mol^{-1}$。试计算在此温度下，丁酸水溶液的极限摩尔电导率。 ($\Lambda_m=3.6827\times10^{-2}\ S\cdot m^2\cdot mol^{-1}$)

7. 298.15 K 时测得不同浓度的 LiCl 水溶液的电导率数据如下：

$c/(mol\cdot dm^{-3})$	0.7500	0.5000	0.3000	0.2000	0.1000
$\kappa/(10^{-2}\ S\cdot m^{-1})$	0.835	0.5710	0.341	0.2320	0.1151

试用外推法求 LiCl 水溶液的极限摩尔电导率。 ($\Lambda_m=1.150\times10^{-2}\ S\cdot m^2\cdot mol^{-1}$)

8. 298.15 K 时，某水溶液中 $CaCl_2$的浓度为 0.001 $mol\cdot kg^{-1}$，NaCl 的浓度为 0.002 $mol\cdot kg^{-1}$，$ZnSO_4$的浓度为 0.001 $mol\cdot kg^{-1}$。试用德拜-休克尔公式计算 $CaCl_2$的平均离子活度系数。 ($\nu_\pm=0.801$)

9. 298 K 时，使用纯度水及其配制出的 $BaSO_4$饱和溶液的电导率分别为 $1.08\times10^{-4}S\cdot m^{-1}$和 $4.23\times10^{-4}\ S\cdot m^{-1}$，试求 $BaSO_4$在该温度下的溶解度。

($BaSO_4$饱和溶液，溶液极稀，密度与水相同，为 $1\times10^3\ kg\cdot m^{-3}$，$s=2.56\times10^{-6}\ kg\cdot kg^{-1}$)

10. 设测得纯水的电导率为 $5.5\times10^{-6}\ S\cdot m^{-1}$，求在 298K 时纯水的离子活度积。 ($1.01\times10^{-14}$)

11. 在 298 K 和 313 K 分别测定丹尼尔电池的电动势，得到 E_1(298 K)=1.2023 V，E_2(313 K)=1.0972 V，设丹尼尔电池的反应为 $Zn(s)+CuSO_4(a=1)$═══$Cu(s)+ZnSO_4(a=1)$。并设在上述温度范围内 E 随 T 的变化率保持不变，求丹尼尔电池在 298 K 时反应的 Δ_rG_m、Δ_rH_m、Δ_rS_m和可逆热效应 $Q_{r,m}$。

($\Delta_rG_m=-232\ kJ\cdot mol^{-1}$，$\Delta_rH_m=-635\ kJ\cdot mol^{-1}$，$\Delta_rS_m=-1353\ J\cdot mol^{-1}\cdot K^{-1}$，$Q_{r,m}=-403\ kJ\cdot mol^{-1}$)

12. 测得电池(−)Zn | $ZnCl_2$(0.05 $mol\cdot kg^{-1}$) | AgCl(s) | Ag(+)的电动势在 298.15 K 时为 1.015 V，温度系数 $\left(\frac{\partial E}{\partial T}\right)_p$ 为 $-4.92\times10^{-4}\ V\cdot K^{-1}$。试写出电池反应，并计算当电池可逆放电为 1 mol 电子电量时，电池反应的 Δ_rG_m、Δ_rH_m、Δ_rS_m及电池的可逆热 $Q_{r,m}$。

($\Delta_rG_m=-98\ kJ\cdot mol^{-1}$，$\Delta_rH_m=-112\ kJ\cdot mol^{-1}$，$\Delta_rS_m=-47.5\ J\cdot mol^{-1}\cdot K^{-1}$，$Q_{r,m}=-14.2\ kJ\cdot mol^{-1}$)

13. 写出下列电池的电池反应：

$$(-)Cd\,|\,Cd^{2+}(a=0.02)\,\|\,Cl^-(a=0.75)\,|\,Cl_2(1.01\times10^5\,Pa)\,|\,Pt(+)$$

计算 298.15 K 时，正、负极的电极电势及电池电动势，并指出此电池反应能否自发进行。

($E_{左}=-0.4532$ V，$E_{右}=1.3657$ V，$E=1.8189$ V)

14. 电池(−)Ag | AgCl(s) | KCl(b) | Hg_2Cl_2(s) | Hg(l)(+)的电池反应为

$$2Ag+Hg_2Cl_2(s)\longrightarrow 2AgCl(s)+2Hg(l)$$

已知 298.15 K 时，此电池反应的 $\Delta_r H_m$ 为 5435 J · mol^{-1}，各物质的规定熵数据为

物　　质	Ag	AgCl(s)	Hg(l)	Hg_2Cl_2(s)
$S_m^{\ominus}/(J \cdot mol^{-1} \cdot K^{-1})$	42.7	96.2	77.4	195.6

试计算该温度下电池的电动势 E 及电池电动势的温度系数 $\left(\frac{\partial E}{\partial T}\right)_p$。

（$E=0.0741$ V，$\left(\frac{\partial E}{\partial T}\right)_p=3.43\times10^{-4}$ V · K^{-1}）

第7章 化学动力学基础

研究任何一个化学反应，总是有两个最基本的问题：第一，此反应在给定的条件下，是否可能发生？最大限度怎样？第二，此反应欲达到最后的结果将需要多长时间，即反应速率究竟有多大？它受哪些因素影响？如何能控制反应速率？前者属于化学热力学的范畴，后者则属于化学动力学的范畴。因此，反应的自发趋势和限度与反应速率是一个事物的两个方面，两者是不同的概念。例如，25 ℃时

$$H_2(g)+\frac{1}{2}O_2(g) = H_2O(l) \quad \Delta G^{\ominus}=-237.1\ \text{kJ}$$

$$2NO_2(g) = N_2O_4(g) \quad \Delta G^{\ominus}=-4.7\ \text{kJ}$$

从 ΔG 的数值可知，当参加这两个反应的物质均处于标准状态时，两个反应都可以自发向右进行，而且第一个反应进行的趋势大于第二个反应，但实际上如果将氢和氧放在一个容器中，几年也看不出有生成水的迹象，即反应极慢。但如果将反应温度升高到 1073 K，它以爆炸的方式瞬时完成。如果选择钯为催化剂，常温下这个反应也能以较大的速率化合成水。第二个反应在常温下不需要什么条件却进行得很快，瞬间即可完成。可见化学热力学解决了反应方向的问题，但不能解决反应速率问题。要使一反应按预期的方向顺利进行，就要用动力学的方法研究其反应进行的条件，这在生产上具有十分重要的意义，因为反应的快慢与生产率直接相关。如果一个化学反应从热力学得出的结论是可以发生的，而实际生产需要很长时间，这样的反应在生产上就没有意义。因此，化学热力学和化学动力学是研究一个反应的两个不同方面，必须互相配合，才能更好地解决实际问题。

化学动力学是研究化学反应速率以及其他因素（如浓度、温度、催化剂等）对速率的影响，还研究反应进行时微观上要经过哪些步骤，即要推测反应机理或反应历程。

不同的化学反应，其速率的差异可能很大。有的反应速率很小，例如岩石的风化和地壳中的一些反应，人们难以觉察反应的进行；有的反应速率很大，例如高分子反应、爆炸反应等，瞬间即可完成。有的反应速率则比较适中，一般在几十秒到几十天的范围内，大部分有机化学反应即属于此类。目前，化学动力学所研究的反应大多是速率比较适中的分子反应。

通过化学动力学的研究，在理论上能够阐明化学反应的机理，了解反应的具体过程和途径；在实际应用中，可以根据反应速率来估计反应进行到某种程度所需的时间，或某时刻反应物的浓度，也可以根据影响反应速率的因素，对反应进行控制，使对我们有利的反应加速进行，而对我们不利的反应，能尽量避免或设法降低其反应速率。在水质分析中，可以利用动力学原理来控制反应条件和掩蔽干扰，在给水排水处理中也经常遇到有关动力学方面的问题。因此，化学动力学有着巨大的理论意义和实际意义。

7.1 基本概念

7.1.1 化学反应速率

在物理学的概念中，速度是矢量，有方向性，而速率是标量。化学反应速率是用浓度随时

间的变化率来表示的。

对于任意的化学反应,可用计量方程表示:

$$aA + dD \longrightarrow gG + hH$$

或写为

$$0 = \sum_B \nu_B B \tag{7-1}$$

该反应的反应进度 ξ、转化速率 $\dot{\xi}$ 和反应速率 v 分别定义为

$$\xi \overset{\text{def}}{=\!=\!=} \frac{n_B(\xi) - n_B(0)}{\nu_B} \tag{7-2}$$

$$\dot{\xi} \overset{\text{def}}{=\!=\!=} \frac{d\xi}{dt} = \frac{1}{\nu_B}\frac{dn_B(\xi)}{dt} \tag{7-3}$$

$$v \overset{\text{def}}{=\!=\!=} \frac{\dot{\xi}}{V} = \frac{1}{\nu_B V}\frac{dn_B}{dt} \tag{7-4}$$

式中,ξ 表示反应进度;n_B表示物质 B 的物质的量;t 表示反应时间;V 表示反应系统的体积。如果反应系统的体积 V 保持不变或其变化可忽略,则

$$v = \frac{1}{\nu_B}\frac{d}{dt}\left(\frac{n_B}{V}\right) = \frac{1}{\nu_B}\frac{dc_B}{dt} \tag{7-5}$$

式中,c_B表示物质的量浓度。除非另有说明,后面讨论以上式表示反应速率。

由于在反应过程中,反应物不断消耗,产物不断生成,因此又分别定义了某指定反应物的消耗速率 v_R或某指定产物的生成速率 v_P:

$$v_R = -\frac{1}{V}\frac{dn_R}{dt} \tag{7-6}$$

$$v_P = \frac{1}{V}\frac{dn_P}{dt} \tag{7-7}$$

对于等容反应,则有

$$v_R = -\frac{dc_R}{dt} \tag{7-8}$$

$$v_P = \frac{dc_P}{dt} \tag{7-9}$$

对此,v、v_R 及 v_P 三者之间的关系为

$$v = -\frac{1}{\nu_R}v_R = \frac{1}{\nu_P}v_P \tag{7-10}$$

现以合成氨的气相等容反应为例:

$$N_2 + 3H_2 =\!=\!= 2NH_3$$

$$v = -\frac{dc_{N_2}}{dt} = -\frac{dc_{H_2}}{3dt} = \frac{dc_{NH_3}}{2dt}$$

而

$$v_{N_2} = -\frac{dc_{N_2}}{dt},\quad v_{H_2} = -\frac{dc_{H_2}}{dt},\quad v_{NH_3} = \frac{dc_{NH_3}}{dt}$$

7.1.2　化学反应机理

能够一步完成的反应称为基元反应。由两个或两个以上的基元反应组成的反应称为复杂反应,也称为总包反应。总包反应所包含的各个基元反应以及它们发生的序列集合则称为反应机理(或反应历程)。例如,氢与碘的气相反应

$$H_2 + I_2 \longrightarrow 2HI$$

通过实验提出该反应是由下列几个简单的反应步骤组成:

① $I_2 + M^0 \longrightarrow I\cdot + I\cdot + M_0$

② $H_2 + I\cdot + I\cdot \longrightarrow HI + HI$

③ $I\cdot + I\cdot + M_0 \longrightarrow I_2 + M^0$

式中,M^0 和 M_0 分别代表系统中的高能分子和低能分子。上述每一个简单的反应步骤都是一个基元反应,而总的反应为非基元反应。化学反应方程式只表示了反应过程中各组分量的关系,而不代表基元反应。因此,基元反应是构成化学反应的基本单元。基元反应中各反应物分子个数之和称为反应分子数。因此,基元反应可分为以下三类。

(1) 单分子反应:分解或异构化反应。

(2) 双分子反应:多数基元反应为双分子反应。

(3) 三分子反应:原子复合或自由基复合反应。

这些基元反应中,双分子反应是最常见的,单分子反应次之,三分子反应为数很少,至今尚未发现三分子以上的基元反应。

7.1.3 质量作用定律

质量作用定律:基元反应的速率与各反应物浓度的幂乘积成正比,其中各浓度的方次就是反应式中相应各组分的化学计量系数。

例如单分子反应:

$$A \longrightarrow B + C$$

$$v_A = -\frac{dc_A}{dt} = kc_A$$

双分子反应:

$$2A \longrightarrow B + C$$

$$v_A = -\frac{dc_A}{dt} = kc_A^2$$

$$A + B \longrightarrow C$$

$$v_A = -\frac{dc_A}{dt} = kc_A c_B$$

多分子反应:

$$aA + bB + cC + \cdots \longrightarrow P$$

$$v_A = -\frac{dc_A}{dt} = kc_A^a c_B^b c_C^c \cdots$$

上式称为基元反应的速率方程。式中的比例常数 k 称为反应速率常数,与反应物的性质、温度、溶剂的性质以及催化剂等因素有关。温度一定时,反应速率常数为一定值,与浓度无关。

用不同组分表示反应速率时,k 的数值不同:

$$v_A = -\frac{dc_A}{dt} = k_A c_A^a c_B^b c_C^c \cdots, \quad v_B = -\frac{dc_B}{dt} = k_B c_A^a c_B^b c_C^c \cdots, \quad v_C = -\frac{dc_C}{dt} = k_C c_A^a c_B^b c_C^c \cdots$$

$$k_A \neq k_B \neq k_C$$

$$v = \frac{v_A}{-a} = \frac{v_B}{-b} = \frac{v_C}{-c}, \quad \frac{k_A}{-a} = \frac{k_B}{-b} = \frac{k_C}{-c}$$

质量作用定律是 19 世纪 50 年代,挪威科学家古德贝格(Guldberg)和瓦格(Waage)在总结了大量实验的基础上提出的。

要注意的是,质量作用定律只适用于基元反应。

7.2　浓度对反应速率的影响

对于给定的反应，影响反应速率的主要因素是反应物的浓度（或分压）、温度、催化剂及反应介质等。本节讨论在其他因素一定时，浓度对反应速率的影响。

7.2.1　反应级数

对于非基元反应的速率方程，关系比较复杂，不能由质量作用定律直接给出，而必须是符合实验数据的经验表达式。

对于化学计量反应：

$$aA+bB+cC+\cdots \longrightarrow P$$

由实验数据得出的经验速率方程，常常可写成如下形式：

$$v=-\frac{dc_A}{dt}=kc_A^{\alpha}c_B^{\beta}c_C^{\gamma}\cdots$$

式中的 $\alpha,\beta,\gamma,\cdots$ 不是反应式前的计量系数，而是由实验确定的，称为反应级数。其中，α 为 A 的分级数，β 为 B 的分级数，γ 为 C 的分级数……$n=\alpha+\beta+\gamma+\cdots$ 为反应的总级数，简称为反应级数。

反应级数的大小表明浓度对反应速率的影响程度。反应级数越大，表明浓度对反应的影响越大。

对于基元反应，通常反应分子数与反应级数一致。例如，单分子反应也是一级反应，双分子反应为二级反应等。但也有例外，例如，通常认为蔗糖的水解反应是双分子反应，但在水溶液中进行时，因水的量很大，在反应过程中水的浓度几乎不变，可认为是常数而合并在速度常数 k 中，因此速率方程由 $v=kc_{H_2O}c_{蔗糖}$ 改写为 $v=k'c_{蔗糖}$（$k'=kc_{H_2O}$），而使其反应速率只与蔗糖浓度的一次方成正比，即为一级反应。也称这类反应为假一级反应或准一级反应。

对于非基元反应，反应级数与计量系数没有直接关系。因为级数为实验所得，所以它可以是正数、负数、小数、零，甚至不存在简单反应级数。例如氢的溴化反应，其速率方程如下：

$$\frac{dc_{HBr}}{dt}=\frac{kc_{H_2}c_{Br_2}^{1/2}}{1+\dfrac{k'c_{HBr}}{c_{Br_2}}}$$

即速率公式并非指数形式，故没有简单反应级数。

7.2.2　零级反应的动力学方程及其特征

若反应速率与反应物 A 的浓度无关，则为零级反应。其速率方程为

$$-\frac{dc_A}{dt}=k \tag{7-11}$$

设有某零级反应的浓度关系如下：

$$\begin{array}{lccc} & A & \xrightarrow{k} & P \\ 0\text{ 时刻} & c_{A,0}=a & & c_{P,0}=0 \\ t\text{ 时刻} & c_A=a-x & & c_P=x \end{array}$$

积分式(7-11)，有

$$-\int_{c_{A,0}}^{c_A}dc_A=k\int_0^t dt$$

得
$$c_{A,0}-c_A=kt \quad 或 \quad x=kt \tag{7-12}$$
式中,$c_{A,0}$表示反应物 A 的初始浓度;c_A(或 $a-x$)表示反应物 A 在某一时刻的浓度;x 表示产物的浓度。

零级反应的特征有以下三点。

(1) 速率常数 k 的单位为[浓度]·[时间]$^{-1}$,常用 $mol \cdot dm^{-3} \cdot s^{-1}$。

(2) 若以 $c_A(x)$对 t 作图,得一直线,用斜率可求速率常数 k。

(3) 半衰期 $t_{1/2}=\frac{c_{A,0}}{2k}\left(或\ t_{1/2}=\frac{a}{2k}\right)$,表明零级反应的半衰期与反应物初始浓度成正比。

零级反应并不多,已知的零级反应有表面催化反应、电解反应、光化反应等。例如氨在钨上的分解反应
$$2NH_3 \xrightarrow{W,催化剂} N_2+3H_2$$
由于反应只在催化剂表面进行,反应速率只与表面状态有关,若金属 W 表面已被吸附的 NH_3 所饱和,再增加 NH_3的浓度对反应速率不再有影响,此时反应呈零级反应。

7.2.3 一级反应的动力学方程及其特征

若反应速率与反应物 A 浓度的一次方成正比,该反应为一级反应,其速率方程为
$$-\frac{dc_A}{dt}=kc_A \tag{7-13}$$
将上式积分
$$-\int_{c_{A,0}}^{c_A}\frac{dc_A}{c_A}=\int_0^t k dt$$
得
$$\ln\frac{c_{A,0}}{c_A}=kt \quad (或\ \ln\frac{a}{c_A}=kt) \tag{7-14}$$
或
$$\ln c_A=-kt+\ln c_{A,0} \quad (或\ \ln c_A=-kt+\ln a) \tag{7-15}$$
或
$$c_A=c_{A,0}e^{-kt} \quad (或\ c_A=ae^{-kt}) \tag{7-16}$$
若写成 k 的表示式则为
$$k=\frac{1}{t}\ln\frac{c_{A,0}}{c_{A,0}-x} \tag{7-17}$$

一级反应具有下列特征。

(1) 速率常数 k 的单位为[时间]$^{-1}$,通常为 s^{-1}。

(2) 以 $\ln c$ 对 t 作图得一直线,斜率为$-k$,截距为 $\ln c_{A,0}$。

(3) 反应的半衰期 $t_{1/2}=\frac{\ln 2}{k}=\frac{0.693}{k}$,即一级反应的半衰期与反应物起始浓度无关。

一级反应比较常见,通常包括以下反应。

(1) 放射性元素的蜕变,例如$^{226}_{88}Ra \longrightarrow {}^{222}_{86}Rn+{}^{4}_{2}He$。

(2) 大多数热分解反应,例如 $N_2O_5 = N_2O_4+\frac{1}{2}O_2$。

(3) 某些分子的重排反应及异构化反应。

(4) 药物在体内的吸收与排泄、某些药物的水解反应等。

(5) 蔗糖转化反应类的准一级反应。

如果药物水解反应是一级反应,那该药物的有效期就可以预测。一般药物制剂含量损失掉原含量的10%即告失效,故将药物含量降低到原含量90%的时间称为有效期。由式(7-17)可得
$$k=\frac{1}{t}\ln\frac{a}{c_A}=\frac{1}{t}\ln\frac{a}{0.9a}=\frac{0.1055}{t} \quad \left(或\ t_{0.9}=\frac{0.1055}{k}\right) \tag{7-18}$$

如果已知水解反应的速率常数 k，即可求得它的有效期。

一级反应在制订合理的给药方案中也有应用。若已知药物注射后血药浓度随时间变化的规律符合一级反应，就可利用一级反应方程推断出经过 n 次注射后血药浓度在体内的最高含量和最低含量。

由式(7-16)可知，当 t 为定值时，$e^{-kt}=$ 常数(γ)，因此在相同的时间间隔内，注射相同剂量，$\frac{c_i}{a}=\gamma$。在第一次注射经 t 小时后，血液中含量为 $c_1=a\gamma$；第二次注射完毕后，血药浓度在原来 c_1 水平上又增加了一个 a；以此类推，可导出第 n 次注射(每次注射相同剂量)刚完成，血液中药物含量最高，为

$$c_{\max}=\frac{a-a\gamma^n}{1-\gamma} \tag{7-19}$$

第 n 次注射经 t 小时后，血液中药物含量最低，应为

$$c_{\min}=c_{\max}\gamma \tag{7-20}$$

因 $\gamma<1$，当 $n\to\infty$，$\gamma^n\to 0$，即可求得第 n 次注射后血液中的最高含量 $c_{\max}$ 为

$$c_{\max}=\frac{a}{1-\gamma} \tag{7-21}$$

或

$$c_{\min}=\frac{a\gamma}{1-\gamma} \tag{7-22}$$

【例 7-1】 某抗生素在人体血液中的代谢呈现简单级数的反应，如果给病人在上午 8:00 注射一针该抗生素，然后在不同时刻 t 测定抗生素在血液中的浓度 c(以 mg/100 cm^3 表示)，得到如下数据。

t/h	4	8	12	16
c/(mg/100 cm^3)	0.480	0.326	0.222	0.151

(1) 确定反应级数。

(2) 求反应的速率常数 k 和半衰期 $t_{1/2}$。

(3) 若抗生素在血液中的浓度不低于 0.37 mg/100 cm^3 才为有效，问约何时该注射第二针?

解　(1) 将上表中浓度取对数，得相应数据为

t/h	4	8	12	16
c/(mg/100 cm^3)	0.480	0.326	0.222	0.151
$\ln c$	−0.734	−1.12	−1.51	−1.89

以 $\ln c$ 对 t 作图，见右图，为一直线，可判断该反应为一级反应。

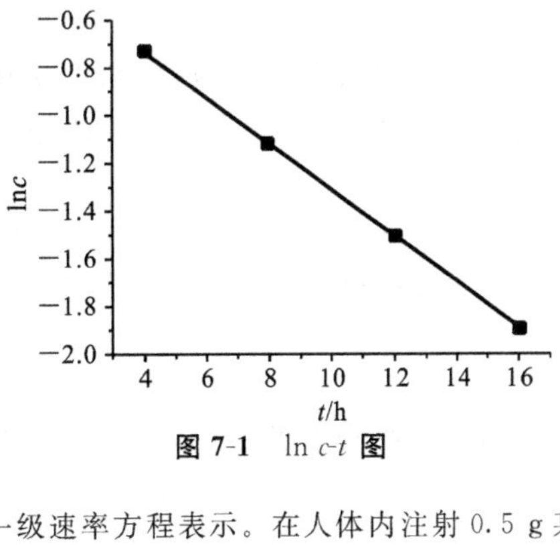

(2) 根据直线的斜率即求得

$$k=0.09645\ \text{h}^{-1},\quad t_{1/2}=\frac{0.693}{0.09645}\ \text{h}=7.18\ \text{h}$$

(3) 根据一级反应的积分公式求出初始浓度。

$$t=\frac{1}{k}\ln\frac{c_{A,0}}{c}=\frac{1}{0.09645}\ln\frac{c_{A,0}}{0.326}\ \text{h}=8\ \text{h}$$

解得

$$c_{A,0}=0.705\ \text{mg/100 cm}^3$$

$$t=\frac{1}{0.09645}\ln\frac{0.705}{0.37}\ \text{h}=6.7\ \text{h}$$

图 7-1　ln c-t 图

【例 7-2】 药物施于人体后，一方面在血液中与体液建立平衡，另一方面由肾排出，达平衡时药物由血液移出的速率可用一级速率方程表示。在人体内注射 0.5 g 某

药物，然后在不同时刻测定其在血液中的浓度，得下表中数据，求：(1)该药物在血液中的半衰期；(2)欲使血液中该药物浓度不低于 0.40×10^{-6} kg/0.1 dm³，需间隔几小时注射第二次？

t/h	4	8	12	16
c/(kg/0.1 dm³)	0.48×10^{-6}	0.34×10^{-6}	0.24×10^{-6}	0.17×10^{-6}
$\ln c$	−14.55	−14.89	−15.24	−15.59

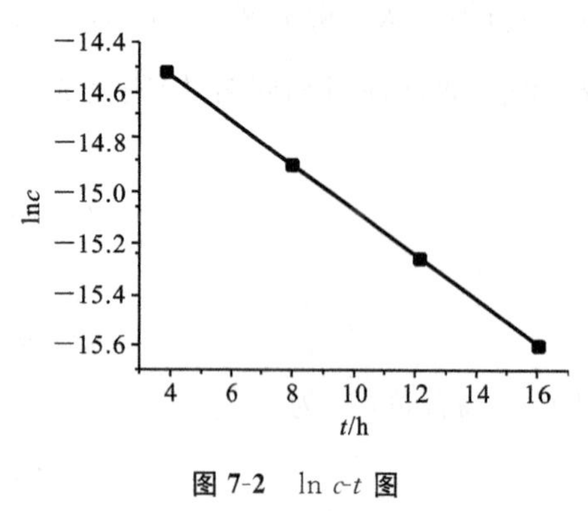

图 7-2　ln c-t 图

解　(1) 以 $\ln c$ 对 t 作图得一直线，其斜率为 −0.08675，即

$$k=0.08675\ \mathrm{h}^{-1}$$

(2) 由 k 可求出半衰期

$$t_{1/2}=\frac{0.693}{0.08675}\ \mathrm{h}=8\ \mathrm{h}$$

由本例表中数据知，半衰期时对应的浓度为 0.34×10^{-6} kg/0.1 dm³，或初始浓度应为 0.68×10^{-6} kg/0.1 dm³，故

$$t=\frac{1}{0.08675}\ln\frac{0.68\times10^{-6}}{0.40\times10^{-6}}\ \mathrm{h}=6.12\ \mathrm{h}\approx6\ \mathrm{h}$$

即欲使血液中该药物浓度不低于 0.40×10^{-6} kg/0.1 dm³，须在 6 h 后注射第二次。

【例 7-3】　利用例 7-2 中数据，若每隔 6 h 注射一次某药物，经过 n 次注射后，血液中四环素的最高含量和最低含量分别为多少？

解　因每隔 6 h 注射一次，所以

$$\ln\frac{0.68\times10^{-6}}{c}=0.08675t,\quad c=0.404\times10^{-6}\ \mathrm{kg/0.1\ dm^3}$$

$$\gamma=\mathrm{e}^{-kt}=\frac{c}{a}=\frac{0.404\times10^{-6}}{0.68\times10^{-6}}=0.59$$

$$c_{\max}=\frac{c_{\mathrm{A},0}}{1-\gamma}=\frac{0.68\times10^{-6}}{1-0.59}\ \mathrm{kg/0.1\ dm^3}=1.66\times10^{-6}\ \mathrm{kg/0.1\ dm^3}$$

$$c_{\min}=c_{\max}\gamma=1.66\times10^{-6}\times0.59\ \mathrm{kg/0.1\ dm^3}=0.98\times10^{-6}\ \mathrm{kg/0.1\ dm^3}$$

7.2.4　二级反应的动力学方程及其特征

当某反应的速率与反应物浓度的二次方(或两种反应物浓度的乘积)成正比时，这类反应称为二级反应。它有以下两种类型。

(1)　　$2\mathrm{A}\longrightarrow$ 产物

(2)　　$\mathrm{A}+\mathrm{B}\longrightarrow$ 产物

对第二种类型的反应，如果设 a 和 b 分别代表反应物 A 和 B 的起始浓度，x 为 t 时刻反应物已消耗的浓度，也是产物的生成浓度，其反应速率方程可写成

$$\frac{\mathrm{d}x}{\mathrm{d}t}=k(a-x)(b-x)\tag{7-23}$$

当 A 和 B 的起始浓度相等，即 $a=b$ 时，上式变为

$$\frac{\mathrm{d}x}{\mathrm{d}t}=k\,(a-x)^2\tag{7-24}$$

对第一种类型的反应，其速率方程与上式相同，将上式分离变量后积分，得

$$\frac{1}{a-x}-\frac{1}{a}=kt\quad\left(\text{或 } k=\frac{1}{t}\,\frac{x}{a(a-x)}\right)\tag{7-25}$$

若 A 和 B 的初始浓度不同，即 $a \neq b$，将式(7-23)分离变量积分，得

$$k = \frac{1}{t(a-b)} \ln \frac{b(a-x)}{a(b-x)} \tag{7-26}$$

二级反应具有以下特征。

(1) 速率常数 k 的单位为[浓度]$^{-1}$ · [时间]$^{-1}$，常用的单位为 $dm^3 \cdot mol^{-1} \cdot s^{-1}$。

(2) 以 $\frac{1}{a-x}$ 对 t 作图应得一直线，其斜率为速率常数 k。

(3) 当 A、B 初始浓度不等时，半衰期 $t_{1/2} = \frac{a/2}{ka(a-a/2)} = \frac{1}{ka}$，说明二级反应的半衰期与反应物初始浓度成反比。当 A、B 初始浓度不等时，A 和 B 的半衰期也不等，整个反应的半衰期难以确定。

二级反应最为常见，例如乙烯、丙烯和异丁烯的二聚作用，$NaClO_3$ 的分解，乙酸乙酯的皂化，碘化氢、甲醛的热分解等都是二级反应。

【例 7-4】 某气相反应 $2A \longrightarrow P$ 的速率常数为 $1.0267 \times 10^{-7}\ Pa^{-1} \cdot s^{-1}$，半衰期为 97.4 s。

(1) 求初始压力；

(2) 求反应至 200 s 时，反应物的分压；

(3) 求 200 s 时的速率。

解 (1) 由速率常数单位知其为二级反应。

由
$$t_{1/2} = \frac{1}{kp_0}$$

得
$$p_0 = \frac{1}{kt_{1/2}} = \frac{1}{97.4 \times 1.0267 \times 10^{-7}}\ Pa = 1.0 \times 10^5\ Pa$$

(2)
$$kt = \frac{1}{p} - \frac{1}{p_0}$$

即
$$1.0267 \times 10^{-7} \times 200 = \frac{1}{p} - \frac{1}{1.0 \times 10^5}$$

解得
$$p = 3.275 \times 10^4\ Pa$$

(3)
$$v = kp^2 = 1.0267 \times 10^{-7} \times (3.275 \times 10^4)^2\ Pa \cdot s^{-1} = 110.12\ Pa \cdot s^{-1}$$

表 7-1 中将上述几种具有简单级数反应的速率方程和特征列出，可以利用这些特征来判别简单反应的级数。

表 7-1　具有简单级数反应的速率方程

反应级数	速率方程微分式	速率方程积分式 k 的表示式	半衰期	线性关系	k 的单位
0	$\frac{dx}{dt} = k$	$k = \frac{x}{t}$	$t_{1/2} = \frac{a}{2k}$	c-t 或 x-t	[浓度] · [时间]$^{-1}$
1	$\frac{dx}{dt} = k(a-x)$	$k = \frac{1}{t} \ln \frac{a}{a-x}$	$t_{1/2} = \frac{0.693}{k}$	$\ln c$-t	[时间]$^{-1}$
2	$\frac{dx}{dt} = k(a-x)^2$	$k = \frac{1}{t} \frac{x}{a(a-x)}$	$t_{1/2} = \frac{1}{ka}$	$\frac{1}{a-x}$-t	[浓度]$^{-1}$ · [时间]$^{-1}$
2	$\frac{dx}{dt} = k(a-x)(b-x)$	$k = \frac{1}{t(a-b)} \ln \frac{b(a-x)}{a(b-x)}$	无意义	$\ln \frac{b(a-x)}{a(b-x)}$-$t$	[浓度]$^{-1}$ · [时间]$^{-1}$

7.2.5　反应级数的确定

在动力学研究中，一般先要建立反应的速率方程，即反应速率与组分浓度的依赖关系。这

种关系有的很复杂,但此节仅讨论一些较简单的形式,即速率方程与浓度的依赖关系是指数形式,$v=-\frac{\mathrm{d}c_A}{\mathrm{d}t}=kc_A^{\alpha}c_B^{\beta}c_C^{\gamma}\cdots$。下面讨论如何由实验测得的浓度数据来确定反应级数。常用的方法有积分法和微分法,前者利用反应速率公式的积分式,后者利用反应速率的微分式。

1. 积分法

1) 尝试法(速率常数法)

设实验时间为 $t_1,t_2,t_3,\cdots,t_n$,反应物浓度为 $c_1,c_2,c_3,\cdots,c_n$,将实验数据分别代入表 7-1 第 3 列中 k 的计算式,计算 k 值,若某式计算的 k 值是个常数,则该式对应的级数即为反应的级数。

2) 图解法

将上述实验数据按照表 7-1 第 5 列中的线性关系,处理数据后取相应的量对时间作图,若得到的某个关系的图形是直线,表示此关系相应的级数应是反应级数,且根据相应直线的斜率可确定速率常数。

例如:若用浓度对时间作图,即 c-t 或 x-t 得一直线,则为零级反应;

若用浓度的对数对时间作图,即 $\ln c$-t 得一直线,则为一级反应;

若用浓度的倒数对时间作图,即$\frac{1}{a-x}$-t 得一直线,则为二级反应。

3) 半衰期法

将表 7-1 中第 4 列的关系进行归纳,n 级反应的半衰期为

$$t_{1/2}=A\,\frac{1}{a^{n-1}} \tag{7-27}$$

式中,n 表示反应级数;A 表示常数,如果以两个不同的起始浓度 a 和 a'进行实验,则

$$\frac{t_{1/2}}{t'_{1/2}}=\left(\frac{a'}{a}\right)^{n-1} \quad 或 \quad n=1+\frac{\ln\dfrac{t_{1/2}}{t'_{1/2}}}{\ln\dfrac{a'}{a}} \tag{7-28}$$

由两组数据可以求出 n,如数据较多,也可以用作图法。将式(7-27)取对数,得

$$\ln t_{1/2}=(1-n)\ln a+\ln A$$

以 $\ln t_{1/2}$ 对 $\ln a$ 作图,根据斜率可求出 n。

利用半衰期法求反应级数比上述两种方法要可靠些。半衰期法并不限于半衰期 $t_{1/2}$,也可用反应物反应了$\frac{1}{3}$、$\frac{2}{3}$、$\frac{3}{4}$…的时间代替半衰期。它的缺点是反应物不止一种,而起始浓度又不相同时,就变得较为复杂了。

2. 微分法

如果各反应物浓度相同或只有一种反应物时,其反应速率方程为

$$v=-\frac{\mathrm{d}c}{\mathrm{d}t}=kc^n \tag{7-29}$$

取对数得

$$\lg v=\lg\left(-\frac{\mathrm{d}c}{\mathrm{d}t}\right)=\lg k+n\lg c \tag{7-30}$$

根据实验所得数据,将浓度 c 对时间 t 作图,然后在不同的浓度 $c_1,c_2,\cdots$各点上,求其斜率分别为 $v_1,v_2\cdots$。再以 $\lg v$ 对 $\lg c$ 作图,若所设速率方程是指数形式,则应得一直线,该直线的斜率 n 即为反应级数。用此法求反应级数,不仅可处理级数为整数的反应,也可处理级数为分

数的反应。

但用微分法时，最好使用反应速率初始值，即用一系列不同的初始浓度 c_0，绘制不同的时间 t 对浓度 c 的曲线，然后在各初始浓度 c_0 处求相应的斜率 $\left(-\frac{dc}{dt}\right)$，之后的处理方法与上面相同。采用初始浓度法的优点是可以避免反应产物的干扰，见图 7-1。

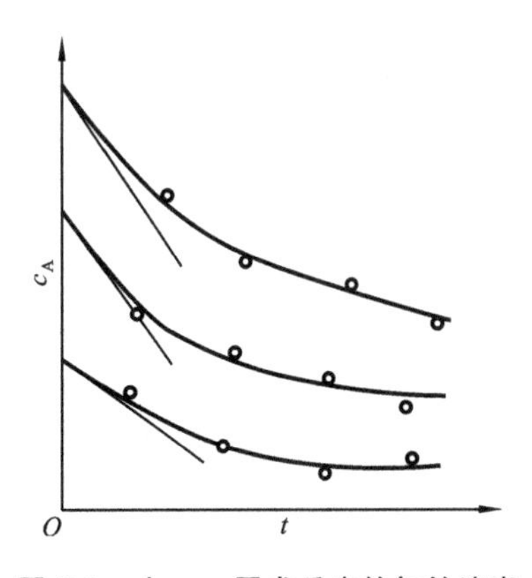

图 7-1　由 c_A-t 图求反应的初始速率

若反应有两种或两种以上的物质参加，例如三种，其速率方程如下：

$$v=-\frac{dc}{dt}=kc_A^{\alpha}c_B^{\beta}c_C^{\gamma}$$

则不论用上述哪种方法，都比较麻烦，这时可用过量浓度法（或称隔离法）。选择实验条件 $c_{A,0}\ll c_{B,0}$（或 $c_{C,0}$），则在反应过程中可认为 c_B 或 c_C 基本不变，而只有 c_A 有明显变化。于是速率方程就转化为

$$v=-\frac{dc}{dt}=kc_A^{\alpha}c_B^{\beta}c_C^{\gamma}=k'c_A^{\alpha} \tag{7-31}$$

然后用上述积分法或微分法中任何一种方法求 α。同理，若 $c_{B,0}\ll c_{A,0}$（或 $c_{C,0}$），则在反应过程中只有 c_B 有明显变化，即可求出 β。以此类推，即可得反应的总级数

$$n=\alpha+\beta+\cdots$$

【例 7-5】　等温等容条件下发生化学反应：$2AB(g)\longrightarrow A_2(g)+B_2(g)$。当 AB(g)的初始浓度分别为 0.02 $mol\cdot dm^{-3}$ 和 0.2 $mol\cdot dm^{-3}$ 时，反应的半衰期分别为 125.5 s 和 12.55 s。求该反应的级数 n 及速率常数 k_{AB}。

解　速率公式符合 $-dc_A/dt=kc_A^n$，其半衰期与初始浓度间的关系为

$$t_{1/2}=A\frac{1}{a^{n-1}}$$

利用两组 $t_{1/2}$ 和 a 的数据可导出

$$n=1+\frac{\ln\frac{t_{1/2}}{t'_{1/2}}}{\ln\frac{a'}{a}}$$

将题中所给数据代入上式得

$$n=1+\frac{\ln(125.5/12.55)}{\ln(0.2/0.02)}=2$$

故该反应的级数为 2。

7.3　几种典型的复杂反应

复杂反应是由两个或两个以上基元反应构成的，比较典型的有对峙反应、平行反应和连串反应。

7.3.1　对峙反应（可逆反应）

对峙反应是指正、逆两个方向上都能进行的反应，它也称为可逆反应。严格地讲，任何反应都是对峙反应，都可以从正、反两个方向进行，但有的反应 $v_{正}\gg v_{逆}$，平衡位置偏向产物一方，这种反应被视为可以进行到底。这里讨论的对峙反应是正、逆反应速率相差不太大的反应。最简单的对峙反应是正、逆反应都是一级反应。设某对峙反应，初始时刻各浓度关系如下：

$$\mathrm{A}\underset{k_{-1}}{\overset{k_1}{\rightleftharpoons}}\mathrm{B}$$

0 时刻　　a　　0

t 时刻　　$a-x$　　x

总反应速率
$$v=v_+-v_-=\frac{\mathrm{d}x}{\mathrm{d}t}=k_1(a-x)-k_{-1}x$$

上式移项整理得
$$\frac{\mathrm{d}x}{k_1(a-x)-k_{-1}x}=\mathrm{d}t \tag{7-32}$$

积分
$$\int_0^x \frac{\mathrm{d}x}{k_1(a-x)-k_{-1}x}=\int_0^t \mathrm{d}t$$

得
$$\ln\frac{a}{a-\frac{k_1+k_{-1}}{k_1}x}=(k_1+k_{-1})t \tag{7-33}$$

这就是1—1对峙反应速率方程的积分形式。有三个未知数，利用上式求 t 时刻物质A反应消耗的浓度，必须知道 k_1 和 k_{-1}，这可以借助于平衡条件。设反应达到平衡时，物质B的浓度为 x_e，则有

$$k_1(a-x_e)=k_{-1}x_e \tag{7-34}$$

于是
$$K=\frac{k_1}{k_{-1}}=\frac{x_e}{a-x_e} \tag{7-35}$$

式中，K 表示对峙反应的平衡常数；$a-x_e$ 表示平衡时物质A的浓度。

据式(7-35)可得
$$a=\frac{k_1+k_{-1}}{k_{-1}}x_e \tag{7-36}$$

代入式(7-33)可得
$$\ln\frac{x_e}{x_e-x}=(k_1+k_{-1})t \tag{7-37}$$

该公式在形式上与一级反应积分公式类似，适用于1—1对峙反应。

对峙反应具有如下特征。

(1) 净速率等于正、逆反应速率差值的绝对值。

(2) 达到平衡时，反应净速率等于零。

(3) 正、逆速率常数之比等于平衡常数。

(4) 在 c-t 图上，达到平衡后，反应物和产物的浓度不再随时间而改变，如图7-2所示。

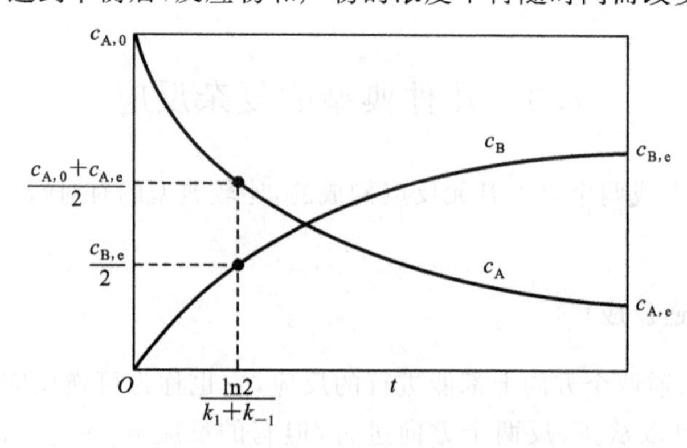

图7-2　对峙反应中正、逆反应速率对时间的关系

与前述单相一级反应的半衰期相类似，当对峙一级反应完成了距平衡浓度差的一半时，有

$$c_A - c_{A,e} = \frac{1}{2}(c_{A,0} - c_{A,e})$$

即
$$c_A = \frac{1}{2}(c_{A,0} + c_{A,e})$$

所需要的时间为$\dfrac{\ln 2}{k_1 + k_{-1}}$，与初始浓度 $c_{A,0}$ 无关。

【例 7-6】 某反应 $A \rightleftharpoons B$ 的正、逆反应均为一级，已知 400 K 时，正、逆反应的速率常数分别为 $k_1 = 0.1\ s^{-1}$、$k_{-1} = 0.01\ s^{-1}$，反应开始时 $a = 0.5\ mol \cdot dm^{-3}$、$b = 0.05\ mol \cdot dm^{-3}$，计算：

(1) 反应 10 s 后 A 和 B 的浓度；

(2) 平衡时 A 和 B 的浓度。

解 (1)
$$A \underset{k_{-1}}{\overset{k_1}{\rightleftharpoons}} B$$

0 时刻　　a　　b

t 时刻　　$a - x$　　$b + x$

$$\frac{dx}{dt} = k_1(a - x) - k_{-1}(b + x) = k_1 a - k_{-1} b - (k_1 + k_{-1})x$$

积分上式
$$\int_0^x \frac{dx}{k_1 a - k_{-1} b - (k_1 + k_{-1})x} = \int_0^t dt$$

即
$$\ln \frac{k_1 a - k_{-1} b}{k_1 a - k_{-1} b - (k_1 + k_{-1})x} = (k_1 + k_{-1})t$$

代入已知数据，解出
$$x = 0.3$$

$t = 10$ s 时，
$$c_A = a - x = (0.5 - 0.3)\ mol \cdot dm^{-3} = 0.2\ mol \cdot dm^{-3}$$
$$c_B = b + x = (0.05 + 0.3)\ mol \cdot dm^{-3} = 0.35\ mol \cdot dm^{-3}$$

(2) 达平衡时
$$k_1(a - x_e) = k_{-1}(b + x_e)$$

解得
$$x_e = 0.459$$

$$c_{A,e} = (0.5 - 0.459)\ mol \cdot dm^{-3} = 0.041\ mol \cdot dm^{-3},\quad c_{B,e} = (0.05 + 0.459)\ mol \cdot dm^{-3} = 0.509\ mol \cdot dm^{-3}$$

7.3.2 平行反应

由同一种反应物同时进行的不同反应，得到不同的产物，这种类型的反应称为平行反应。这类反应在有机化学中较为常见。例如氯苯的再氯化，可同时在对位和邻位发生取代反应，得到对位和邻位二氯苯。通常将生成希望得到的产物的反应称为主反应，其余称为副反应。例如丙烯的裂化反应：

$$C_3H_8 \begin{cases} \rightarrow C_2H_4 + CH_4 \\ \rightarrow C_3H_6 + H_2 \end{cases}$$

下面讨论平行反应中最简单的一种，即两个平行的不可逆单分子反应，它的一般式为

$$A \begin{cases} \xrightarrow{k_1} B \\ \xrightarrow[k_2]{} C \end{cases}$$

	A	B	C
0 时刻	a	0	0
t 时刻	c_A	c_B	c_C

反应物 A 的消耗速率是两基元反应之和，即

$$-\frac{dc_A}{dt} = \frac{dc_B}{dt} + \frac{dc_C}{dt} = k_1 c_A + k_2 c_A = (k_1 + k_2)c_A \tag{7-38}$$

积分上式,可得

$$\ln\frac{a}{c_A}=(k_1+k_2)t$$

或写成

$$c_A=a\mathrm{e}^{-(k_1+k_2)t} \tag{7-39}$$

此式表示物质 A 的浓度随时间变化的关系。同理,可求得物质 B、C 的浓度随时间变化的关系

$$c_B=\frac{k_1a}{k_1+k_2}[1-\mathrm{e}^{-(k_1+k_2)t}] \tag{7-40}$$

$$c_C=\frac{k_2a}{k_1+k_2}[1-\mathrm{e}^{-(k_1+k_2)t}] \tag{7-41}$$

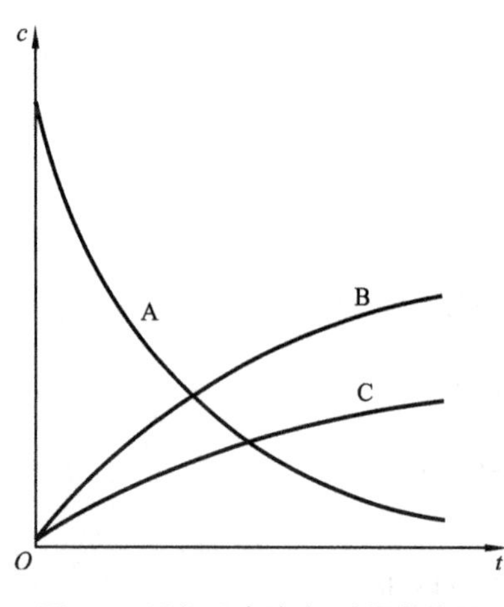

图 7-3　平行反应浓度-时间曲线图

比较式(7-40)和式(7-41)得

$$\frac{c_B}{c_C}=\frac{k_1}{k_2} \tag{7-42}$$

即产物浓度之比等于速率常数之比,各产物浓度之比保持恒定,这是平行反应的特征。在同一时刻 t,测出两产物浓度之比,再结合 $\ln c_A$-t 的直线关系得到斜率 (k_1+k_2),即可分别求得 k_1 和 k_2。如果已知 k_1 和 k_2,代入式(7-39)、式(7-40)和式(7-41)可分别求得不同时刻 A、B、C 的浓度。以此数据绘出浓度-时间曲线,如图 7-3 所示。等温条件下,k_1 与 k_2 的比值是常数,代表平行反应的选择性,可以设法改变比值,使主反应的速率常数远远大于副反应的速率常数,以便得到更多的所需产品。改变的方法一般有两种:一种是选择催化剂;另一种是调节温度。

7.3.3　连串反应(连续反应)

如果某反应产生的物质能继续反应生成其他物质,则此反应称为连串反应或连续反应。例如苯的氯化,生成物氯苯能进一步与氯作用生成二氯苯、三氯苯等。

现讨论最简单的连续反应,即两个单向连续的一级反应,可表示为

$$\mathrm{A}\xrightarrow{k_1}\mathrm{B}\xrightarrow{k_2}\mathrm{C}$$

	A	B	C
0 时刻	a	0	0
t 时刻	x	y	z

对于物质 A,有

$$-\frac{\mathrm{d}x}{\mathrm{d}t}=k_1x$$

移项积分可得

$$\ln\frac{a}{x}=k_1t$$

或

$$x=a\mathrm{e}^{-k_1t} \tag{7-43}$$

对于物质 B,有

$$\frac{\mathrm{d}y}{\mathrm{d}t}=k_1x-k_2y \tag{7-44}$$

将 x 的值代入上式得

$$\frac{\mathrm{d}y}{\mathrm{d}t}=k_1a\mathrm{e}^{-k_1t}-k_2y$$

移项得

$$\frac{\mathrm{d}y}{\mathrm{d}t}+k_2y=k_1a\mathrm{e}^{-k_1t}$$

解一阶常系数线性微分方程,得

$$y=\frac{k_1c_{A,0}}{k_2-k_1}(\mathrm{e}^{-k_1t}-\mathrm{e}^{-k_2t}) \tag{7-45}$$

对于物质 C，因为 $$x+y+z=a$$

故 $$z=a-x-y$$

即 $$z=a\left(1-\frac{k_2}{k_2-k_1}\mathrm{e}^{-k_1 t}+\frac{k_1}{k_2-k_1}\mathrm{e}^{-k_2 t}\right) \tag{7-46}$$

将所得浓度 x、y、z 分别对时间 t 作图，如图 7-4 所示。可以看出 A 的浓度随时间的延长很快降低，C 的浓度总是随时间的延长而升高，而 B 的浓度随时间的延长达到一最大值后又降低，这是连串反应特征。这一特征对于生产有一定的指导作用，如果中间产物 B 是所需产品，而 C 是副产品，则可以通过控制反应时间，使物质 B 尽可能多，而物质 C 尽可能少，由图看出 B 的浓度处于极大值的时间就是生成 B 最多的时间。

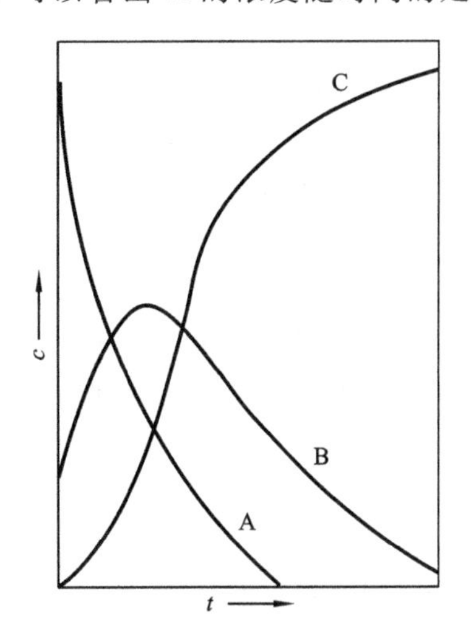

图 7-4　连串反应中浓度与时间的关系

将式(7-45)对 t 求导，并令其为 0，即可求得中间产物 B 的最佳时间 $t_{\max}$ 和 B 的最大浓度 $c_{\mathrm{B,max}}$：

$$t_{\max}=\frac{\ln(k_1/k_2)}{k_1-k_2},\quad c_{\mathrm{B,max}}=a\left(\frac{k_1}{k_2}\right)^{\frac{k_2}{k_2-k_1}}$$

k_2 和 k_1 差值越大，$t_{\max}$ 越小。因此，可通过改变温度、催化剂来调节 k_2 和 k_1 的大小，并控制适宜的时间，以便获得 B 的最大浓度。

7.4　温度对反应速率的影响

前面所讲的内容，主要讨论的是反应速率方程中浓度对反应速率的影响，大前提是温度恒定，以便突出浓度的作用。以下讨论温度对反应速率的影响，必须在浓度不变的前提下进行。在反应速率方程中，k 是一个与浓度无关但与温度有关的常数，因此考虑 T 对 v 的影响，主要表现在 T 对 k 的影响。根据经验，升高温度可以使反应速率加大，但也不完全如此，各种化学反应的速率与温度的关系相当复杂，目前已知的有 5 种类型(见图 7-5)。

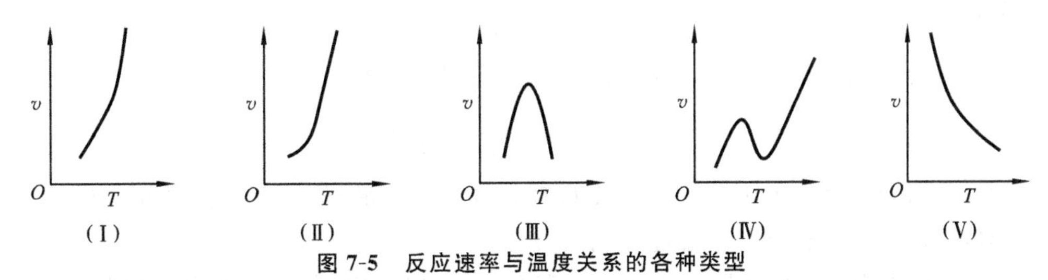

图 7-5　反应速率与温度关系的各种类型

(Ⅰ) 反应速率随温度的升高而逐渐加快，它们之间呈指数关系，这类反应最为常见。

(Ⅱ) 开始时温度影响不大，到达一定极限时，反应以爆炸的形式极快地进行。

(Ⅲ) 在温度不太高时，反应速率随温度的升高而加快，达到一定的温度后，反应速率反而下降。例如多相催化反应和酶催化反应。

(Ⅳ) 反应速率在随温度升高到某一高度时下降，再升高温度，反应速率又迅速增加，可能发生了副反应。例如碳的氧化反应。

(Ⅴ) 温度升高，反应速率反而降低。这种类型很少，例如一氧化氮氧化成二氧化氮。

以下主要讨论常见类型，即第Ⅰ类型。

7.4.1 范特霍夫经验规则

历史上较早定量地提出温度对反应速率影响关系式的是范特霍夫,他根据实验总结出一条近似规则,温度每升高 10 K,反应速率增加 2～4 倍。

$$\frac{k_{T+10}}{k_T}=\gamma \tag{7-47}$$

根据此规则,可大致估计温度对反应速率的影响。范特霍夫经验规则虽然不很精确,但当手边的数据不全时,用它粗略地估算,仍然是有意义的。以此关系可导出,若反应温度升高 n 个 10 K,则上述公式变为

$$\frac{k_{T+n\times 10}}{k_T}=\gamma^n \tag{7-48}$$

【例 7-7】 在 10 ℃时,某反应的速率常数为 2.34 min^{-1},已知该反应温度每升高 10 ℃速率增大 2.5 倍,试估计该反应在 50 ℃时的反应速率常数。

解 因为

$$\frac{k_{283+4\times 10}}{k_{283}}=2.5^4=39.1$$

所以

$$k_{323}=k_{283}\times 39.1=2.34\times 39.1\ \text{min}^{-1}=91.5\ \text{min}^{-1}$$

7.4.2 阿仑尼乌斯公式

式(7-47)所表示的温度对反应速率的影响是粗略的,且在比较窄的温度范围内才有意义。关于速率常数 k 与反应温度 T 之间的定量关系,1889 年阿仑尼乌斯(Arrhenius)在总结了大量的实验数据的基础上,提出了经验公式,即阿仑尼乌斯公式:

$$k=A\mathrm{e}^{\frac{-E_a}{RT}} \tag{7-49}$$

式中,E_a 表示阿仑尼乌斯活化能,常称为活化能,其单位为 $J\cdot mol^{-1}$;A 表示指前因子或频率因子,其单位与 k 相同。此公式的对数形式为

$$\ln k=-\frac{E_a}{R}\frac{1}{T}+\ln A \tag{7-50}$$

上式微分得

$$\frac{\mathrm{d}\ln k}{\mathrm{d}T}=\frac{E_a}{RT^2} \tag{7-51}$$

当温度变化范围不大时,将 E_a 视为常数,上式定积分,可得

$$\ln\frac{k_2}{k_1}=-\frac{E_a}{R}\left(\frac{1}{T_2}-\frac{1}{T_1}\right) \tag{7-52}$$

利用此式可由两种温度下的速率常数 k_1 和 k_2 计算反应的活化能,或由已知活化能 E_a,以及一个温度 T_1 下的 k_1,计算另一温度 T_2 下的 k_2。

式(7-50)也称为阿仑尼乌斯公式的不定积分式,可以看出,若有多组实验数据,以 $\ln k$ 对 $1/T$ 作图可得一直线,由直线的截距和斜率可分别确定 A 和 E_a。

7.4.3 活化能

活化能是阿仑尼乌斯为了解释他的经验公式所提出的概念,这个概念的提出具有很大的理论价值,目前在解释动力学系统时应用非常广泛。阿仑尼乌斯认为:分子之间反应的前提是需要碰撞,但并不是所有的分子一经碰撞就能发生反应,只有一些能量较高的分子碰撞后才能反应。这种能量较高的分子称为活化分子,碰撞后的中间化合物的状态称为活化态,活化分子

平均能量与普通分子平均能量的差值称为反应的活化能。阿仑尼乌斯把活化能看成是分子反应时需要克服的一种能峰，这种能峰对正反应存在，对逆反应也存在，即吸热反应需要活化能，放热反应也需要活化能。

对于一个可逆反应 A＋B$\rightleftharpoons$C＋D，正、逆反应活化能和热效应关系见图 7-6。

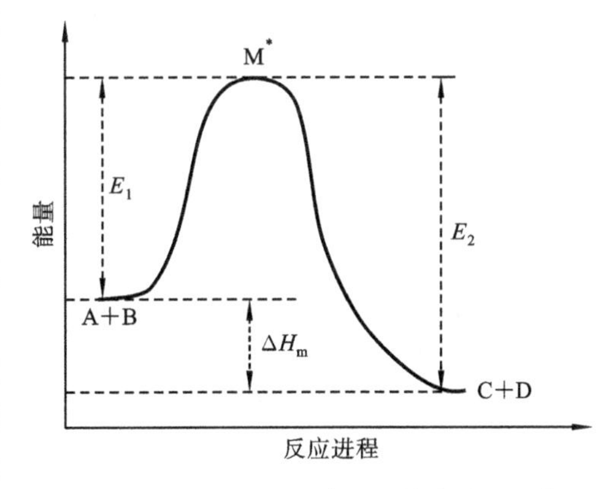

图 7-6　正、逆反应活化能和热效应关系示意图

从图中可以看出，反应物分子必然吸收一定的能量而达到活化态。吸收能量 E_1 的时，才能越过能峰，生成 C＋D。E_1 称为正向反应活化能；同理，逆向反应中，C、D 分子必须吸收能量 E_2 才能越过能峰，生成 A＋B。E_2 为逆反应活化能。净的结果是从反应物到产物，反应净吸收了 E_1-E_2 的能量。可以证明：$E_1-E_2=\Delta_r H_m^\circ$。

对正反应
$$\frac{\mathrm{d}\ln k_1}{\mathrm{d}T}=\frac{E_1}{RT^2}$$

对逆反应
$$\frac{\mathrm{d}\ln k_{-1}}{\mathrm{d}T}=\frac{E_2}{RT^2}$$

两式相减得
$$\frac{\mathrm{d}\ln(k_1/k_{-1})}{\mathrm{d}T}=\frac{E_1-E_2}{RT^2}$$

将此式与第 4 章化学平衡中的式(4-34)范特霍夫方程
$$\left(\frac{\partial \ln K^\ominus}{\partial T}\right)_{p,n}=\frac{\Delta_r H_m^\ominus}{RT^2}$$

对比，有
$$E_1-E_2=\Delta_r H_m^\ominus$$

可见正、逆反应活化能的差值就是反应的热效应。需要注意的是，阿仑尼乌斯对活化能的解释只有对基元反应才有明确的物理意义，所以阿仑尼乌斯公式适用于基元反应或者复杂反应中的每一基元步骤。对于某些复杂反应，只要其速率公式具有 $v=-\frac{\mathrm{d}c_A}{\mathrm{d}t}=kc_A^\alpha c_B^\beta c_C^\gamma\cdots$ 的形式(即具有明确的反应级数)，仍然可以应用阿仑尼乌斯公式，但这时求出的活化能不像基元反应那样有明确的物理意义，可能是组成这个复杂反应的各基元反应的活化能的某种组合，因此称为表观活化能。对于不具备 $v=-\frac{\mathrm{d}c_A}{\mathrm{d}t}=kc_A^\alpha c_B^\beta c_C^\gamma\cdots$ 形式的复杂反应，不能使用阿仑尼乌斯公式。

【例 7-8】 对于均相反应 $b\mathrm{B}\longrightarrow \mathrm{W}+\mathrm{Z}$，测得速率常数 k 与温度 T 的关系是 $\lg k=-3800/T+13$，同时测得 298 K 时的以下数据：

初始浓度	$c_{B,0}/(\mathrm{mol\cdot dm^{-3}})$	半衰期 $t_{1/2}/\mathrm{s}$
	0.58	8
	0.38	12

(1) 确定反应级数；

(2) 求指前因子和反应活化能。

解　(1)
$$n=1+\frac{\ln\frac{t_{1/2}}{t'_{1/2}}}{\ln\frac{a'}{a}}=1+\frac{\ln\frac{12}{8}}{\ln\frac{0.58}{0.38}}=1+\frac{0.405}{0.423}\approx 2$$

(2) $\lg k=\frac{-3800}{T}+13$ 与 $\lg k=\frac{-E_a}{2.303RT}+\lg A$ 相比较，$\lg A=13$，得

$$A = 1 \times 10^{13}\ \mathrm{dm^3 \cdot mol^{-1} \cdot s^{-1}}$$

(3) 有

$$\frac{-E_a}{2.303R} = -3800$$

$$E_a = 3800 \times 2.303\ R = 3800 \times 2.303 \times 8.314\ \mathrm{J \cdot mol^{-1}} = 72759\ \mathrm{J \cdot mol^{-1}}$$

【例 7-9】 等容气相反应:$A + 2B \longrightarrow Y$,已知反应速率常数 k_B 与温度的关系为

$$\ln\left(\frac{k_B}{\mathrm{dm^3 \cdot mol^{-1} \cdot s^{-1}}}\right) = -\frac{9622}{T/\mathrm{K}} + 24.00$$

(1) 计算该反应的活化能 E_a;

(2) 若反应开始时,$c_{A,0} = 0.1\ \mathrm{mol \cdot dm^{-3}}$,$c_{B,0} = 0.1\ \mathrm{mol \cdot dm^{-3}}$,欲使 A 在 10 min 内的转化率达到 90%,则反应温度 T 应控制在多少?

解 (1)将本题所给定反应的 k_B 与 T 的关系式与阿仑尼乌斯方程式

$$\ln k = -\frac{E_a}{RT} + \ln k_0$$

比较可知

$$-\frac{E_a}{R} = -9622\ \mathrm{K}$$

$$E_a = 9622\ \mathrm{K} \times 8.314\ \mathrm{J \cdot mol^{-1} \cdot K^{-1}} = 80.00\ \mathrm{kJ \cdot mol^{-1}}$$

(2)

$$-\frac{\mathrm{d}c_A}{\mathrm{d}t} = k_A c_A c_B, \quad -\frac{\mathrm{d}c_B}{\mathrm{d}t} = k_B c_A c_B$$

由计量关系式知

$$k_A = \frac{1}{2} k_B$$

得

$$-\frac{\mathrm{d}c_A}{\mathrm{d}t} = \frac{1}{2} k_B c_A c_B$$

又 $c_{A,0} : c_{B,0} = 1 : 2$,即 $c_B = 2c_A$,代入上式,分离变量,积分得

$$\frac{1}{c_{A,t}} - \frac{1}{c_{B,0}} = k_B t$$

把 $t = 10\ \mathrm{min}$、$c_{A,0} = 0.1\ \mathrm{mol \cdot dm^{-3}}$、$c_{A,t} = c_{A,0}(1-0.9) = 0.01\ \mathrm{mol \cdot dm^{-3}}$ 代入上式,得

$$k_B = \frac{1}{t}\left(\frac{1}{c_{A,t}} - \frac{1}{c_{B,0}}\right) = \frac{1}{10} \times \left(\frac{1}{0.01} - \frac{1}{0.1}\right)\ \mathrm{dm^3 \cdot mol^{-1} \cdot min^{-1}} = 0.15\ \mathrm{dm^3 \cdot mol^{-1} \cdot s^{-1}}$$

所以

$$\ln 0.15 = -\frac{9622}{T/\mathrm{K}} + 24.00$$

解得

$$T = 371.5\ \mathrm{K}$$

7.5 复合反应的速率方程

包含多个基元反应步骤的反应称为复合反应或非基元反应,也称总包反应。

复合反应的机理是由两个或两个以上连串的或平行的基元反应组成的。由于从多步骤机理的微分速率方程(尤其是不同级的基元反应组成的复合反应)确切地导出总速率方程通常是不可能的。因此,总(机理)速率方程一般是在简化的假设条件下推导出来的。

7.5.1 复合反应速率的近似处理方法

常用的近似处理方法有选取速率决定步骤法、稳态近似法和平衡态近似法。

1. 选取速率决定步骤法

在连串反应或包括连串反应的复合反应中,如果连串的各基元反应的速率相差很大,则总反应速率近似等于最慢一步基元反应的速率。这一最慢的基元反应步骤称为反应速率的决定步骤。在动力学处理中,引用总反应速率近似等于决定步骤反应速率的方法称为选取速率决

定步骤法。决定步骤与其他各步骤的速率相差越悬殊，此近似方法越可靠。

2. 稳态近似法

在多步骤的反应机理中，如果包含计量方程式中并不出现的活泼中间物 I，且其消耗速率远比其生成速率大，与反应物和产物对比，除在诱导期外，中间物的浓度[I]总是很低而且变化很小，即

$$\frac{\mathrm{d}[\mathrm{I}]}{\mathrm{d}t} \approx 0 \tag{7-53}$$

这种在反应系统中某中间物的浓度近似不随时间变化的状态称为近稳态。在动力学处理中，引用稳态下$\frac{\mathrm{d}[\mathrm{I}]}{\mathrm{d}t}\approx 0$ 的近似方法称为稳态近似法，简称稳态法。

3. 平衡态近似法

在一系列由对峙反应和连串反应组成的复合反应中，如果其中存在着速率决定步骤，则总反应速率取决于这一最慢步骤的速率，与速率决定步骤以后的各步骤的速率无关，并可假设其前的各对峙步骤处于快速平衡。这种动力学处理的近似方法称为平衡态近似法。

【例 7-10】 对于反应 $N_2O_5 \Longrightarrow 2NO_2 + \frac{1}{2}O_2$，其实验速率方程为

$$v = k[N_2O_5]$$

根据其他实验事实，设想下列反应机理：

(1) $$N_2O_5 \underset{k_{-1}}{\overset{k_1}{\rightleftharpoons}} NO_2 + NO_3$$

(2) $$NO_2 + NO_3 \xrightarrow{k_2} NO_2 + O_2 + NO$$

(3) $$NO + NO_3 \xrightarrow{k_3} 2NO_2$$

试根据其机理导出其速率方程。

解 将质量作用定律分别应用于各基元反应，求得总反应速率为

$$v = -\frac{\mathrm{d}[N_2O_5]}{\mathrm{d}t} = k_1[N_2O_5] - k_{-1}[NO_2][NO_3]$$

利用稳态近似法处理中间物，得

$$\frac{\mathrm{d}[NO]}{\mathrm{d}t} = k_2[NO_2][NO_3] - k_3[NO][NO_3] = 0$$

$$\frac{\mathrm{d}[NO_3]}{\mathrm{d}t} = k_1[N_2O_5] - k_{-1}[NO_2][NO_3] - k_2[NO_2][NO_3] - k_3[NO][NO_3] = 0$$

两式相减，得

$$k_1[N_2O_5] - (k_{-1} + 2k_2)[NO_2][NO_3] = 0$$

即
$$[NO_3] = \frac{k_1[N_2O_5]}{(k_{-1} + 2k_2)[NO_2]}$$

将上式代入总反应速率表达式，得

$$v = -\frac{\mathrm{d}[N_2O_5]}{\mathrm{d}t} = k_1[N_2O_5] - k_{-1}[NO_2]\frac{k_1[N_2O_5]}{(k_{-1} + 2k_2)[NO_2]} = \frac{2k_1k_2[N_2O_5]}{k_{-1} + 2k_2} = k'[N_2O_5]$$

式中 $k' = \frac{2k_1k_2}{k_{-1} + 2k_2}$，与实验结果一致。

由此例可以得到启发，从实验上得到的具有简单级数的反应，并不一定是单一过程的简单反应；也说明宏观动力学规律对于验证反应机理有其必要性和不充分性。反应机理的可靠性还要依赖于大量的实验来证明。

选取速率决定步骤法、稳态近似法和平衡态近似法，都是化学动力学中的近似处理方法。

对于复杂的反应机理,恰当运用这些方法可以避免求解复杂的联立微分方程,而且能简便地由拟定的反应机理得出能与实验结果相符的反应速率方程。

7.5.2 链反应

通过活性粒子(自由基或原子)使一系列反应相继连续发生,像链条一样自动发展下去,这类反应称为链反应。链反应也是一种常见的复杂反应,如高分子化合物的聚合、石油的裂解、一些有机物的热分解以及燃烧和爆炸反应等都与链反应有关,链反应的反应规律与其他反应不同。

1. 链反应的特点

链反应具有以下特点。

(1) 反应一旦引发,如果不加控制,就可以发生一系列的连串反应,使反应自动进行下去,就好像锁链一样,一环扣一环,故称为链反应。

(2) 链反应中都有自由基或活性粒子参与。

(3) 所有链反应都分为三个阶段,即链的引发、链的传递和链的中止。

根据链传递方式不同,链反应可分为直链反应和支链反应。

2. 直链反应

直链反应是指在链的传递过程中,一个活性粒子参加反应后,只产生一个新的活性粒子的链反应。例如:

$$H_2 + Cl_2 \xlongequal{} 2HCl$$

实验测得

$$\frac{d[HCl]}{dt} = k[H_2][Cl_2]^{\frac{1}{2}}$$

其历程如下:

$$Cl_2 \xrightarrow{h\nu, k_1} 2Cl\cdot$$

$$Cl\cdot + H_2 \xrightarrow{k_2} HCl + H\cdot$$

$$H\cdot + Cl_2 \xrightarrow{k_3} HCl + Cl\cdot$$

$$Cl\cdot + Cl\cdot + M \xrightarrow{k_4} Cl_2 + M$$

式中,M 表示惰性粒子。所假设的反应机理是否合理,这要由反应历程推出的速率方程式是否和实验速率方程式一致来决定。

在反应历程中,HCl 的生成速率方程可表示为

$$\frac{d[HCl]}{dt} = k_2[H_2][Cl\cdot] + k_3[Cl_2][H\cdot] \tag{7-54}$$

式中,涉及自由基 Cl· 和 H· 的浓度,这些自由基在反应过程中非常活泼,碰上任何其他分子或自由基都会立即发生反应,寿命很短,在瞬间生成又瞬间消失,在反应过程中浓度很小,一般的实验方法很难测定其浓度。为了得到速率方程,将不可测量的[Cl·]和[H·]用稳态近似法处理,认为反应一开始便达到稳定状态,活性粒子的浓度不随时间而改变。即

$$\frac{d[Cl\cdot]}{dt} = 2k_1[Cl_2] + k_3[Cl_2][H\cdot] - k_2[Cl\cdot][H_2] - 2k_4[Cl\cdot]^2[M] = 0 \tag{7-55}$$

$$\frac{d[H\cdot]}{dt} = k_2[Cl\cdot][H_2] - k_3[Cl_2][H\cdot] = 0 \tag{7-56}$$

联立上面两式可得

$$k_1[Cl_2] = k_4[Cl\cdot]^2 \tag{7-57}$$

即

$$[Cl\cdot] = \left(\frac{k_1[Cl_2]}{k_4}\right)^{\frac{1}{2}} \tag{7-58}$$

将式(7-56)代入式(7-54)得　$$\frac{d[HCl]}{dt}=2k_2[Cl\cdot][H_2]$$

将式(7-58)代入式(7-54)得　$$\frac{d[HCl]}{dt}=2k_2\left(\frac{k_1}{k_4}\right)^{\frac{1}{2}}[H_2][Cl_2]^{\frac{1}{2}}$$

即　$$\frac{d[HCl]}{dt}=k'[H_2][Cl_2]^{\frac{1}{2}}$$

这与实验结果一致。表明上述历程可能是合理的，但并不绝对，还要结合实验现象或其他证据。上述历程不是凭空想出的，是根据一些实验事实(例如 H_2+Cl_2 在暗处反应很慢，光照后反应速率加快可考虑是光的引发)得出的。链反应有自由基存在，可以在反应体系中加入一些固体粉末，捕获自由基，反应速率迅速减慢，证明为链反应，另外从活化能的角度也可说明此历程的合理性。

3. 支链反应

支链反应是指一个活性粒子参加反应后，产生两个及以上新的活性粒子的链反应。例如，H_2 和 O_2 的燃烧反应就是支链反应。

爆炸是一种常见现象，就爆炸的动力学原因而言有两种：一种是热爆炸，即在有限的空间内发生强烈的放热反应，所放出的热一时无法散开，使温度迅速升高，而温度升高又使反应速率按指数规律加快，放出更多的热，如此循环，直到发生爆炸；另一种就是支链反应引发的爆炸，一经引发，一个活性粒子可以产生两个活性粒子，照此反应下去，会产生大量的活性粒子，致使反应速率急剧上升，以致发生爆炸。

但支链反应有一个特点，一定情况下，只在一定的压力范围内发生爆炸，在此压力范围以外，反应仍可平稳进行。

图 7-7 所示为 H_2 和 O_2 的混合气体(H_2 和 O_2 的比例为 2∶1)即爆鸣气的燃烧反应的爆炸区间。由图可见，在 673 K 以下，反应缓慢；在 853 K 以上，任何压力下都可以发生爆炸；在 673～853 K 范围内，则有一个爆炸区，在这个区域内每一个温度下均有两个压力界限值，称为第一爆炸极限和第二爆炸极限。对于 H_2 和 O_2 的体系，还存在第三爆炸极限。当压力在第一极限以下时，反应缓慢而不爆炸，这是因为气体比较稀少，活性粒子在器壁上的销毁速率占优势，使链的销毁速率大于链的发展速率，故不会爆炸。压力增加，链的发展速率急增，结果导致爆炸。当压力增大到第二极限时，气体浓度已相当大，气体分子之间碰撞相当频繁，因为气体中有相当一部分惰性分子，所以这些碰撞中相当一部分将促使链中断，结果链的销毁速率又大于链的发展速率，又不发生爆炸。第三极限以上的爆炸是热爆炸。为了防止热爆炸，必须使反应热能及时散发出去，或者控制进入反应器的原料气量，使反应以控制的速率进行。对于支链反应，可以利用爆炸界限的原理达到防爆目的，即控制反应条件，使其在非爆炸区以稳定的速率进行。实验证明：氢氧混合气体，当氢气的体积分数在 4%～94%之间就可能发生爆炸，而当氢气的体积分数小于 4%或者大于 94%时，便不会发生爆炸。在化工生产和实验室中进行有关反应操作时，必须使反应在安全范围内进行，防止爆炸

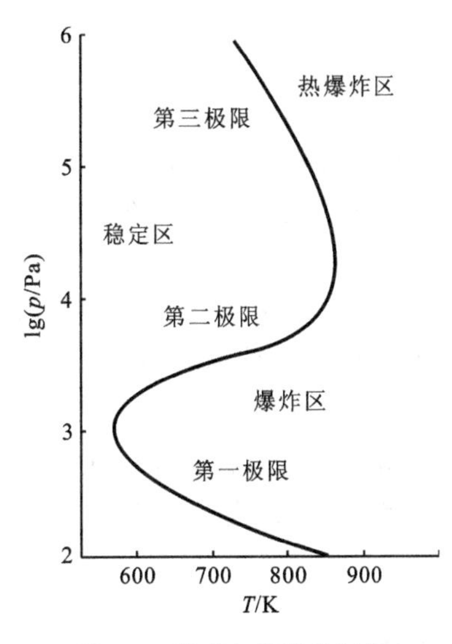

图 7-7　爆鸣气的爆炸区间

现象发生。例如:气体反应器加料时,一般应在爆炸低限以下进行;检修含有可爆气体的设备时,应先用蒸气或氮气充分吹风,使反应器内气体组分低于爆炸低限;在反应器内通入惰性气体(如氮气)使反应在爆炸界限外进行等。

7.6　反应速率理论概述

根据实验事实,人们找到了反应速率随反应物浓度及温度的变化规律。这些宏观规律的微观实质是什么?如何从理论上计算反应的速率常数?这是人们一直在研究的一个基本理论问题。本节简要介绍仍处在发展中的碰撞理论和过渡状态理论。

7.6.1　碰撞理论

在阿仑尼乌斯"活化状态""活化能"等概念的基础上,利用已经建立起来的气体分子运动论,1918 年路易斯提出了碰撞理论。该理论将基元反应中反应物分子假设为无内部结构的刚性球体,认为分子必须经过碰撞才能发生反应,但并非每一次碰撞均有效,只有当分子的能量超过一定数值时,才能发生有效碰撞,使反应物分子化学键松弛,进一步断裂,从而生成产物分子。

若以 Z 表示反应系统中单位时间、单位体积内的碰撞数,以 q 表示其中有效碰撞所占的比例,则反应速率为

$$v = Zq \tag{7-59}$$

现以气体双分子基元反应 $A+D \longrightarrow G$ 为例进行分析。设 d_A、d_D分别为 A、D 分子的直径,M_A、M_D分别为 A、D 的摩尔质量,n_A、n_D分别为单位体积内 A、D 的分子数。根据气体分子运动论,单位时间、单位体积中 A、D 分子的碰撞数为

$$Z_{AD} = \left(\frac{d_A + d_D}{2}\right)^2 \left(8\pi RT \frac{M_A + M_D}{M_A M_D}\right)^{\frac{1}{2}} n_A n_D \tag{7-60}$$

相互碰撞的 A、D 分子并不都发生化学反应,只有当 A、D 两个分子在质心连线方向上的相对移动能超过某一数值时才能发生反应,这一数值称为化学反应的临界能或阈能,用 ε_c 表示。不同的反应有不同的临界能。在碰撞理论中,将 ε_c 与阿伏加德罗常数 N_A 的乘积称为反应的活化能,用 E_c 表示。假设反应速率比分子间能量传递的速率慢得多,即反应发生时分子的能量分布仍然遵守平衡时的玻耳兹曼能量分布律;如果将分子的碰撞看作二维运动,则根据能量分布律可知,能量在 E_c 以上的分子数占总分子数的比例为

$$q = e^{\frac{-E_c}{RT}} \tag{7-61}$$

式中,q 也是有效碰撞分数;E_c 相当于阿仑尼乌斯公式中的活化能,但含义不同。

将式(7-61)代入式(7-59)得

$$v = -\frac{dn_A}{dt} = Z_{AD} q = \left(\frac{d_A + d_D}{2}\right)^2 \left(8\pi RT \frac{M_A + M_D}{M_A M_D}\right)^{\frac{1}{2}} n_A n_D \cdot e^{\frac{-E_c}{RT}} \tag{7-62}$$

以物质的量浓度 c(mol · dm^{-3})代替上式中的 n(分子数 · cm^{-3}),得

$$v = -\frac{dc_A}{dt} = \frac{N_A}{10^3}\left(\frac{d_A + d_D}{2}\right)^2 \left(8\pi RT \frac{M_A + M_D}{M_A M_D}\right)^{\frac{1}{2}} c_A c_D \cdot e^{\frac{-E_c}{RT}} \tag{7-63}$$

若按质量作用定律写出二级反应速率公式为

$$-\frac{dc_A}{dt} = k c_A c_D$$

两式相比较,得反应速率常数公式为

$$k = \frac{N_A}{10^3}\left(\frac{d_A + d_D}{2}\right)^2 \left(8\pi RT\frac{M_A + M_D}{M_A M_D}\right)^{\frac{1}{2}} e^{\frac{-E_c}{RT}} \tag{7-64}$$

若令
$$A = \frac{N_A}{10^3}\pi d_{AD}^2 \left(\frac{8\pi RT}{\pi}\frac{M_A + M_D}{M_A M_D}\right)^{\frac{1}{2}} \tag{7-65}$$

则上式也可写作
$$k = A e^{\frac{-E_c}{RT}}$$

此即阿仑尼乌斯公式的表示形式。由于 A 是与碰撞频率 Z_{AD} 有关的量，故称为频率因子。式(7-64)也可写作

$$k = A' T^{\frac{1}{2}} e^{\frac{-E_c}{RT}} \tag{7-66}$$

A'包括了与温度无关的项。上式取对数后得

$$\ln k = \ln A' + \frac{1}{2}\ln T - \frac{E_c}{RT}$$

该式对 T 微商得
$$\frac{\mathrm{d}\ln k}{\mathrm{d}T} = \frac{E_c + \frac{1}{2}RT}{RT^2} \tag{7-67}$$

将此式与阿仑尼乌斯公式的微分形式比较可以看出，阿仑尼乌斯公式中的实验活化能 E_a 实际上是 $E_c + \frac{1}{2}RT$，所以严格地说，实验活化能 E_a是与温度有关的量，这一点已由实验证实。不过，一般情况下$\frac{1}{2}RT$ 比活化能 E_c小得多，所以可认为 $E_a \approx E_c$。因此，碰撞理论不但解释了 $\ln k$-$\frac{1}{T}$的直线关系，而且指出若以 $\ln \frac{k}{\sqrt{T}}$对$\frac{1}{T}$作图，应能得到更好的直线，这就指出了阿仑尼乌斯公式可能出现的误差。

碰撞理论本身也存在很多缺点，主要有如下两方面。

(1) 要用碰撞理论来求速率常数 k，必须知道活化能 E_c，但碰撞理论本身不能预言 E_c的大小，需通过阿仑尼乌斯公式来求得。而阿仑尼乌斯公式中 E_a的求得又需从实验测得 k。

(2) 由于碰撞理论把反应物分子间的复杂作用看成是没有内部结构、没有内部运动的简单刚球机械运动，因而只有一些简单气体反应的理论计算值与实验值相近，复杂分子反应的理论计算值与实验值相差很大。

后来有人提出引入一经验系数 P，对理论式进行修正，即

$$k = PA e^{\frac{-E_c}{RT}} \tag{7-68}$$

式中，P 称为概率因子或方位因子，它包含了使真正有效碰撞数减小的各种因素，如碰撞时分子在空间取向的限制、反应部位附近大原子团的屏蔽作用、碰撞时能量传递需要的时间等。其数值在 10^{-9} 至 1 之间。对于指定的反应，P 到底有多大，碰撞理论不能回答，只能靠实验确定，因而 P 的物理意义显得不十分明确，碰撞理论公式也还只是半经验半理论的公式。

7.6.2　过渡状态理论

过渡状态理论又称为活化配合物理论或绝对反应速率理论，是 1935 年艾林(Eyring)、波兰尼(Polanyi)等人在统计力学、量子力学发展的基础上提出来的。该理论认为反应物分子在有效碰撞过程中形成了一个很不稳定的活化配合物，它一方面能与原来的反应物很快建立热力学平衡，另一方面又可进一步分解为产物。活化配合物分解为产物的这一步是慢步骤，反应速率是由这一步的速率决定的。

1. 势能面和过渡状态理论中活化能的概念

过渡状态理论的物理模型是反应系统的势能面。计算势能面要应用量子力学的一些结果,比较复杂,这里仅做定性描述。以简单反应为例:

$$A+B—C \rightleftharpoons [A\cdots B\cdots C]^{\neq} \longrightarrow A—B+C$$

≠活化配合物

当原子 A 沿着 B—C 轴线逐渐接近 B—C 分子时,B—C 中化学键逐渐松弛削弱,原子 A 与原子 B 之间逐渐形成新键。由于两个分子的电子云和原子核之间都有电性斥力,故分子接近时,系统的势能增加。当两个分子形成过渡状态的活化配合物$[A\cdots B\cdots C]^{\neq}$时,系统的势能最高,活化配合物很不稳定。

若以 AB 的核间距 r_{AB}和 BC 的核间距 r_{BC}作为平面上相互垂直的两个坐标,系统的势能作为垂直于该平面的第三个坐标,则每给定一个 r_{AB}及 r_{BC},系统就有一个确定的势能,在空间就有一个相应的点来描述这一状态。随着 r_{AB}和 r_{BC}的不同,反应系统的势能也不同,这些高低不同的点在空间构成了一个高低不平的曲面,此即反应系统的势能面。若将势能面投影到 r_{AB}与 r_{BC}所在平面上,凡势能相同处,用一条曲线表示,此曲线即称为等势能线,如图 7-8 表示。线旁的数字表示每一条等势能线的能量数值,数字越大,势能越高。这些数值是假定反应前系统能量为零而定的,并且是示意的。图中 R 点处于深谷中,相当于反应系统始态 A+B—C;位于另一侧深谷中的 P 点代表终态 A—B+C;位于高峰上的 S 点代表三原子完全分离的不稳定高能状态;位于两深谷间与鞍形地区的 Q 点,则代表过渡状态——活化配合物$[A\cdots B\cdots C]^{\neq}$。反应系统要由 R 点到达 P 点,从爬越能峰的高低来看,只有沿图中虚线所示的途径 RQP 前进,困难最小而可能性最大,如图 7-9 所示。若用图 7-8 中虚线所示的 RQP 反应途径作为横坐标,以势能为纵坐标,则可得如图 7-10 所示的示意图(它类似于把一个马鞍从中间剖开的截面图)。反应途径中的 R 点与 Q 点的势能差,即势能面上 R 点与 Q 点的高度差,就是反应进行时所需爬越的能垒 ε_b,ε_b与阿伏加德罗常数 N_A 的乘积即称为过渡状态理论中反应的活化能,用 E_b表示。

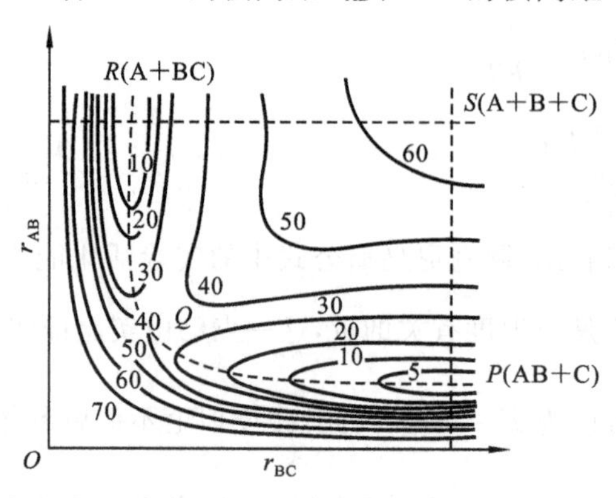

图 7-8　反应系统势能面投影图

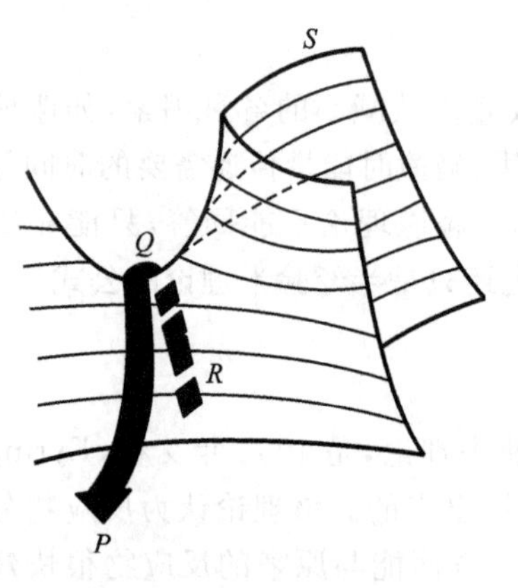

图 7-9　反应途径示意图

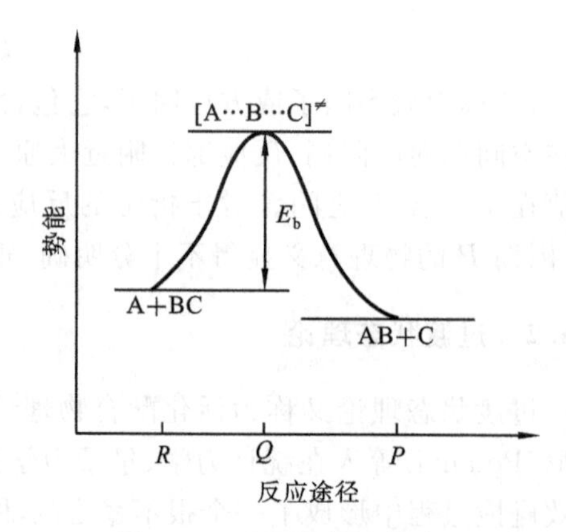

图 7-10　反应途径的势能图

显然，在过渡状态理论中，反应物是沿着它所选择的、需要活化能最小的一条途径进行反应。这个反应途径在进程上要越过一个能峰，在峰顶上形成活化配合物，活化能就是活化配合物能量与反应物能量之差。根据势能图有可能计算出反应的活化能。

应该指出，在化学动力学中有三处涉及活化能的含义。阿仑尼乌斯公式中活化能是根据实验数据求得的，它是一个宏观量、统计量，是与温度有关的量。碰撞理论中的活化能（阈能）及过渡状态理论中的活化能（能垒）都是依据具体模型提出来的，是微观量，三者含义不相同，将它们分别表示为 E_a、E_c 和 E_b。

2. 速率常数公式的建立

假定活化配合物与反应物之间可达化学平衡，活化配合物的浓度以 $c_{\neq}$ 表示，其平衡常数为

$$K_{\neq} = \frac{c_{\neq}}{c_A c_{BC}}$$

则
$$c_{\neq} = K_{\neq} c_A c_{BC} \tag{7-69}$$

反应速率取决于活化配合物变成产物的速率。过渡状态理论假定：在活化配合物 $[A\cdots B\cdots C]^{\neq}$ 中，必有一个键容易破裂，这个键的振动会引起活化配合物的分解。例如假设 B…C的键很弱，一经振动即可断裂，变为产物 A—B+C。反应速率不仅与活化配合物的浓度有关，且与该键的振动频率 ν 有关，因此反应速率可表示为

$$v = \nu c_{\neq} = \nu K_{\neq} c_A c_{BC} \tag{7-70}$$

根据量子理论，一个振动自由度的能量为 $\varepsilon = h\nu$，h 是普朗克常数。按能量均分定律，$\varepsilon = \frac{RT}{N_A}$，故得

$$\nu = \frac{RT}{N_A h}$$

将此式代入式(7-70)得
$$v = \frac{RT}{N_A h} K_{\neq} c_A c_{BC} \tag{7-71}$$

二级反应的速率方程为
$$v = k c_A c_{BC}$$

将上式与式(7-71)比较，即得速率常数公式：

$$k = \frac{RT}{N_A h} K_{\neq} \tag{7-72}$$

此即过渡状态理论导出的基本公式。由该式可以看出，只要在理论上计算出一个反应的反应物与活化配合物之间的平衡常数 $K_{\neq}$，就可求得反应速率常数 k。平衡常数 $K_{\neq}$ 可以根据微观数据用统计力学和量子力学的方法求得，但较复杂。也可用热力学函数求得。

3. 活化熵

若以 $\Delta G_{\neq}^{\ominus}$、$\Delta H_{\neq}^{\ominus}$、$\Delta S_{\neq}^{\ominus}$ 分别表示反应物变成活化配合物的标准自由能变化（简称活化自由能）、标准焓变化（活化焓）、标准熵变化（活化熵），根据热力学结论则有

$$\Delta G_{\neq}^{\ominus} = \Delta H_{\neq}^{\ominus} - T\Delta S_{\neq}^{\ominus} = -RT\ln K_{\neq} \tag{7-73}$$

将式(7-73)代入式(7-72)得
$$k = \frac{RT}{N_A h} e^{\Delta S_{\neq}^{\ominus}/R} \cdot e^{-\Delta H_{\neq}^{\ominus}/RT}$$

一般情况下，活化焓与活化能相近，故

$$k = \frac{RT}{N_A h} e^{\Delta S_{\neq}^{\ominus}/R} \cdot e^{-E/RT} \tag{7-74}$$

此式也是过渡状态理论中常用的一个公式。

原则上只要知道了活化配合物的结构,就可根据光谱数据及统计力学的方法,计算出$\Delta S^{\ominus}_{\neq}$和$\Delta H^{\ominus}_{\neq}$,这样就有可能计算出反应速率常数,因此该理论又称为绝对反应速率理论。但到目前为止,活化配合物的结构还不能准确测定,故要从理论上计算反应速率还相当困难。

将式(7-74)与碰撞理论中式(7-68)比较,则

$$PA = \frac{RT}{N_A h} e^{\Delta S^{\ominus}_{\neq}/R} \tag{7-75}$$

上式中,由于$\frac{RT}{N_A h}$与A在数量级上相近,故可近似看作P与$e^{\Delta S^{\ominus}_{\neq}/R}$相当。形成活化配合物,相当于聚合、化合,$\Delta S^{\ominus}_{\neq}$一般为负值,这表示形成活化配合物时,系统混乱度下降,从而降低了生成产物的反应速率。这样,过渡状态理论较合理地解释了碰撞理论中的概率因子。活化熵可根据实验测定,也可基于理论计算,因此可根据活化熵计算概率因子P的数值。

从式(7-75)还可看出,在一定条件下反应速率不是由活化能决定的,而是由活化能和活化熵共同决定的。这可以说明为什么有些活化能很相近的反应,反应速率却相差很大,这主要是由于它们的活化熵不同。例如,甲酸甲酯和乙酸甲酯在常温下碱性水解反应的活化能几乎相等,但活化熵不同,分别为$-77.32\ J \cdot mol^{-1} \cdot K^{-1}$和$-126\ J \cdot mol^{-1} \cdot K^{-1}$,因而前者的反应速率比后者大几百倍,相反地有些反应活化能相差很大,但反应速率相近,这是因为它们的活化熵相差也很大。有的情况下,还会导致反应活化能大的反应速率比活化能小的快。例如在700 K时$Ge(CH_3)_4$裂解,其活化能是$213\ kJ \cdot mol^{-1}$,而CH_3CHCl_2裂解的活化能是$201\ kJ \cdot mol^{-1}$,但活化熵不同,分别为$13.2\times10^{-3}\ kJ \cdot mol^{-1} \cdot K^{-1}$和$-37.1\times10^{-3}\ kJ \cdot mol^{-1} \cdot K^{-1}$,致使前一个反应的速率比后一个快60倍。

过渡状态理论一方面与物质结构相联系,另一方面与热力学也建立了联系,提供了一个解决反应速率的途径和办法,它所解决的问题是碰撞理论无能为力的。但由于人们确定活化配合物的结构还十分困难,加之计算方法过于复杂,运用中除了一些极为简单的反应系统之外,一般来说还有不少困难,该理论还有待于进一步探索和研究。

7.7 溶剂对反应速率的影响

在溶液反应中,溶剂是大量的,溶剂分子环绕在反应物分子周围,好像一个笼把反应物围在中间,使同一笼中的反应物分子进行多次碰撞,其碰撞频率并不低于气相反应中的碰撞频率,因而发生反应的机会也较多,这种现象称为笼效应。

对有效碰撞分数较小的反应,笼效应对其反应影响不大;对自由基等活化能很小的反应,一次碰撞就有可能反应,则笼效应会使这种反应速率变小,分子的扩散速率起了决定性的作用。反应物分子处在某一个溶剂笼中,发生连续重复的碰撞,称为一次遭遇,直至反应物分子挤出溶剂笼,扩散到另一个溶剂笼中。

溶剂对反应速率的影响比较复杂,下面只简单地做一些介绍以备选择合适的溶剂时做参考。

1. 溶剂的极性和溶剂化的影响

(1) 溶剂极性的影响。如果生成物的极性比反应物大,溶剂的极性增大,反应加快;反之亦然。

(2) 溶剂化的影响。反应物分子与溶剂分子形成的溶剂化物较稳定,会降低反应速率;若

溶剂能与活化配合物溶剂化，则会降低活化能，使反应加快。

2. 溶剂的介电常数的影响

溶剂的介电常数对有离子参加的反应有影响，介电常数越大，离子间的引力越小，因此介电常数大的溶剂不利于异号离子间的化合反应。

3. 离子强度的影响

离子强度会影响有离子参加的反应，会使反应速率变大或变小。稀溶液中，离子强度对反应速率的影响称为原盐效应。

实验表明，原盐效应与反应物的电荷(符号)有关。如果作用物之一是非电解质，则原盐效应等于零，也就是非电解质之间的反应以及非电解质与电解质之间的反应与溶液中的离子强度无关；当参与反应的离子所带电荷之积为正值时(如 $z_A z_B=(-1)\times(-2)=+2$)，产生正的原盐效应，即反应速率随离子强度 I 的增加而增大；当参与反应的离子所带电荷之积为负值时，则产生负的原盐效应，即反应速率随 I 的增加而减小。

7.8　催化作用

催化剂在现代化学工业中起着十分重要的作用。据统计，现代化学工业有 80%以上的反应与催化剂有关。因为除了浓度、温度对反应速率的影响外，催化剂对反应速率的影响也很大。所谓催化剂(工业上常称触媒)，是一种加入量很少，却能显著改变反应速率，而本身的化学性质和数量在反应前后保持不变的物质。它所起的这种改变反应速率的作用称为催化作用。由此可见，催化剂可以增大或减小反应速率。催化剂常常是增大反应速率的，但一些催化剂能减小反应速率，则称其为负催化剂或阻化剂，如为防止塑料制品老化而加入的防老剂、防止食品腐坏而加入的防腐剂等。在某些反应中，产物本身起加速反应的作用，这种现象称为自催化作用。

7.8.1　催化作用的基本特征

研究表明，催化剂能增大反应速率主要是因为催化剂参加了反应，改变了反应历程，降低了反应的表观活化能。

1. 催化剂参与化学反应改变反应活化能

催化剂在反应前后虽然数量和化学性质没有变化，但常常发现它的物理性质是变化了的，如粉末变成了块状、晶体大小的变化等。这说明催化剂是以某种形式参与了化学反应，形成能量较低的不稳定中间产物，然后再由中间产物进一步反应或本身分解，重新释放出催化剂并形成产物，改变了反应历程，降低了化学反应的活化能。例如某一反应

$$A + B \xrightarrow{E_1} AB$$

催化剂 C 参与反应的形式通常为

$$A + C \xrightarrow{k_1} AC$$

$$AC + B \xrightarrow{k_2} AB + C$$

由此可见，催化剂应该与反应物之间有一定的亲和力，使之能形成不稳定的中间化合物，但这种亲和力又不能太大，否则将形成稳定的化合物而不变成预期的产物。

催化剂参与化学反应改变了反应历程，确切地说是改变了原来的反应途径，致使活化能显

著降低。催化剂增大反应速率的原因与升高温度所起的作用不同,前者在于降低活化能,促使反应速率激增,后者只是在普遍增加分子运动能量的基础上增加具有较高能量的分子来参与反应,显然前者的作用要大得多。以碘化氢分解为碘和氢的反应为例,若反应在 503 K 下进行,使用铂催化剂后,活化能下降,使反应速率约增加 1.7×10^{7} 倍,比改变温度所起的作用要大得多。

2. 催化剂不能改变反应的方向和限度

催化剂能增大反应速率,有时能达到千倍甚至万倍以上。但它不能改变反应的方向,即它不能实现热力学上不能发生的反应。因此,当一个反应由热力学判明不能进行时,不要盲目地寻找催化剂,因为一个化学反应能否发生,取决于反应的吉布斯自由能的变化,只有 $\Delta_r G_m<0$,反应方能发生。然而 $\Delta_r G_m<0$ 的反应不一定能以较快速率进行,催化剂的作用在于能加快那些在热力学上能够发生反应的速率。

同时,催化剂也不能改变反应的平衡常数。反应平衡常数的大小标志着该反应的限度,催化剂不能改变反应 ΔG,因此也不能改变反应的平衡常数,它只能缩短反应到达平衡所需的时间。对于对峙反应,催化剂同时增大正、逆反应速率,而且正、逆反应速率不是按相同倍数增加的。这个规律对寻找优良的催化剂是有用的。例如工业上合成甲醇的反应为

$$CO+2H_2 \rightleftharpoons CH_3OH$$

此反应的速率很小,需寻找优良的催化剂来增大速率。但按正向反应进行实验需高压条件。依上述原理,可通过甲醇的分解反应来寻找合适的催化剂,而甲醇分解在常压下即可进行,实验条件比较简单。这类例子是有很多的。

3. 催化剂具有选择性

催化剂的选择性具有两方面的含义。其一是指不同的反应要选不同的催化剂。例如氧化反应的催化剂和脱氢反应的催化剂是不同的,即使同是氧化反应或脱氢反应,其催化剂也是不同的。其二是指对相同的反应物,如采用不同的催化剂可加速不同的反应,从而得到不同的产物。例如乙醇的分解就有几种产物。

$$C_2H_5OH\begin{cases}\xrightarrow[473\sim520\ K]{Cu} CH_3CHO+H_2\\ \xrightarrow[623\sim633\ K]{Al_2O_3} C_2H_4+H_2O\\ \xrightarrow[413\ K]{Al_2O_3} C_2H_5OC_2H_5+H_2O\\ \xrightarrow[623\sim673\ K]{ZnO\cdot Cr_2O_3} CH_2{=}CH{-}CH{=}CH_2+H_2O+H_2\end{cases}$$

催化反应可以发生在单相中,也可以发生在多相中。

7.8.2 单相催化反应

单相催化反应指在单相反应中,催化剂和反应物处于同一相(一般发生在液体状态中),例如以 Δ 代表催化剂,反应过程如下:

$$A+\Delta = A\Delta$$

$$A\Delta+B = K+\Delta$$

所以最终结果为

$$A+B+\Delta = K+\Delta$$

本来 A 和 B 之间不能直接反应或反应速率太小,Δ 的存在促进了 A 和 B 之间的反应,生

成了新的产品 K。

7.8.3　多相催化反应

多相催化反应中催化剂一般是固体，催化反应按照下列步骤进行。

(1) 反应物扩散到催化剂的表面。

(2) 反应物被吸附到催化剂表面。

(3) 被吸附的反应物在催化剂表面解离断键，并因此发生反应，生成新产物。

(4) 新的产物从催化剂表面解吸。

催化剂的催化作用机理较复杂，不同的催化剂的作用机理不尽相同。酶的催化作用更为复杂，而且具有高度的选择性，只能对某种特定的反应进行催化，在食品工业和药物合成中，经常利用酶来进行催化。

7.9　光化反应

1. 光化学反应的特点

在光的作用下发生的化学反应称为光化学反应，简称光化反应。例如，胶片的感光、植物的光合作用等均涉及光化反应。

前面所讨论的化学反应是靠分子热运动聚积足够的碰撞动能而引起化学反应，可称为热化学反应，简称热反应。

通过电流引起的化学反应称为电化学反应，简称电化反应。

常温下化学能转化成光能的现象称为化学发光。

光化反应是通过吸收光量子(也称光子)使分子活化，从而引起化学反应，发生光化反应时，反应物分子先吸收光量子的能量从基态被激发到激发态，这一过程称为光化反应的初级过程。处于激发态的活化分子接下来发生的一系列过程称为次级过程。

2. 光化学定律

光化学第一定律：只有被系统吸收的光才可能引起光化反应。

光化学第二定律：在光化反应初级过程中，系统每吸收一个光子则活化一个分子(或原子)。

按照此定律，系统每吸收 1 mol 光子则可活化 1 mol 分子。1 mol 光子的能量称为 1 爱因斯坦，用 E_m 表示。

$$E_m = N_A h\nu = \frac{N_A hc}{\lambda} \tag{7-76}$$

3. 量子效率

光化反应中，吸收一个光子所能发生化学反应的分子数目称为量子效率，以 Φ 表示。

$$\Phi = \frac{\text{发生反应的分子数}}{\text{被吸收的光子数}} = \frac{N_r}{N_a} = \frac{n_r}{n_a} \tag{7-77}$$

式中，N_r 和 N_a 分别表示发生反应的分子数和被吸收的光子数；n_r 和 n_a 分别表示发生反应的物质的量和吸收光子的物质的量。

根据光化学定律，对初级反应，吸收一个光子就活化一个分子，所以 $\Phi=1$。但若考虑到整个光化反应，则还包括次级反应，Φ 很少等于 1，见表 7-2。

表 7-2　一些光化反应的量子效率

反应(气相)	波长 λ/nm	量子效率
$2NH_3 \longrightarrow N_2 + 3H_2$	≥210	0.25
$SO_2 + Cl_2 \longrightarrow SO_2Cl_2$	420	1
$2HI \longrightarrow H_2 + I_2$	207～282	2
$H_2 + Cl_2 \longrightarrow 2HCl$	400～436	10^3

量子效率小于 1 的原因大致如下：①活化分子在与其他分子反应之前，辐射较低频率的光，或与一个惰性分子碰撞，失去一部分能量转变为普通分子，不再进行次级反应；②分子吸收光量子后虽然形成了自由原子或自由基，但由于下一步反应不易立即进行，自由原子或自由基又化合为原来的分子，量子效率也可能降低。相反，量子效率大于 1 的原因大致如下：①次级反应进行得很快，使初级反应中的活化分子有机会立即又与反应物分子发生反应；②分子吸收光量子后，离解成自由原子或自由基，后者与其他分子作用，又产生自由原子或自由基，这样连续下去，就是光化链反应。

本章小结

1. 化学动力学讨论反应速率以及影响反应速率的各种因素。

反应速率的定义：$v=\dfrac{1}{\nu_B}\cdot\dfrac{dc_B}{dt}$。

基元反应：一步完成的反应。

非基元反应：由两个或两个以上的基元反应步骤组成的反应。

质量作用定律：某基元反应 $aA+dD = gG+hH$，其反应速率为 $v=kc_A^a c_D^d$。

反应分子数：参与基元反应的微粒数。

反应级数：反应速率方程中浓度项上指数之和。

2. 浓度对反应速率的影响(具有简单级数的反应)。

零级反应：反应速率与浓度无关，$\dfrac{dx}{dt}=k$，$k=\dfrac{x}{t}$。

一级反应：反应速率与浓度成正比，$-\dfrac{dc}{dt}=kc$，$k=\dfrac{1}{t}\ln\dfrac{a}{a-x}$。

二级反应：反应速率与浓度的二次方成正比，$\dfrac{dx}{dt}=k(a-x)^2$，$k=\dfrac{x}{ta(a-x)}$。

3. 反应级数的测定方法：①积分法(尝试法、图解法、半衰期法)；②微分法。

4. 复杂反应：对峙反应(可逆反应)、平行反应、连串反应。

5. 温度对反应速率的影响。

范特霍夫经验规则：温度每升高 10 ℃，反应速率增加 2～4 倍。

阿仑尼乌斯公式：$k=Ae^{\frac{-E_a}{RT}}$ 或 $\ln\dfrac{k_2}{k_1}=-\dfrac{E_a}{R}\left(\dfrac{1}{T_2}-\dfrac{1}{T_1}\right)$。

6. 活化能：活化分子的平均能量与普通分子平均能量之差。活化能越小，反应速率越大；反之亦然。

7. 复合反应速率方程推导的近似处理方法：①选取速率决定步骤法；②稳态近似法；③平

衡态近似法。

8. 链反应：①直链反应，即在链的传递过程中，一个活性粒子参加反应后，只产生一个新的活性粒子的链反应；②支链反应，即在链的传递过程中，一个活性粒子参加反应后，产生两个及以上新的活性粒子的链反应。

9. 反应速率理论：①碰撞理论；②过渡状态理论。

10. 溶剂对反应速率的影响：①若生成物的极性比反应物大，溶剂的极性增大反应速率加快，反之亦然；②溶剂介电常数大，不利于异号离子间的化合，但有利于同号离子间的化合；③溶剂的离子强度增大，同号离子间的反应速率增大，异号离子间的反应速率减小。

11. 催化剂对反应速率的影响：①催化剂通过改变反应的活化能，而改变反应速率；②催化剂不能改变反应的方向；③催化剂具有选择性。

12. 光化反应：只有被系统吸收的光才可能引起光化反应；在光化反应初级过程中，系统每吸收一个光子则活化一个分子(或原子)。

思　考　题

1. 恒容条件下，$aA+bB \xlongequal{} eE+fF$ 的反应速率可用任何一种反应物的浓度变化来表示，它们之间的关系如何？
2. 反应级数与反应分子数有何区别与联系？双分子反应与二级反应是否相同，为什么？
3. 什么是活化能？
4. 对峙反应、平行反应、连串反应各有什么特点？
5. 如果某反应方程式可写为 $A+B \xlongequal{} C$，能认为这是二级反应吗？
6. 具有简单级数的反应是否一定是基元反应？
7. 已知平行反应 $A \longrightarrow B$(活化能为 E_1)与 $A \longrightarrow C$(活化能为 E_2)，$E_1>E_2$。为提高 B 的产量，应采取什么措施？
8. 从如下表观速率常数 $k=k_2\left(\dfrac{k_1}{2k_4}\right)^{1/2}$，求表观指前因子和表观活化能的表示式。
9. 当用 $\ln k$ 对 $\dfrac{1}{T}$ 作图，所得直线发生弯折时，可能是什么原因？
10. 为什么有的反应温度升高，速率反而下降？

习　　题

一、填空题

1. 某反应的速率常数 $k=4.20\times10^{-2}\ \mathrm{s^{-1}}$，初始浓度为 $0.10\ \mathrm{mol\cdot dm^{-3}}$，则该反应的半衰期 $t_{1/2}$ 为________。
2. 对于基元反应 $A+B \longrightarrow P$，当 A 的浓度远远大于 B 的浓度时，该反应为________级，速率方程式为________。
3. 某放射性同位素的蜕变为一级反应，已知某半衰期 $t_{1/2}=6$ d(天)，经过 16 d 后，该同位素的衰变率为________。
4. $2A \longrightarrow B$ 为双分子基元反应，该反应的级数为________。
5. 对峙反应 $A \longrightarrow B$，$K_+=0.06\ \mathrm{min^{-1}}$，$K_-=0.002\ \mathrm{min^{-1}}$，反应的半衰期为________。
6. 在下列反应历程中，$A+B \longrightarrow C$，$C \longrightarrow A+B$，$C \longrightarrow P$，$k_2 \gg k_3$，产物 P 生成的速率方程是________。
7. 某化学反应中，反应物消耗 7/8 所需的时间是它耗掉 3/4 所需时间的 1.5 倍，该反应的级数为________级。

二、选择题

1. 某化学反应的速率常数为 2.0 $mol \cdot L^{-1} \cdot s^{-1}$，该化学反应的级数为(　　)。

(A) 1　　(B) 2　　(C) 0　　(D) −1

2. 放射性^{201}Pb的半衰期为 8 h，1 g 放射性^{201}Pb经 24 h 衰变后还剩(　　)g。

(A) $\frac{1}{3}$　　(B) $\frac{1}{4}$　　(C) $\frac{1}{8}$　　(D) 0

3. 对于一个反应，下列说法正确的是(　　)。

(A) ΔS 越负，反应速率越大　　(B) ΔH 越负，反应速率越大

(C) 活化能越大，反应速率越大　　(D) 活化能越小，反应速率越大

4. 某反应在一定条件下的平衡转化率为 25%，当有催化剂存在时，其转化率应当(　　)25%。

(A) 大于　　(B) 小于　　(C) 等于　　(D) 大于或小于

5. 某反应 A+B ══ P，实验确定速率方程为$-\frac{dc_A}{dt}=kc_Ac_B$，该反应(　　)。

(A) 一定是基元反应　　(B) 一定不是基元反应

(C) 不一定是基元反应　　(D) 以上说法都不对

6. 任一基元反应，反应分子数与反应级数的关系是(　　)。

(A) 反应级数等于反应分子数　　(B) 反应级数小于反应分子数

(C) 反应级数大于反应分子数　　(D) 反应级数大于或等于反应分子数

7. 对于任一反应，反应级数(　　)。

(A) 只能是正整数　　(B) 只能是正数　　(C) 只能是整数　　(D) 可以是负分数

8. 一级反应的半衰期与反应物的初始浓度(　　)。

(A) 无关　　(B) 成正比　　(C) 成反比　　(D) 二次方成正比

9. 在一定温度下，反应 A+B ⟶ 2D 的反应速率可表示为$\frac{-dc_A}{dt}=k_Ac_Ac_B$，也可表示为$\frac{dc_D}{dt}=k_Dc_Ac_B$，速率常数 k_D 和 k_A 的关系为(　　)。

(A) $k_D=k_A$　　(B) $k_D=2k_A$　　(C) $2k_D=k_A$　　(D) 无关

10. 下列对于催化剂特征的描述中，不正确的是(　　)。

(A) 催化剂只能改变反应到达平衡的时间，对已经到达平衡的反应无影响

(B) 催化剂在反应前后自身的化学性质和物理性质均不变

(C) 催化剂不影响平衡常数

(D) 催化剂不能实现热力学上不能发生的反应

三、计算题

1. 某反应的反应物反应掉 8/9 所需时间是反应掉 2/3 所需时间的 2 倍，则该反应为几级反应？　　(一级)

2. 设有物质 A 与等量的物质 B 混合，反应至 1000 s 时，A 消耗掉一半，问反应至 2000 s 时，A 还剩百分之几？

(1) 假定该反应为 A 的一级反应；

(2) 假定该反应为一分子 A 与一分子 B 的二级反应；

(3) 假定该反应为零级。　　((1)25%；(2)33.3%；(3)0)

3. 某药物溶液分解 30%便失去疗效，实验测得该药物在 323 K、333 K、343 K 温度下反应的速率常数分别为 $7.08\times10^{-4}\ h^{-1}$、$1.70\times10^{-3}\ h^{-1}$ 和 $3.55\times10^{-3}\ h^{-1}$，计算该药物分解反应的活化能及在 298 K 温度下保存该药物的有效期限。　　(78.7 $kJ \cdot mol^{-1}$，8 个月)

4. 配制每毫升 400 单位的某种药物溶液，11 个月后，经分析每毫升含有 300 单位，若此药物溶液的分解服从一级反应，问：(1)配制 40 d 后其含量为多少？(2)药物分解一半，需多少天？

((1)386 单位 · cm^{-3}；(2)807 d)

5. 某金属钚的同位素进行 β 放射，经 14 d 后，同位素的活性降低 6.85%。试求此同位素的蜕变速率常数和半衰期。要分解 90.0%，需经多长时间？　　(0.00507 d^{-1}，136.7 d，454.2 d)

6. 已知 800 ℃时，乙烷裂解制取乙烯 $C_2H_6 \longrightarrow C_2H_4 + H_2$ 的速率常数为 3.43 s^{-1}，试求当乙烷的转化率为 50%、75%时需要的时间。（0.4042 s）

7. 某药物的有效成分若分解掉 20%即失效。若在 298 K 时，保存期为 2 年，如果将该药物在 308 K 时放置 30 d，试通过计算说明此药物是否失效。已知：分解反应的活化能 $E_a = 150$ kJ · mol^{-1}，并且药物分解的分数与浓度无关，仅与时间有关。（102 d 失效，故仍有效）

8. 已知在 25 ℃时 NaClO 分解反应速率常数为 0.0093 s^{-1}，在 30 ℃时速率常数为 0.0144 s^{-1}。试求在 40 ℃时，分解掉 99%的 NaClO 需要用的时间。（139 s）

9. 气相反应 $2N_2O_5 \longrightarrow 4NO + 3O_2$，25 ℃时的速率常数为 3.38×10^{-5} s^{-1}，求反应的半衰期。若反应在恒容下进行，N_2O_5 的起始压力为 101.325 kPa，求半小时后系统的压力。（110 kPa）

10. 某气相分解反应，在 284 ℃时，反应速率常数为 3.3×10^{-2} s^{-1}，该反应的活化能为 144.4 kJ · mol^{-1}，要想控制此分解反应在 10 min 内转化率达到 99%，试问：反应温度应控制在多少？（259 ℃）

11. 溴乙烷的分解反应为一级反应，活化能 E_a 为 230.12 kJ · mol^{-1}，频率因子 A 为 33.58×10^{13} s^{-1}。求反应以每分钟分解 1/1000 的速率进行的温度以及反应以每小时分解 95%的速率进行时的温度。
（1292 K，1251 K）

12. 用铂溶胶作催化剂，在 0 ℃时 H_2O_2 分解为 O_2 及 H_2O。在不同时刻各取 5 cm^3 样品液用 $KMnO_4$ 溶液滴定，所消耗的 $KMnO_4$ 溶液的体积 V 数据如下：

t/min	124	127	130	133	136	139	142
V/cm^3	10.60	9.40	8.25	7.00	6.05	5.25	4.50

试求：(1)反应级数；(2)速率常数；(3)半衰期。
（(1)一级；(2)4.82×10^{-2} min^{-1}；(3)14.4 min）

13. $CH_3CH_2NO_2 + OH^- \longrightarrow H_2O + CH_3CHNO_2^-$ 是二级反应。0 ℃时 $k = 39.1$ dm^3 · mol^{-1} · min^{-1}，现有硝基乙烷 4.0×10^{-3} mol · dm^{-3} 及 NaOH 5.0×10^{-3} mol · dm^{-3} 的水溶液，求反应掉 90%硝基乙烷所需时间。（26.33 min）

14. 两个一级反应组成的平行反应，已知在 25.14 ℃时，$k_1 = 7.77 \times 10^{-5}$ s^{-1}、$k_2 = 11.17 \times 10^{-5}$ s^{-1}。若反应物 A 的初始浓度为 0.0238 mol · dm^{-3}，求：(1) 反应经过 7130 s 时，A 的转化率；(2) 反应经过 7130 s 时，产物 B 和 C 的浓度。（(1)74.1%；(2)0.00724 mol · dm^{-3}，0.0104 mol · dm^{-3}）

15. 某连串反应 $A \xrightarrow{k_1} B \xrightarrow{k_2} C$，其中 $k_1 = 0.10$ min^{-1}，$k_2 = 0.20$ min^{-1}，在 $t = 0$ 时，$b = 0$，$c = 0$，$a = 1.0$ mol · dm^{-3}，试求：(1)B 的浓度达到最大的时间为多少？(2)该时刻 A、B、C 的浓度各为多少？
（(1)6.93 min；(2)0.5 mol · dm^{-3}，0.25 mol · dm^{-3}，0.25 mol · dm^{-3}）

16. 若增加下列各反应体系的离子强度，试根据理论判断各个反应速率常数应如何变化。(1)$NH_4^+ + CNO^- \longrightarrow CO(NH_2)_2$；(2)酯的皂化；(3)$S_2O_8^{2-} + I^- \longrightarrow$ 产物。（(1)减小；(2)不变；(3)增大）

17. 在 H_2 和 Cl_2 的光化学反应中，波长为 480 nm 时的量子效率为 10^6，试估计每吸收 4.184 J 辐射能产生 HCl(g)多少摩尔？（33.5 mol）

18. 草酸双氧铀光化线强度计用紫外光照射了 3 h，在此时间内每秒吸收 8.41×10^{17} 个光子，如果在所使用的波长下反应的量子效率是 0.57，则在光解作用中有多少摩尔草酸双氧铀被分解？（8.60×10^{-3} mol）

第 8 章 表 面 现 象

自然界的物质一般以气、液、固三种相态存在，相与相之间可以形成五种界面，即液-固、液-液、气-固、气-液、固-固界面。习惯上将与气体接触的界面称为表面。

界面并不仅仅是两相接触的简单几何面，它具有一定的厚度，大约为单分子层或几个分子层。在两相界面上的分子，因存在着与体相内部不同的作用力，而导致相与相之间存在着特殊的界面现象，俗称为表面现象。

8.1 表面现象概述

8.1.1 比表面吉布斯自由能与表面张力

一定量物质的总表面积与其分散程度有着直接的联系，分散系统的分散程度通常用比表面积 S_0 来表示，其定义为单位体积（或质量）的物质所具有的表面积，单位为 m^{-1} 或 $m^2 \cdot kg^{-1}$，即

$$S_0 = \frac{A}{V} \quad 或 \quad S_0 = \frac{A}{m} \tag{8-1}$$

式中，A 为体积 V 或质量 m 的物质所具有的总表面积。粒子分割越细小，分散程度就越高，比表面积也就越大。对于高分散多相系统，由于总表面积很大，此时界面的性质对整个系统的性质影响是十分显著的。

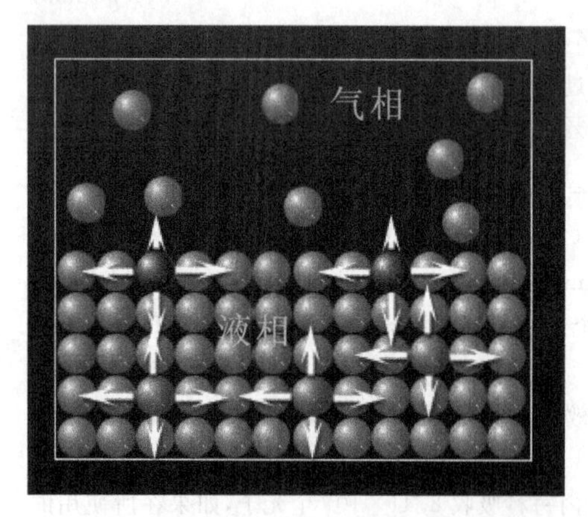

图 8-1 分子在液体内部和表面受力状况

表面分子与体相内部分子所处的环境不同，其受力情况是不同的。例如液-气表面（图 8-1），液体内部的分子受到来自周围分子的作用力是对称的，合力为零，因而在液体内部移动是不需要消耗功的；处于液体表面的分子，由于受到液体内部密集分子的引力大于上方稀疏气体分子对它们的引力，其合力指向液体内部，使得表面有自动缩小表面积的趋势。反之，若要扩展液体表面，即把一部分分子由液体内部移到表面，就必须克服内部分子间的引力，即环境需对系统做功，称为表面功。

在一定的温度和压力下，对组成恒定的液体而言，可逆地扩展液体表面所需消耗的功 $\delta W'$ 与增加的表面积 dA 成正比，即

$$\delta W' = \sigma dA$$

式中，σ 表示比例常数。

在等温等压条件下，对组成恒定的液体而言，系统扩展表面所得的表面功等于表面吉布斯自由能的增量。

$$dG = \delta W' = \sigma dA$$

$$\sigma = \left(\frac{\partial G}{\partial A}\right)_{T,p,n_1,n_2,\cdots} \tag{8-2}$$

σ 的物理意义：当等温等压及组成恒定时，增加单位表面积而引起的吉布斯自由能的增量。因此，σ 称为比表面吉布斯自由能，简称为比表面能，单位是 $J \cdot m^{-2}$。

由于表面分子在微观上受到与液面垂直、指向液体内部的合力的作用，因而表面分子有进入液体内部的趋势，在宏观上表现为一个与表面平行、力图使表面收缩的力。若用铁丝做成一个方框，其中一边可以自由滑动。将其放入肥皂液中形成一肥皂膜后取出（图 8-2），可看到肥皂膜带动铁丝向 CD 滑动，这说明肥皂膜有自动收缩的力。若将铁丝 AB 向右移动 $\mathrm{d}x$，肥皂膜的表面积增加 $\mathrm{d}A = 2l\mathrm{d}x$（肥皂膜有上、下两个表面），需施加外力 f，对系统做功 $\delta W'$，即

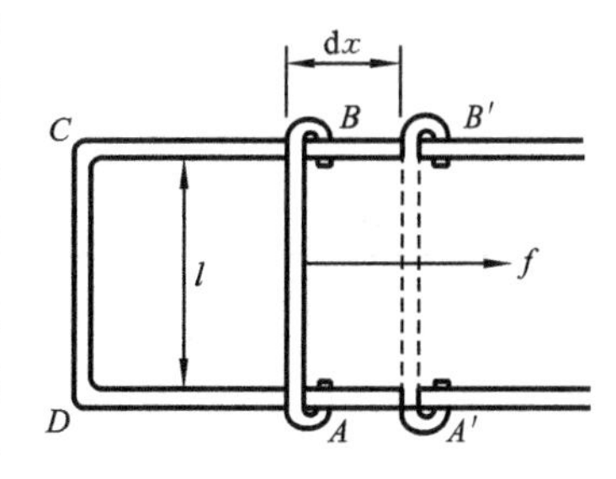

图 8-2　带肥皂膜的金属框

$$\delta W' = f\mathrm{d}x$$

因为
$$\delta W' = \sigma \mathrm{d}A = \sigma \cdot 2l\mathrm{d}x$$

所以
$$f = \sigma \cdot 2l$$

即
$$\sigma = \frac{f}{2l} \tag{8-3}$$

σ 又可理解为是与表面相切，垂直作用于表面单位长度上的使表面收缩的力，称为表面张力，其单位为 $N \cdot m^{-1}$。

表面张力与比表面能在数值上完全相等，单位也相同（$J \cdot m^{-2} = N \cdot m^{-1}$），都是系统的强度性质，但是物理意义不同，是从不同角度反映系统的表面特性。考虑界面性质的热力学问题时，常用比表面能，而在研究界面间相互作用的时候，采用表面张力较方便。

8.1.2　表面张力的影响因素

表面张力数值与物质的种类、共存相以及温度、压力等因素有关，表 8-1、表 8-2 列出了部分纯液体在常压下的表面张力与液-液界面张力。

表 8-1　部分物质的表（界）面张力

液体	温度 T/K	$\sigma/(N \cdot m^{-1})$	液体	温度 T/K	$\sigma/(N \cdot m^{-1})$
水	293	0.07288	汞	293	0.4865
	298	0.07214		298	0.4855
	303	0.07140	正己烷	293	0.357
苯	293	0.02888	丙酮	293	0.02669
	303	0.02756	丁酸	293	0.02651
甲苯	293	0.02852	乙酸乙酯	293	0.02509
乙醇	293	0.02239	甲醇	293	0.02550
	303	0.02155	乙醚	293	0.01690

表 8-2　293 K 时水、汞与不同物质接触的界面张力

相界面	$\sigma/(N\cdot m^{-1})$	相界面	$\sigma/(N\cdot m^{-1})$
汞-乙醇	0.364	水-正丁醇	0.0018
汞-水	0.375	水-乙酸乙酯	0.0068
汞-正己烷	0.357	水-苯	0.326
汞-苯	0.362	水-四氯化碳	0.0450

从表中可以看出，一般升高温度，物质的表面张力下降，一方面因为升温，液体分子间距离会增大，引力减小，使得表面分子受到的指向液体内部的拉力减小；而另一方面，与液体共存的蒸气密度加大，气相分子对液体表面分子的作用力加强，因而使分子从液体内部迁移到表面会更容易些。

8.1.3　研究表面现象的热力学准则

在前几章，研究系统的热力学性质时，由于表面分子占所有分子中的比例不大，系统的表面能对整个系统总的吉布斯自由能的影响很小，因此忽略了表面大小对它的影响，认为吉布斯自由能只是温度、压力和组成的函数，但是对于高分散系统，由于它具有很大的比表面，这时表面的影响就不能忽略，对于组成恒定的系统，各热力学函数变化为

$$dU = TdS - pdV + \sigma dA \tag{8-4}$$

$$dH = TdS + Vdp + \sigma dA \tag{8-5}$$

$$dF = -SdT - pdV + \sigma dA \tag{8-6}$$

$$dG = -SdT + Vdp + \sigma dA \tag{8-7}$$

由上述关系式可得

$$\sigma = \left(\frac{\partial U}{\partial A}\right)_{S,V} = \left(\frac{\partial H}{\partial A}\right)_{S,p} = \left(\frac{\partial F}{\partial A}\right)_{T,V} = \left(\frac{\partial G}{\partial A}\right)_{T,p} \tag{8-8}$$

在系统的温度、压力及组成不变时，$dG=\sigma dA$ 可写为 $dG=d(\sigma A)$。因组成不变，σ 为定值，对上式进行积分，则表面吉布斯自由能为

$$G(\text{表面}) = \sigma A$$

此式表明，系统的总表面吉布斯自由能等于比表面吉布斯自由能乘以总表面积，如果在等温等压条件下，比表面吉布斯自由能和总表面积有微小量的变化时，则上式微分可得

$$dG_{T,p}(\text{表面}) = d(\sigma A) = \sigma dA + Ad\sigma \tag{8-9}$$

此式为研究表面现象提供了一个热力学准则：①若 σ 为定值，则 $dG=\sigma dA$，$dA<0$ 时，$dG<0$，即缩小表面积是自发过程；②若 A 为定值，则 $dG=Ad\sigma$，$d\sigma<0$ 时，$dG<0$，即减小表面张力是自发过程；③若 σ 和 A 均为变量，则系统通过缩小表面积、减小表面张力来降低吉布斯自由能，使系统稳定。

【例 8-1】 25 ℃时将 1 kg 水分散为半径为 10^{-8} m 的小液滴，求所需的最小功。

解　设水的密度 $\rho=1.00\times10^{3}\ kg\cdot dm^{-3}$，查表得水的表面张力 $\sigma=0.07214\ N\cdot m^{-1}$，则

$$W_R' = \sigma\cdot\Delta A \approx \sigma A_s = \sigma\frac{m}{\rho}\left(\frac{4\pi r^3}{3}\right)^{-1}(4\pi r^2) = \frac{3m\sigma}{\rho r} = \frac{3\times1\times0.07214}{1.00\times10^{3}\times10^{-8}}\ J = 2.16\times10^{4}\ J$$

8.2　润湿与铺展

8.2.1　润湿作用

当液体与固体接触时，由于固体表面力场的不对称，会对溶液产生吸附作用，从而使系统的吉布斯自由能降低，这种液体与固体接触时，原来的气-固界面被液-固界面取代，从而使液体在固体表面铺开的过程称为润湿。随着溶液和固体自身表面性质及液-固界面性质的不同，液体在表面的润湿情况也不同。例如：在一块干净的玻璃板上滴一滴水，可看见水滴在玻璃表面铺展开；若将水滴滴在石蜡板上，则呈现球状。润湿根据程度不同可分为沾湿、浸湿和铺展三种情况（图 8-3）。

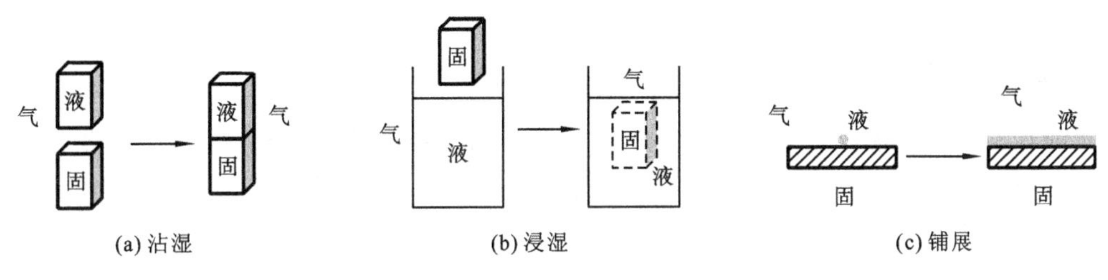

图 8-3　润湿的三种情况

在等温等压下，可逆地将液体与固体黏附，如图 8-3(a)所示，设各界面都为单位面积，该过程的吉布斯自由能变化为

$$\Delta G = \sigma_{s\text{-}l} - \sigma_{l\text{-}g} - \sigma_{s\text{-}g}, \quad W_a = -\Delta G = \sigma_{l\text{-}g} + \sigma_{s\text{-}g} - \sigma_{s\text{-}l}$$

式中，W_a 称为黏附功，它是液-固黏附时，系统对外做的最大功。W_a 越大，液体越容易润湿固体，液-固界面结合也越牢固。

在等温等压下，可逆地将具有单位表面积的固体浸入液体中，如图 8-3(b)所示，该过程的吉布斯自由能变化为

$$\Delta G = \sigma_{s\text{-}l} - \sigma_{s\text{-}g}, \quad W_i = -\Delta G = \sigma_{s\text{-}g} - \sigma_{s\text{-}l}$$

式中，W_i 称为浸湿功，$W_i \geqslant 0$ 是液体浸湿固体的条件。

铺展过程中，在液-固界面取代气-固界面的同时，液-气界面也扩大了同样的面积，如图8-3(c)所示，在等温等压下，可逆铺展单位面积时，系统的吉布斯自由能变化为

$$\Delta G = \sigma_{s\text{-}l} + \sigma_{l\text{-}g} - \sigma_{s\text{-}g}, \quad S = -\Delta G = \sigma_{s\text{-}g} - \sigma_{l\text{-}g} - \sigma_{s\text{-}l}$$

式中，S 称为铺展系数，$S \geqslant 0$ 时液体可以自动在固体表面铺展。

润湿程度的大小可以用接触角来衡量，将液体滴在固体上，达到平衡时，液滴呈现一定的形状。气、液、固三相交界处，液-固界面与液体表面的切线间的夹角，称为接触角或润湿角，用 θ 表示（如图 8-4 所示）。接触角可通过实验测得。

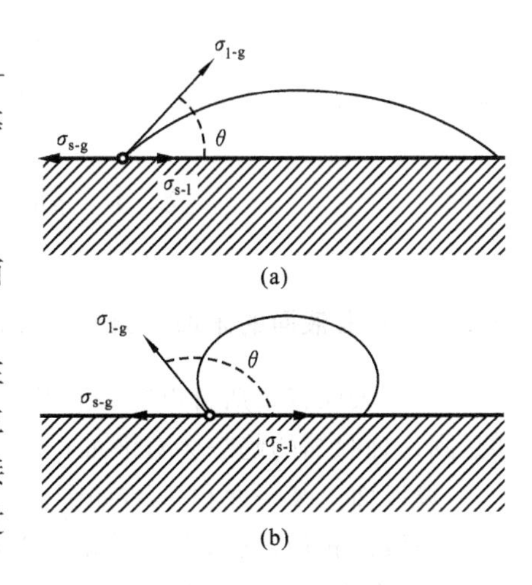

图 8-4　接触角与表面张力的关系

气、液、固三相交界处受三个界面张力的作用，达到

平衡时,有

$$\sigma_{s\text{-}g} = \sigma_{s\text{-}l} + \sigma_{l\text{-}g}\cos\theta$$

$$\cos\theta = \frac{\sigma_{s\text{-}g} - \sigma_{s\text{-}l}}{\sigma_{l\text{-}g}} \tag{8-10}$$

上式称为杨氏(Young)方程,它是描述润湿过程的基本方程。由杨氏方程可知:

(1) 当 $\sigma_{s\text{-}g}-\sigma_{s\text{-}l}=\sigma_{l\text{-}g}$ 时,$\cos\theta=1$,$\theta=0°$,液滴将覆盖更多的固-气界面,称为完全润湿;

(2) 当 $\sigma_{s\text{-}g}-\sigma_{s\text{-}l}<\sigma_{l\text{-}g}$ 时,$0<\cos\theta<1$,$\theta<90°$,液滴趋于自动地扩大固-液界面,故称润湿;

(3) 当 $\sigma_{s\text{-}g}<\sigma_{s\text{-}l}$ 时,$\cos\theta<0$,$\theta>90°$,固体不能被液体润湿。

能被某种液体润湿的固体称为该种液体的亲液性固体,反之则称为该种液体的憎液性固体。液体在固体表面的润湿性能与固、液分子结构有关,例如,水是极性分子,所以极性固体大多为亲水性,而非极性固体大多为憎水性的。常见的亲水性固体有石英、无机盐等,而憎水性固体有石蜡、石墨等。

8.2.2　液体的铺展

两种互不相溶的液体相接触,也有类似上述液-固接触时的润湿现象。例如:将一滴水滴到汞的表面,水会自动缩成球状;将某些有机液体滴到水面,却能自动形成一层很薄的液膜,这种现象称为液体的铺展。

在等温等压下,若 A 是基体液体,其表面是一定的,现将互不相溶的液体 B 与 A 接触,则 B 表面的增大应等于 A 表面的减小,也等于 A-B 界面的增大,即 $dA_B=-dA_A=dA_{AB}$,系统的吉布斯自由能的变化为

$$dG = \sigma_A dA_A + \sigma_B dA_B + \sigma_{AB} dA_{AB}$$

两边除以 $-dA_B$,得

$$-\frac{dG}{dA_B}=\sigma_A-\sigma_B-\sigma_{AB}$$

$-\frac{dG}{dA_B}$ 的意义:液体 B 在液体 A 表面铺展时,增加单位 B 表面而引起系统吉布斯自由能的降低。

令 $S_{B/A}=-\frac{dG}{dA_B}$,$S_{B/A}$ 称为铺展系数,则

$$S_{B/A}=\sigma_A-\sigma_B-\sigma_{AB} \tag{8-11}$$

显然只有当 $S_{B/A}>0$,即 $\sigma_A>\sigma_B+\sigma_{AB}$ 时,$\Delta G<0$,铺展才可以发生。且 $S_{B/A}$ 越大,铺展性能越好。

8.3　高分散度对物理性质的影响

8.3.1　弯曲液面的附加压力——拉普拉斯方程

由于表面吉布斯自由能的作用,任何液面都有尽量缩小表面积的趋势,如果液面是弯曲的,则这种收缩的趋势会对液面产生附加压力。

设液面上某一面积 AB,如图 8-5 所示,AB 以外的表面对 AB 面存在着表面张力的作用,方向与液面相切,且垂直于周界。若表面是平面,如图 8-5(a)所示,表面张力也是水平的,当平衡时,表面张力互相抵消,合力为零,此时,液面下的液体所受压力与液面上的相等,即 $p_g=p_l$;若液面弯曲为凸面,如图 8-5(b)所示,沿 AB 的周界上的表面张力的方向垂直于周界且与

液面相切，当平衡时，其合力方向指向液体内部，因而平衡时液体内部的压力要比外部的压力大，两者之差即为附加压力，$\Delta p = p_r - p_0 > 0$；而对于凹面如图 8-5(c)所示，平衡时，表面张力的合力指向液体外部，液体内部的压力要比外部的压力小，附加压力为 $\Delta p = p_0 - p_r < 0$。

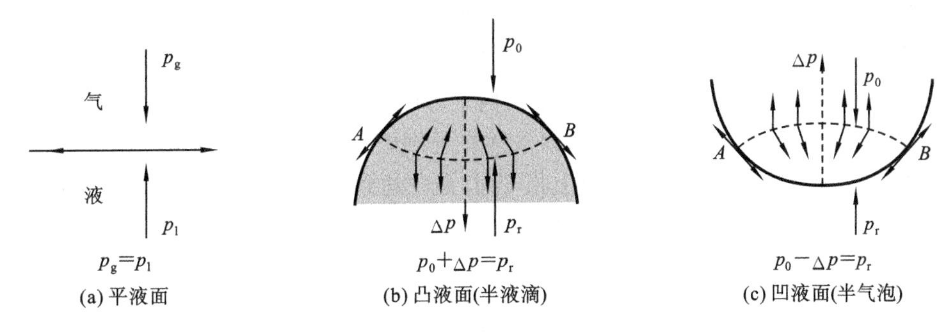

图 8-5　弯曲液面下的附加压力

附加压力的大小不仅与表面张力有关，还与曲率半径有关，方向总是指向曲率中心。设有一毛细管，内部充满液体，上方有一活塞，管端悬有一半径为 r 的球形液珠与之平衡，液珠外的压力为 p_0，则液滴所受压力为 $p_r = p_0 + \Delta p$。若活塞向下移动，管内体积变化 dV，液珠表面积相应增加 dA，由于附加压力的作用，环境所消耗的功 δW 与液珠增加表面积所引起的吉布斯自由能增量 dG 相等，即

$$\delta W = dG$$

$$\Delta p dV = \sigma dA$$

因为

$$A = 4\pi r^2, \quad V = \frac{4}{3}\pi r^3$$

$$dA = 8\pi r dr, \quad dV = 4\pi r^2 dr$$

代入上式，得

$$\Delta p = \frac{2\sigma}{r} \tag{8-12}$$

此式为拉普拉斯(Laplace)方程，由此式可知：

(1) 对给定液体，当液面为凹面时，$r<0$，则 $\Delta p<0$，即凹面下液体受到的压力要小于平面时受到的压力，当液面为凸面时，$r>0$，则 $\Delta p>0$，即凸面下液体受到的压力要比平面时的大，当液面为平面时，$r \to \infty$，故 $\Delta p=0$，此时液面下的压力与外压相等；

(2) 对不同液体而言，曲率半径相等时，附加压力的数值与表面张力成正比；

(3) 对于球状液膜(如肥皂泡)，有内、外两个表面，外表面是凸面，而内表面是凹面，因此，液泡内的气体所受的附加压力为 $\Delta p = \frac{4\sigma}{r}$，方向指向曲率中心。

【例 8-2】 298 K 时用玻璃管蘸肥皂水吹一半径为 1 cm 的气泡，计算泡内、外的压差。假设此温度下肥皂水的表面张力为 $0.0400\ N \cdot m^{-1}$。

解　空气中的气泡由薄膜构成，有内、外两个表面，略去膜厚，可认为两表面曲率半径相同，用拉普拉斯方程计算所得压差应加倍。

$$\Delta p = \frac{4\sigma}{r} = \frac{4 \times 0.0400}{1.0 \times 10^{-2}}\ Pa = 16\ Pa$$

弯曲液面下的附加压力可以解释一些常见现象，例如：

(1) 在不受外力的作用下，自由液滴或气泡通常呈球状，若液滴呈现不规则的形状，如图 8-6 所示，在液滴的不同部位，由于曲率不同，因而所受的附加压力的大小和方向也不同，因此

这种不平衡的力必将使液滴变成球状,从而使其受力平衡,才能呈现稳定的状态。

(2) 毛细管现象。将一根毛细管插入液体中,管内的液面会形成凹面或凸面,并上升或下降一定高度,若管内液面呈凹形,由于附加压力指向大气,凹面下的液体所受的压力小于管外水平液面的压力,因而液体被压入管内,使得毛细管内液面上升;同理,若管内液面呈凸形,由于附加压力的影响,凸面下的液体所受的压力大于管外水平液面的压力,因而液体从管内被压出,使得毛细管液面下降。这种液体在毛细管内上升或下降的现象称为毛细管现象。毛细管内液体上升或下降的高度与附加压力有关,以液体在毛细管上升(图 8-7)为例,当毛细管内上升的液柱所产生的静压力与附加压力在数值上相等时,液柱达到平衡态,此时液柱高度为 h,得

$$\Delta p=\frac{2\sigma}{r}=\rho g h,\quad h=\frac{2\sigma}{\rho g r}$$

因为

$$r=\frac{R}{\cos\theta}$$

则

$$h=\frac{2\sigma\cos\theta}{\rho g R} \tag{8-13}$$

利用毛细管现象可以测定液体的表面张力。

图 8-6　不规则形状液滴上的附加压力

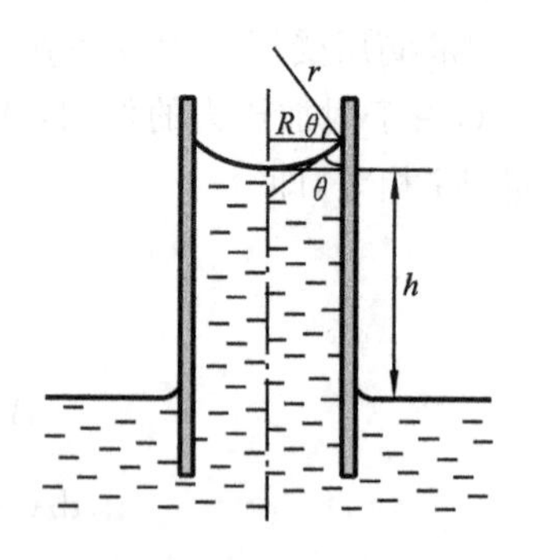

图 8-7　毛细管现象

8.3.2　高分散度对蒸气压的影响

在一定温度下,平面液体具有一定的饱和蒸气压。若液面弯曲,由于附加压力的影响,小液滴比平面液体具有更大的饱和蒸气压。

在一定温度下,将 1 mol 平面液体分散成半径为 r 的小液滴,吉布斯自由能的变化为

$$\Delta G=\mu_{\rm r}-\mu=V_{\rm m}(p_{\rm r}-p)=V_{\rm m}\Delta p$$

式中,$\mu_{\rm r}$ 和 μ 分别表示小液滴与平面液体的化学势,设小液滴和平面液体的饱和蒸气压分别为 $p_{\rm r}$ 和 p,因为

$$\mu_{\rm r}=\mu+RT\ln\frac{p_{\rm r}}{p}$$

则

$$\Delta G=\mu_{\rm r}-\mu=RT\ln\frac{p_{\rm r}}{p}=V_{\rm m}\Delta p$$

因为

$$\Delta p=\frac{2\sigma}{r},\quad V_{\rm m}=\frac{M}{\rho}$$

则

$$\ln\frac{p_{\rm r}}{p}=\frac{2\sigma M}{RT\rho}\frac{1}{r} \tag{8-14}$$

该式称为开尔文公式。在一定温度下,对于某种液体,σ、M、ρ、R 均为常数,因此液滴半径越

小，饱和蒸气压越大。

8.3.3 高分散度对溶解度的影响

开尔文公式对于计算溶质的溶解度也适用，只要将式中的蒸气压换成溶质的饱和浓度即可。当温度一定时，晶体颗粒越小，溶解度越大，所以当溶液等温浓缩时，溶液的浓度在不断增加，但对微小晶体仍未达到饱和，因而晶体不能析出，还需进一步浓缩，成过饱和溶液时（但对小晶体则是饱和溶液），小晶体才能析出，即微小晶体的饱和浓度大于普通晶体的饱和浓度。

8.3.4 高分散度对熔点的影响

开尔文公式可用于计算微小晶体的饱和蒸气压，即在一定温度下，微小晶体的饱和蒸气压大于一般晶体的饱和蒸气压。并且随晶体粒径的减小，蒸气压不断升高，而熔点也相应下降，即微小晶粒熔点下降。金的正常熔点为 1064 ℃，而直径为 4 nm 时，金的熔点降至 727 ℃，当直径减小到 2 nm 时，熔点仅为 327 ℃左右。

8.3.5 亚稳态现象

对于普通液体或固体，由于表层分子所占比例较小，因此表面现象并不显著。但是，当系统中有新相生成时，如蒸气的凝结、液体的沸腾与结晶等，由于最初形成的液滴、气泡或晶体颗粒都非常细小，因而具有较大的表面吉布斯自由能而使系统处于不稳定的状态（亚稳态），使新相难以生成而引起各种过饱和现象出现。

（1）过饱和蒸气。当气体凝结成液体时，首先要形成小液滴，而小液滴的饱和蒸气压大于平面液体的饱和蒸气压，若高空中没有灰尘，水蒸气可以达到相当高的过饱和程度而不会凝结成水。因为此时高空中的水蒸气虽然对于平面液体来说已经是过饱和的，但对于要形成的小液滴来说未达到饱和，因此小液滴难以形成。若向空中撒凝结核心，如干冰或 AgI 小颗粒，使液滴的凝结中心半径增大，而相应减少液滴的饱和蒸气压，水蒸气会迅速凝结成水，这就是人工降雨的原理。

（2）过热液体。在液体沸腾前，不仅液体在表面进行汽化，同时在液体内部会自动产生微小气泡，气泡内的饱和蒸气压要小于平面液体的饱和蒸气压。在正常沸点时，平面液体饱和蒸气压与外压相等，但在沸腾时，极细小的气泡内的饱和蒸气压远小于外压，在外压的影响下，小气泡难以形成，致使液体不易沸腾而形成过热液体，当达到一临界温度时，会突然生成大量小气泡，液体暴沸。为防止液体过热，常在液体中投入沸石，由于沸石表面多孔，其中已存在着曲率较大的气泡，成为汽化的核心而使得气泡较易生成，使液体的过热程度大大降低，而不致发生暴沸。

（3）过饱和溶液。在一定温度下，溶质的浓度高于正常溶解度而不结晶的溶液称为过饱和溶液。由于微小晶体的溶解度大于普通晶体的溶解度，而刚凝结成的晶粒十分细小，对于普通晶体已达饱和的溶液，微小晶粒还远未饱和，因此不易形成晶体，导致溶液出现过饱和状态。若在此溶液中加入小晶体作为新相的种子，可使晶体尽快析出。

（4）过冷液体。在一定的外压下冷却液体，当温度低于该压力下的正常凝固点时仍无晶体析出，这种液体称为过冷液体。当液体冷却时，其饱和蒸气压不断下降至三相点，根据相平衡理论，应当析出晶体。但由于液体凝固时刚出现的固体必然是微小晶体，它的饱和蒸气压大于同温度下普通晶体的饱和蒸气压，因而新相微小晶体的熔点低于普通晶体的熔点，即在正常凝固点时，微小晶体尚未达到饱和状态，故微小晶体不可能存在，凝固不能发生。因此液体温度继续下降直至微小晶体的蒸气压与液体的蒸气压相等，产生微小晶体，才能产生凝固。过冷液体很常见，如纯水冷却至－40 ℃才能结冰。为避免过冷现象，常加入物质的小晶体作为“晶种”，成为凝固的核心，也可通过剧烈的搅拌或用玻璃棒摩擦器壁破坏亚稳态，使液体在过冷程度较小时即能凝固。

【例 8-3】 如果水中仅含有半径为 1.00×10^{-3} mm 的空气泡，试求这样的水开始沸腾时的温度。已知 100 ℃以上水的表面张力为 $0.0589\ \mathrm{N\cdot m^{-1}}$，汽化热为 $40.7\ \mathrm{kJ\cdot mol^{-1}}$。

解　空气泡上的附加压力为 $\Delta p=\dfrac{2\sigma}{r}$，当水沸腾时，空气泡中的水蒸气压力至少等于$(p^{\ominus}+\Delta p)$，应用克劳修斯-克拉贝龙方程可求出蒸气压为$(p^{\ominus}+\Delta p)$时的平衡温度 T_2，此即沸腾温度。

$$p_2=p^{\ominus}+\Delta p=p^{\ominus}+\frac{2\sigma}{r}=\left(1.0\times10^5+\frac{2\times0.0589}{1.0\times10^{-6}}\right)\ \mathrm{Pa}=2.18\times10^5\ \mathrm{Pa}$$

因为

$$\ln\frac{p_2}{p^{\ominus}}=\frac{\Delta_{\mathrm{vap}}H_{\mathrm{m}}}{R}\left(\frac{1}{T_1}-\frac{1}{T_2}\right)$$

所以

$$\ln\frac{2.18\times10^5}{1.01\times10^5}=\frac{40.7\times10^3}{8.314}\left(\frac{1}{373}-\frac{1}{T_2}\right)$$

解得

$$T_2=396\ \mathrm{K}$$

8.4　溶液表面的吸附

8.4.1　溶液表面的吸附现象

在一定温度、压力下，纯液体的表面张力为一定值，但随着溶质的加入，溶液的表面张力随溶液的浓度会发生变化，其变化的规律大致可分为三种类型(图 8-8)。

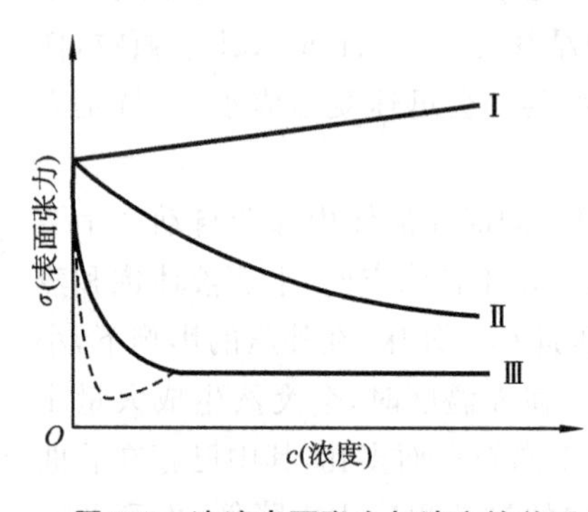

图 8-8　溶液表面张力与浓度的关系

第一类，溶液的表面张力随溶液浓度的增加而增大，如无机盐，不挥发性酸、碱等，如图 8-8 中曲线Ⅰ所示；

第二类，溶液的表面张力随溶液浓度的增加而降低，如低级醇、醛、酸、酮等，如图 8-8 中曲线Ⅱ所示；

第三类，溶液的表面张力随溶液浓度的增加开始时先急剧下降，降低到一定程度时变化又趋于平缓，这类物质称为表面活性剂，常见的有长链的脂肪酸盐、烷基硫磺酸盐、烷基苯磺酸盐等，如图 8-8 中曲线Ⅲ所示。

研究发现，由于溶质的加入，溶液的表面张力与纯溶剂的不同，若加入的溶质能降低溶液表面张力，溶质趋向于在表层富集，造成溶质在表层的浓度高于溶液本体的浓度；反之，若所加入的溶质使溶液表面张力增加，溶质趋向于更多地进入溶液内部而较少留在表层，使溶质在溶液本体的浓度高于表层的浓度。溶质在表层与本体浓度不同的现象称为溶液的表面吸附，溶质在表层的浓度高于本体浓度称为正吸附，溶质在表层的浓度低于本体浓度则称为负吸附。

8.4.2　吉布斯吸附等温式及其应用

表面吸附量是指单位面积表层中所含溶质的物质的量与等量溶剂在本体溶液中所含溶质的物质的量的差值。在一定温度下，溶液的表面吸附量 Γ 与溶液表面张力 σ 及溶液的浓度 c

有关,1878 年吉布斯用热力学方法导出了三者之间的定量关系,即吉布斯吸附等温式:

$$\Gamma=-\frac{c}{RT}\left(\frac{\mathrm{d}\sigma}{\mathrm{d}c}\right)_T \tag{8-15}$$

式中,Γ 表示表面吸附量,单位是 $\mathrm{mol\cdot m^{-2}}$;c 表示溶液的浓度,单位是 $\mathrm{mol\cdot dm^{-3}}$;$\sigma$ 表示表面张力,单位是 $\mathrm{J\cdot m^{-2}}$。由吉布斯吸附等温式可知:若 $\frac{\mathrm{d}\sigma}{\mathrm{d}c}>0$,即增加浓度使表面张力升高,$\Gamma<0$,溶质在表层发生负吸附;若 $\frac{\mathrm{d}\sigma}{\mathrm{d}c}<0$,即增加浓度使表面张力降低,$\Gamma>0$,溶质在表层发生正吸附,此时表层中溶质的浓度高于本体浓度,表面活性剂就属于这种情况。

在等温条件下,通过测定不同浓度下溶液的表面张力,以 σ 对 c 作图,在相应浓度下求切线的斜率 $\left(\frac{\mathrm{d}\sigma}{\mathrm{d}c}\right)_T$,再由公式可求得该浓度时的表面吸附量 Γ。

【例 8-4】 设稀油酸钠水溶液的表面张力与溶质的浓度呈线性关系,$\sigma=\sigma_0-bc$,式中 σ_0 为纯水的表面张力。已知 298 K 时,$\sigma_0=7.288\times10^{-2}\ \mathrm{N\cdot m^{-1}}$,$b$ 为常数,实验测得表层吸附油酸钠的表面吸附量 $\Gamma=4.33\times10^{-6}\ \mathrm{mol\cdot m^{-2}}$,试计算该溶液的表面张力。

解

$$\left(\frac{\mathrm{d}\sigma}{\mathrm{d}c}\right)_T=-b,\quad \Gamma=-\frac{c}{RT}\left(\frac{\mathrm{d}\sigma}{\mathrm{d}c}\right)_T=\frac{c}{RT}b$$

$$c=\frac{\Gamma RT}{b}=\frac{4.33\times10^{-6}\times8.314\times298}{b}=\frac{1.073\times10^{-2}}{b}$$

$$\sigma=\sigma_0-bc=(7.288\times10^{-2}-1.073\times10^{-2})\ \mathrm{N\cdot m^{-1}}=6.215\times10^{-2}\ \mathrm{N\cdot m^{-1}}$$

8.5 表面活性剂

8.5.1 表面活性剂的分类

加入少量就能使溶液表面张力显著降低的物质称为表面活性剂。表面活性剂的分子具有不对称结构,分子中含有亲水性的极性基团和憎水性(或亲油性)的非极性基团(图 8-9)。

表面活性剂的分类方法很多,通常是根据分子结构的特点来分类的。表面活性剂溶于水后,凡能发生电离的称为离子型表面活性剂,不能电离的称为非离子型表面活性剂。离子型表面活性剂按其活性作用部分来分,又可分为阳离子型、阴离子型和两性离子型表面活性剂,见表 8-3。

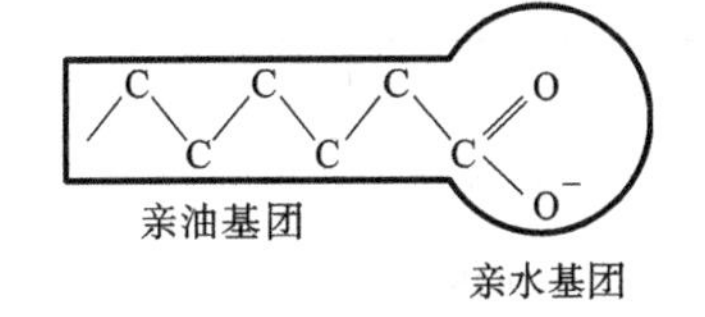

图 8-9　表面活性剂结构示意图

表 8-3　表面活性剂的分类

类别		实例
离子型表面活性剂	阳离子型	铵盐、$C_{16}H_{33}NH_3^+Cl^-$ 等
	阴离子型	羧酸盐、硫酸酯盐、磺酸盐、磷酸酯盐等
	两性离子型	氨基酸型 $RN^+H_2CH_2CH_2COO^-$ 甜菜碱型 $RN^+(CH_3)_2CH_2COO^-$
非离子型表面活性剂		酯类、酰胺类、聚氧乙烯醚类

8.5.2 亲水-亲油平衡值

表面活性剂的品种繁多,对于一定的系统究竟采用哪种表面活性剂最合适、效率最高,目前还缺乏理论指导。一般认为,比较表面活性剂分子中的亲水基团的亲水性和亲油基团的亲油性是一项衡量效率的重要指标。通过实验可以知道,当表面活性剂的亲水基团相同时,亲油基团碳链越长(摩尔质量越大),则憎水性(亲油性)越强。因此,亲油性可以用亲油基团的摩尔质量来表示。由于亲水基团种类很多,亲水性不能用摩尔质量来比较,但对于一些非离子型表面活性剂(如聚乙二醇)则亲水基团摩尔质量越大,亲水性越强。基于上述观点,1949 年,格里芬(Griffin)提出用 HLB 值,即亲水-亲油平衡值来表示表面活性剂的亲水性。HLB 值越大,亲水性越强;反之,亲油性越强。因此,非离子型表面活性剂的 HLB 值可用下式计算:

$$\text{非离子型表面活性剂的 HLB 值}=\frac{\text{亲水基团质量}}{\text{亲水基团质量}+\text{亲油基团质量}}\times\frac{100}{5} \tag{8-16}$$

表面活性剂的 HLB 值是相对值,石蜡没有亲水基,所以 HLB 值为 0,而完全是亲水基团的聚乙二醇的 HLB 值为 20。这样,非离子型表面活性剂的 HLB 值就可用 0～20 的数值来表示。

大多数多元醇脂肪酸酯的值可按下式计算:

$$\text{HLB}=20\left(1-\frac{S}{A}\right) \tag{8-17}$$

式中,S 为酯的皂化价,即为完全皂化 1×10^{-3} kg 油脂时所需 KOH 的质量(mg);A 为脂肪酸的酸价,即为中和 1×10^{-3} kg 有机物的酸性成分所需 KOH 的质量(mg)。例如单硬脂酸甘油酯,$S=161$,$A=198$,$\text{HLB}=20\times\left(1-\frac{161}{198}\right)=3.74$。

离子型表面活性剂的 HLB 值常用基团 HLB 法来确定。各基团的 HLB 值见表 8-4,如要计算某一表面活性剂的 HLB 值,只要把该化合物中各基团的 HLB 值的代数和加上 7 就可以了。例如,十二烷基硫酸钠的 HLB 值为 $38.7+12\times(-0.475)+7=40.0$。基团 HLB 法的优点是它有加和性。

混合表面活性剂的 HLB 值可根据下式求得:

$$\text{HLB}=\frac{[\text{HLB}]_A\times m_A+[\text{HLB}]_B\times m_B}{m_A+m_B} \tag{8-18}$$

表 8-4　各基团的 HLB 值

亲水基团	HLB 值	亲油基团	HLB 值
$—SO_4Na$	38.7		—
—COOK	21.1	—CH—	
—COONa	19.1	$—CH_2—$	−0.475
磺酸盐	约 11.0	$—CH_3$	
—N(叔胺 R_3N)	9.4	—CH═	
酯(山梨糖醇酐环)	6.8		—
酯(自由的)	2.4		—
—COOH	2.1		—
—OH(自由的)	1.9	$\text{-(}CH_2-CH_2-CH_2-O\text{)-}$	−0.15
—O—	1.3		—
—OH(山梨糖醇酐环)	0.5		—

式中，$[HLB]_A$表示表面活性剂A的HLB值，$[HLB]_B$表示表面活性剂B的HLB值；m_A表示表面活性剂A的质量，m_B表示表面活性剂B的质量。例如，以40%的司盘20(HLB值为8.6)和60%的吐温60(HLB值为14.9)相混合，其混合HLB=8.6×0.4+14.9×0.6=12.38。但是，并不是所有表面活性剂都能用此算式计算，必须用实验方法验证。HLB值与表面活性剂在水中的分散性及作用的关系见表8-5和表8-6。

表8-5 HLB值与表面活性剂在水中的分散性

HLB值	在水中的分散情况
1～3	不分散
3～6	分散不好
6～8	不稳定乳状分散
8～10	稳定乳状分散
10～13	半透明至透明分散
>13	透明溶液

表8-6 HLB值与表面活性剂的应用

HLB值	应用
1～3	消泡剂
3～6	W/O乳化剂
7～9	润湿剂
8～18	O/W乳化剂
13～15	洗涤剂
15～18	增溶剂

表面活性剂HLB值与其性能和作用有关，因此可以根据HLB值得到表面活性剂的适当用途，见表8-6。在实际应用中，HLB值具有指导意义，但不能作为唯一的依据，还应结合实际效果来确定。

8.5.3 表面活性剂的作用

表面活性剂在生产和生活中有着广泛的应用，它的主要作用有润湿、增溶、乳化、去污、起泡等。

1. 润湿作用

表面活性剂具有两亲性基团，能强烈地吸附在水的表面，显著降低水的表面张力，同时也能吸附在其他各种界面上。表面活性剂在界面上的定向吸附，使得表面活性剂具有改变表面润湿性能的作用。

例如喷洒农药杀灭害虫时，要求农药对植物叶面的润湿性能良好，若在药液中加入少量表面活性剂，形成乳状液，可以改进药剂对叶面的润湿程度，易于在叶面铺展，待水分蒸发后，在叶面留下均匀的薄层药剂，防止药害，提高药效。又如在制备防水布时，可以用表面活性剂处理后提高防水布的憎水性，从而提高其抗润湿性能。

2. 增溶作用

表面活性剂能使溶液的表面张力显著降低，由于其结构具有两亲性，能够在两相界面上相对浓集，当表面活性剂浓度增加时，不但表层聚集的表面活性剂达到饱和形成单分子层，而且表层容纳不下的表面活性剂分子在溶液内部也会三三两两地以亲油基团形式相互靠拢，聚集在一起形成胶束，排列成亲油基团朝里、亲水基团朝外的胶束。胶束可以是球状、棒状或层状(图 8-10)，形成胶束的最低浓度称为临界胶束浓度(critical micelle concentration，CMC)，继续增加表面活性剂的浓度，当其超过 CMC 值后，只能增加胶束的数量，由于胶束不具有活性，因此表面张力不再下降。CMC 值一般有一个极窄的范围，在 CMC 值以下，不能形成胶束，但也可有少数(10 个以下)的表面活性剂的分子聚集成缔合体，称为小型胶束。随着浓度增大，胶束的尺寸增大，当达到 CMC 值时，形成球状胶束。浓度再继续增大时，依据 X 射线的衍射实验结果，胶束为层状结构，亲水基团向外，而非极性的亲油基团则定向地向内排列。浓度更大时，根据光散射实验结果，认为胶束是棒状结构。

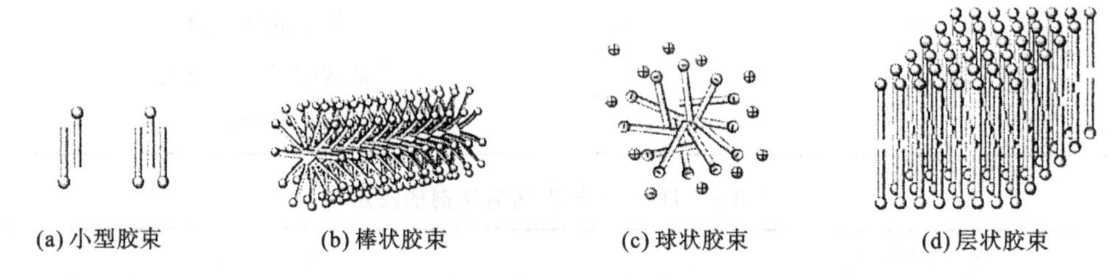

图 8-10　胶束的各种形状

例如油酸表面活性剂，如图 8-11 所示。油酸的结构式为

$$CH_3(CH_2)_7CH{=}CH(CH_2)_7CH_2COOH$$

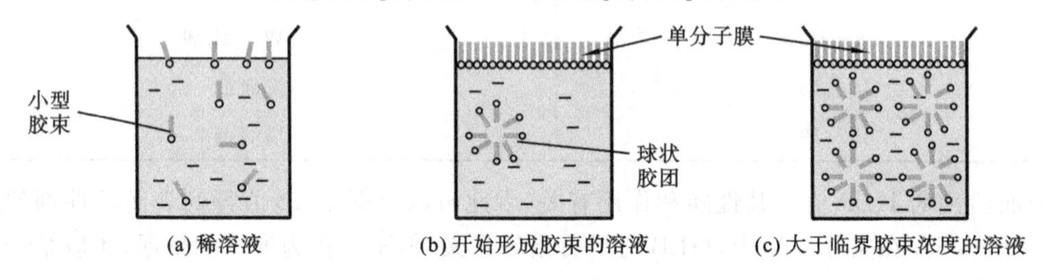

图 8-11　油酸表面活性剂在水中形成胶束的过程

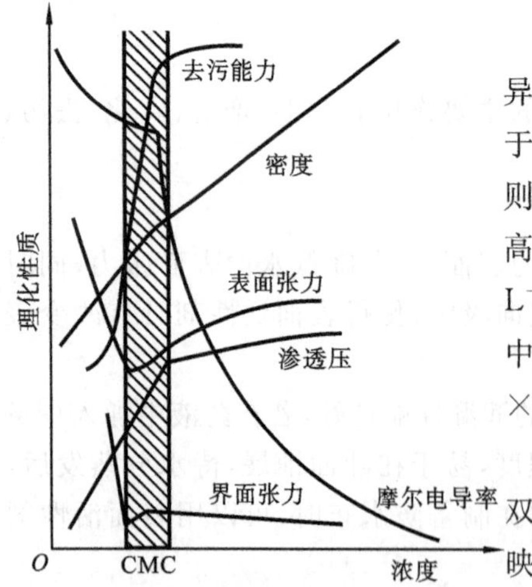

图 8-12　十二烷基磺酸钠的理化性质与浓度的关系

CMC 值因表面活性剂的种类和外部条件的不同而异，若亲油基团的碳氢链长而直，分子间引力就大，有利于胶束形成，CMC 值就较低；相反，碳氢链短而支链多，则分子间的几何障碍大，不利于形成胶束，CMC 值就高。一般形成胶束的临界浓度为 0.001～0.02 mol · L^{-1}，相当于 0.02%～0.4%。例如在 298 K 的水溶液中，用电导测得的十二烷基苯磺酸钠的 CMC 值为 1.2×10^{-3} mol · L^{-1}。

在临界胶束浓度附近，由于胶束形成前、后水中的双亲分子排列情况以及总粒子数目发生了剧烈变化，反映在宏观上就出现了表面活性剂溶液的理化性质(如表面张力、溶解度、渗透压、电导率、去污能力等)都发生改变的现象，如图 8-12 所示。利用表面活性剂溶液某些理化性质的突变，可测定胶束的 CMC 值。CMC 值可以通过各种不同的方法进行测定，采用方法不同，测得的 CMC 值也有所差异，因此一般所给出的 CMC 值是一个临界胶束浓度的范围，在该浓度范围前后，溶液的渗透压、摩尔电导率、表面张力、去污能力等都有显著变化。

一些非极性的碳氢化合物(如苯、己烷等)，在水中溶解度很小，但浓度达到或超过一定的临界胶束浓度的表面活性剂水溶液能使这类物质的溶解度大大增加，形成完全透明、外观与真溶液相似的系统，表面活性剂的这种作用称为增溶作用。这是由于表面活性剂在水溶液中形成了胶束，碳氢化合物溶解于胶束内亲油基团集中的地方，所以只有当表面活性剂水溶液浓度达到或超过临界胶束浓度时，才有增溶作用。

但应注意的是，增溶作用是热力学自发过程，能降低被增溶物的蒸气压，从而使其化学势降低，系统稳定。增溶与真正的溶解不同：溶解过程是溶质以分子或离子状态分散在溶液中，溶剂的依数性有很大的变化；增溶过程是很多溶质分子进入胶团中，质点数没有增加，因而溶液的依数性(如沸点升高、渗透压等)无明显的变化。

增溶作用应用很广泛，如利用肥皂液或洗涤剂除去油污，很多药物的制备需要加入增溶剂，如氯霉素在水中只能溶解 0.25%左右，加入 20%的吐温 80 后，溶解度可增大到 5%，一些生理现象也与增溶作用有关，如脂肪类食物需要胆汁的增溶作用才能被人体吸收利用。

3. 乳化作用

一种液体以细小液珠的形式分散在另一种不相溶(或部分互溶)的液体中的过程称为乳化过程，所形成的系统称为乳状液。这两种互不相溶的液体中一类为极性的水或水溶液，统称为“水”相；另一类为非极性物质，统称为“油”相。若油以小液滴的形式分散在水中，称为水包油(O/W)型乳状液，如牛奶、豆浆；若水以小液滴的形式分散在油中，称为油包水(W/O)型乳状液，如含有水分的原油，见图 8-13。

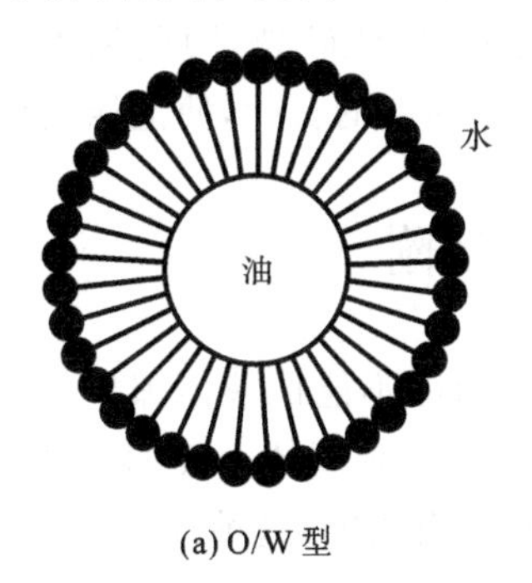

(a) O/W 型

(b) W/O 型

图 8-13　乳状液类型

W/O 型和 O/W 型乳状液在外观上没有明显的区别，可以通过下列几种方法鉴别。

(1) 稀释法：乳状液能被外相(即连续相)稀释而不分层，若将水加入乳状液，乳状液被稀释而不分层，为 O/W 型乳状液；若分层，为 W/O 型乳状液。

(2) 染色法：若将少量油性染料加入乳状液中，整个乳状液均染上颜色，说明为 W/O 型；若乳状液只有一些液滴染色，则为 O/W 型。

(3) 电导法：O/W 型乳状液具有良好的导电性能，而 W/O 型乳状液的导电性能较差，因此，可以通过电导法，判断乳状液的类型。

乳状液通常并不稳定，静置一段时间会分层，为了得到较稳定的乳状液，需要加入第三种组分，称为乳化剂。乳化剂一般分为四类：表面活性剂、高分子类乳化剂、天然产物类乳化剂和固体粉末乳化剂。乳化剂的作用主要有以下三种。①降低界面张力:将少量的表面活性剂加入乳状液,它们吸附在两相的界面上,亲水基团伸入水中而亲油基团伸入油中,定向排列,减小界面张力,从而提高了系统的稳定性。②生成坚固的界面膜:在乳状液中加入乳化剂,形成界面膜,界面膜能阻碍液滴的聚集,提高了乳状液的稳定性。③形成双电层。

乳状液在某些情况下,会由 O/W 型转变成 W/O 型,或由 W/O 型转变成 O/W 型,称为乳状液的转型。引起乳状液转型的主要因素有以下三点。①相体积的影响:通过在乳状液中不断加入内相物质,当达到一定比例时,内相可能转变成外相,引起乳状液的转型。②温度的改变:某些非离子型表面活性剂的亲水-亲油性与温度有关,使用此类表面活性剂作为乳化剂的乳状液,在某一温度下,会发生亲水性和亲油性的转变,从而引起乳状液的转型,此温度称为转型温度。③改变乳化剂:通过改变乳化剂的类型从而引起乳状液的转型。

另外,某些因素会破坏乳状液,使油、水分离,称为破乳。例如石油原油脱水、从牛奶中提取奶油、污水中除去油污等都是破乳过程。破坏乳状液主要是破坏乳化剂的保护作用,可以通过物理方法,如升温、利用离心力场等;也可以通过化学方法,如加入破乳剂破坏吸附在界面上的乳化剂来实现。

4. 起泡作用

气相分散在液相中所形成的分散系称为泡沫,泡沫的灭火、去污作用都需要起泡(图 8-14),要得到稳定的泡沫必须加入作为起泡剂的表面活性剂,如皂素类、蛋白质类、合成洗涤剂、固体粉末(如石墨)等。起泡剂能降低表面张力,同时形成具有一定机械强度和弹性的泡沫膜,保护泡沫不因碰撞而破灭。另外,由于泡沫膜内所含水分受重力作用和弯曲液面的压力,泡与泡之间的液体将因流失太快而使液壁迅速变薄,导致破裂,因此加入少量添加剂(如甘油)可达到调节液膜黏度的目的,使泡沫更稳定。

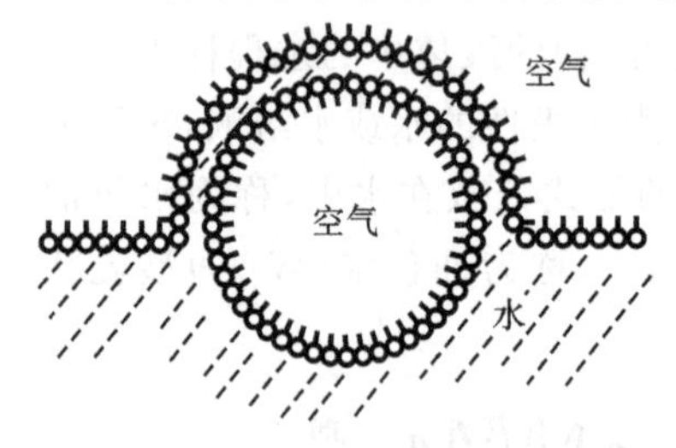

图 8-14　表面活性剂的起泡作用

8.6　气-固表面上的吸附

固体表面与液体表面一样也具有表面吉布斯自由能,固体不能像液体那样尽量缩小表面积以降低系统的表面吉布斯自由能,但固体表面分子能对碰撞到固体表面的气体分子产生吸引,使气体分子在固体表面相对聚集,以降低固体表面吉布斯自由能,这种气体分子在固体表面相对聚集的现象称为气-固吸附。被吸附的气体称为吸附质,吸附气体的固体称为吸附剂。

8.6.1　物理吸附与化学吸附

根据吸附剂与吸附质的作用力性质的不同,将吸附分为物理吸附和化学吸附。若吸附质与吸附剂之间的作用力是范德华力,则为物理吸附;若吸附质与吸附剂之间发生电子转移、原子重排、化学键的破坏与形成等化学反应,则称为化学吸附。

因物理吸附的作用力是范德华力,普遍存在于所有分子之间,所以物理吸附没有选择性,可以形成单分子层吸附,也可以形成多分子层吸附,吸附热较小,不稳定,易解吸。化学吸附的作用力是化学键力,因此化学吸附是有选择性的,吸附热较大,吸附质与吸附剂之间形成化学键后,就不会再与其他气体分子成键,故化学吸附是单分子层吸附,比较稳定,不易解吸。表 8-7 列出了物理吸附与化学吸附的部分不同点。

表 8-7　物理吸附与化学吸附的比较

	物理吸附	化学吸附
吸附力	范德华力	化学键力
吸附热	较小，接近液化热	较大，接近化学反应热
选择性	无	有
吸附稳定性	不稳定，易解吸	比较稳定，不易解吸
分子层	单分子层或多分子层	单分子层
吸附速率	较大，不受温度影响	较小，升高温度速率增大
活化能	较小或为零	较大

8.6.2　气-固表面吸附等温线

气相中的分子可以被吸附到固体表面，已吸附到固体表面的气体分子也可以解吸（脱附）重新回到气相。在一定的温度和压力下，当吸附速率与解吸速率相等，即在单位时间内被吸附的气体量与解吸的气体量相等时，达到吸附平衡，此时，吸附在固体表面的气体量不再改变。当达到吸附平衡时，单位质量的吸附剂所吸附的气体在标准状态下的体积或气体的物质的量称为吸附量 Γ，单位为 $m^3 \cdot kg^{-1}$ 或 $mol \cdot kg^{-1}$。

$$\Gamma = \frac{V}{m} \quad 或 \quad \Gamma = \frac{n}{m} \tag{8-19}$$

吸附量可以通过实验方法直接测定。通过实验可知，对于一定量吸附质和吸附剂来说，吸附量 Γ 与吸附温度 T 和吸附质的分压 p 有关，通过固定其中一个物理量，可以求出另两个物理量之间的关系：在指定温度下，测定不同压力下的吸附量，得到的曲线称为吸附等温线；在指定压力下，测定吸附量随温度变化的曲线称为吸附等压线；当吸附量一定时，反映吸附温度与吸附质平衡分压之间关系的曲线称为吸附等量线。

在上述三种吸附曲线中，研究最多的是吸附等温线，并导出了一系列解析方程，吸附等温线大致可分为五种，如图 8-15 所示。

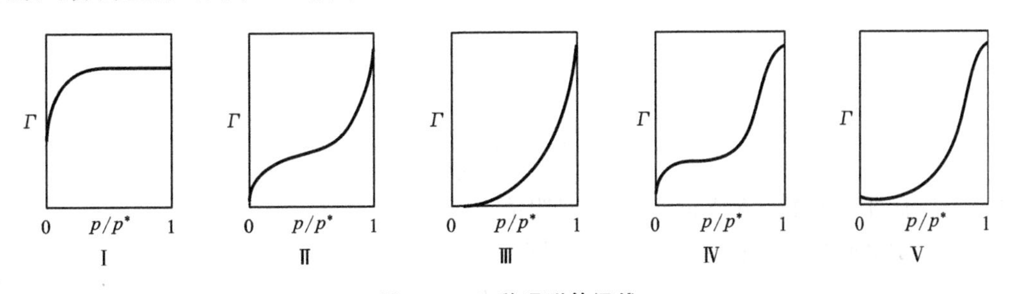

图 8-15　五种吸附等温线

8.6.3　弗罗因德立希经验式

根据实验结果，弗罗因德立希(Freundlich)提出了一个经验公式：

$$\Gamma = kp^{\frac{1}{n}} \quad (n > 1) \tag{8-20}$$

式中，p 是吸附平衡时气体的压力，单位是 Pa；k 和 n 均是与温度有关的经验常数。一般来说，k 值随温度升高而减小。

将上式取对数,得

$$\lg\Gamma = \lg k + \frac{1}{n}\lg p$$

以 $\lg\Gamma$ 对 $\lg p$ 作图得一直线,由直线的截距与斜率可求出 k 和 n 的值。

弗罗因德立希经验式计算方便,应用较为广泛,但要注意的是此公式只适用于中等压力范围。在经验式中,经验常数并无明确的意义,因此并不能根据该式推测吸附机理。

8.6.4　单分子层吸附理论——朗格缪尔吸附等温式

朗格缪尔(Langmuir)在研究低压下气体在金属表面的吸附时,在大量实验数据的基础上,发现了一些规律,提出了气-固吸附单分子层理论,并从动力学的观点给出了吸附等温式。

朗格缪尔吸附理论的基本假设如下:

(1) 因为固体表面分子存在剩余力场,剩余力场能达到一个分子的直径,只有当气体分子碰撞到尚未被吸附的固体表面时才能发生吸附作用,而当固体表面吸附满一层气体分子后,力场达到饱和,吸附也达到饱和,因此吸附是单分子层的;

(2) 固体表面是均匀的,已吸附到固体表面的气体分子因能发生解吸而重新回到气相,吸附与解吸是可逆过程,是动态平衡,并且吸附不受邻近其他吸附分子的影响,吸附热为一常数。

在一定温度下,固体表面被气体分子覆盖的面积分数为 θ,则未被吸附分子占据的面积分数为 $(1-\theta)$。因为吸附是发生在固体的空白表面,吸附速率正比于 $(1-\theta)$ 和气体压力 p,即吸附速率 $v_{吸附}$ 为

$$v_{吸附} = k_1 p(1-\theta)$$

解吸速率 $v_{解吸}$ 与 θ 成正比,即

$$v_{解吸} = k_2\theta$$

式中,k_1、k_2 为比例常数。

当吸附达到动态平衡时,有

$$k_1 p(1-\theta) = k_2\theta$$

$$\theta = \frac{k_1 p}{k_2 + k_1 p}$$

令 $b=\frac{k_1}{k_2}$,上式变为

$$\theta = \frac{bp}{1+bp}$$

式中,b 为吸附平衡常数。b 值越大,表示吸附能力越强。

以 Γ 表示吸附量,Γ_m 表示饱和吸附量,则

$$\theta = \frac{\Gamma}{\Gamma_m}$$

代入上式得

$$\Gamma = \Gamma_m\theta = \Gamma_m\frac{bp}{1+bp} \tag{8-21}$$

或

$$\frac{p}{\Gamma} = \frac{1}{\Gamma_m b} + \frac{p}{\Gamma_m} \tag{8-22}$$

上两式为朗格缪尔吸附等温式。

如图 8-16 所示,由式(8-21)可知:①在压力较低或吸附较弱的情况下,$bp \ll 1$,$1+bp \approx 1$,

则 $\Gamma \approx \Gamma_m bp$，在一定温度下 Γ_m、b 为常数，故 Γ 与 p 成正比；②在高压或吸附很强时，$bp \gg 1$，$1+bp \approx bp$，则 $\Gamma \approx \Gamma_m$，表示固体表面已吸附饱和，形成单分子层，随着压力增大，吸附量不再增加；③在压力适中的范围内，Γ 与 p 呈曲线关系。另外，以 $\frac{p}{\Gamma}$ 对 p 作图得一条直线，斜率为 $\frac{1}{\Gamma_m}$，截距为 $\frac{1}{\Gamma_m b}$，从而可求得 Γ_m 及 b。

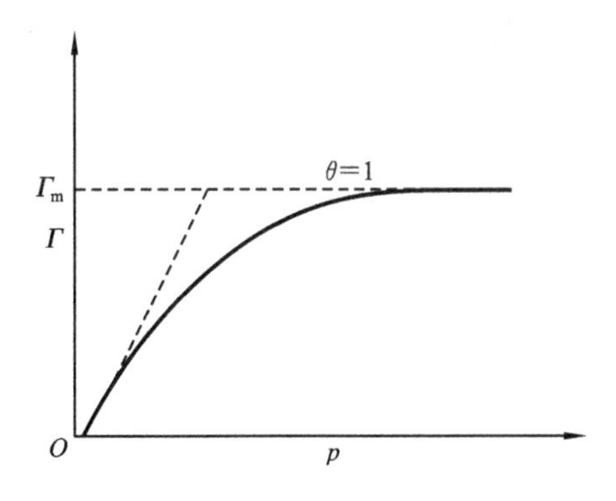

图 8-16　朗格缪尔吸附等温线示意图

朗格缪尔吸附理论很好地解释了单分子层吸附，对于多分子层吸附或单分子层吸附但吸附分子间存在较强的作用力的情况，朗格缪尔吸附理论不能给予解释，因此在使用中有一定的局限性。

8.6.5　多分子层吸附理论——BET 吸附等温式

多分子层吸附理论是在朗格缪尔吸附理论的基础上发展起来的，它接受了朗格缪尔吸附理论中固体表面是均匀的，吸附与解吸是可逆过程，是动态平衡，并且不受邻近其他吸附分子影响的假设。同时它认为，固体表面在吸附了一层分子之后，由于被吸附分子自身的范德华力，还可以继续发生多分子层吸附；但是，第一层吸附是固体表面分子与吸附质分子之间的引力，第二层及以上的吸附则为气体分子间的引力，由于两者作用力不同，所以第一层吸附热相当于表面反应热，而第二层及以后各层的吸附热均相等，近似于气体凝聚热。当吸附达到平衡时，气体的吸附量等于各层吸附量的总和。

在朗格缪尔吸附理论的基础上，1938 年布鲁瑙尔（Brunauer）、埃米特（Emmett）和特勒（Teller）三人提出了多分子层吸附理论，并进一步导出 BET 公式，即

$$\Gamma = \frac{\Gamma_m C p}{(p^* - p)\left[1 + (C-1)\frac{p}{p^*}\right]} \tag{8-23}$$

式中，Γ 与 Γ_m 分别表示平衡压力 p 时的吸附量和固体表面被单分子层吸附质分子覆盖满时的吸附量；p^* 表示被吸附气体在该温度下的饱和蒸气压；C 表示与吸附热有关的常数。

将式(8-23)整理，得

$$\frac{p}{\Gamma(p^* - p)} = \frac{1}{\Gamma_m C} + \frac{C-1}{\Gamma_m C}\frac{p}{p^*} \tag{8-24}$$

由上式可知，以 $\frac{p}{\Gamma(p^*-p)}$ 对 $\frac{p}{p^*}$ 作图，得一直线，其斜率为 $\frac{C-1}{\Gamma_m C}$，截距为 $\frac{1}{\Gamma_m C}$。从斜率和截距的值可求出 Γ_m，即

$$\Gamma_m = \frac{1}{\text{斜率} + \text{截距}}$$

若已知一个吸附质分子的截面积 A，m 为固体吸附剂的质量，Γ_m 为饱和吸附量，单位用 cm^3，N_A 为阿伏加德罗常数，则固体吸附剂的比表面积 S_0 为

$$S_0 = \frac{\Gamma_m N_A A}{22400m} \tag{8-25}$$

【例 8-5】 273 K 时测得用钨粉末吸附正丁烷分子的数据如下。

p/p^*	0.05	0.11	0.17	0.23	0.31	0.38
$\Gamma/(\mathrm{dm^3 \cdot kg^{-1}})$	0.86	1.12	1.31	1.46	1.66	1.88

已知钨粉末的比表面积是 $1.55\times10^{-4}\ \mathrm{m^2\cdot kg^{-1}}$(在 77 K 时用吸附氮气实验测定)。计算在单分子层覆盖下吸附的正丁烷分子的截面积。

解　由 BET 吸附等温式
$$\frac{p}{\Gamma(p^*-p)}=\frac{1}{\Gamma_m C}+\frac{C-1}{\Gamma_m C}\frac{p}{p^*}$$
算出$\frac{p}{p^*}$和$\frac{p}{\Gamma(p^*-p)}$。

$\frac{p}{\Gamma(p^*-p)}/(\mathrm{kg\cdot dm^{-3}})$	0.0612	0.110	0.156	0.205	0.271	0.326
p/p^*	0.05	0.11	0.17	0.23	0.31	0.38

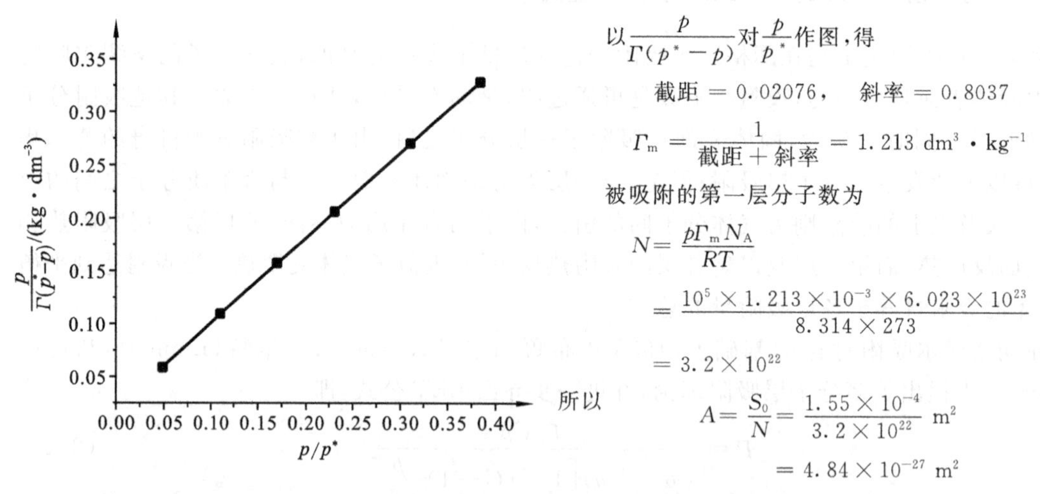

以$\frac{p}{\Gamma(p^*-p)}$对$\frac{p}{p^*}$作图,得

$$截距=0.02076,\quad 斜率=0.8037$$

$$\Gamma_m=\frac{1}{截距+斜率}=1.213\ \mathrm{dm^3\cdot kg^{-1}}$$

被吸附的第一层分子数为

$$N=\frac{p\Gamma_m N_A}{RT}=\frac{10^5\times1.213\times10^{-3}\times6.023\times10^{23}}{8.314\times273}=3.2\times10^{22}$$

所以
$$A=\frac{S_0}{N}=\frac{1.55\times10^{-4}}{3.2\times10^{22}}\ \mathrm{m^2}=4.84\times10^{-27}\ \mathrm{m^2}$$

目前,利用 BET 公式被认为是测定比表面积最简单而准确的方法。BET 公式可用于单分子层和多分子层吸附,当相对压力$\left(\frac{p}{p^*}\right)$在 0.05～0.35 范围内时,与实验相符;当相对压力小于 0.05 时,难以建立多分子层吸附平衡;当相对压力大于 0.35 时,可能因为毛细管凝结现象,破坏了多分子层吸附平衡而导致偏离 BET 公式。

8.7　固-液界面上的吸附

8.7.1　分子吸附

在一定温度下,非电解质或弱电解质溶液中,将一定量的吸附剂 m(kg)放在装有一定量已知浓度的溶液的锥形瓶内充分振摇,达到吸附平衡后,测定溶液的浓度,可以从吸附前、后溶液浓度的变化求得固体对溶质的吸附量,即

$$\Gamma=\frac{x}{m}=\frac{V(c_1-c_2)}{m}\tag{8-26}$$

式中,m 表示吸附剂的质量;c_1 和 c_2 分别表示吸附前、后溶液的浓度;V 表示溶液体积;x 表示

所吸附溶质的物质的量。

由于只考虑吸附剂对溶质的吸附而没考虑对溶剂的吸附，利用式(8-26)求得的吸附量称为表观吸附量，其数值低于溶质的实际吸附量。若溶液的浓度很小，固体吸附剂对溶剂的吸附而引起溶液浓度的变化可忽略不计，利用上式求得的结果可近似看成固体对溶质的实际吸附量。

对于不同的固-液系统，所得的吸附等温线是不同的，有些稀溶液系统适用于气-固吸附等温式，只要用溶液平衡浓度 c 代替式(8-20)和式(8-21)中的 p，便可得到稀溶液的吸附等温式。

利用弗罗因德立希经验式表示稀溶液中吸附量与平衡浓度之间的关系：

$$\Gamma = \frac{x}{m} = kc^{\frac{1}{n}} \tag{8-27}$$

在一定温度、给定的吸附剂和溶质下，k 和 n 是经验常数。

有些稀溶液可用朗格缪尔吸附等温式来表示：

$$\Gamma = \frac{x}{m} = \Gamma_{\mathrm{m}} \frac{bc}{1+bc} \tag{8-28}$$

若测得 Γ_{m} 和溶质截面积 a，可估算出吸附剂的比表面积，即

$$S_0 = \Gamma_{\mathrm{m}} N_{\mathrm{A}} a \tag{8-29}$$

固体在溶液中的吸附是常见的吸附现象之一，但由于溶液中存在着溶质与溶剂，因而吸附较为复杂，吸附剂吸附溶质的同时也吸附溶剂，目前，还没有一个完善的理论。人们在长期实践中，总结了一些经验规律：通常极性吸附剂容易吸附极性的溶质，非极性吸附剂容易吸附非极性的溶质。例如，活性炭是非极性吸附剂，硅胶是极性吸附剂，在甲醇-苯溶液系统中，活性炭易吸附苯而硅胶易吸附甲醇。吸附可以看成是溶质在固体表面的沉积，因此溶质的溶解度越小越易被吸附。由于吸附是放热反应，温度越高，吸附量越低。

8.7.2 离子吸附

固体在电解质溶液中吸附的是离子，吸附方式通常有两种：离子选择性吸附和离子交换吸附。

固体在电解质溶液中往往优先吸附其中某种离子而使固体带上电荷的现象称为离子选择性吸附。例如 AgBr 晶体在 KBr 溶液中，会选择吸附 Br^- 而使 AgBr 带上负电荷。一般来说，固体通常选择吸附与自身组成相同或是能与自身形成难溶物质的离子。

若吸附剂吸附一种离子的同时，吸附剂本身又将另一种带相同电荷的离子释放到溶液中，这种现象称为离子交换吸附。离子交换树脂、黏土等都能发生离子交换吸附，例如土壤中施用氮肥后，NH_4^+ 与土壤中的 K^+、Na^+、Ca^+、Mg^{2+} 等发生离子交换，使NH_4^+ 吸附在土壤表面，土壤就是通过这种离子交换吸附来获得植物生长所需要的养分的。

8.7.3 固体吸附剂

下面简要介绍几种常用的固体吸附剂。

(1) 氧化铝。氧化铝(Al_2O_3)是一种多孔性、分散度较高的吸附剂，具有较强的吸附能力，热稳定性和化学稳定性较好。它在反应过程中自身活性并不显著，可有效地减少干扰，同时又可根据具体反应的特殊要求，经过处理后可制备得到酸性、中性及碱性的氧化铝。

氧化铝虽然化学式简单，但从空间结构看，是一种形态变化复杂的物质，到目前为止已知氧化铝的结构不少于 8 种，形态变化的多样性决定了它的应用十分广泛，氧化铝常用作干燥

剂、催化剂或催化剂载体、黏结剂、色层分析中的吸附剂等。目前对于氧化铝的表面化学研究十分活跃。

(2) 硅胶。硅胶是一种多孔性极性吸附剂，化学组成为 $SiO_2 \cdot xH_2O$，属于无定形结构，传统生产的硅胶大多为不规则形状，机械强度差，容易磨损而造成物料的损失，为适应反应的需要，现在使用的硅胶是一种耐磨的并且机械强度好的微球硅胶。

硅胶在酸性介质中十分稳定，故在酸性条件下性能优于氧化铝，在使用硅胶作为吸附剂时需考虑温度和压力对其的影响，并且硅胶的吸附能力随含水量的增加而下降。硅胶主要用作干燥剂、吸附剂和催化剂载体等。

(3) 活性炭。活性炭的主要成分是碳，此外还含有少量的杂质，如 H、O、N、S 和灰分，活性炭具有不规则的石墨结构，在不同温度下焙烧会产生不同性质的基团，如 300～800 ℃时形成酸性基团，而 800～1000 ℃时形成碱性基团，并且制备方法不同，具有不同的比表面积。活性炭是优良的非极性吸附剂，也常用作催化剂载体。随着活性炭含水量的增加，吸附能力下降。

(4) 分子筛。分子筛是一种结晶型的硅铝酸盐，分子筛具有微孔结构，能将不同物质的分子分离，因这种吸附剂具有筛分不同大小的分子的能力，故称“分子筛”。分子筛广泛用于干燥、净化或分离气体及液体。

分子筛选择性好，只能使比筛孔小的分子通过，吸附到空穴内部，而把比筛孔大的物质的分子排斥在外面，从而使分子大小不同的混合物分离，起到筛分各种分子的作用。分子筛对于小的极性分子和不饱和分子，具有选择吸附性能，极性越大，不饱和度越高，其选择吸附性越强。普通吸附剂随着温度的升高，吸附量迅速下降，而分子筛在较高温度下仍然保持较高的吸附能力。随着各种新型沸石的合成，新形状选择性转化反应的发现，分子筛在催化剂和催化剂载体领域得到广泛应用。

(5) 大孔吸附树脂。大孔吸附树脂是一种不溶于酸、碱及各种有机溶剂的有机高分子聚合物，具有三维空间立体孔结构，一般不带有离子交换基团，但其内部有与分离物质分子相匹配的吸附和扩散通道。根据链节分子结构可分为非极性、弱极性与极性吸附树脂三类，其孔径与比表面积比较大。大孔吸附树脂有物理化学性质稳定、吸附容量大、选择性好、吸附速度快、解吸条件温和、催化性能优良、再生处理简单、使用周期长、操作方便、节省费用且不产生二次污染等诸多优点，广泛用于废水处理、医药工业、化学工业、有机催化、临床鉴定和治疗等领域。

8.8 粉体的性质

8.8.1 粉体的比表面积

粉体是指以粉末状微粒的形式存在的物质。比表面积是粉体的一种综合性质，是由单个微粒性质和粉体性质共同决定的，粉体粒径越小，比表面积越大，表面吉布斯自由能也越大，吸附作用就越强。

粉体比表面积的测定常用吸附法。按朗格缪尔或 BET 吸附等温式，以粉体为吸附剂，先求出单分子层饱和吸附量，然后按下式算出粉体的比表面积 S：

$$S = \frac{\Gamma_m N_A}{22400m} \times A \tag{8-30}$$

式中，S 表示粉体的比表面积；A 表示每个气体分子的横截面积；N_A表示阿伏加德罗常数。

8.8.2 粉体的微粒数

1 kg 粉体所具有的微粒数称为粉体的微粒数。设微粒是球状的，其直径为 d，每一微粒体积为$\frac{\pi d^3}{6}$，粉体的密度为 ρ，则微粒的质量为$\frac{\pi d^3 \rho}{6}$ (kg)，每千克粉体中的微粒数 n 即为

$$n = \frac{6}{\pi d^3 \rho} \tag{8-31}$$

8.8.3 粉体的密度

密度是指单位体积物体具有的质量。由于粉体微粒表面粗糙，不仅粒子与粒子之间存在空隙，而且自身内部存在空隙，因此准确测量粉体体积比较困难。粉体的总体积是由微粒间空隙体积(V_e)、微粒本身内部的空隙体积(V_g)和微粒本身的体积(V_t)三者加和而成的，粉体的密度根据体积的含义不同而分为真密度、粒密度和松密度。

(1) 真密度 ρ_t：粉体的质量 m 除以微粒本身体积(真体积 V_t，不包含所有空隙的体积)，即

$$\rho_t = \frac{m}{V_t} \tag{8-32}$$

(2) 粒密度 ρ_g：粉体的质量 m 除以微粒自身体积 V_t与微粒内部空隙体积 V_g的和所得的密度，即

$$\rho_g = \frac{m}{V_t + V_g} \tag{8-33}$$

(3) 松密度 ρ_b：粉体的质量 m 除以该粉体所占空间的体积，也称为堆密度，即

$$\rho_b = \frac{m}{V_t + V_g + V_e} = \frac{m}{V} \tag{8-34}$$

8.8.4 粉体的空隙率

粉体的空隙率是指粉体层中空隙所占的比例，由于颗粒内、颗粒间都存在空隙，因此，空隙率可分为颗粒内空隙率、颗粒间空隙率和总空隙率。

由于
$$V = V_t + V_g + V_e$$

因此，颗粒内空隙率
$$e_g = \frac{V_g}{V_t + V_g} = 1 - \frac{\rho_g}{\rho_t} \tag{8-35}$$

颗粒间空隙率
$$e_e = \frac{V_e}{V} = 1 - \frac{\rho_b}{\rho_g} \tag{8-36}$$

总空隙率
$$e = \frac{V_g + V_e}{V} = 1 - \frac{\rho_b}{\rho_t} \tag{8-37}$$

8.8.5 粉体的吸湿性

粉体的吸湿性是指粉体表面吸附水分的现象。将粉体置于湿度较大的空气中时，易发生不同程度的吸湿现象，导致粉末的流动性下降、固结、润湿、液化等，甚至促进化学反应而降低其稳定性。

粉体的吸湿性与空气状态有关，其吸湿特性可用吸湿平衡曲线来表示，即先求出粉体在不

同湿度下的(平衡)吸湿量,再以吸湿量对相对湿度作图,即可绘出吸湿平衡曲线,此时的水分称为平衡水分。平衡水分与物料的性质及空气状态有关,水溶性药物在相对湿度较低的环境下几乎不吸湿,而当相对湿度增大到一定值时,吸湿量急剧增加,通常把这个吸湿量开始急剧增加的相对湿度称为临界相对湿度(critical relative humidity,简称 CRH)。CRH 是水溶性药物固定的特征参数,用来衡量药物吸水的难易,CRH 值高表示药物在较高的湿度下才能大量吸水,CRH 值低表示药物在较低的湿度下即能大量吸水。相互不起反应的粉体药物混合物,如果混合物中都是水溶性药物,则大多数混合物的 CRH 值低于其中各成分的 CRH 值,混合物的吸湿性增强,若其中含有非水溶性物质,此混合物的 CRH 值增大,混合物吸湿性降低。

8.8.6 粉体的流动性

粉体的流动性与粒子的形状、大小、表面状态、密度、空隙率等因素有关,并且由于颗粒间的内摩擦力和黏附力等的复杂关系,粉体的流动性无法用单一的物性值来表示。

粉体的流动性对颗粒剂、胶囊剂、片剂等的重量差异影响较大,是保证产品质量的重要环节。

对于流动性的评价主要是测定休止角,休止角是指粉体堆积层的自由斜面与平面之间存在的最大角度。它是检验粉体流动性好坏的最简单方法,休止角越小,摩擦力越小,流动性越好。

影响粉体流动性的主要因素有以下几点。①粉体颗粒的大小。对黏附性较大的粉末粒子造粒,可以减少粒子间的接触点,降低粒子间的附着力,增加流动性。②粒子形态及表面粗糙度。粒子表面越光滑,流动性越好。③含湿量。由于粉体的吸湿作用,在粒子表面吸附的水分增加粒子间黏附力,适当干燥能减弱粒子间作用力,增加流动性。④助流剂。适当加入助流剂填平粒子表面粗糙面而使表面光滑,减小阻力。

阅读材料

纳米技术与纳米材料

纳米(nanometer)是一个度量单位,1 nm $=10^{-9}$ m。当物质达到纳米尺度,即粒子尺寸在 1～100 nm 时,物质会出现特殊性能,这种不同于原来的微观粒子,又不同于宏观物质的具有特殊性能的材料称为纳米材料。

1. 纳米材料的制备

人工制备纳米材料的历史可追溯到 1000 多年前,中国古代利用燃烧后的蜡烛来收集炭黑作为墨的原料以及燃料,古代的铜镜表面的防锈层氧化锡都是纳米材料,由于当时的检测手段的限制,人们无法看到粒子的尺寸。1861 年,随着胶体化学的建立,人们开始对不同粒径的粒子性质进行研究。真正意义上的纳米材料是由德国科学家 Gleiter 于 1984 年利用惰性气体蒸发原位加压法制备的具有清洁界面的纳米晶体 Pd、Cu、Fe。从此,开始了各种纳米材料制备的研究。

纳米材料的制备方法很多,总体上分为物理方法和化学方法两大类。

物理方法主要包括下面几种。①机械粉碎法:是在传统的机械粉碎技术中发展起来的,物料的粉碎方式主要有压碎、剪碎、冲击粉碎和磨碎,适合无机矿物和脆性金属或合金的纳米粉体制备。其特点是操作简单、成本低,但产品纯度低,颗粒分布不均匀。②蒸发凝聚法(PVD):是将纳米粒子的原料加热、蒸发,使之变为原子或分子,再使许多原子或分子凝聚,生成极细微的纳米粒子。③高能球磨法：是利用球磨机的转动或振动，使原料粉碎，如果将两种金属粉末同时进行高能球磨，粉末经过压延、压合、再碾碎、再压合的反复过程，最后获得组织和成分均匀的合金粉末。近年来，高能球磨法制备纳米材料已成为一种重要的方法。

化学方法可分为下面几种。①气相化学反应法：利用挥发性的金属化合物蒸气，通过化学反应生成所需要的化合物，在保护气氛下快速冷凝，制备纳米粒子。按反应类型可将气相化学反应法分为分解法和合成法。②沉淀法：是在溶液状态下将不同化学成分的物质混合，加入适当的沉淀剂制备纳米粒子的前驱体沉淀物，再将沉淀物干燥或煅烧，获得纳米粒子。③水热法：在高温高压下，在水或蒸气等流体中进行化学反应，通过对加速渗析反应和物理过程的控制，得到改进的无机物，再通过过滤、洗涤、干燥，得到纳米粒子。用水热法制备的超细粉末粒径可达到几纳米的水平。④溶胶-凝胶法：是一种胶体化学法。在胶体溶液中，胶粒尺寸在纳米级，因此是获得纳米微粒的前驱物。该法的基本原理是将金属醇盐或无机盐经水解制成溶胶，以化学法或物理法实现胶凝化，再使溶剂蒸发得到粉体。经煅烧可得金属氧化物粉体。该法的优点是均匀性好、纯度高、颗粒细，但烘干后易成硬团，且收缩较大。

2. 纳米材料的性能

纳米材料由纳米粒子组成。它具有四方面效应，并由此获得许多特殊性质。

(1) 量子尺寸效应：宏观物体包含无限多原子，能级间距几乎为零，即能级可以看成是连续的，而纳米微粒包含的原子数目有限，能级间的间距随颗粒尺寸减小而增大。当热能、电场能或者磁场能小于平均的能级间距时，就会使纳米微粒的电、光特性与宏观物体截然不同，这种现象称为量子尺寸效应。

(2) 小尺寸效应：随着颗粒尺寸的减小，在一定条件下会引起材料宏观物体的物理、化学性质上的变化，则称为小尺寸效应。

(3) 表面效应：随着分散度加大，纳米粒子的比表面积显著增大，从而使处于表面的原子数增多，由于表面原子的配位不饱和性和高的表面能，表面原子极不稳定，很容易同其他原子结合，不但引起纳米粒子表面原子输送和构型的变化，而且引起表面电子自旋构象和电子能谱的改变，大大增强了纳米粒子的活性。

(4) 宏观量子隧道效应：微观粒子具有贯穿势垒的能力，称为隧道效应。近年来，发现一些宏观量，例如微颗粒的磁化强度、量子相干器件中的磁通量以及电荷等也具有隧道效应，它们可以穿越宏观系统的势垒而产生变化，故称为宏观量子隧道效应。

以上四种效应是纳米粒子与纳米固体的基本特性，它使纳米粒子和纳米固体呈现许多奇异的物理性质和化学性质。

(1) 电学性质：由于纳米材料晶界上原子体积增大，电子在纳米材料中的传输过程中受到空间的约束，呈现出量子限域效应，纳米材料的电阻高于同类粗晶材料，甚至发生尺寸诱变，金属向绝缘体转变，纳米材料的电学性能取决于自身结构，如纳米碳管随着结构参数不同，可以是金属性的、半导体性的。

(2) 光学性质：纳米微粒的粒径小于光波波长，对光的吸收显著增加，纳米金属微粒几乎都呈黑色，尺寸越小，颜色越黑，它们对可见光的反射率极低，量子尺寸效应使纳米半导体的吸收光普遍存在蓝移现象，利用这些特性，纳米微粒可作为高效率的光热、光电等转换材料，并能应用于红外线感应测试器等。

(3) 热学性质：由于纳米材料是纳米级的多晶体材料，具有很高的内界面，因而表现出一系列与普通多晶体材料不同的热学性质，如比热容增大、热膨胀系数升高、熔点降低等。

(4) 力学性质:纳米材料具有极大的界面,界面的原子排列是相当混乱的,在外力作用变形的条件下很容易迁移,因此表现出较高的强度、极佳的韧性、较低的弹性模量和延展性。

目前,纳米材料的研究十分活跃,随着科技的进步及分析手段的不断提高,纳米材料将由基础研究向技术应用转化,纳米技术已在医学、生物技术、国防、环境保护、农业与食品方面取得了重要进展,通过与其他学科的交叉融合,纳米科技将逐步转向以加工和器件为核心的功能材料研究,并进一步优化其性能。纳米材料的研究和发展将对社会发展、经济振兴、国力增强起重要作用。

本章小结

1. 基本概念:比表面积(单位体积(或质量)的物质所具有的表面积)、表面吉布斯自由能(等温、等压、恒定组成的条件下,每增大单位表面积所增加的吉布斯自由能)、表面张力(引起物质收缩的单位长度上的力)。

2. 弯曲液面下的附加压力:当液体在毛细管壁中形成凸面或凹面时,由于附加压力的作用,产生毛细管内液面上升或下降现象;当液体分散成小液滴时,会导致液体的蒸气压与平面蒸气压不同,并由开尔文公式得到解释。

3. 溶液表面的吸附现象:溶液的表面张力随溶质的性质和浓度而改变,因而造成溶质在本体与表层的浓度不同的现象,即溶液表面吸附。若溶液中加入表面活性剂会产生正吸附,若加入表面惰性物质会产生负吸附。根据吉布斯吸附等温式可计算表面吸附量。

4. 表面活性剂是一类重要的物质,由于结构上的特点,能够在溶液表面定向排列,从而具有改变润湿功能、增溶、发泡等作用,在生产和生活中均有广泛的应用。

5. 液-固和气-固界面的现象:由于固体不具有流动性,因此固体靠吸附气体或液体分子来降低表面吉布斯自由能,朗格缪尔吸附等温式和 BET 吸附等温式很好地解释了单分子层和多分子层的实验结果。

思考题

1. 表面张力与表面吉布斯自由能是相同的概念吗?
2. 举例说明纯液体、溶液、固体各通过什么方法降低自身表面吉布斯自由能。
3. 将一枚硬币轻轻放在水面,为什么不会下沉?
4. 在毛细管中装入不同的液体,若在左端加热,液体如何流动?

5. 试解释人工降雨、液体暴沸的原因。
6. 在一真空容器中放置一杯纯水和一杯糖水,在恒温下长时间放置后,会发生什么现象?
7. 试举例说明两种互不相溶的纯液体不能形成稳定乳状液的原因。
8. 乳化剂、发泡剂分别有乳化作用、发泡作用,其主要原因是什么?

习 题

1. 在 298 K、$p^{\ominus}$下，将半径为 1.00 cm 水滴成半径为 10^{-6}m 的小液滴，需要做多少功？ (0.91 J)
2. 在 293 K 时，水的表面张力为 0.07288 N·m^{-1}，汞的表面张力为 0.4865 N·m^{-1}，汞-水界面张力为 0.375 N·m^{-1}，水能否在汞表面铺展？汞能否在水表面铺展？ (能、不能)
3. 已知 293 K 时水的饱和蒸气压为 2.34×10^{3} Pa，若将水分为半径为 10^{-6} m 的小水滴，蒸气压是多少？ (2.342×10^{-3} Pa)
4. 已知 298 K 时，水的表面张力为 0.07214 N·m^{-1}，当水分散成半径分别为 10^{-3} cm、10^{-4} cm、10^{-5} cm 时，曲面下的附加压力分别为多少？ (1.44×10^{4} Pa，1.44×10^{5} Pa，1.44×10^{6} Pa)
5. 用活性炭吸附某物质，在 298 K 时饱和吸附量为 95.3×10^{-3} m^{3}·kg^{-1}。若该物质的分压为 13263 Pa 时的平衡吸附量为 80.5×10^{-3} m^{3}·kg^{-1}，该吸附符合朗格缪尔吸附等温式，试计算：(1)朗格缪尔吸附等温式中的 b 值；(2)当该物质的分压降低为原来的一半时的平衡吸附量。 ((1)0.41×10^{-3} Pa^{-1}；(2)6.97×10^{-2} m^{3}·kg^{-1})
6. 在 370 K 时，N_2被某催化剂吸附，测得每克催化剂吸附量与 N_2的平衡压力的数据如下：

p/kPa	8.70	13.64	22.11	29.92	38.91
Γ/(cm^{3}·g^{-1})	115.6	126.3	150.7	166.4	184.4

已知 370 K 时 N_2的饱和蒸气压为 99.1×10^{3} Pa，分子截面积为 1.6×10^{19} m^{2}，利用 BET 公式计算该催化剂的比表面积。 (4.99×10^{2} m^{2}·g^{-1})

7. 在 293 K 时，水在石蜡上的接触角为 107°，水的表面张力为 0.07288 N·m^{-1}，试求铺展系数 S 和黏附功。 (−0.0942 N·m^{-1}，51.6×10^{-3} N·m^{-1})
8. 在 293 K 时，将半径为 10^{-4}m 的毛细管插入水银中，管内液面下降多少？已知该温度下，水银的表面张力为 0.4865 N·m^{-1}，密度为 13.5×10^{3} kg·m^{-3}，接触角近似为 180°。 (0.0735 m)
9. 氧化铝瓷件上涂银，当加热到 1273 K 时，液态银能否润湿氧化铝瓷件表面？已知该温度下，$\sigma_{Al_2O_3}=1.0$ N·m^{-1}，$\sigma_{Ag}=0.88$ N·m^{-1}，$\sigma_{Al_2O_3\text{-}Ag}=1.77$ N·m^{-1}。 (不能)
10. 在 239 K 时，测得 CO 在活性炭上吸附数据如下(吸附体积已换算为 273 K 标准状态下)：

p/kPa	13.5	25.1	42.7	57.3	72.0	89.3
Γ/(cm^{3}·g^{-1})	8.54	13.1	18.2	21.0	23.8	26.3

试比较弗罗因德立希经验式和朗格缪尔吸附等温式何者更适用于这种吸附，并计算公式中各常数的值。

(弗罗因德立希经验式：$k=1.88$、$n=1.68$；朗格缪尔吸附等温式：$\Gamma_m=41.8$ dm^{3}·kg^{-1}、$b=1.84\times10^{-5}$ Pa)

第9章 溶　胶

9.1　胶体化学概述

胶体化学是研究胶体系统的学科，其基本内容包括溶胶、大分子溶液和缔合胶体。

“胶体”一词是英国化学家格雷厄姆(Graham)于1861年首先提出来的，他比较不同物质在水中的扩散速度，认为按其扩散能力而言，可以将物质分为晶体和胶体两大类。随着科学的发展，人们发现这样分不合适，因为同一种物质既可制成晶体，也可制成胶体。例如把常见的晶体氯化钠分散在有机溶剂(如乙醇或苯)中，就具有扩散缓慢、不能透过半透膜等胶体性质。因此，胶体是物质以一定分散程度而存在的一种状态，而不是某一类物质固有的特性。

20世纪初，通过对胶体溶液稳定性和胶粒结构的研究，发现胶体系统中也有不同的类别：一类是由难溶物分散到液体介质中所形成的胶体，称为憎液胶体(简称溶胶)。其中的粒子是很多个小分子聚集而成的，有高的界面能，很不稳定，是热力学不稳定系统；另一类是大分子化合物的溶液，其分子大小与第一类相同，性质有相同之处，也有不相同之处，没有相界面，是热力学的稳定系统，称为亲液胶体。由于后者是以分子的形式溶解在介质中，又是稳定的，使用“大分子溶液”这个名称更能反映实际情况，故“亲液胶体”被“大分子溶液”一词替代。由于大分子溶液和溶胶在性质上有显著差异，而大分子溶液在实用和理论上又具有重要意义，因此近几十年来，大分子化合物已经逐渐形成一个独立的学科，于是胶体化学所研究的内容就只是超微不均匀系统的物理化学了。

缔合胶体是指表面活性剂自身缔合体或在表面活性剂及助剂存在下液体液滴以1～100 nm大小分散在分散介质中形成的分散系。如胶束、微乳、脂质体、囊泡等，是自发形成的聚集体系，存在相界面，但属热力学稳定的多相体系。它兼有溶胶和大分子溶液的一些特性，所以也属于胶体化学研究范畴。

胶体化学与人类的生活密切相关。例如，整个人体就是一个典型的胶体系统，因为人体各部分的组成就是含水的胶体。因此要了解生理结构、病理原因、药物疗效等，都与胶体的性质密切相关，而人类不可缺少的医、食、住、行无一不与胶体化学有关，当然与之相关的化学工业、纺织工业、冶金工业、电子工业、食品工业、印刷工业乃至造纸工业中的若干过程均离不开胶体化学的知识。同时，胶体化学已广泛渗透到药学、医学、气象学、地质学等领域，并对这些学科的发展起着一定的作用。近半个世纪来，胶体化学发展迅速，有些新学科(如均匀胶体学、LB膜学、纳米材料学等)已陆续从这门学科中脱颖而出。

总之，胶体化学是具有广泛应用性的一门学科，切实掌握其基本概念、基本原理与技能，对化学工作者来说是十分必要的。

9.2 分散系统的分类及其特征

9.2.1 分散系统的分类

自然界中存在的绝大多数实际系统，都不是纯物质，而是一种或几种物质以某种程度分散在另一种物质中构成的系统，称分散系统。被分散的物质称为分散相或不连续相，起分散作用的物质称为分散介质或连续相。例如，食盐水溶液即是一个分散系统，食盐是分散相，水是分散介质。

根据分散相与分散介质的不同特点，分散系统有以下分类方式。

1. 按分散相粒子大小分类

按粒子大小(即分散度)来划分分散系统是其最基本的分类方法。据此，分散系统通常分为三类：分子分散系统、胶体分散系统和粗分散系统，如表 9-1 所示。

表 9-1 按分散相的分散度分类

类型		分散相粒子直径/m	分散相	性质	举例
分子分散系统		$<10^{-9}$	小分子、离子	均相，热力学稳定系统，扩散快，能透过半透膜，为真溶液	氯化钠、蔗糖的水溶液等
胶体分散系统	大分子溶液	$10^{-9}\sim10^{-7}$	大分子	均相，热力学稳定系统，扩散慢，不能透过半透膜，为真溶液	聚乙烯醇溶液、蛋白质溶液
	溶胶	$10^{-9}\sim10^{-7}$	胶粒	多相，热力学不稳定系统，扩散慢，不能透过半透膜	金溶胶、氢氧化铁溶胶
粗分散系统		$>10^{-7}$	粗颗粒	多相，热力学不稳定系统，扩散慢或不扩散，不能透过半透膜及滤纸，形成悬浮液或乳状液	混浊泥水、牛奶、豆浆

分散系统的上述分类是相对的，在粗分散系统和胶体分散系统之间没有非常严格的界限，而且有一些粗分散系统，例如乳状液、泡沫等，它们的许多性质，特别是表面性质，与胶体分散系统有着密切的联系，通常归在胶体分散系统中加以讨论。

2. 按聚集状态分类

分散系统也可以按分散相与分散介质的聚集状态分类，见表 9-2。

表 9-2 按分散相和分散介质的聚集状态分类

分散介质	分散相	名称	实例
气	气 液 固	气溶胶	— 云、雾 烟、粉尘

续表

分散介质	分散相	名称	实例
液	气 液 固	液溶胶	肥皂泡沫 牛奶、含水原油 金溶胶、油墨、泥浆
固	气 液 固	固溶胶	泡沫塑料、面包 珍珠 有色玻璃、合金

9.2.2　溶胶的基本特征

研究表明,只有典型的憎液溶胶才能全面地表现出胶体的特性,概括起来,它的基本特征有如下三个。

(1) 高度的分散性。高度的分散性是胶体的根本特征,可以用分散度来表示,等于粒子的总表面积与总体积之比。显然,粒子的分散度越大,其胶体分散系统所特有的某些性质表现得越明显。溶胶的许多性质,如不能透过半透膜、渗透压低等都与其高度的分散性有关。

(2) 多相性。溶胶的分散相粒子都是由大量原子和分子组成的。这些纳米级粒子与介质之间存在明显的相界面,是一超微不均匀多相系统。只考虑分散性而不考虑多相性并不能确定一个研究对象是否属于溶胶分散系统。例如:真溶液是一高度分散系统,但它不一定是胶体分散系统;相反,如果一个系统存在相界面,它必然具有分散性。因此,多相性是胶体化学与其他学科相区分的重要标志之一。

(3) 聚结不稳定性。溶胶由于分散相粒子很小,比表面积很大,比表面吉布斯自由能很高,有自动聚集降低表面积的趋势,这就是聚结不稳定性。

上述三种性质是溶胶的基本特性,又是产生其他性质的依据。因此,研究溶胶形成、稳定与破坏时,均须从这些基本特性出发。

9.3　溶胶的制备与净化

9.3.1　制备溶胶的途径与必要条件

制备溶胶的途径分为两类。

(1) 分散法:进一步粉碎粗分散系统中的大粒子来提高分散度的方法。

(2) 凝聚法:将小分子凝聚成多分子聚集体来降低分散度的方法。

制备溶胶时,必须在溶胶中加入稳定剂。稳定剂一般用少量电解质或表面活性剂,有时也可以在溶胶制备过程中自动形成。

9.3.2　分散法制备溶胶

分散法是利用机械设备,将粗分散的难溶物分散成胶体,制备时一般要加入稳定剂。常用的制备方法有以下四种。

(1) 研磨法:常用胶体磨(图 9-1),当两盘反向高速转动时,粗分散物料由 a 处进入,在磨盘间隙中受到不断冲击、研磨后，由 b 处流出收集。重新进入 a 口，反复研磨，最后可获得粒径 10^{-8} m 左右的微粒。为了防止微小颗粒聚结，可在研磨时加入适量表面活性剂。

(2) 气流粉碎法：在粉碎室边缘装有两个成一定角度的高压喷嘴，分别将高压空气和物料以超音速喷入粉碎室，形成涡流，粒子由于受到互相碰撞、摩擦及剪切的作用而被粉碎，粒径可小于1 μm。

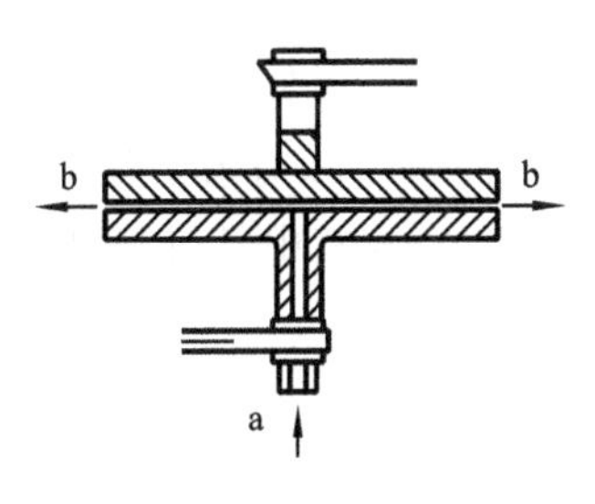

图 9-1 圆板胶体磨示意图

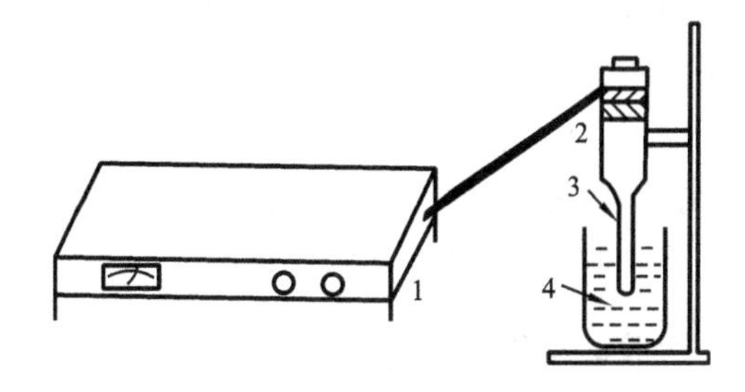

图 9-2 超声波分散法装置示意图

1—超声波发生器；2—压电换能器；3—振幅杆；4—样品

(3) 超声波法：用超声波产生的能量来进行分散。图 9-2 是装置示意图，在两个电极间通入高频电流，石英片就发生相同频率的机械振荡，产生高频的机械波而传入试管，使分散相均匀分散而形成溶胶或乳状液。操作时加入少量表面活性剂以防止颗粒聚结，利用超声波法可以制备硫黄、石膏、石墨等物质的水溶胶。

(4) 电弧法：常用于制备重金属溶胶，如金、银、铂等胶体。制备时用该金属作为电极，浸入含少量稳定剂的冷水中，通电产生电弧高温使金属蒸发汽化，冷凝后在稳定剂的保护下分散在水溶液中，形成金属溶胶。

9.3.3 凝聚法制备溶胶

凝聚法是将小分子或离子凝聚成一定粒度的胶粒，可分为物理凝聚法和化学凝聚法。

1. 物理凝聚法

蒸气凝聚法和溶剂更换法是两种最重要的物理凝聚法。蒸气凝聚法的典型例子是雾。当气温降低，空气中水的蒸气压大于液体的饱和蒸气压时，则气相中生成新的液相，这就是雾。用这种方法冷却其他物质的蒸气时可以制得相应的气溶胶。人工降雨就是利用蒸气凝聚法制备分散溶胶的一个实例。

溶剂更换法与蒸气凝聚法不同，它是根据物质在不同溶剂中溶解度相差悬殊这一性质进行的。例如：向水中滴入少量硫的饱和乙醇溶液，由于硫难溶于水，于是在水-乙醇溶液中过饱和的硫原子互相聚集，生成新相从溶液中析出，形成硫的水溶胶；同样，如果把松香的乙醇溶液滴入水中，可以制得松香水溶胶。

2. 化学凝聚法

主要利用化学反应产生不溶性物质，控制析晶在胶核生成阶段形成溶胶。例如，将 H_2S 通入足够稀的 As_2O_3 溶液中，可以制得高分散的硫化砷溶胶：

$$As_2O_3 + 3H_2S \longrightarrow As_2S_3(溶胶) + 3H_2O$$

铁、铝等金属的氢氧化物溶胶可以通过其盐类水解制备：

$$FeCl_3 + 3H_2O \longrightarrow Fe(OH)_3(溶胶) + 3HCl$$

上述制备溶胶的例子中都没有加入稳定剂。事实上，由于胶粒表面吸附了溶液中的离子

(电解质作稳定剂),因而溶胶较稳定。

9.3.4 均匀溶胶的制备

由上述方法制备的溶胶是多级分散的,含有大小不一的胶粒。制备粒子大小一致的单级分散胶体是近年来胶体化学研究中的一个新兴领域,无论在理论还是实际中都是非常重要的,因而越来越受到人们的重视。例如,作为一种简单模型,均匀球状胶粒在胶体的形成、稳定性理论、表面吸附、催化过程等方面的研究中发挥了一定作用。在工业上,均匀胶体在特种陶瓷、催化剂、颜料、油墨、磁性材料及感光材料的研制和产品质量的提高等方面有着广泛的应用前景。目前,国内外胶体化学界对这方面的技术研究已形成热点。在实验室中已研制出球状、棒状、立方状、椭圆状等各种均匀胶体。

9.3.5 溶胶的净化

新制备的溶胶,往往含有过多的电解质或其他杂质,不利于溶胶的稳定存在,需要将其除去或部分地除去,这个过程称为溶胶的净化。目前,净化溶胶的方法都利用了溶胶粒子不能透过半透膜,而一般低分子杂质及电解质能透过半透膜的性质。最常用的方法是渗析法与超过滤法。

1. 渗析法

它是净化溶胶最常用的方法。利用胶粒不能透过半透膜的特点,分离出溶胶中多余的电解质或其他杂质。一般可用羊皮纸、动物膀胱膜、硝酸或醋酸纤维素膜等作为半透膜。渗析法简单但时间较长,为了加快渗析速度,可在装有溶胶的半透膜两侧外加一个直流电场(图9-3),使多余的电解质离子向相应的电极做定向移动,这称为电渗析法,与普通渗析法相比,可加速几十倍或更多。应当注意的是,适当数量的电解质对溶胶是起稳定作用的,因此,用渗析法净化溶胶时要注意控制时间,以保持稳定溶胶所需的电解质。

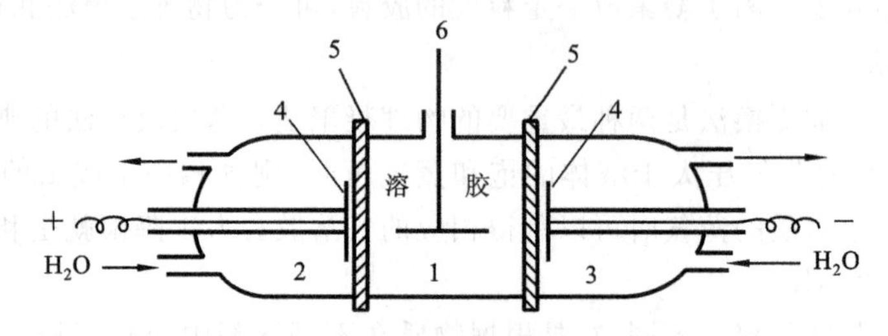

图 9-3 电渗析法装置示意图

1—中间室;2、3—左、右室;4—电极;5—半透膜;6—搅拌器

2. 超过滤法

用半透膜作为过滤膜,利用吸滤或加压的方法使胶粒与含有杂质的介质在压差作用下迅速分离,这种方法称为超过滤法。经超过滤所得的胶粒重新分散在合适的分散介质中,成为净化的溶胶。电渗析和超过滤可合并使用。

渗析和超过滤技术结合使用的重要实例就是“人工肾”,为肾病患者除去体内毒素。

9.4 溶胶的光学性质

溶胶的光学性质是其高度分散性和多相的不均匀性特点的共同反映。通过光学性质的研究,不仅可以解释溶胶系统的一些光学现象,还可以用来观察胶粒的运动,了解胶粒的大小和形状。

9.4.1 光的吸收、散射与反射

当光束通过分散系统时,一部分被吸收、反射或散射,一部分自由地通过(透射)。一束光照射到系统中,当入射光的频率与系统中分子的固有频率相同时,发生光的吸收;当入射光的波长小于分散粒子的尺寸时,发生光的反射;当入射光的波长稍大于分散粒子的尺寸时,发生光的散射。可见光波长在 400～700 nm 之间,大于一般胶粒的尺寸(1～100 nm),故胶体可发生光的散射。

丁铎尔现象:在暗室内用一束经聚焦的光线照射溶胶系统时,在侧面可以看到一个发亮的光柱(图 9-4)。它的实质就是光的散射,我们看到的是溶胶粒子的散射光,也称乳光。

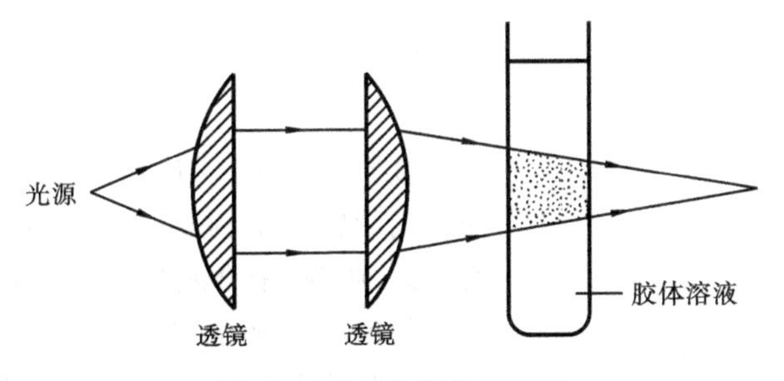

图 9-4　丁铎尔现象示意图

9.4.2 瑞利公式

1871 年,瑞利(Rayleigh)研究了大量的光散射现象,对于粒子半径小于 47 nm 的非金属溶胶,导出了散射光的强度 I 的计算公式,称为瑞利公式,即

$$I = \frac{24\pi^3 \nu V^2}{\lambda^4}\left(\frac{n_2^2 - n_1^2}{n_2^2 + 2n_1^2}\right)^2 I_0 \tag{9-1}$$

式中,I、I_0分别表示散射光强度和入射光强度;V 表示每个粒子的体积;ν 表示单位体积中的粒子数;λ 表示入射光波长;n_2、n_1分别表示分散相及分散介质的折射率。

瑞利公式是研究溶胶散射光的基础,由公式可知以下几点。

(1) 散射光的强度与粒子体积的平方成正比。小分子溶质粒子太小,产生的散射光很弱,看不见光柱。粗分散系统粒子太大,因大于入射光波长而以反射为主,散射光也很弱。只有溶胶粒子大小合适,有明显的光柱产生。因此可用丁达尔现象鉴别溶胶和溶液。

(2) 散射光的强度与入射光波长的四次方成反比。入射光波长越短,散射光越强。可见光区的波长较短的紫色和蓝色光,散射作用最强;波长较长的红色光散射作用最弱,大部分会透过溶胶。例如硫或乳香的溶胶用白光照射时,可以清楚地从侧面看到散射光为蓝紫色,而透过光则呈橙红色。再如在信号设备中,红色被选作危险信号就是因为它的散射作用弱,比其他颜色看得远;同样道理,因为波长较长的红外线和无线电短波具有很弱的散射作用,但穿透能

力很强,所以在通信及探测中用于定位和跟踪。晴朗的天空呈蓝色,是散射光的贡献;朝霞和落日的余晖呈橙红色,则是观察到的透射光。

(3) 分散相与分散介质折射率相差越大,粒子的散射光越强。这一点说明系统的光学不均匀性是产生光散射的必要条件。例如,溶胶的分散相和分散介质之间有明显界限,两者折射率相差很大,所以乳光很强,而大分子溶液由于溶质与溶剂之间有亲和力,且溶质和溶剂的折光率相差不大,乳光就很弱,故可以根据乳光强弱来区分溶胶和大分子溶液。

(4) 散射光强度与粒子的浓度成正比。测定条件相同,对于同类物质,$\frac{I_2}{I_1}=\frac{C_2}{C_1}$。因此,若已知一种胶体的浓度,则可测定另一种胶体的浓度。散射光强度又称为浊度,测定胶体溶液浓度的仪器就称为浊度计。

(5) 散射光在各方面的强度是不同的,与入射光成 45°锐角时,散射光强度最大。

9.4.3 溶胶的颜色

溶胶的颜色与粒子对可见光选择性吸收的能力有关,当白色光透过溶胶后,其透射光就呈白色光减去选择性吸收光和乳光以后的颜色。若溶胶对可见光的各部分无选择性吸收或仅微弱吸收,则溶胶无色透明。如果粒子对某一波长的可见光具有较强的选择性吸收能力,则透射光中这一波长的光将变得很弱,并呈现补色(如果两种色光以适当比例混合能产生白色,则这两种颜色称为补色)。

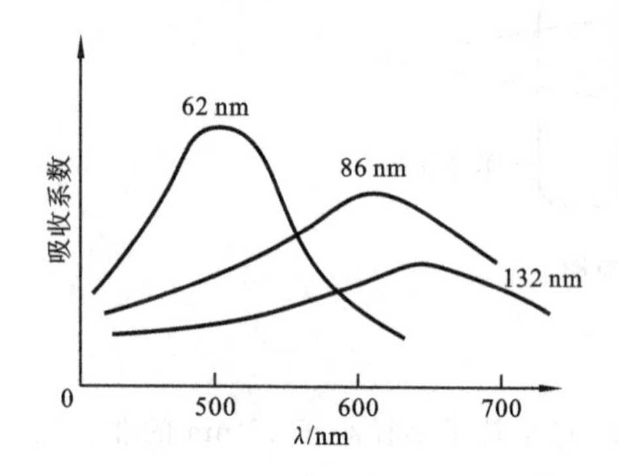

图 9-5 金溶胶可见光范围内最大吸收峰

金属及其化合物的溶胶大多数颜色较深,这是因为它们的胶粒结构复杂,界面巨大,界面上可能发生的电离、吸附、配合或螯合等过程,都能影响原子中价电子的振动状况,故也影响光的选择性吸收。同一种有色溶胶的选择性吸收在哪一波段最为强烈,除了与系统的化学结构有关外,还取决于分散相粒子的大小。在粒子逐步聚结增大的过程中,最大吸收光的波长向长波段方向移动,同时乳光增强。图 9-5 表示金溶胶含直径 62 nm、86 nm、132 nm 胶粒时在可见光范围内最大吸收峰的位置。

金粒子由小变大时,主要吸收光的波长从蓝绿色向橙红色移动,金溶胶的颜色相应地由红色变为蓝色。若用离心沉降法除去溶胶中的较大粒子,溶胶又显红色。可见红色溶胶在放置中逐渐变蓝,就是聚结不稳定性(分散度降低)的标志。

9.4.4 比浊分析法的基本原理

将瑞利公式应用于某一给定溶胶,当入射光强度保持一定时,I_0、λ、n_1 和 n_2 都为定值,令

$$k=\frac{24\pi^3 I_0}{\lambda^4}\left(\frac{n_2^2-n_1^2}{n_2^2+2n_1^2}\right)^2=\text{常数} \tag{9-2}$$

若分散相粒子的密度为 ρ,质量浓度为 $C(\mathrm{kg\cdot dm^{-3}})$,由 $I=k\nu V^2$,$\nu=\frac{C}{\rho V}$,则

$$I=k\frac{CV}{\rho} \tag{9-3}$$

如果溶胶粒子大小相等而浓度不同,则

$$\frac{I_1}{I_2}=\frac{C_1}{C_2} \tag{9-4}$$

9.4.5　超显微镜法测定胶粒的大小

超显微镜是德国化学家齐格蒙第于 1903 年发明的，其原理是用普通显微镜来观察丁铎尔现象。在超显微镜下看到的是粒子的散射光的影像，其大小比胶粒本身的投影大数倍之多。粒子的平均大小可以估算。设用超显微镜测出体积为 V 的溶胶中粒子数为 n，分散相的浓度为 C(kg/L)，所测体积 V 中，胶粒的总质量为 CV，每个胶粒的质量为 CV/n；假设粒子是半径为 r 的球体，粒子密度为 ρ，即可求得胶粒的平均半径：

$$\text{粒子半径 } r=\sqrt[3]{\frac{3cV}{4\pi\rho n}} \tag{9-5}$$

超显微镜是根据丁铎尔现象而设计的可看到胶粒的存在及运动的显微镜。与普通显微镜的差别是强光源照射，在与入射光垂直的方向上及黑暗视野条件下观察。

9.5　溶胶的动力学性质

溶胶的动力学性质主要指溶胶粒子的不规则运动以及由此产生的扩散、渗透压以及在重力场下浓度分布平衡等性质。

9.5.1　布朗运动

1827 年植物学家布朗(Brown)在显微镜下观察到水中悬浮的花粉不断地做无规则的运动，后来人们发现其他物质粉末及胶粒均存在类似的现象，见图 9-6。这种现象称为布朗运动。

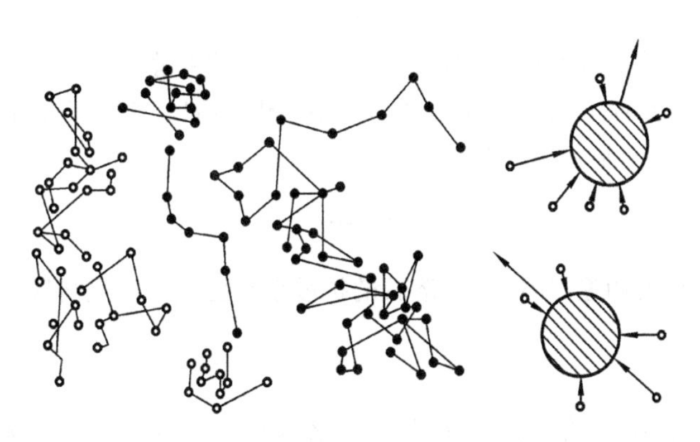

图 9-6　布朗运动示意图

布朗运动是分子热运动的必然结果。溶液中介质总是处于无规则运动中，对于粗分散系统的粒子，其体积比分散介质分子大得多，在某一瞬间受到分散介质分子的撞击次数非常多，从统计的观点考虑，各个方向上所受到撞击的概率应该相等，合力为零，不会发生位移，所以无布朗运动。溶胶系统则有所不同，胶粒的体积与分散介质分子本身相比仅相差 1～2 个数量级，因此胶粒在某一瞬间受到分散介质分子的撞击次数非常有限，各个方向上所受撞击的概率一般不会相等，合力不为零，所以会发生位移。胶粒越小，布朗运动越激烈。其运动激烈程度不随时间而改变，但随温度的升高而增加。当胶粒半径大于 5 mm 时，布朗运动消失。虽然胶粒的运动是无规则的,但可用超显微镜观察其运动,在一定条件下、一定时间内可测定其平均位移。1905 年,爱因斯坦用概率的概念和分子运动论的观点,创立了布朗运动理论,得出爱因斯坦-布朗运动平均位移公式:

$$\overline{x}=\sqrt{\frac{RT}{N_{A}}\frac{t}{3\pi\eta r}} \tag{9-6}$$

式中,$\overline{x}$ 为在时间 t 内粒子沿 x 轴方向的平均位移;r 为粒子半径;η 为介质黏度;N_A为阿伏加德罗常数。

9.5.2 扩散

宏观上,溶胶的分散相粒子由于布朗运动会自动从高浓度区流向低浓度区,这种现象称为扩散。胶体系统的扩散可用费克(Fick)扩散第一定律描述:

$$\frac{dn}{dt}=-DA\frac{dc}{dx} \tag{9-7}$$

即扩散速度$\frac{dn}{dt}$与粒子通过截面积 A 及浓度梯度成正比。$\frac{dn}{dt}$表示在一定的浓度梯度$\frac{dc}{dx}$下,单位时间内胶粒扩散通过截面积 A 的量,$\frac{dc}{dx}$前加负号表示沿扩散方向增加距离 dx 时浓度减少 dc,结果$\frac{dc}{dx}$为负值,但实际扩散速率为正值。D 称为扩散系数,表示单位浓度梯度、单位时间内通过单位截面的胶粒量。D 的大小可以衡量胶粒在介质中扩散能力的强弱。爱因斯坦推导了粒子在 t 时间内的平均位移 $\overline{x}$ 与扩散系数 D 之间的关系式,即 $\overline{x}=\sqrt{2Dt}$。代入费克扩散第一定律方程式得

$$D=\frac{RT}{N_{A}}\frac{1}{6\pi\eta r} \tag{9-8}$$

通过在一定时间间隔,观测出胶粒的平均位移 $\overline{x}$,即可求出扩散系数 D,再根据式(9-8)计算出胶粒半径,也可计算溶胶粒子的平均摩尔质量(或胶团量)M。若粒子是半径为 r 的球体,分散相密度为 ρ,则可得胶团的平均摩尔质量为

$$M=\frac{4}{3}\pi r^{3}\rho N_{A} \tag{9-9}$$

正因为扩散系数有这样的用途,所以测定溶胶的扩散系数已成为研究溶胶性质的重要方法之一。

9.5.3 沉降

对于质量较大的胶粒来说,重力作用是不可忽视的。悬浮在液态介质中的密度比介质大的粒子受重力作用下沉的现象称为沉降。假设沉降的粒子为球体,所受重力 W 为

$$W=\frac{4}{3}\pi r^{3}(\rho-\rho_{0})g \tag{9-10}$$

粒子沉降时所受到的阻力 f,根据斯托克斯定律为

$$f=6\pi\eta ru \tag{9-11}$$

$$u=\frac{2r^{2}g(\rho-\rho_{0})}{9\eta} \tag{9-12}$$

当 $W=f$ 时,粒子等速下沉。

9.5.4 沉降平衡

分散相粒子的扩散速率等于沉降速率时所处的状态称为沉降平衡。沉降平衡建立后，溶胶中仍然存在粒子的浓度梯度。

从容器底部算起，粒子浓度随着高度的增加而降低。对处于同一高度的水平面来说，粒子浓度保持不变。溶胶属多级分散系，接近底部的大粒子越多，向上小粒子就越多。达到沉降平衡以后，溶胶浓度随高度分布的情况可以用高度分布定律来表示(图 9-7)。如果在高度相差 h 的上、下两个水平面上所含粒子数分别为 n(高)和 n_0(低)，则粒子分布情况和粒子平均半径的关系式为

$$\ln \frac{n_0}{n} = \frac{N_A}{RT} \cdot \frac{4}{3}\pi r^3 (\rho - \rho_0) gh \tag{9-13}$$

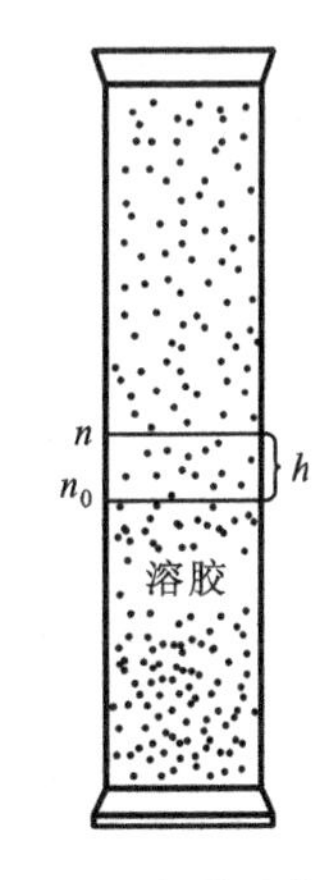

图 9-7 沉降平衡示意图

粒子越小，建立沉降平衡所需的时间越长，动力学稳定性越大。当粒子极为微小时，单靠重力沉降所需的时间很长，实际上难以观察。应用超过重力百万倍的超离心机可缩短沉降时间，使因时间过长而实际上难以观察到的沉降现象也能观察到，这就扩大了沉降测定的应用范围。

9.5.5 溶胶的渗透压

渗透压为溶液的依数性之一，是衡量分散介质分子通过半透膜进入溶液能力的尺度。对于溶液，一个溶质分子就是一个动力单位；对于溶胶，一个分散相粒子才是一个动力单位。对于一定浓度的溶胶，要有很多溶质分子才能凝聚成一个溶胶系统的分散相粒子，所以溶胶粒子的浓度比原来溶液的浓度要小得多，产生的渗透压相应也要小得多。例如，在一定温度下，质量浓度为 0.001 $g \cdot L^{-1}$ 的蔗糖溶液的渗透压为 6862 Pa，而质量浓度为 0.001 $g \cdot L^{-1}$ 的金溶胶的渗透压只有 4.9 Pa。这么低的数值实际上很难测出，同样，溶胶的凝固点下降或沸点升高的效应也是很难测出的。

9.6 溶胶的电学性质

溶胶是高度分散的多相系统，具有较高的表面能，是热力学不稳定系统，因此溶胶粒子有自动聚结变大的趋势。但事实上很多溶胶可以在相当长时间内稳定存在而不聚结，经研究表明，这与溶胶粒子带电有直接的关系，也就是说，胶粒带电是溶胶稳定的重要原因。

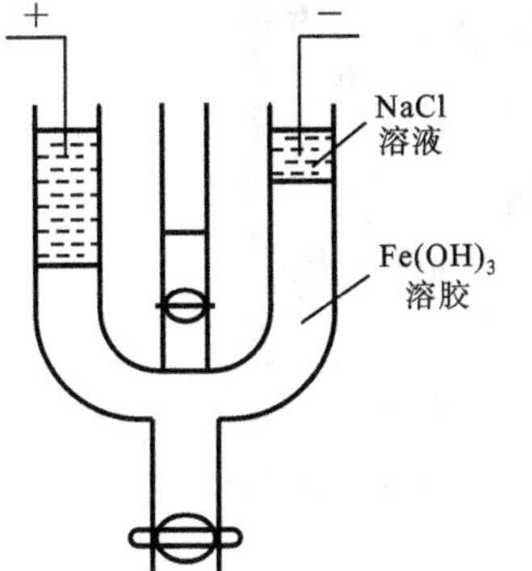

图 9-8 电泳示意图

9.6.1 电动现象

电动现象是指溶胶粒子的运动与电性能之间的关系。已知电动现象有以下四种。

1. 电泳

在外电场作用下，分散相粒子对分散介质做定向移动的现象。电泳现象表明胶粒是带电的。图 9-8 中 $Fe(OH)_3$ 溶胶在电场作用下向阴极方向移动，证明 $Fe(OH)_3$ 的胶粒是带正电荷的。

2. 电渗

在多孔塞(或毛细管)的两端施加一定电压,液体(分散介质)将通过多孔膜而定向移动的现象(带电的固相不动)称为电渗。如图 9-9 所示,通电后液体通过多孔塞而定向流动,可通过水平毛细管中小气泡的移动来观察循环流动的方向。若多孔塞阻力远大于毛细管阻力,可通过小气泡在一定时间内移动的距离来计算电渗流的流速。流动方向和流速大小与多孔塞材料(带电的固相)、流体性质以及外加电解质有关。

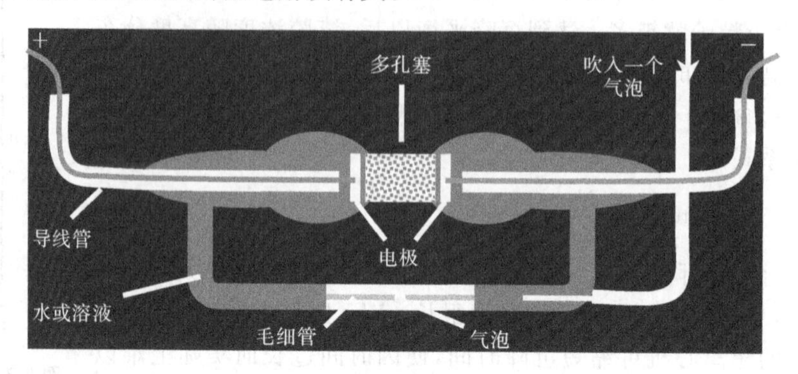

图 9-9　电渗测定装置示意图

3. 流动电势

在外力作用下,迫使液体通过多孔隔膜(或毛细管)定向流动,多孔隔膜两端所产生的电势差就是流动电势,它是电渗的逆现象(图 9-10)。在化工生产和石油运输过程中,需用泵输送易燃液体,就要防止流体流动过程中产生过高的流动电势,流动电势过高会产生电火花而引起安全事故,通常通过将导管接地,或加入油溶性电解质,增加介质的电导等来降低流动电势。

4. 沉降电势

分散相粒子在重力场或离心力场的作用下迅速移动时,在不同高度的液面之间产生的电势差称为沉降电势,它是电泳的逆现象(图 9-11)。沉降电势也可以造成危害,例如,储油罐内的油通常含有水滴,水滴的沉降也可能产生很高的沉降电势,引发事故,通常可加入一些油溶性电解质,增加介质的电导以降低产生的沉降电势。电泳、电渗、流动电势和沉降电势统称电动现象,它们都是由于固相与液相相对移动引起的。

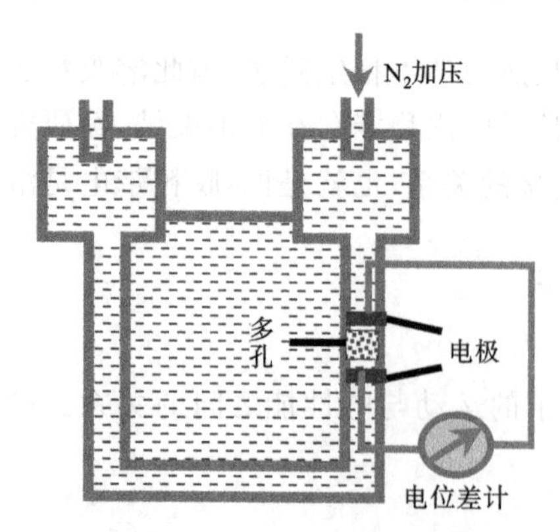

图 9-10　流动电势测量示意图

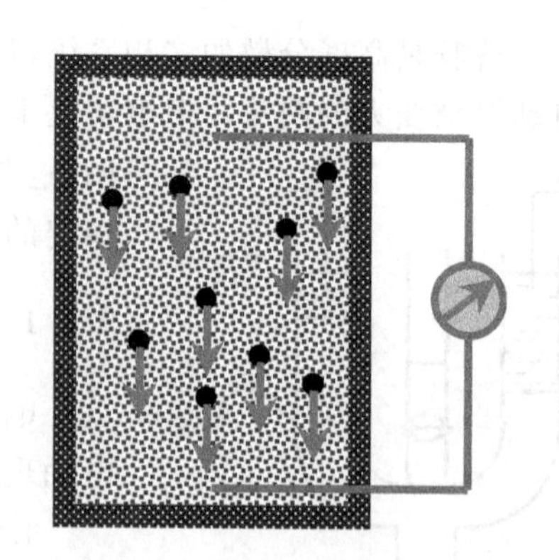

图 9-11　沉降电势测量示意图

9.6.2 溶胶粒子的带电原因

溶胶粒子表面总带有电荷,有的带正电荷,有的带负电荷。溶胶粒子表面带电的原因主要有以下几种。

(1) 吸附作用。①里巴托夫法金斯规则:溶胶粒子优先选择吸附和它组成相同或相类似的离子。被吸附的离子又称为决定电性的离子。②胶核对电解质离子的吸附与其水化能力有关,水化能力弱的离子易被吸附于胶核表面。

(2) 表面分子电离作用。有些溶胶粒子本身含有可解离基团,例如,硅溶胶为 SiO_2 的多分子聚集体,表面的 SiO_2 分子与水(分散介质)作用生成 H_2SiO_3,H_2SiO_3 是弱酸,电离出 H^+ 后,可使硅溶胶粒子带负电。

(3) 离子晶体的溶解。离子型的固体物质所形成的溶胶具有两种电荷相反的离子。如果这两种离子的溶解是不等量的,那么溶胶的表面也可以获得电荷。如果正离子的溶解度大于负离子,则表面带负电;相反,则表面带正电。

(4) 晶格取代。它是黏土粒子带电的原因。黏土由铝氧八面体和硅氧四面体晶格组成。天然黏土中的 Al^{3+} 或 Si^{4+} 往往被部分低价 Mg^{2+} 和 Ca^{2+} 所取代,致使黏土晶格带负电。

(5) 摩擦带电。在非水介质中,溶胶粒子电荷来源于粒子与介质间的摩擦。一般来说,在两种非导体构成的分散系统中,科恩总结出的经验规则是介电常数较大的一相带正电,另一相带负电。例如苯($\varepsilon=2$)和水($\varepsilon=81$)的分散系统,苯分散在水中形成 O/W 型微乳时,苯带负电,水带正电。

9.6.3 扩散双电层和溶胶的稳定性

直到双电层的理论提出以后,才能解释胶体的电动现象及胶体稳定存在的原因。目前双电层的模型从最早的亥姆霍兹平板双电层模型不断发展,随后有古依-查普曼扩散双电层模型、斯特恩吸附扩散双电层模型等多种理论出现。尽管如此,各种关于双电层的理论还远未达到尽善尽美的程度,仍需要不断充实与补充。本章仅介绍古依-查普曼扩散双电层模型、斯特恩吸附扩散双电层模型。

1. 古依-查普曼扩散双电层模型

古依(Gouy,1910)和查普曼(Chapman,1913)提出了扩散双电层的模型。该模型认为,由于静电作用和热运动两种效应,在溶液中与固体表面电荷相反的离子只有一部分紧密地排列在固体表面(距离 1~2 个离子厚度),另一部分反离子与固体表面的距离则可从紧密层一直分散到本体溶液之中。因此,双电层实际上包括了紧密层与扩散层两部分,见图 9-12。从胶核表面到扩散层终端(溶液内部电中性处)的总电势称为表面电势或热力学电势 Ψ_0,从扩散层与吸附层交界处到扩散层终端的电势称为电动电势(electrokinetic potential),简称动电势或 ζ 电势(zeta potential),因为它在胶粒与介质相对移动时才表现出来。扩散层厚度与 ζ 电势的关系如图 9-13 所示。扩散层越厚,ζ 电势越大,溶胶越稳定。

若在溶胶中加入电解质,由于有更多的反离子挤到紧密层,ζ 电势下降,当 ζ 电势小于 0.03 V 时,溶胶即变得不稳定。继续加入过量电解质,ζ 电势还可改变正负,变为与原来电性相反的溶胶,称为溶胶的再带电现象,见图 9-14。

2. 斯特恩吸附扩散双电层模型

斯特恩(Stern,1924)在古依-查普曼扩散双电层模型的基础上做了一些修正,提出了吸附

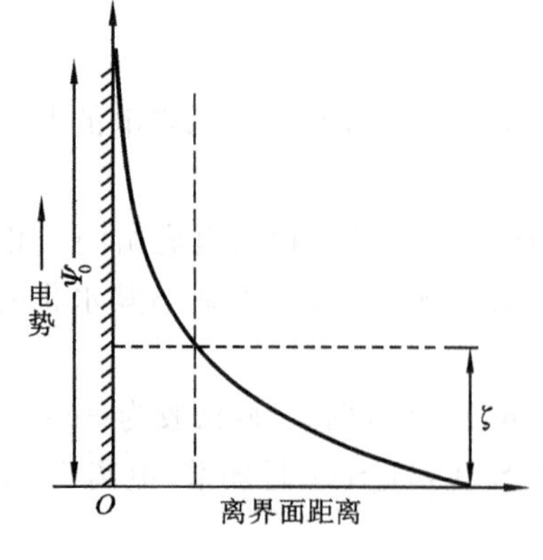

图 9-12 Ψ_0电势与 ζ 电势图

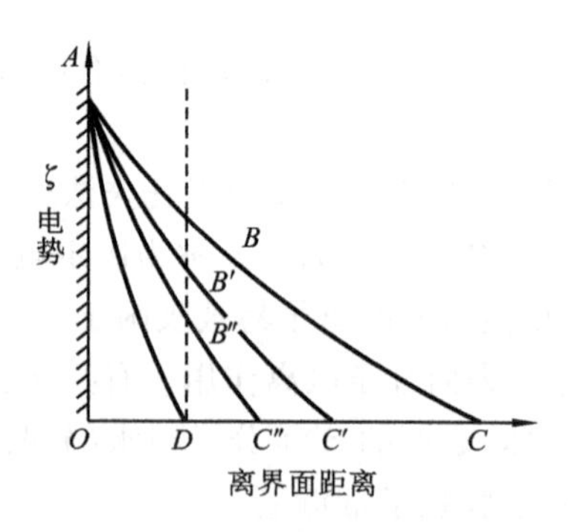

图 9-13 扩散层厚度与 ζ 电势

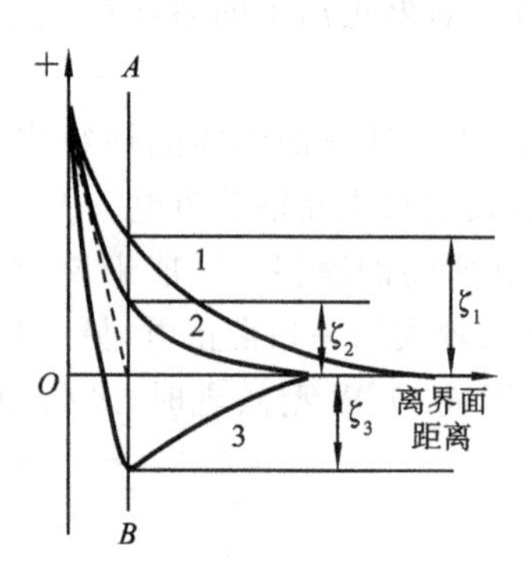

图 9-14 ζ 电势正负的改变

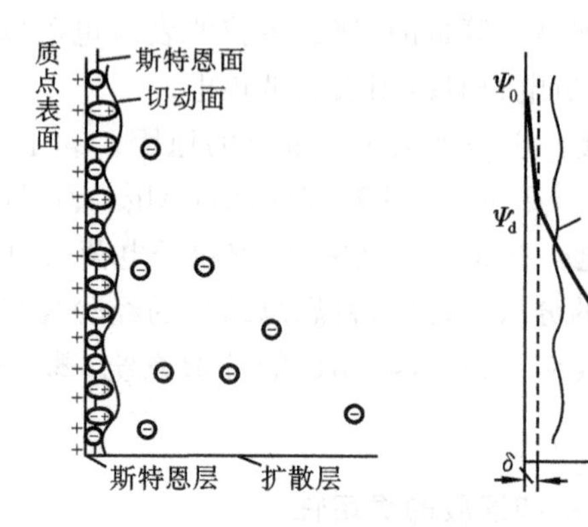

图 9-15 斯特恩吸附扩散双电层示意图

扩散双电层模型,见图 9-15。他认为:紧密层(又称斯特恩层)为 1～2 个分子层厚度,紧密吸附在表面,它相当于朗格缪尔吸附层,在紧密层中,反离子的电性中心构成所谓的斯特恩面,从斯特恩面到胶核表面的区域为斯特恩层,斯特恩面往外,有一切动面(滑动界面),切动面处的电势即为 ζ 电势,从切动面到扩散层终端即为古依扩散层。ζ 电势在该扩散层内以指数关系减小。

斯特恩吸附扩散双电层模型中的 ζ 电势物理意义更明确。从粒子表面到溶液内部电中性处实际上存在着三种电势,即热力学电势 Ψ_0、斯特恩电势 Ψ_d和 ζ 电势。斯特恩模型明确地指出 ζ 电势是切动面至溶液电中性处之间的电势差。由图 9-15 知,ζ 电势只是 Ψ_d的一部分。对于足够稀的溶液,由于扩散层分布范围较宽,电势随距离的增加变化缓慢,因此可以近似地把 ζ 电势与 Ψ_d等同看待。但是,如果溶液浓度很高,这时扩散层范围变小,电势随距离的变化很显著,ζ 电势与 Ψ_d的差别明显,则不能再把它们等同看待。如果外加电解质,有更多的反离子进入斯特恩层,则 ζ 电势将降低,甚至可以改变正负。

9.6.4 胶团的结构

溶胶的电动现象和双电层理论有助于了解胶团的结构,胶核是由多个分子、原子或离子聚结形成的胶粒的中心。胶核因吸附溶液中有相同化学组成的离子而带电荷。胶粒在电场作用下,发生运动时总是胶核带着紧密层,这运动着的独立单位称为胶粒。胶团是胶粒与扩散层中的反离子形成的一个电中性整体。在电场作用下,胶粒向某一电极方向运动,扩散层的反离子则向另一电极方向移动。例如 AgCl 胶团，$AgNO_3$溶液中加入过量的 NaCl，形成带负电荷的 AgCl 溶胶，胶粒带负电荷，过量的 NaCl 为稳定剂，其胶团结构式如图 9-16 所示。

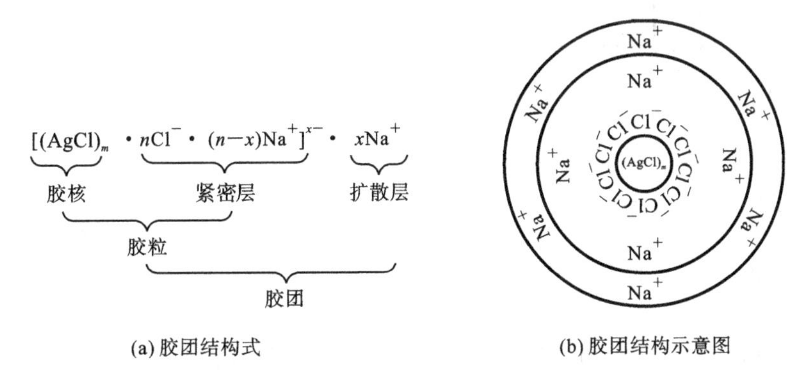

图 9-16 AgCl 胶团结构示意图

下面是胶团结构式的一些例子。

(1) 氯化银胶团结构式：

$AgNO_3$为稳定剂时 $[(AgCl)_m \cdot nAg^+ \cdot (n-x)NO_3^-]^{x+} \cdot xNO_3^-$

NaCl 为稳定剂时 $[(AgCl)_m \cdot nCl^- \cdot (n-x)\ Na^+]^{x-} \cdot xNa^+$

(2) 三硫化二砷胶团结构式：

$$[(As_2S_3)_m \cdot nHS^- \cdot (n-x)H^+]^{x-} \cdot xH^+$$

(3) 氢氧化铁胶团结构式：

$$\{[Fe(OH)_3]_m \cdot nFeO^+ \cdot (n-x)Cl^-\}^{x+} \cdot xCl^-$$

(4) 硅胶胶团结构式：

$$[(SiO_2)_m \cdot nSiO_3^{2-} \cdot 2(n-x)H^+]^{2x-} \cdot 2xH^+$$

(5) 氢氧化铝胶团结构式：

$$\{[Al(OH)_3]_m \cdot nAl^{3+} \cdot 3(n-x)Cl^-\}^{3x+} \cdot 3xCl^-$$

在同一个溶胶中，每个固体微粒所含分子数 m 及其所吸附的离子数 n 不一定是相等的。但整个胶团是电中性的，总电荷数应为零，书写胶团结构时要注意这一点。

9.6.5 电泳的计算和测定

1. 电泳的计算公式

ζ 电势的大小可衡量溶胶的稳定性。由胶团结构模型可以导出 ζ 电势的计算公式：

$$\zeta = \frac{K\pi\eta u}{\varepsilon E} \times 9 \times 10^9 \tag{9-14}$$

式中，u 为电泳的速度；E 为电位梯度；ε 是介质的介电常数；η 是介质的黏度；K 是一个常数，其值与胶粒的形状有关，球状粒子 $K=6$，棒状粒子 $K=4$。式中各物理量的单位均为 SI 单位。ζ 电势的正负与决定电位的离子符号相同。

2. 电泳测定

电泳实验是研究溶胶粒子在电场下移动的实验，电泳测定不仅可以求得溶胶的 ζ 电势，而且可以对生物大分子进行分析和分离，因此，它在生物学和临床医学中获得了广泛的应用。

(1) 界面移动电泳：属宏观电泳法。它是在没有支持物的溶液中进行的。根据缓冲溶液

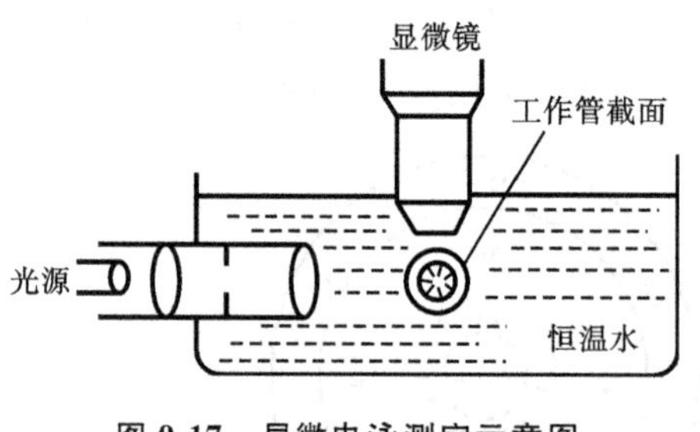

图 9-17 显微电泳测定示意图

与试样界面移动的距离和持续时间,可以求出溶胶的电泳速率。

(2) 显微电泳:属微观电泳法。它是借助显微镜直接观测单个粒子在电场中的电泳速率(图9-17)。其优点是在实验中粒子所处的介质环境不发生变化,从而避免了界面带来的困难。它的另一个优点是所需的溶剂量较少。显微电泳可以用于对生物体某些物质,如细菌、病毒、血细胞等进行研究。

(3) 区域电泳:由于界面移动电泳和显微电泳所用仪器比较复杂、价格昂贵,所以难以普遍采用。为此,人们发明了一种设备简单、操作方便、性能良好的区域电泳。它的原理与界面移动电泳和显微电泳一样,所不同的是需某些惰性气体或凝胶作为支持物。凝胶电泳应用最广,主要用于生物化学研究和临床诊断。

例如纸上电泳,将一小滴生物胶体溶液滴在一条事先用缓冲溶液润湿过的滤纸上(也可以将该生物胶体溶液滴一行在纸上),然后水平放置在一封闭的容器内,滤纸的两端浸在含有缓冲溶液和电极的容器中。加电场后,生物胶体溶液中各粒子电泳速率不同,使之在滤纸上分开,经过一段时间后,移去电场使电泳停止,将纸干燥后再浸入染料溶液中,由于各不同组分对染料的选择吸附不同,则显示不同的颜色,就能加以区分。

凝胶电泳是用淀粉凝胶、琼脂、聚丙烯酰胺等作为支持物的。用聚丙烯酰胺凝胶分离血清时可以得到 25 种成分,而界面移动电泳只能得到 5 种。

9.7 溶胶的稳定性和聚沉

9.7.1 溶胶的动力学稳定性和聚结不稳定性

溶胶是多相高分散系统,在热力学上属于不稳定系统。粒子间有相互聚结而降低其表面积的趋势,即聚结不稳定性,因此制备溶胶必须有稳定剂存在。但一些溶胶能稳定存在很长时间。例如,法拉第制备的金溶胶静置数十年才聚沉于管壁上。其稳定的原因一方面与胶粒带电有关,另一方面还与胶粒的溶剂化作用和布朗运动有关。

1. 动力学稳定性

溶胶的粒子小,布朗运动激烈,在重力场中不易沉降,即具有动力学稳定性。另外,介质黏度对溶胶动力学稳定性也有影响,介质黏度越大,胶粒越难聚沉,溶胶的动力学稳定性越大。

2. 胶粒带电的稳定作用

胶团双电层结构使胶粒都带有相同的电荷,胶粒间相互排斥而不易接近,胶粒不易聚集、沉降(聚沉)。ζ 电势越大,胶粒越稳定。

3. 溶剂化作用

在水溶液中,胶粒、反离子都是水合的粒子,外面有一层水化膜,阻止了胶粒和扩散层中反离子的直接碰撞、接触,也就防止了胶粒间的聚集。

综上所述,稳定的溶胶必须具有动力学稳定性、胶粒带电和粒子溶剂化这几项因素,其中胶粒带电产生静电排斥力是溶胶稳定的主要原因。

9.7.2　电解质对溶胶的聚沉作用

少量电解质的存在对溶胶起稳定作用，过量电解质的存在对溶胶起破坏作用（聚沉）。溶胶开始聚沉时所加入电解质的浓度称为聚沉值 C，聚沉能力 F 是聚沉值的倒数，$F=1/C$。电解质的聚沉值越小，其聚沉能力越强。

1. 舒尔茨（Schulze）-哈迪（Hardy）规则

溶胶聚沉主要是与溶胶电性相反的离子作用，聚沉能力与溶胶电性相反的离子的价数 Z 的6次方成正比，即 $F\propto Z^6$。如对带负电的 As_2S_3 溶胶起聚沉作用的是电解质的阳离子，KCl、$MgCl_2$、$AlCl_3$ 的聚沉值分别为 $49.5\ mol\cdot m^{-3}$、$0.7\ mol\cdot m^{-3}$、$0.093\ mol\cdot m^{-3}$，其聚沉能力有如下关系：

$$F(K^+):F(Mg^{2+}):F(Al^{3+})=1:70.7:532$$

一般可近似表示为反离子价数的6次方之比，即

$$F(K^+):F(Mg^{2+}):F(Al^{3+})=1:64:729$$

2. 与溶胶电性相同的离子的价数越高，对溶胶的聚沉能力越小

同电性离子价态越高，对反离子作用力越强，从而影响反离子的聚沉能力。

3. 感胶离子序

同价反离子的聚沉能力也各不相同，将相同电荷的离子按聚沉能力大小排列的顺序称为感胶离子序。它与水合离子半径从小到大的次序大致相同，这是由于水合离子半径越小，越容易靠近胶粒。

同族正离子对负电性溶胶的聚沉能力随相对原子质量或离子半径的增大而增强；同族负离子对正电性溶胶的聚沉能力随相对原子质量或离子半径的增大而减小。

$$H^+>Cs^+>Rb^+>NH_4^+>K^+>Na^+>Li^+$$

$$Ba^{2+}>Sr^{2+}>Ca^{2+}>Mg^{2+}$$

$$IO_3^->H_2PO_4^->BrO_3^->Cl^->ClO_3^->Br^->NO_3^->ClO_4^->I^->SCN^->OH^-$$

4. 某些离子对溶胶聚沉的影响

(1) H^+ 对负电性溶胶和 OH^- 对正电性溶胶的聚沉能力均大于相应的1—1价盐类。

(2) 与溶胶电性相反的离子，如能与胶粒上的离子反应生成难溶物质，这种离子的聚沉能力就特别强。

(3) 两种带相反电荷的溶胶混合会发生聚沉，称为相互聚沉。这种聚沉与电解质的影响不同，两种溶胶的用量要刚好使其所带总电荷相等，才会完全聚沉，否则可能聚沉不完全，甚至不聚沉。

5. 电解质混合液对溶胶的聚沉作用

(1) 加和作用。两种价数相同的电解质混合液对溶胶的聚结能力等于两种电解质单独使用的总和。例如，KCl 和 NaCl 对 As_2S_3 溶胶的聚结值分别为 c_1 和 c_2，若于 $1\times10^{-3}\ m^3$ 的 As_2S_3 溶胶中先加入 $\frac{1}{3c_1}$ 的 KCl，再加 $\frac{2}{3c_2}$ 的 NaCl 即开始聚沉。

(2) 对抗作用。两种不同价电解质的混合液，对溶胶的聚沉能力小于两种电解质单独使用时的聚沉能力之和，说明两种电解质相互影响而削弱了它们原有的聚沉能力。例如，LiCl 和 $MgCl_2$ 对 As_2S_3 溶胶的聚沉值分别为 c_1 和 c_2，若于 $1\times10^{-3}\ m^3$ 的 As_2S_3 溶胶中先加入 $\frac{1}{4c_1}$ 的

LiCl,必须再加 $MgCl_2$ 至 $2c_2$ 才能开始聚沉。

(3) 敏化作用。两种电解质的混合液对溶胶的聚沉能力可以互相加强。例如,LiCl 和 $CaCl_2$ 对 As_2S_3 溶胶的聚沉值分别为 c_1 和 c_2,于 $1\times10^{-3}\ m^3$ 的 As_2S_3 溶胶中先加 $\frac{4}{10c_1}$ 的 LiCl,只需再加 $\frac{3}{10c_2}$ 的 $CaCl_2$ 即能开始聚沉,$CaCl_2$ 的用量只相当于加和性用量的一半。

6. 不规则聚沉

有时加入少量电解质溶胶即聚沉,如继续加入电解质,随着电解质浓度逐渐增高,沉淀又重新分散成溶胶,并使胶粒所带电荷改变电性。电解质浓度再增高时,溶胶再次发生聚沉,这种现象称为不规则聚沉。不规则聚沉是胶粒对高价反离子强烈吸附所致,少量电解质使溶胶聚沉,但吸附过多高价反离子后,胶粒改变电性,形成新的双电层,溶胶又重新稳定,但这时所带电荷电性与原胶粒相反。

9.7.3 其他因素对溶胶聚沉的影响

1. 大分子的影响

足量的大分子对溶胶起保护作用,少量的大分子则会降低溶胶的稳定性,使溶胶聚沉(敏化作用)。

2. 有机物的影响

水化膜是胶粒稳定的重要因素之一。亲水性较强的有机物,如乙醇、丙酮等,可夺去胶粒水化膜使溶胶聚沉。

3. 有机离子的影响

许多有机离子由于易被胶粒吸附,对溶胶有特别大的聚沉能力。

4. 温度的影响

温度升高可使溶胶聚沉,实验室中常用加热法破坏溶胶。

5. 浓度的影响

要制备比较稳定的溶胶,浓度不能太大。浓度太大,胶粒易碰撞而聚沉。可用大分子保护的方法制得浓度大的溶胶。

本章小结

1. 分散系统的概念(分散介质、分散相)。

2. 分散系统的分类(按分散相分散程度分为分子分散系统、胶体分散系统、粗分散系统)。

3. 溶胶的基本特征:多相性、高度分散性、聚结不稳定性。

4. 溶胶的制备与净化(制备:分散法、凝聚法。净化目的:除去多余电解质)。

5. 溶胶的光学性质(丁达尔现象即乳光现象,溶胶的颜色,比浊分析法的基本原理)。

6. 溶胶的动力学性质(布朗运动与扩散,沉降与沉降平衡,依数性方面较弱)。

7. 溶胶的电学性质:电动现象(电泳、电渗、流动电势、沉降电势),胶粒带电原因,胶团结构式。

8. 溶胶的稳定性和聚沉作用:电解质使溶胶聚沉,主要是与溶胶电性相反的离子起作用;电解质溶液对溶胶的聚沉有加和作用、对抗作用和敏化作用。

思　考　题

1. 溶胶的基本特征是什么？
2. 为什么说溶胶是热力学不稳定系统，而实际上其又常能相当稳定地存在？
3. 破坏溶胶的方法有哪些？其中哪种方法最有效？为什么？
4. 胶粒为什么带电？何时带正电？何时带负电？为什么？
5. 丁达尔现象、电泳和电渗、胶粒的布朗运动和扩散作用的原因和实质是什么？

习　　题

一、填空题

1. 布朗运动是____。
2. 外加电场作用下胶粒在分散介质中移动的现象称为________。
3. 胶体的动力学性质有________、________。
4. 胶体的电学性质有________、________、________和________。
5. 早晨或傍晚天空呈红色的原因是太阳光的(填“透过”“散射”或“折射”)________光，而天空呈蓝色的原因是看到太阳光的(填“透过”“散射”或“折射”)________光。
6. 胶体的制备方法有________和________。

二、选择题

1. 区别溶胶与真溶液及悬浮液最简单而灵敏的方法是(　　)。
   (A) 超显微镜测定粒子大小　　(B) 乳光剂测定粒子大小
   (C) 观察丁达尔现象　　(D) 测定电泳速率
2. 在分析中用比浊计时，观察的是胶体溶液的(　　)。
   (A) 折射光　　(B) 透射光　　(C) 反射光　　(D) 散射光
3. 将橡胶电镀到金属制品上，应用的原理是(　　)。
   (A) 电解　　(B) 电泳　　(C) 电渗　　(D) 沉降电势
4. 胶体的聚沉速率与电动电势即 ζ 电势有关，即(　　)。
   (A) 电动电势越大，聚沉越快　　(B) 电动电势越小，聚沉越快
   (C) 电动电势越趋于零，聚沉越快　　(D) 电动电势越负，聚沉越快
5. 有一金溶胶，先加明胶溶液，再加 NaCl 溶液，或先加 NaCl 溶液，再加明胶溶液，可能的结果是(　　)。
   (A) 先加明胶的聚沉　　(B) 先加 NaCl 的聚沉
   (C) 两者都不聚沉　　(D) 两者都聚沉

三、计算题

1. 某汞水溶胶，在 20 ℃实验测得溶胶粒子分布高度差 $\Delta h=1\times10^{-4}$ m 时，每毫升溶胶中汞粒子数由 386 个下降为 193 个。设水的密度为 1.0×10^{3} kg/m^3，汞的密度为 13.6×10 kg/m^3，计算汞粒的平均直径。

   (7.57×10^{-8} m)

2. 假设球状粒子半径为 3×10^{-7} m，求：
   (1) 粒子由于布朗运动平均位移 2×10^{-4} m 所需的时间；
   (2) 粒子的扩散系数 D；
   (3) 若该球状粒子在重力场中沉降同样距离，即 2×10^{-4}m，所需的时间又是多少？已知在 298.15 K 时，粒子的密度为 4.0×10^{3} kg/m^3，水的密度为 1.0×10^{3} kg/m^3，水的黏度为 8.9×10^{-4} Pa·s。

   ((1) 2.44×10^{4} s；(2) 8.18×10^{-13} m^2·s^{-1}；(3) 303 s)

3. 在显微电泳管内装入$BaSO_4$的水混悬液，管的两端接上两电极，设电极之间的距离为6×10^{-2} m，接通直流电源，电极两端电压为 40 V，在 298 K 时于显微镜下测得$BaSO_4$颗粒平均位移275×10^{-6} m 所需时间为 22.12 s。已知水的介电常数$\varepsilon=81$($\varepsilon_0=8.85\times10^{-12}$)，黏度为$8.9\times10^{-4}$ Pa·s，粒子形状参数$K=4$，求$BaSO_4$颗粒的ζ电势。 (23.16 mV)

4. 用物质的量浓度相同的 30 mL NaCl 和 35 mL $AgNO_3$溶液制得 AgCl 溶胶，写出胶团结构式，并标明胶核、紧密层、扩散层和胶粒、胶团。$Al_2(SO_4)_3$、$NaNO_3$、Na_3PO_4、$MgSO_4$、K_2SO_4五种电解质对该溶胶的聚沉能力如何？ (略，$Na_3PO_4>K_2SO_4>MgSO_4>Al_2(SO_4)_3>NaNO_3$)

5. 今有 0.2%(质量分数)的金溶胶($\rho=1.00$ g·cm^{-3})，黏度$\eta=1.0\times10^{-3}$ Pa·s，粒子半径$r=1.3\times10^{-7}$ cm，金的密度为 19.3 g·cm^{-3}，试计算此溶胶在 25 ℃时的渗透压及扩散系数D。

(46.10 Pa，1.68×10^{-10} m^2·s^{-1})

6. 某溶胶浓度为$\omega=2.0\times10^{-4}$ kg·m^{-3}，分散相密度$\rho=2.2\times10^3$ kg·m^{-3}。在超显微镜下，视野中可看到直径$d=4\times10^{-5}$ m、深度$h=3\times10^{-5}$ m 的一个小体积。数出此小体积中平均含有 8.5 个胶粒，试求胶粒半径和胶团摩尔质量M。 (4.58×10^{-8} m，5.34×10^5 kg·mol^{-1})

7. 293 K 时测定溶胶的ζ电势，所用电泳槽的两极相距 40 cm，两极上的电势差为 200 V。测得 20 min 胶粒移动了 24 mm。水的介电常数为 81，黏度为 0.001 Pa·s，计算ζ电势，设胶粒为棒状。 (55.8 mV)

8. 今有金的水溶胶，受重力作用达平衡以后，测得在某高度的若干容积中有 386 个粒子(多次测定的平均值)，比它高 0.01 cm 处的相等容积中有 193 个粒子，溶胶的温度为 19 ℃，粒子的密度为 19.3 g·cm^{-3}，若粒子为球状，求其半径。 (3.34×10^{-8} m)

9. 用等体积的 0.2 mol·L^{-1} KI 和 0.16 mol·L^{-1} $AgNO_3$溶液制得 AgI 溶胶，电泳时胶粒向哪个方向移动？水向哪一个电极移动？写出胶团结构式，并判断下述电解质对其聚沉能力的次序：$AlCl_3$、Na_2SO_4、$K_3Fe(CN)_6$。 (胶粒向正极移动，水向负极移动，$AlCl_3>Na_2SO_4>K_3Fe(CN)_6$)。

10. 把每毫升含$Fe(OH)_3$ 0.0015 g 的溶胶先稀释 10000 倍，再放在超显微镜下观察，在直径和深度均为 0.04 mm 的视野内数得粒子的数目平均为 4.1 个。设粒子的密度为 5.2 g·cm^{-3}，且粒子为球状，试计算其直径。 (9.45×10^{-7} m)

11. 某一球状胶粒，20 ℃时扩散系数为7.00×10^{-11} m^2·s^{-1}，已知胶粒密度为 1334 kg·m^{-3}，水的黏度系数为 0.0011 Pa·s，求胶粒半径及胶团摩尔质量。 (2.79 nm，3.8 kg·mol^{-1})

第 10 章　大分子溶液

大分子化合物是指分子大小在 1～100 nm,相对分子质量高达 10000 以上的物质。大分子化合物根据来源可分为天然大分子化合物和合成大分子化合物。例如,天然橡胶、蛋白质、淀粉、纤维素等属于天然大分子化合物,塑料、有机玻璃、腈纶等属于合成大分子化合物。

许多有机大分子化合物能溶解于适当的溶剂中而形成大分子溶液,大分子溶液在工业及医药等方面应用广泛。近年来研制出的功能高分子材料,如光敏高分子材料、导电性高分子材料、医用高分子膜等,积极推动了经济的发展。人体中的血液、体液,血浆代用液、脏器制剂、疫苗,药物制剂中许多常用的增稠剂、增溶剂、乳化剂等也都是大分子溶液。因此,对大分子溶液的研究有着重要的理论和实际意义。

10.1　大分子化合物的结构

10.1.1　大分子化合物的结构特点

由几百个甚至几万个碳原子主要以共价键(含配位键)结合起来的,能溶于适当溶剂的有机高聚物就是大分子化合物。大分子化合物分子由一种或几种单体经不同方式连接而成,例如,许多个异戊二烯单体聚合就形成天然橡胶分子,其结构式为

$$R'CH_2-\underset{\displaystyle CH_3}{\underset{|}{C}}=CH-CH_2\left[CH_2-\underset{\displaystyle CH_3}{\underset{|}{C}}=CH-CH_2\right]_nCH_2-\underset{\displaystyle CH_3}{\underset{|}{C}}=CH-CH_2R$$

其中—C_5H_8—称为链节,“n”称为聚合度,天然橡胶的聚合度为 2000～20000,相对分子质量为 150000～1300000。

大分子化合物的形状主要有线型、支链型、体型(图 10-1)。天然橡胶和纤维素属于线型结构,支链淀粉大分子和糖原大分子属支链型结构,球状的卵白朊分子和长棒状的肌朊分子属体型结构。

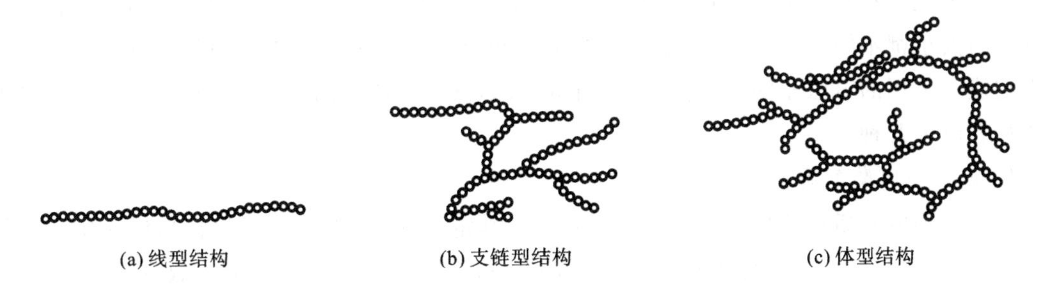

(a) 线型结构　　(b) 支链型结构　　(c) 体型结构

图 10-1　多糖类高聚物大分子长链结构形状

大分子溶液中的大分子化合物分子主要呈线型。其结构特点:分子长链由许多个C—Cσ键组成,在键角不变的情况下,这些单键时刻都在围绕其相邻的单键在空间做不同程度的圆锥形转动,这种转动称为分子的内旋转。图 10-2 所示为由 3 个 σ 键连起的 4 个碳原子组成的链

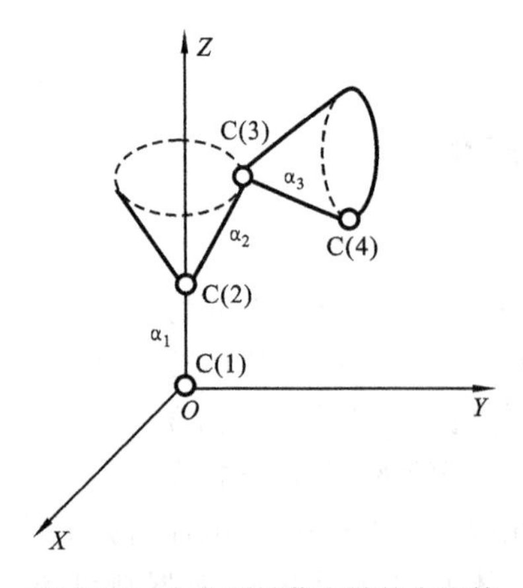

图 10-2 大分子链节中键的内旋转

节,C—C 键的键角均为 109°28′,当 α_2 键以 α_1 键为轴进行内旋转时,导致 C(3)沿由此形成的圆锥的底边运动,C(3)可处于该圆周上的任一位置。同理,C(4)也可位于由 α_3 键绕 α_2 键内旋转而形成的另一圆周的任一位置。如此,长链上的每个 σ 键都在做内旋转,而任一 σ 键的任一转动都会导致分子呈现出一种新的构象,该三键组成的链节就能出现很多构象,而由许许多多个链节组成的大分子的构象可以多得无法计算。

当大分子碳链中某一个链节发生内旋转时,会使距它较近的链节随着一起运动。这些受到相互影响的链节的集合体被称作链段。链段可看成是由一定数量相互影响的链节所组成的独立活动单元,而大分子就是由很多链段组成的活动整体。大分子本身的整体运动与其中链段的独立单元运动形成了大分子所特有的运动单元的多重性。大分子在溶液中的运动是以链段为单元而不是以整个长链为单元起作用的,一个大分子长链一般含若干个链段。因此,一个大分子在稀溶液依数性方面起的作用相当于若干个低分子。大分子化合物一般不易挥发,而且沸点很高,往往在达到沸点以前即已分解。

大分子具有明显的柔顺性,这主要是由于其链节的内旋转和链段的热运动所造成的。影响大分子柔顺性的因素主要有如下几个:①链段越短,大分子链上的独立运动单元越多,分子卷曲得越厉害,大分子的柔顺性越佳;②链节的内旋转越容易,则大分子越柔顺,影响内旋转的主要因素是取代基,只含碳-氢链结构的大分子的柔顺性强,若主链上出现大的或极性的取代基,由于相互作用力较大,阻碍内旋转,则大分子就表现出刚性;③温度升高,大分子的动能增大,使内旋转更容易,故柔顺性增加;④溶剂的溶剂化能力不同,大分子链的柔顺性也不同。若溶剂分子与大分子间的吸引力超过了大分子链自身的内聚力,则溶剂会使大分子线团充分松弛柔顺,这种溶剂称为良溶剂;反之,若溶剂与大分子间的吸引力小于大分子的内聚力,则大分子线团无法舒展,难以表现出柔顺性,这种溶剂称为不良溶剂。

10.1.2 大分子化合物的平均摩尔质量

大分子化合物都是由许多重复的结构单元组成,但聚合度不同的一类同系物的混合物,每个分子的大小都不同,因此大分子化合物的相对分子质量具有多分散性,其摩尔质量只能是统计平均值。采用的方法不同,获得的平均值就不同,其摩尔质量的意义也不同。常用的平均摩尔质量有以下几种。

1. 数字平均摩尔质量

数字平均摩尔质量简称数均摩尔质量(M_n),其定义如下:设大分子化合物样品中含有摩尔质量为 $M_1, M_2, \cdots, M_i$ 的分子数分别为 $n_1, n_2, \cdots, n_i$,如果根据它们的分子数进行统计平均,则

$$M_n = \frac{\sum n_i M_i}{\sum n_i} = \frac{\sum N_i M_i}{\sum N_i} = \frac{\sum c_i M_i}{\sum c_i} \tag{10-1}$$

式中,N_i 和 c_i 分别表示第 i 种物质的物质的量和浓度。利用渗透压法、端基分析法或电子显微

镜测得的平均摩尔质量属于数均摩尔质量。

2. 质量平均摩尔质量

质量平均摩尔质量简称质均摩尔质量(M_m),它是按样品中各种分子所占质量进行统计平均的,其定义如下:设样品中含有摩尔质量为 M_1,M_2,…,M_i的分子的质量分别为 $m_1=N_1M_1$,$m_2=N_2M_2$,…,$m_i=N_iM_i$,则

$$M_m=\frac{\sum m_iM_i}{\sum m_i}=\frac{\sum N_iM_i^2}{\sum N_iM_i}=\frac{\sum c_iM_i^2}{\sum c_iM_i} \tag{10-2}$$

式中,m_i的单位为 g,用光散射法测得的平均摩尔质量为质均摩尔质量。

3. Z 平均摩尔质量

Z 平均摩尔质量简称 Z 均摩尔质量(M_Z)。样品的摩尔质量按 m_iM_i进行统计平均,其关系式为

$$M_Z=\frac{\sum (m_iM_i)M_i}{\sum m_iM_i}=\frac{\sum N_iM_i^3}{\sum N_iM_i^2} \tag{10-3}$$

用超离心沉降法测得的平均摩尔质量为 Z 均摩尔质量。

4. 黏度平均摩尔质量

黏度平均摩尔质量的定义式为

$$M_\eta=\left[\frac{\sum N_iM_i^{(\alpha+1)}}{\sum N_iM_i}\right]^{\frac{1}{\alpha}} \tag{10-4}$$

式中,α 为经验常数,一般为 0.5～1。

一般情况下,对同一种样品,$M_Z>M_m>M_\eta>M_n$。这是多分散性系统的特点,只有分子大小是均匀的单分散系统时,各种平均摩尔质量才相等。分子越不均匀,差值越大,表明多分散性越显著。

大分子化合物的平均摩尔质量的大小对大分子溶液的理化性质有一定的影响。例如,有些药用大分子在体内的排泄与摩尔质量也有密切联系。一般来说,摩尔质量在 7 万以上的大分子药物就不易从体内排出。因此,大分子化合物的平均摩尔质量是一重要参数。测定大分子平均摩尔质量常用的方法主要有渗透压法、黏度法、沉降法、光散射法、端基分析法等。

10.2　大分子溶液概述

10.2.1　大分子溶液的基本性质

大分子溶液与溶胶在某些方面具有相似的性质。例如:分散相粒子大小相似,都在 1～100 nm 的范围内;扩散速度慢;不能透过半透膜等。但两者本质是不相同的。溶胶是一个多相的不平衡体系,它不服从相律,不能用热力学方法来处理;大分子溶液是一个平衡体系,遵守相律和化学平衡准则,属于单相的热力学稳定体系,可用热力学方法来处理。比较结果见表 10-1。

表 10-1　大分子溶液和溶胶性质的比较

特　　性		大分子溶液	溶　　胶
相同之处	分散相大小	$10^{-9}\sim10^{-7}$ m	$10^{-9}\sim10^{-7}$ m
	扩散速度	慢	慢
	半透膜	不能透过	不能透过
不同之处	热力学性质	热力学稳定系统，单相，遵守相律	热力学不稳定系统，多相，不遵守相律
	与溶剂亲和力	大	小
	渗透压	大	小
	黏度	大	小
	对电解质	不敏感	很敏感

大分子溶液与小分子溶液虽然都是真溶液，但两者也有区别。首先表现在溶解过程不同。小分子物质溶解时，分子或离子从固体表面脱落后直接进入溶剂中。大分子物质溶解时，首先是大分子溶质同小分子溶剂接触，自动吸取大量的小分子溶剂，体积显著胀大，但缠结着的大分子仍能在相当时间内保持联系，大分子物质的外形不变，这种现象称为溶胀。溶胀所形成的体系称为凝胶。若溶胀进行到一定程度就不再继续进行下去，则称为有限溶胀，例如明胶在冷水中的溶胀。若溶胀不断地进行下去直至大分子物质完全溶解成大分子溶液，则称为无限溶胀，例如明胶在热水中即可发生无限溶胀。大分子化合物的柔顺性越好，聚合度越小，则相对地越容易溶胀。一般交联型大分子物质很少溶解，在大量溶剂浸润下，只能有限溶胀。交联大分子的有限溶胀程度和分子之间的交联程度有关。因此，通过测定交联大分子物质的溶胀程度就可以推测其交联程度。

大分子与溶剂分子在化学组成和结构上越相似就越容易溶解。极性大分子物质易溶于极性溶剂中，如聚乙烯醇能溶于水，不溶于汽油。非极性大分子物质易溶于非极性溶剂中，如天然橡胶溶于汽油而不溶于甲醇、乙醇。

大分子物质的溶解度随相对分子质量的增大而减小。因为相对分子质量越大，大分子自身的内聚力越大，溶解性越差。大分子具有多分散性，一种大分子物质中各个级分具有不同的溶解度，因此大分子物质在一定温度下并无一定的溶解度。据此可以使大小不同的大分子物质分离，这称为分级。在分子大小不同的大分子溶液中，加入沉淀剂，相对分子质量大的首先沉淀出来，随着沉淀剂用量的增加，各种大分子物质按相对分子质量由大到小的顺序陆续沉淀出来。例如，浓度为 2.0 $mol\cdot dm^{-3}$ 的硫酸铵可使球蛋白沉淀，浓度为 3～3.5 $mol\cdot dm^{-3}$ 的硫酸铵可使血清蛋白沉淀，因此，往血清中加入不同量的硫酸铵可使球蛋白与血清蛋白分离开来。此外，大分子化合物的溶解过程需要较长时间，往往要几个星期甚至几个月之久才能达到溶解平衡。

10.2.2　大分子溶液对溶胶的作用

大分子溶液对溶胶具有保护作用和敏化作用。保护作用是指当把足量的大分子溶液加入一定量的溶胶中去时，溶胶的稳定性会大大增强的现象。这样制成的溶胶，有时即便是将其水蒸干后，再往所得胶体沉淀物中加水，仍能回复成原来的溶胶，例如医药上所用的蛋白银溶胶，由于蛋白质大分子的保护，浓度高达 7%～25%时仍能保持稳定，即便在干燥状态时，加水也能自动转变成银溶胶。保护作用是由于足量大分子加入溶胶后，即被吸附在胶粒的界面上，将胶粒整个包围起来，使其水化膜增厚，从而大大增加了溶胶的聚结稳定性(图 10-3(a))，血液中的碳酸钙等难溶盐就是因为受到血浆蛋白等大分子的保护作用而得以存在的。但是，如果加入大分子溶液的量不足，反而会使溶胶的稳定性降低而导致聚沉，这种现象称为大分子溶液对溶胶的敏化作用(图 10-3(b))。

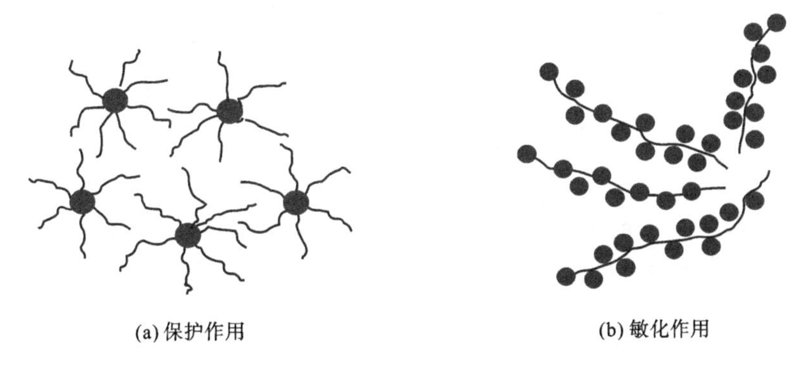

(a) 保护作用　　(b) 敏化作用

图 10-3　大分子溶液对溶胶的作用

10.3　大分子电解质溶液

10.3.1　大分子电解质概述

大分子电解质是指在溶液中可以解离出带电大离子的大分子化合物。解离出的大离子是一种带电基团的聚合体，在它的每个链节上都有带电基团。根据解离后的带电情况，大分子电解质可以分为阳离子型、阴离子型和两性型三种类型。阳离子型指的是解离出的大离子带正电荷，如聚-4-乙烯-*N*-正丁基吡啶溴；阴离子型是指解离出的大离子带负电荷，如聚丙烯酸钠；两性型是指解离出的大离子既带正电基团，又带负电基团，如蛋白质等。一些常见大分子电解质见表 10-2。

表 10-2　一些常见大分子电解质

阳离子型	阴离子型	两性型
聚乙烯胺	果胶	明胶
聚 4-乙烯-*N*-正丁基吡啶溴	阿拉伯胶	乳清蛋白
血红素	羧甲基纤维素钠	卵清蛋白
	肝素	鱼精蛋白
	聚丙烯酸钠	γ-球蛋白
	褐藻糖硫酸酯	胃蛋白酶
	西黄蓍胶	血纤维蛋白原

大分子电解质溶液中除了有大离子外，还有与大离子带相反电荷的离子(一般为普通小离子)，称为反离子，如 H^+、OH^-、Br^-、Na^+ 等。这些反离子在溶液中均匀分布在大离子的周

围,或被包围于大离子长链的网状结构中。大离子及反离子的存在使大分子电解质溶液除具有酸、碱、盐的性质外,还表现出电导和电泳等电学性质。

10.3.2 大分子电解质溶液的电学性质

1. 弱导电性

大分子电解质解离出的大离子的运动速度较慢,并且大部分反离子被束缚在长链网状结构中,使得大分子电解质溶液的导电性与一般弱电解质溶液的导电性相似。

2. 高电荷密度

大分子电解质在溶液中解离出大离子,其长链带有相同电荷,而且电荷密度较高,致使分子链上带电基团之间具有相互排斥作用。

3. 高度水化

在水溶液中,大分子电解质长链上荷电的极性基团通过静电作用吸引水分子,使水分子紧密排列在基团周围,形成特殊的"电缩"水化层。同时,部分疏水链也能结合一部分水,形成疏水基水化层,使大分子电解质溶液具有高度水化性,这种高度水化对电解质起稳定作用。高电荷密度和高度水化使大分子电解质在水溶液中分子链相互排斥,易于伸展,同时对外加小分子电解质相当敏感。若加入酸、碱、盐或改变溶液的 pH 值,均可使大分子电解质分子链上的电性相互抵消,显示出非电解质大分子化合物的性质。

4. 电泳

由于大分子电解质可以解离,大分子电解质溶液在电场作用下将产生电泳。下面以蛋白质为例,来探讨大分子电解质溶液的电泳现象。

(1) pH 值对水溶液中蛋白质电性的影响。

蛋白质分子可简单表示为

$$\mathrm{P}\begin{matrix}\diagup \mathrm{COOH} \\ \diagdown \mathrm{NH_2}\end{matrix}$$

其中—COOH 和—NH_2分别代表蛋白质分子结构式中的全部羧基和氨基;P 代表除羧基和氨基外的其他部分。

蛋白质是两性型大分子电解质。在蛋白质溶液中,羧基作为有机弱酸解离时,发生下述反应:

$$\mathrm{P}\begin{matrix}\diagup \mathrm{COOH} \\ \diagdown \mathrm{NH_2}\end{matrix} \rightleftharpoons \mathrm{P}\begin{matrix}\diagup \mathrm{COO^-} \\ \diagdown \mathrm{NH_2}\end{matrix} + \mathrm{H^+} \quad (\text{平衡 1})$$

此时大离子带负电荷,溶液呈酸性。

当氨基作为有机弱碱解离时,发生下述反应:

$$\mathrm{P}\begin{matrix}\diagup \mathrm{COOH} \\ \diagdown \mathrm{NH_2}\end{matrix} + \mathrm{H^+} \rightleftharpoons \mathrm{P}\begin{matrix}\diagup \mathrm{COOH} \\ \diagdown \mathrm{NH_3^+}\end{matrix} \quad (\text{平衡 2})$$

此时大离子带正电荷,溶液显碱性。

蛋白质分子链上—NH_3^+ 与—COO^- 数目的多少受溶液 pH 值的影响,当溶液 pH 值高时,因发生下述反应而使—COO^-数目增加：

$$P\begin{cases}COOH\\NH_2\end{cases} + OH^- \rightleftharpoons P\begin{cases}COO^-\\NH_2\end{cases} + H_2O$$

当溶液 pH 值低时，由于发生下述反应而使—NH_3^+数目增加：

$$P\begin{cases}COOH\\NH_2\end{cases} + H^+ \rightleftharpoons P\begin{cases}COOH\\NH_3^+\end{cases}$$

当溶液 pH 值调至某一数值时，可使大分子蛋白质链上的—NH_3^+与—COO^-数目相等，蛋白质以电中性体两性离子存在，蛋白质处于等电状态，此时溶液的 pH 值称为蛋白质的等电点(isoelectric point)，以 pI 表示。当溶液的 pH 值大于等电点时，蛋白质分子上—COO^-数目多于—NH_3^+数目，蛋白质带负电；当溶液的 pH 值小于等电点时，蛋白质分子上—NH_3^+数目多于—COO^-数目，蛋白质带正电。要使蛋白质处于等电状态，必须把蛋白质保持在 pH＝pI 的缓冲溶液中。不同的蛋白质具有不同的结构，其等电点也不同。在等电点时，蛋白质溶液的性质会发生明显变化，其黏度、溶解度、电导、渗透压以及稳定性都降到最低，如图 10-4 所示。

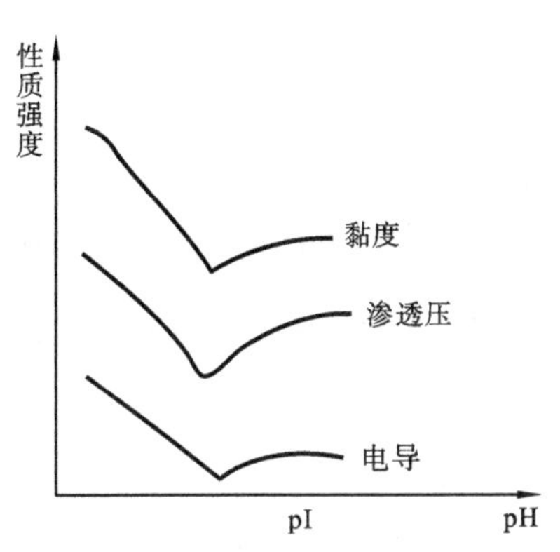

图 10-4 pH 值对蛋白质溶液性质的影响

(2) 电泳。

将大分子电解质溶液置于电场中，其中的大离子在电场作用下朝电性相反的电极定向移动的现象，称为大分子电解质的电泳。电泳速率取决于大离子所带电荷的多少、大离子的大小及结构等因素，利用不同的大分子电解质具有不同的电泳速率，可将混合大分子电解质分离开来。例如，人的血清蛋白中含有白蛋白、α_1-球蛋白、α_2-球蛋白、β-球蛋白和 γ-球蛋白，让其在一定 pH 值的缓冲溶液中和一定电场下进行电泳，利用各种蛋白质电泳速率的不同(表 10-3)，可将样品中各组分蛋白质分离出来。

表 10-3 人的血清蛋白中各组分的相对分子质量和电泳淌度

组 分 名	平均相对分子质量	电泳淌度/($cm^2 \cdot s^{-1} \cdot V^{-1}$)
白蛋白	6.9×10^4	5.9×10^{-5}
α_1-球蛋白	2×10^5	5.1×10^{-5}
α_2-球蛋白	3×10^5	4.1×10^{-5}
β-球蛋白	$(1.5\sim90)\times10^5$	2.8×10^{-5}
γ-球蛋白	$(1.56\sim3)\times10^5$	1.0×10^{-5}

蛋白质电泳是在一定 pH 值的缓冲溶液中进行的，所选用的缓冲溶液的 pH 值应小于(或大于)所有组分蛋白质的等电点，使各组分蛋白质都带同种电荷，以保证电泳时各组分蛋白质朝同一方向移动，并使各种大离子有较大差距，以便获得较好的分离效果。

通常把蛋白质样品点在固态载体(如纸、凝胶薄膜等)上进行电泳。蛋白质分离的常用方法为区域电泳法。近年来发展了等电聚焦电泳等方法。

10.3.3 大分子电解质溶液的稳定性

电解质对溶胶和大分子溶液的作用不同。往溶胶中加入少量电解质就可使其双电层压缩而导致聚沉。而对于大分子电解质溶液，由于其大离子带电并能形成溶剂化膜，必须加入大量电解质，以中和粒子的电荷，并发生去溶剂化作用，破坏掉大分子与溶剂分子间的相互作用，才能产生聚沉，这说明大分子电解质溶液具有较好的稳定性。往大分子溶液中加入大量电解质使大分子物质从溶液中析出的过程称为盐析。

盐析作用的强弱受电解质离子种类的影响，而与离子的价数关系不大。盐析总是使分散相中相对分子质量较大的部分先沉淀出来，因此可以采用部分盐析方法来分离多级分散体系。

盐析方法在日常生活中也有应用，例如豆浆是含有蛋白质的负电溶胶系统，豆浆“点卤”即成豆腐，所谓卤水是含有 $MgCl_2$、$CaSO_4$ 等电解质的溶液，将它们加入豆浆中，阳离子 Mg^{2+}、Ca^{2+} 使得蛋白溶胶发生盐析作用而沉淀出来，从而制得豆腐。

10.3.4 大分子电解质溶液的相互作用

带相反电荷的大分子电解质溶液相互混合将产生絮凝，而带相同电荷的大分子电解质溶液相互混合则不产生絮凝。如调节 pH 值介于两种蛋白质的等电点之间，致使一种蛋白质带正电，另一种蛋白质带负电，两者混合，将产生絮凝。例如：已知血清蛋白的等电点为 4.6～4.7，谷类蛋白的等电点为 6.5，若调节 pH 值为 5～6，这时血清蛋白带负电，谷类蛋白带正电，相互混合，必将絮凝；若调节 pH 值大于 7 或者小于 4，则两者带同种电荷，相互混合时将不絮凝。

10.4 大分子溶液的渗透压

10.4.1 大分子溶液的反常渗透压

大分子溶液中溶质的分子数不多，因此大分子溶液的依数性效应较小，产生的渗透压较小。但是，由于大分子具有柔顺性，在溶剂中可呈现多种结构和形状，而且每个大分子所含的每个链段都能在依数性方面发挥作用，因此，与相同浓度的小分子溶液相比，大分子溶液渗透压仍要大得多。

非电解质理想溶液的渗透压符合范特霍夫方程式：

$$\frac{\Pi}{c}=\frac{RT}{M} \tag{10-5}$$

式中，M、c、T、Π 分别为摩尔质量、浓度、温度、渗透压。

由于大分子溶液与理想溶液偏差较大，非电解质大分子溶液的渗透压不符合范特霍夫方程式，要用维利公式来表达：

$$\frac{\Pi}{c}=RT\left(\frac{1}{M_n}+A_2c+A_3c^2+\cdots\right) \tag{10-6}$$

式中，A_2、A_3 为维利系数，表示溶液的非理想程度；c 为浓度。

由于渗透压主要与溶质的分子数目有关，所以上式中溶质的摩尔质量采用数均摩尔质量。

在稀溶液中，上式可简化为

$$\frac{\Pi}{c}=\frac{RT}{M_n}+A_2RTc \tag{10-7}$$

式中，A_2 为第二维利系数，其值与溶液中大分子的形态及大分子与溶剂间的相互作用有关。当 $A_2>0$ 时，溶剂为良溶剂；当 $A_2<0$ 时，为不良溶剂；当 $A_2=0$ 时，大分子溶液表现为理想溶液。

10.4.2　渗透压法测定大分子的平均摩尔质量

由式(10-7)知，在一定温度下，经实验测出不同浓度时溶液的渗透压，然后以 $\frac{\Pi}{RTc}$ 对 c 作图可得一直线，由直线的斜率和截距可分别求出数均摩尔质量 M_n 和 A_2，这就是用渗透压法测定大分子的平均摩尔质量的基本原理。从式(10-7)还可看出，M_n 越大，渗透压越小，实验误差就越大，所以大分子的平均摩尔质量数值在 $1\times10^4\sim5\times10^5$ 范围内时，渗透压法的测定结果才较为准确，见图 10-5。可以看出，不同溶剂所得截距相同。

10.4.3　唐南平衡

1. 唐南平衡概述

唐南平衡是指当电解质大分子物质在溶液中解离为大离子和小离子时，只有小离子能透过半透膜，当达到渗透平衡时，小离子在膜两边的浓度不相等，但半透膜两边小离子浓度的乘积相等的现象。图 10-6 是唐南平衡示意图。

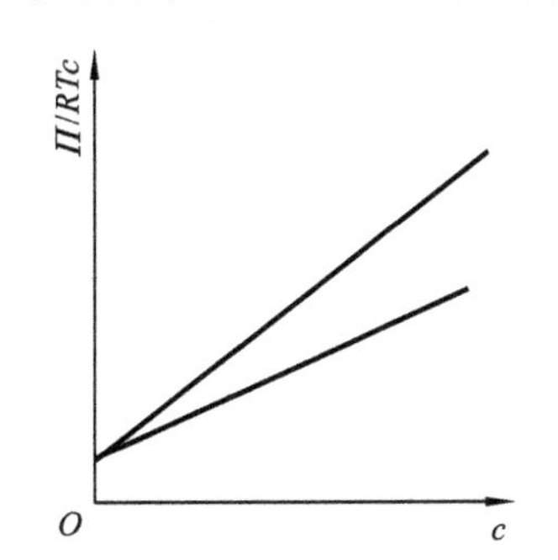

图 10-5　硝化纤维素在丙酮及甲醇溶液中的 Π/RTc-c 曲线

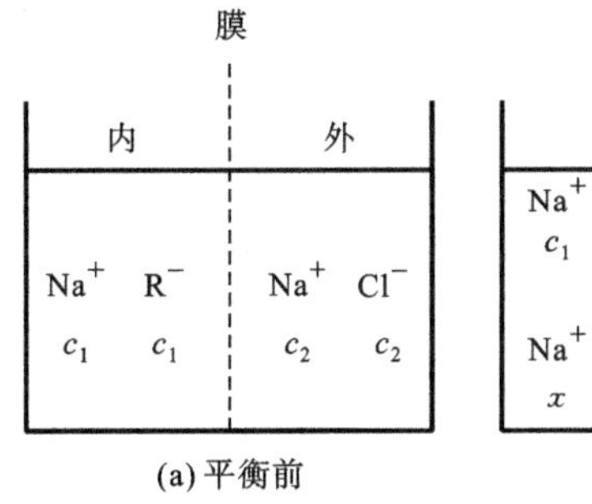

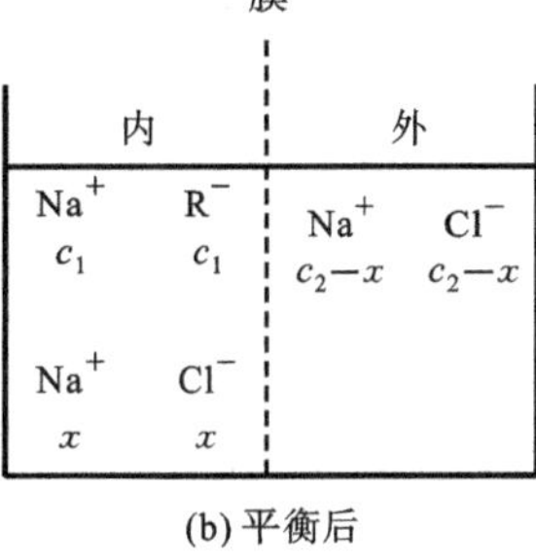

图 10-6　唐南平衡示意图

设某膜内装有 NaR 电解质大分子溶液，R^- 是 NaR 在溶液中解离出的非透过性大离子，起始浓度为 c_1；膜外装有 NaCl 溶液，其起始浓度为 c_2，在建立平衡的过程中，膜外的 Cl^- 必定会穿过半透膜进入膜内，为了保持溶液的电中性必定有相等数目的 Na^+ 同时进入膜内。当然，膜内的 Na^+、Cl^- 也会向膜外渗透，当体系达到平衡时，NaCl 在膜两边的化学势相等，即

$$\mu_{\text{NaCl},内}=\mu_{\text{NaCl},外} \tag{10-8}$$

即

$$RT\ln a_{\text{NaCl},内}=RT\ln a_{\text{NaCl},外} \tag{10-9}$$

所以

$$a_{\text{NaCl},内}=a_{\text{NaCl},外} \tag{10-10}$$

$$a_{\text{Na}^+,内}a_{\text{Cl}^-,内}=a_{\text{Na}^+,外}a_{\text{Cl}^-,外} \tag{10-11}$$

由于是稀溶液，故

$$c_{\text{Na}^+,内}c_{\text{Cl}^-,内}=c_{\text{Na}^+,外}c_{\text{Cl}^-,外} \tag{10-12}$$

从式(10-12)看出，唐南平衡的条件是组成小分子电解质的离子在膜两边浓度的乘积相等。

设平衡后从膜外进入膜内的 Na^+ 和 Cl^- 都是 x mol，将平衡后各离子的浓度代入式(10-12)，有

$$(c_1+x)x=(c_2-x)^2$$

$$x=\frac{c_2^2}{c_1+2c_2} \tag{10-13}$$

平衡时膜两边 NaCl 浓度之比为

$$\frac{c_{NaCl,外}}{c_{NaCl,内}}=\frac{c_2-x}{x}=\frac{c_2+c_1}{c_2}=1+\frac{c_1}{c_2} \tag{10-14}$$

式(10-14)表明，膜外低分子电解质(如 NaCl)进入膜内的数量取决于膜内大分子电解质和膜外小分子电解质的初始浓度，如果开始时 $c_1 \gg c_2$，即膜外 NaCl 浓度远小于膜内大分子电解质的浓度，则 c_2 可略去不计，$x\approx 0$，说明达平衡时膜外小分子电解质(如 NaCl)基本上不能进入膜内；如果开始时 $c_2 \gg c_1$，则 c_1 可略去不计，$x\approx \frac{1}{2}c_2$，说明当膜外小分子电解质(如 NaCl)浓度远大于膜内大分子电解质的浓度时，小分子电解质几乎均等地分布在膜两边。表 10-4 列出的数据表明了大分子电解质溶液浓度和小分子电解质溶液浓度不同时，进入膜内的小分子电解质 NaCl 的数量占其原始数量的质量分数$\left(即\frac{x}{c_2}\right)$。

表 10-4　Na^+R^- 和 Na^+Cl^- 在各种原始浓度下的膜平衡数据

原始浓度/($mol\cdot dm^{-3}$)			平衡时 NaCl 浓度/($mol\cdot dm^{-3}$)			NaCl 从膜外到膜内进入量的质量分数
c_1	c_2	c_1/c_2	膜内	膜外	膜内/膜外	
0	1.00	—	0.500	0.500	1.00	0.500
0.01	1.00	0.01	0.497	0.503	1.01	0.497
0.10	1.00	0.10	0.476	0.524	1.10	0.476
1.00	2.00	0.50	0.80	1.20	1.50	0.400
1.00	1.00	1.00	0.333	0.667	2.00	0.333
1.00	0.10	10.00	0.0083	0.0917	11.00	0.083
1.00	0.01	100.00	0.0001	0.0099	99.00	0.010

由此可见，在平衡系统中，一种非透过性大离子的存在，使可透过性小离子在膜内、外的分布不均匀。生物的细胞膜相当于半透膜，掌握唐南平衡有助于更好地理解生物平衡体系中的膜平衡现象。

2. 大分子电解质溶液的渗透压

大分子电解质溶液的渗透压不遵守大分子非电解质溶液的渗透压规律。渗透压是由半透膜两边溶液的浓度不同引起的，唐南平衡的存在势必会产生一附加压力，这会影响溶液渗透压的准确测定，给大分子摩尔质量的测定带来误差。因此，在测定大分子电解质溶液渗透压时，应当设法消除唐南平衡的影响。如图 10-6 所示，当大分子电解质与小分子离子在膜两边达到唐南平衡时，膜内、外渗透压 $\Pi_内$、$\Pi_外$ 分别为

$$\Pi_内=2RT(c_1+x) \tag{10-15}$$

$$\Pi_外=2RT(c_2-x) \tag{10-16}$$

由于膜两侧的渗透压方向相反，故体系总的渗透压 $\Pi_{测}$ 为

$$\Pi_{测}=\Pi_{内}-\Pi_{外}=2RT(c_1-c_2+2x) \tag{10-17}$$

因为

$$x=\frac{c_2^2}{c_1+2c_2}$$

所以

$$\Pi_{测}=2RT\frac{c_1^2+c_1c_2}{c_1+2c_2}=2RTc_1\frac{c_1+c_2}{c_1+2c_2} \tag{10-18}$$

上式是具有唐南平衡的大分子电解质溶液的渗透压公式，此时的 $\Pi_{测}$ 是平衡时大分子电解质溶液相对于膜外 NaCl 溶液的渗透压，而不是对纯水的渗透压。下面讨论两种特殊情况。

(1) 当 $c_1\gg c_2$ 时，$\Pi_{测}\approx 2c_1RT$，这表明当膜内大分子电解质溶液的浓度远大于膜外 NaCl 溶液的浓度时，测得的渗透压相当于大分子电解质完全离解时溶液的渗透压，这时溶液的渗透压比大分子物质本身所产生的渗透压大，这样求得的摩尔质量偏低。

(2) 当 $c_2\gg c_1$ 时，$c_{NaCl,外}/c_{NaCl,内}\approx 1$，$\Pi_{测}\approx RTc_1$，这表明当膜外 NaCl 溶液的浓度远大于大分子电解质溶液的浓度时，膜内、外 NaCl 浓度趋于相等，这时测得的渗透压相当于大分子电解质完全未离解时的数据，由此计算出的摩尔质量才比较准确。因此，在测定大分子电解质溶液的渗透压时，半透膜外不应当放置纯水，而应当放置一定浓度的 NaCl 溶液，以使 NaCl 在半透膜两边均匀分布，从而消除唐南平衡的影响。

10.5　大分子溶液的黏度

10.5.1　黏度的定义和表示方法

1. 黏度的定义及牛顿黏度定律

流体的黏度指当层流流体流动时，对任意相邻的两液层，慢速液层对快速液层的流动产生的内摩擦阻力，它是流体黏性的量度。

如图 10-7 所示，设有 A、B 两块平行板，其中 A 板固定，B 板以速度 v 向右做匀速运动，研究流体在 A、B 板间流动的情况。直接与 A 板接触的流层因附着力而几乎静止不动，其余各层的流速随着与 A 板的距离的增大而增加，紧靠 B 板的液层流速最大，为 v。相邻两液层因流速差而产生内摩擦阻力。要使各液层保持一定速度流动，就需要施加与流动方向一致的力，单位面积上所施加的力称为切线力(shearing force)或切力，以 f 表示。

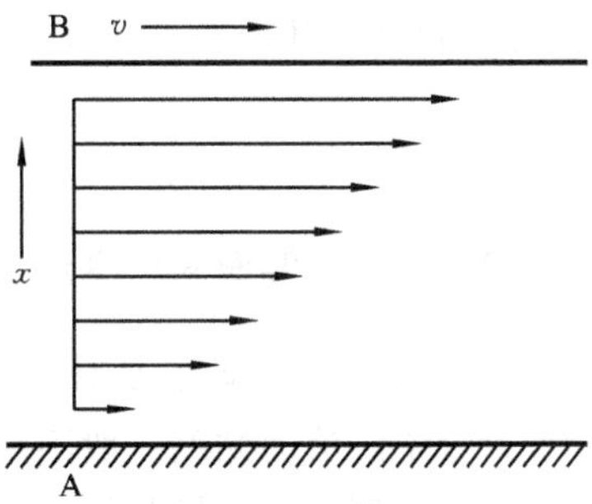

设两液层的接触面积为 A，相距 $\mathrm{d}x$，速度差为 $\mathrm{d}v$，则 f 与 $\mathrm{d}v$ 成正比，与 $\mathrm{d}x$ 成反比，这就是牛顿黏度定律，其表达式为

$$f=\frac{F}{A}=\eta\frac{\mathrm{d}v}{\mathrm{d}x} \tag{10-19}$$

图 10-7　流体在两平行板间的流动

式中，η 表示比例常数，称为黏度系数，简称黏度。SI 单位为 $\mathrm{kg\cdot m^{-1}\cdot s^{-1}}$，称为帕斯卡·秒，符号 Pa·s；在 cgs(物理)制中，黏度的单位是泊，为 $\mathrm{g\cdot cm^{-1}\cdot s^{-1}}$，符号为 P，$1\ \mathrm{P}=\frac{1}{10}\ \mathrm{Pa\cdot s}$。它的物理意义是为使单位面积的流层以保持速度梯度为 1 时所需的切力。

根据式(10-19),以$\frac{dv}{dx}$对f作图,可得一条通过原点的直线,这表明液体黏度与切线力无关。这种不受切线力影响的黏度称为牛顿黏度。黏度越大,液层间的相对流速越小。对于纯液体,黏度的大小取决于物质的本性、温度;对于溶液来说,它还与溶液的浓度、pH值或其他电解质的存在有关。液体的黏度一般随温度的升高而降低。大多数液体的黏度与热力学温度(T)的倒数呈指数关系,即

$$\eta = \exp\left(\frac{1}{T}\right) \tag{10-20}$$

凡符合牛顿黏度定律的液体均称为牛顿型流体。大多数纯液体(如水、汽油、乙醇等)以及低分子物质的稀溶液,都属于牛顿型流体。

2. 黏度的各种表示方法

黏度的表示方法主要有以下四种。

(1) 相对黏度η_r。表示溶液黏度是溶剂黏度的多少倍,无量纲量,其值不受温度影响,表达式为

$$\eta_r = \frac{\eta_{溶液}}{\eta_{溶剂}} \tag{10-21}$$

(2) 增比黏度η_{sp}。溶液黏度比溶剂黏度增加的相对值,无量纲量,其值不受温度影响,表达式为

$$\eta_{sp} = \frac{\eta_{溶液} - \eta_{溶剂}}{\eta_{溶剂}} = \eta_r - 1 \tag{10-22}$$

增比黏度反映了溶质对溶液黏度的贡献。

(3) 比浓黏度η_c。表示单位浓度的增比黏度,其值随浓度降低而增加,量纲为浓度单位的倒数,它表示单位浓度的溶质对溶液黏度的贡献,表达式为

$$\eta_c = \frac{\eta_{sp}}{c} \tag{10-23}$$

(4) 特性黏度[η]。表示溶液无限稀释($c\to 0$)时的比浓黏度,其值与浓度无关,它反映个别溶质分子对黏度的贡献,只与大分子化合物在溶液中的结构、形态及相对分子质量有关,又称为结构黏度,其量纲为浓度单位的倒数,表达式为

$$[\eta] = \lim_{c\to 0}\frac{\eta_{sp}}{c} \tag{10-24}$$

10.5.2 大分子溶液黏度概述

1. 大分子溶液的黏度特性

大分子溶液的黏度一般不遵守牛顿黏度定律,与同浓度的小分子溶液相比,大分子溶液的黏度很大。例如,1%橡胶的苯溶液的黏度约为纯苯黏度的十几倍。在一定范围内,大分子溶液的黏度随切线力的改变而改变。图10-8表示的是大分子溶液的切线力与速度梯度的关系。从图中可以看出,增加对大分子溶液的切线力,其速度梯度则急剧增加,两者不存在直线关系,即其黏度随切线力的增加而降低,见图10-8中B线。这主要是因为在溶液中形成了大分子长链的网状结构,使一部分液体失去了流动性而增加了大分子溶液的黏度。溶液越浓,大分子链越长,越有利于形成网状结构,黏度也就越大。对大分子溶液施加切线力,网状结构逐步被破坏,黏度也就随之逐渐减小。当切线力增加到一定程度时,网状结构完全被破坏,黏度不再受

切线力大小的影响，此时的黏度符合牛顿黏度定律，如图 10-9 中的曲线 B 所示。这种由于在溶液中形成某种网状结构而产生的黏度称为结构黏度，其数值大小与大分子形状、溶液浓度、所用溶剂及温度等因素有关。

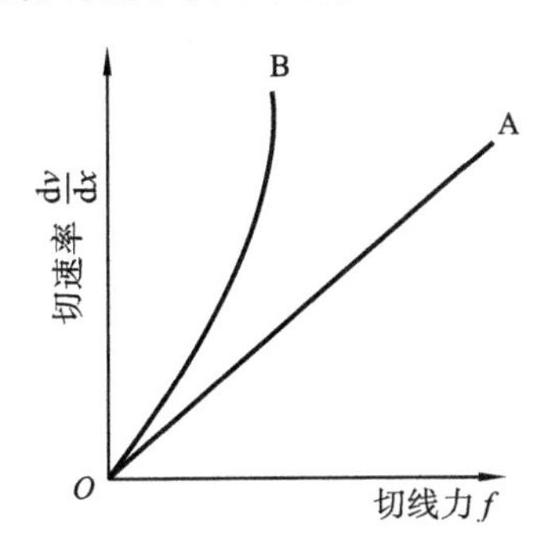

图 10-8　切速率与切线力的关系

A—牛顿型流体；B—大分子溶液

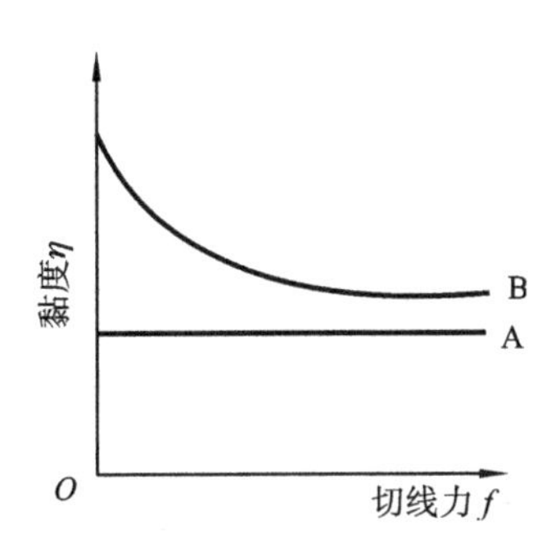

图 10-9　溶液的黏度与切线力的关系

A—牛顿型流体；B—大分子溶液

2. 黏度法测定大分子的黏均摩尔质量

大分子溶液的特性黏度[η]描述的是在浓度极稀时，单个大分子对溶液黏度的贡献，其数值不随浓度的变化而变化。

因为

$$\eta_r = 1 + \eta_{sp}$$

所以

$$\ln\eta_r = \ln(1+\eta_{sp}) = \eta_{sp}\left(1 - \frac{1}{2}\eta_{sp} + \frac{1}{3}\eta_{sp}^2 - \frac{1}{4}\eta_{sp}^3 + \cdots\right) \tag{10-25}$$

当 $c \to 0$ 时，η_{sp} 很小，其高次项趋于零，所以

$$\ln\eta_r = \eta_{sp} \tag{10-26}$$

故

$$[\eta] = \lim_{c\to 0}\frac{\eta_{sp}}{c} = \lim_{c\to 0}\frac{\ln\eta_r}{c} \tag{10-27}$$

在 $c \to 0$ 时，大分子溶液的 $\frac{\eta_{sp}}{c}$、$\frac{\ln\eta_r}{c}$ 与浓度的关系符合 Huggins 经验式：

$$\frac{\eta_{sp}}{c} = [\eta] + k'[\eta]^2 c \tag{10-28}$$

和 Kraemer 经验式

$$\frac{\ln\eta_r}{c} = [\eta] - \beta[\eta]^2 c \tag{10-29}$$

式中，k' 和 β 均为常数。以上两式表明，测定不同浓度大分子溶液的黏度，作 $\frac{\eta_{sp}}{c}$-c 或 $\frac{\ln\eta_r}{c}$-c 图，可得两条直线，截距均为特性黏度[η]，如图 10-10 所示。

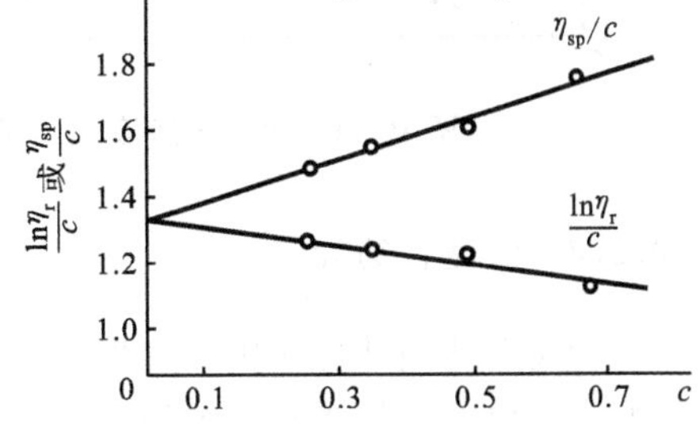

图 10-10　$\frac{\ln\eta_r}{c}$-c 和 $\frac{\eta_{sp}}{c}$-c 的外推图

斯坦丁乔(Standinger)等人经过研究，提出了大分子溶液的特性黏度与其黏均相对分子质量(M)间的经验关系式：

$$[\eta] = KM_\eta^\alpha \tag{10-30}$$

式中，K、α 为与溶剂、大分子化合物及温度有关的经验常数。K 的数值受温度影响较大，而与溶液系统的性质关系不大，在恒温下主要取决于大分子化合物在溶

剂中的形态,其值一般在 0.5~1 之间。K 和 α 的具体数据可在相关手册中查到。

将式(10-30)改写成对数形式:

$$\ln[\eta] = \ln K + \alpha \ln M_\eta \tag{10-31}$$

以 $\ln[\eta]$为纵坐标,$\ln M_\eta$ 为横坐标作图,可得一直线,其斜率为 α,截距为 $\ln K$。通过测定溶液的黏度,并利用式(10-30)和式(10-31),可计算出大分子的黏均相对分子质量。

10.5.3 大分子电解质溶液的黏度

大分子电解质溶液的黏度特性与大分子非电解质溶液有所不同。大分子电解质溶液的黏度大于同浓度的大分子非电解质溶液。大分子非电解质溶液的$\frac{\eta_{sp}}{c}$对 c 作图呈线性关系,如图 10-11 中的直线 a;大分子电解质溶液的$\frac{\eta_{sp}}{c}$对 c 作图不呈线性关系,不能用外推法求得$[\eta]$。这是由于大分子电解质溶质在水中要解离成离子,随着溶液浓度变小,解离度增大,大分子链上电荷密度增大,链段间的斥力增加,分子链舒张伸展,溶液黏度迅速上升,这种现象称为电黏效应。反之,随着溶液浓度增大,溶液黏度下降,果胶酸钠水溶液的 η_{sp}-c 的关系就是这种情况,如图 10-11 中的曲线 b,如果往大分子电解质溶液中加入一定量的无机盐类(如 NaCl),使大分子链周围有足够离子强度的小分子电解质存在,大分子的解离度就会降低,分子链卷曲,电黏效应将消除,黏度迅速下降,最终可使$\frac{\eta_{sp}}{c}$与 c 之间呈线性关系,如图 10-11 中的直线 c。

pH 值对两性蛋白质溶液的黏度的影响很明显。图 10-12 所示的是蛋白朊溶液的黏度与 pH 值之间的关系。在 pH=3 和 pH=11 左右出现两个高峰,这是由于在这两个酸度附近,蛋白朊分子链上电荷密度迅速增大,分子链伸展,溶液黏度明显上升所致。当 pH 值达到 4.8 左右,接近其等电点时,分子链上正、负电荷数目相等,分子链因斥力减小而高度卷曲,溶液黏度出现极小值。

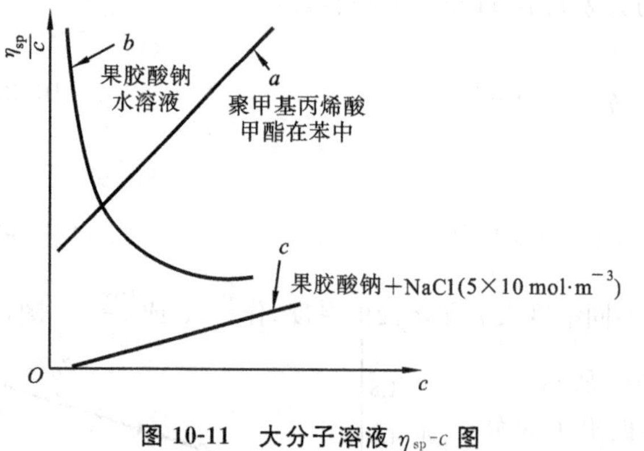

图 10-11 大分子溶液 η_{sp}-c 图

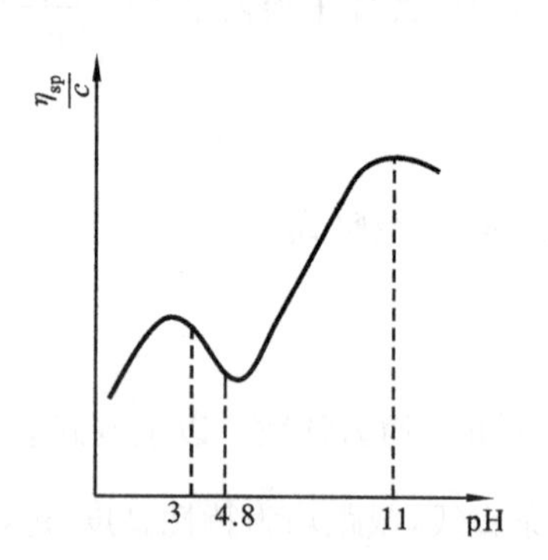

图 10-12 pH 值对蛋白朊溶液黏度的影响

10.5.4 流变性简介

物质在适当外力作用下发生形变或流动的性质称为流变性。研究物质流变性的学科称为流变学。研究生物体和人体的流变性的学科称为生物流变学。流变学的研究对象和应用范围几乎包括所有物体。

一般通过测定各种条件下液体的黏度研究液体(包括悬浮液、乳状液、溶胶、大分子溶液、一般溶液和纯液体等)的流变性。各种大分子溶液的流变性可通过切速率$\frac{dv}{dx}$对切线力 f 作图,对所得流变曲线的类型进行研究。不同流变性的流体具有不同的流变曲线,流体大致可分为五种流变曲线的流型。

1. 牛顿型

牛顿型流体的流变曲线为一条通过坐标原点的直线,其斜率的倒数是黏度,其黏度是常数,见图 10-13(a)。纯液态物质(如水、甘油等)、油及许多低分子溶液均属此类型。

2. 塑流型

塑流型流体的流变曲线为一条不通过原点的曲线,如图 10-13(b)所示。当施加的切线力较小时,体系不流动,但能发生弹性形变;当切线力达到临界值 f_y时,体系开始流动。使体系开始流动的这一临界切线力值 f_y称为屈服值,达到 f_y后的一段时间内继续增加切线力,液体流动速度梯度的增加超出了与切线力之间的正比例关系;当切线力达到 f_y时,速度梯度 dv/dx 又开始与切线力 f 呈线性关系,此后两者的关系完全符合牛顿型流体的流变曲线。悬浮液、油漆、牙膏等就属于此种类型。

3. 假塑流型

假塑流型流体的流变曲线如图 10-13(c)所示,是一条通过原点的凹型曲线,流体的黏度随着切线力的增加而降低。属于这种类型的流体有煮熟的淀粉、羧甲酸纤维素钠、西黄蓍胶、海藻酸钠、聚丙烯酰胺类大分子溶液等。

4. 胀流型

胀流型流体的流变曲线如图 10-13(d)所示,是一条通过原点的凸形曲线,与假塑流型流体相反,其黏度是随着切线力的增加而增加的,药物中的糊剂、栓剂,涂料,颜料及 40%～50%的淀粉溶液都属于此种类型。

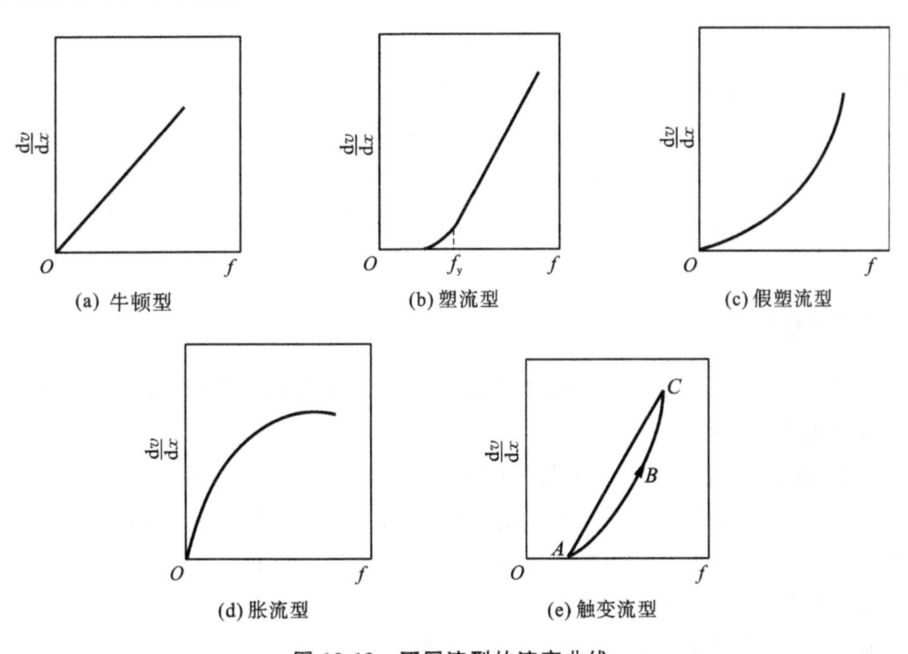

图 10-13　不同流型的流变曲线

5. 触变流型

触变流型流体的特点是静止时呈半固体状态,振摇时变成流体。其流变曲线是由逐渐增加切线力得到的上行线和降低切线力得到的下行线构成的弓形曲线,称为滞后圈,如图 10-13(e)所示,目前一般认为产生触变现象的原因主要是由于那些片状、针状粒子在静置时能形成立体网架结构而成为半固体,受到振动时网架破坏而恢复流动。出现滞后现象是由于被拆散的粒子要通过布朗运动使粒子间棱角相互接触并重新结成网架,需要一定的时间,因此上行线与下行线不重合。

10.6 凝 胶

10.6.1 凝胶的分类

由两种或两种以上组分所组成的半固体物质称为凝胶。

根据含液量的多少,凝胶可分为软胶(冻胶)和干凝胶。若组成骨架的大分子的形状很不对称,骨架中所含液体的量远超骨架的量(一般含液量高于 90%),则称为软胶,这类凝胶比较柔软,富有弹性,容易变形,如肉浆、琼脂凝胶、凝固的血液、果酱、豆腐等。如果凝胶中的液体含量比固体少则为干凝胶,如皮革、毛发、指甲、植物组织中的薄膜、干明胶(含水 15%)、火棉胶半透膜等。

凝胶在形态上可分为弹性凝胶和非弹性凝胶两类。弹性凝胶是由柔性的线型大分子所形成,这类凝胶烘干到一定程度,体积缩小,但仍保持弹性。非弹性凝胶是由一些"刚性结构"的分散颗粒所构成,在烘干后,体积缩小不多,但丧失弹性,增加了脆性,容易研碎,故又称为脆性凝胶。

根据高分子溶液与凝胶之间是否可以相互逆转,凝胶又可分成可逆凝胶和不可逆凝胶两种。由某些大分子溶液胶凝而形成的凝胶,经脱液容易再吸收介质恢复成大分子溶液,这类凝胶称为可逆凝胶,如肉冻、果酱等。有些凝胶经脱液后放入介质中不能再恢复成大分子溶液,此类凝胶称为不可逆凝胶,如 V_2O_5、$Al(OH)_3$、SiO_2 等凝胶。不可逆凝胶脱液后,体积变化很小,但形成了多孔性结构,能吸附其他低分子液体或气体,且无特殊的选择性,例如,脱水硅胶等为很好的吸附剂。

10.6.2 凝胶的结构

凝胶呈半固体状,其中大分子或胶体质点交联成空间网状结构的骨架,其余组分和液体介质一起充满网状结构的孔隙。

一般来说,凝胶的网状结构是由其中的大分子依靠下列三种相互作用力形成的。一种是依靠大分子之间的范德华力形成网状结构。由于这种作用力很弱,故很不稳定,往往在外力作用下或充分溶胀时网状结构即被破坏,但静置时又可恢复,如泥浆、石墨、$Al(OH)_3$ 凝胶等均属于此类。另一种是极性大分子依靠氢键发生缔合而形成网状结构。这类凝胶的结构较前一类牢固,有较大的弹性,能溶胀,破坏这种结构需加热,如明胶等蛋白质类凝胶。还有一种是靠共价键形成网状结构,这类结构非常稳定、坚固,而且伸缩性小,如硅胶冻、橡胶等。

10.6.3　胶凝作用和影响因素

胶凝作用是指降低大分子溶液(或溶胶)的溶解度,使之析出分散相粒子,并使胶粒互相交联形成网状骨架结构而转变为凝胶的过程。

胶凝的影响因素主要有大分子本身的形状、分散相的浓度、电解质及温度等。

大分子形状的对称性越差,越有利于胶凝。线型大分子如淀粉、橡胶、果胶等,易胶凝;但对称的球状大分子如果浓度不大,则不会胶凝。血液中的蛋白质分子呈球状,不易发生胶凝作用,故能在血管中畅通地流动。大分子溶液的浓度越大,越容易相互联结形成网状结构而发生胶凝。温度对胶凝有显著影响,温度较高时,大分子因热运动剧烈而不容易交联成网状结构,不能发生胶凝作用,低温有利于胶凝的发生。任何大分子溶液要发生胶凝,都有一个上限温度,高于此温度,胶凝就不可能发生,同一种大分子溶液的这一最高温度又与浓度有关。

10.6.4　干胶的溶胀和影响因素

干胶吸收溶剂或蒸气,使自身的体积、质量明显增大的现象被称为干胶的溶胀。干胶的溶胀可分为有限溶胀和无限溶胀两种,溶胀作用进行的程度与凝胶内部结构的连接强度、环境的温度、介质的组成及 pH 值等有关。增高温度有可能使有限溶胀转化为无限溶胀。干胶的溶胀只有在亲和力很强的溶剂中才能表现出来,如明胶在水中能膨胀,在苯中则不能。介质的 pH 值对蛋白质的溶胀作用有很大影响,当介质的 pH 值等于蛋白质等电点时,其溶胀程度最小,一旦 pH 值远离等电点,其溶胀程度就会增大。电解质中的负离子也影响着凝胶的溶胀作用。各种负离子对溶胀作用的影响程度由大到小的次序恰好与表示盐析作用强弱的感胶离子顺序相反,即

$$CNS^- > I^- > Br^- > NO_3^- > Cl^- > Ac^- > \frac{1}{2}SO_4^{2-}$$

Cl^- 以前的各种离子能促进溶胀,Cl^- 以后的各种离子却抑制溶胀。此外,大分子化合物的链与链之间的交联度越大,溶胀程度越差。若大分子化合物(如含硫 0.30(质量分数)的硬橡胶)的分子链是以大量共价键交联起来的,在液体中则根本不溶胀。

干胶的溶胀分为两个阶段。在第一阶段,溶剂分子钻入干胶内部,与大分子作用形成溶剂化层,由于这部分溶剂与大分子结合紧密,溶胀后干胶体积的增加往往小于所吸收液体的体积。溶剂化使得溶剂的活度降低,进而导致体系的蒸气压降低。溶胀的第一阶段速度较快,并放出溶胀热。溶胀的第二阶段为液体的渗透作用。此时凝胶吸收大量液体,体积大为增加,但这部分液体在凝胶干燥时容易释出,渗透需较长时间,几乎没有热效应。

干胶溶胀过程中,其内、外溶液会产生较大浓度差,与溶剂透过半透膜向溶液中扩散能产生渗透压的情况类似,发生溶胀的干胶能对外界产生很大的溶胀压。溶胀压与凝胶浓度间的函数关系式为

$$p = p_0 c^k \tag{10-32}$$

式中,p 为溶胀压;c 为浓度,表示每 1 m^3 溶胀的凝胶中含有固体物质的千克数;p_0、k 均为常数,当 $c=1$ 时,$p=p_0$。表 10-5 列出了明胶的溶胀压与浓度关系的实验数据,结果表明溶胀压随着凝胶浓度的增高而呈指数上升。古人曾利用木块的溶胀压使石块裂开而达到采石的目的。古埃及人将木头塞入岩石裂缝,并用水浸泡木头使之膨胀,利用产生的溶胀压来开采建造金字塔的石头,即所谓的“湿木裂石”。

表 10-5　明胶的溶胀压与其浓度的关系

$p\times10^{-4}$/Pa	c/(kg · m^{-3})
5.1	306.3
10.98	361.3
30.58	504.4
50.18	613.3

10.6.5　离浆和触变

在凝胶放置过程中,液体会缓慢地、自动地从中分离出来,这种现象称为离浆。离浆时凝胶失去的是稀溶胶或大分子溶液。离浆的原因是由于随着时间的延长,构成凝胶网状结构的粒子进一步定向靠近,促使网孔收缩变小,骨架变粗,这种变化过程称为凝胶的陈化,它可以看作溶解度降低的过程。凝胶的浓度越大,网架上粒子间的距离就越短,凝胶的离浆速率越大,离浆出的液体量也就越多。凝胶离浆后,体积变小,但原来的几何形状不变(图 10-14)。

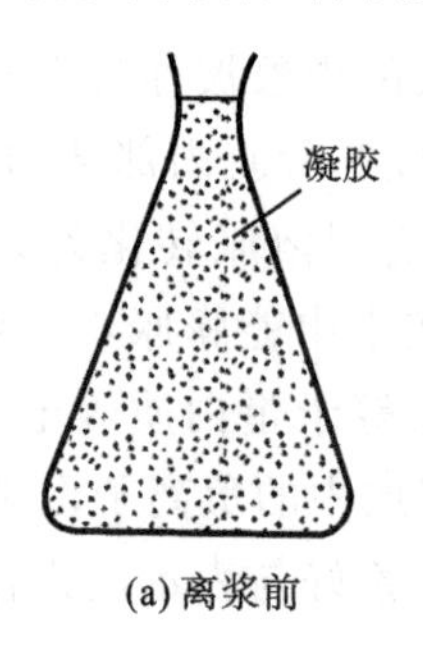

(a) 离浆前

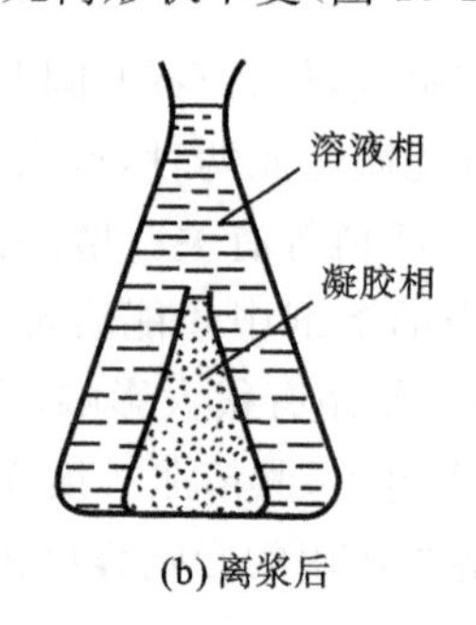

(b) 离浆后

图 10-14　离浆现象

在等温条件下,凝胶受外力作用网状结构被拆散而变成大分子溶液(或溶胶),去掉外力静置一定时间后又逐渐胶凝成凝胶,凝胶与大分子溶液(或溶胶)的这种反复互变的现象,称为触变现象。触变现象的特点是凝胶结构的拆散与恢复是可逆的。由形状不对称的分散相粒子之间靠范德华力联系而形成的具有疏松结构的凝胶一般具有触变性。如果凝胶所含的粒子接近球状或立方状,或者粒子间彼此是靠共价键结合起来的,这样的凝胶就不具有触变性。

离浆和触变都是凝胶不稳定性的表现。

本章小结

1. 大分子化合物结构特点:链节(分子中重复出现的结构单元)、链段(分子的内旋转所波及的一段碳链,是独立的运动单元)。

2. 大分子化合物相对分子质量巨大,具有多分散性的特点。其摩尔质量根据统计方法不同有数均摩尔质量 M_n、质均摩尔质量 M_m、Z 均摩尔质量 M_Z、黏均摩尔质量 M_η。

3. 大分子溶液是单相、热力学稳定系统,但因溶质分子与溶胶粒子大小相近,也有扩散慢、不能透过半透膜等性质。

4. 大分子化合物因结构特殊,其渗透压、黏度等理化性质也有其自身特点。大分子电解质溶液的渗透压、黏度遵循其自身规律。利用大分子溶液的渗透压、黏度等特性可获得大分子化合物的形状、大小、相对分子质量等信息。

5. 唐南平衡:大分子电解质溶液中因大离子的存在,在半透膜两边有小离子分布不均匀的现象。

6. 大分子溶液具有流变性，易形成凝胶。

思　考　题

1. 大分子溶液、溶胶、小分子溶液在性质上有何异同？试说明原因。
2. 唐南平衡对大分子电解质溶液的渗透压有何影响？如何消除该影响？
3. 外加电解质对大分子溶液的稳定性有何影响？盐析的实质是什么？

习　　题

一、简述题

大分子物质的溶解过程有何特点？

二、选择题

1. 大分子溶液与溶胶在性质上的最根本区别是(　　)。
   (A) 前者黏度大，后者黏度小
   (B) 前者是热力学稳定系统，后者是热力学不稳定系统
   (C) 前者是均相的，而后者是不均匀的多相体系
   (D) 前者对电解质稳定性大，后者加入微量电解质即能引起聚沉
2. 在大分子溶液中加入大量的电解质，使大分子溶液发生聚沉的现象被称为盐析。它主要是因为(　　)。
   (A) 大量电解质的离子发生强烈水化作用而使大分子去水化
   (B) 降低了动电位
   (C) 电解质的加入使大分子溶液处于等电点
   (D) 动电位的降低及去水化作用的综合结果

三、计算题

1. 某高聚物样品是由相对分子质量分别为 1×10^4 和 1×10^5 的两种分子组成，它们的摩尔分数分别为 0.0167 和 0.9833，计算此样品的质均摩尔质量和数均摩尔质量的比值。　(1.014)
2. 设有一高聚物样品的物质的量共为 15 mol，其中摩尔质量为 10.0 kg · mol^{-1} 的分子的摩尔分数为 2/3，摩尔质量为 100 kg · mol^{-1} 的分子的摩尔分数为 1/3，计算平均摩尔质量 M_n、M_m、M_Z。
   (4×10^4 g/mol，8.5×10^4 g/mol，9.8×10^4 g/mol)
3. 异丁烯聚合物的苯溶液在 25 ℃时测得各浓度的渗透压如下：

$c/(kg \cdot m^{-3})$	0.05	0.1	0.15	0.2
Π/Pa	49.45	100.94	154.84	210.70

   求聚异丁烯的平均摩尔质量。　(2.57×10^2 kg/mol)
4. 半透膜内放置羧甲基青霉素钠盐溶液，其初始浓度为 1.28×10^{-3} mol · dm^{-3}，膜外放置苄基青霉素钠盐溶液。达到唐南平衡时，测得膜内苄基青霉素离子浓度为 32×10^{-3} mol · dm^{-3}，试计算膜内外苄基青霉素钠离子的浓度比。　(1.02)
5. 在 25 ℃时，将浓度为 0.100 mol · dm^{-3} 的某大分子电解质 R^+Cl^- 置于半透膜内，膜外放置 NaCl 水溶液，其浓度为 0.500 mol · dm^{-3}，计算唐南平衡后，膜两边离子浓度及渗透压 $\Pi_{测}$。
   (0.227 mol/dm^3，2.70×10^2 kPa)
6. 303 K 时，聚异丁烯在环己烷中，$[\eta]/(dm^3 \cdot g^{-1}) = 2.60\times10^{-4} M_r^{0.70}$，实验测得聚异丁烯的特性黏度为 2.00 $dm^3 \cdot g^{-1}$，求此温度时聚异丁烯的相对分子质量。　($M_r = 3.61\times10^5$)
7. 298 K 时，一容器中放有半透膜，膜的两侧离子分布中，膜内为 0.1 mol · L^{-1} 的大分子电解质 RCl，膜外为 0.100 mol · L^{-1} 的 NaCl 溶液。试计算平衡后膜两侧各离子浓度的分布及渗透压。　(略，330 kPa)

附　　录

附录 A　国际单位制(SI)

国际单位制“SI”是法语 Le Systèrne International d’Unités 的缩写，是从米制发展而成的一种计量单位制度，为世界范围内的“法定计量单位”。《中华人民共和国计量法》以法律的形式规定了我国采用国际单位制，非国家法定计量单位应当废除。《中华人民共和国计量法》自1986 年 7 月 1 日起施行。从 1991 年 1 月起不允许再使用非法定计量单位（个别特殊领域如古籍与文学书籍、血压的 mmHg 除外）。

表 A-1　SI 基本单位

量的名称	单位名称	单位符号
长度	米	m
质量	千克	kg
时间	秒	s
电流	安[培]	A
热力学温度	开[尔文]	K
物质的量	摩[尔]	mol
发光强度	坎[德拉]	cd

表 A-2　SI 辅助单位

量的名称	单位名称	单位符号
平面角	弧度	rad
立体角	球面度	sr

表 A-3　具有专门名称的 SI 导出单位

量的名称	SI 导出单位		
	名　称	符　号	用 SI 基本单位和 SI 导出单位表示
频率	赫[兹]	Hz	$1\ Hz=1\ s^{-1}$
力	牛[顿]	N	$1\ N=1\ kg\cdot m\cdot s^{-2}$
压力，压强，应力	帕[斯卡]	Pa	$1\ Pa=1\ N\cdot m^{-2}$
能[量]，功，热量	焦[耳]	J	$1\ J=1\ N\cdot m$
功率，辐[射能]通量	瓦[特]	W	$1\ W=1\ J\cdot s^{-1}$
电荷[量]	库[仑]	C	$1\ C=1\ A\cdot s$
电压，电动势，电位(电势)	伏[特]	V	$1\ V=1\ W\cdot A^{-1}$
电容	法[拉]	F	$1\ F=1\ C\cdot V^{-1}$

续表

量的名称	SI导出单位		
	名　称	符　号	用SI基本单位和SI导出单位表示
电阻	欧[姆]	Ω	$1\ \Omega=1\ V\cdot A^{-1}$
电导	西[门子]	S	$1\ S=1\ \Omega^{-1}$
磁通[量]	韦[伯]	Wb	$1\ Wb=1\ V\cdot s$
磁通[量]密度,磁感应强度	特[斯拉]	T	$1\ T=1\ Wb\cdot m^{-2}$
电感	亨[利]	H	$1\ H=1\ Wb\cdot A^{-1}$
摄氏温度	摄氏度	℃	1 ℃=1 K
光通量	流[明]	lm	$1\ lm=1\ cd\cdot sr$
[光]照度	勒[克斯]	lx	$1\ lx=1\ lm\cdot m^{-2}$

表 A-4　SI 词头

因　数	词头名称		符　号
	英　文	中　文	
10^{24}	yotta	尧[它]	Y
10^{21}	zetta	泽[它]	Z
10^{18}	exa	艾[可萨]	E
10^{15}	peta	拍[它]	P
10^{12}	tera	太[拉]	T
10^{9}	giga	吉[咖]	G
10^{6}	mega	兆	M
10^{3}	kilo	千	k
10^{2}	hecto	百	h
10^{1}	deca	十	da
10^{-1}	deci	分	d
10^{-2}	centi	厘	c
10^{-3}	milli	毫	m
10^{-6}	micro	微	μ
10^{-9}	nano	纳[诺]	n
10^{-12}	pico	皮[可]	p
10^{-15}	femto	飞[母托]	f
10^{-18}	atto	阿[托]	a
10^{-21}	zepto	仄[普托]	z
10^{-24}	yocto	幺[科托]	y

附录 B 一些物质的摩尔等压热容与温度的关系(101325 Pa)

$$C_{p,m}=a+bT+cT^2$$

物质		a/ ($J\cdot mol^{-1}\cdot K^{-1}$)	10^3b/ ($J\cdot mol^{-1}\cdot K^{-1}$)	10^6c/ ($J\cdot mol^{-1}\cdot K^{-1}$)	适用温度范围/K
H_2	氢	29.09	0.836	−0.3265	273～3800
Cl_2	氯	31.696	10.144	−4.038	300～1500
Br_2	溴	35.241	4.075	−1.487	300～1500
O_2	氧	36.16	0.845	−0.7494	273～3800
N_2	氮	27.32	6.226	−0.9502	273～3800
HCl	氯化氢	28.17	1.810	1.547	300～1500
H_2O	水	30.00	10.7	−2.022	273～3800
CO	一氧化碳	26.537	7.6831	−1.172	300～1500
CO_2	二氧化碳	26.75	42.258	−14.25	300～1500
CH_4	甲烷	14.15	75.496	−17.99	298～1500
C_2H_4	乙烯	11.84	119.67	−36.51	298～1500
C_2H_2	乙炔	30.67	52.810	−16.27	298～1500
C_6H_6	苯	−1.71	324.77	−110.58	298～1500
CH_3OH	甲醇	18.40	101.56	−28.68	273～1000
C_2H_5OH	乙醇	29.25	166.28	−48.898	298～1500
$(C_2H_5)_2O$	乙醚	−103.9	1417	−248	300～400
HCHO	甲醛	18.82	58.379	−15.61	291～1500
$(CH_3)_2CO$	丙酮	22.47	205.97	−63.521	298～1500
HCOOH	甲酸	30.7	89.20	−34.54	300～700
$CHCl_3$	氯仿	29.51	148.94	−90.734	273～773

附录 C 一些有机化合物的标准摩尔燃烧焓(298 K)

化学式	名称	相对分子质量 M	$-\Delta_c H_m^\ominus/(kJ\cdot mol^{-1})$		
			晶体	液体	气体
C	碳	12.011	393.5	—	1110.2
CO	一氧化碳	28.010	—	—	283.0
CH_2O	甲醛	30.026	—	—	570.8
CH_2O_2	甲酸	46.026	—	254.6	300.7
CH_4	甲烷	16.043	—	—	890.3
CH_4N_2O	尿素	60.055	631.7	—	719.4
CH_3OH	甲醇	32.042	—	726.5	763.7

续表

化学式	名称	相对分子质量 M	$-\Delta_c H_m^\ominus/(kJ \cdot mol^{-1})$		
			晶体	液体	气体
CH_3NH_2	甲胺	31.057	—	1060.6	1085.6
C_2H_2	乙炔	26.038	—	—	1299.6
$C_2H_2O_4$	乙二酸	90.035	251.1	—	349.1
C_2H_4	乙烯	28.054	—	—	1411.0
C_2H_4O	乙醛	44.053	—	1166.4	1192.5
CH_3COOH	乙酸	60.053	—	874.5	925.9
$CHOOCH_3$	甲酸甲酯	60.053	—	979.5	1003.2
$C_2H_5NO_2$	硝基乙烷	75.067	—	1357.7	1399.3
C_2H_6	乙烷	30.070	—	—	1559.8
C_2H_5OH	乙醇	46.069	—	1366.8	1409.4
C_3H_6	丙烯	42.081	—	2039.7	2058.4
C_3H_6	环丙烷	42.081	—	—	2091.5
C_3H_6O	丙酮	58.080	—	1790.4	1820.7
$C_3H_6O_2$	乙酸甲酯	74.079	—	1594.9	1626.1
$C_3H_6O_2$	丙酸	74.079	—	1527.3	1584.5
C_4H_8O	四氢呋喃	72.107	—	2501.2	2533.2
$C_4H_8O_2$	乙酸乙酯	88.106	—	2246.4	2273.3
$C_4H_8O_2$	丁酸	88.106	—	2183.5	2241.6
C_4H_{10}	丁烷	58.123	—	2856.6	2878.3
$C_4H_{10}O$	乙醚	74.123	—	2723.9	2751.1
C_6H_6	苯	78.114	—	3267.5	3301.2
C_6H_6O	苯酚	94.113	3053.5	—	3122.2
$H_2(g)$	氢气	2.016	—	—	285.3

附录 D　一些物质的标准摩尔生成焓、标准摩尔生成吉布斯自由能、标准摩尔熵及标准摩尔等压热容(298 K)

化学式	$\Delta_f H_m^\ominus/(kJ \cdot mol^{-1})$	$\Delta_f G_m^\ominus/(kJ \cdot mol^{-1})$	$S_m^\ominus/(J \cdot mol^{-1} \cdot K^{-1})$	$C_{p,m}^\ominus/(J \cdot mol^{-1} \cdot K^{-1})$
Ag(s)	0	0	42.6	25.4
AgCl(s)	−127.1	−109.8	96.3	50.8
$Ag_2O(s)$	−31.1	−11.2	121.3	65.9
Al(s)	0	0	28.3	24.4
Al_2O_3(s,刚玉)	−1675.7	−1582.3	50.9	79.0

续表

化学式	$\Delta_f H_m^\ominus$/(kJ·mol^{-1})	$\Delta_f G_m^\ominus$/(kJ·mol^{-1})	$S_m^\ominus$/(J·mol^{-1}·K^{-1})	$C_{p,m}^\ominus$/(J·mol^{-1}·K^{-1})
Br_2(l)	0	0	152.2	75.7
Br_2(g)	30.9	3.1	245.5	36.0
HBr(g)	−36.3	−53.4	198.7	29.1
Ca(s)	0	0	41.6	25.9
CaO(s)	−634.9	−603.3	38.1	42.0
$Ca(OH)_2$(s)	−985.2	−897.5	83.4	87.5
CO(g)	−110.5	−137.3	197.7	29.1
CO_2(g)	−393.5	−394.4	213.8	37.1
$COCl_2$	−223.01	−210.50	289.24	60.71
CCl_4(l)	−135.4	−65.2	216.4	131.8
Cl_2(g)	0	0	223.1	33.9
HCl(g)	−92.3	−95.3	186.9	29.1
Cu(s)	0	0	33.2	24.4
CuO(s)	−157.3	−129.7	42.6	42.3
F_2(g)	0	0	202.8	31.3
HF(g)	−273.3	−275.4	173.8	29.1
Fe(s)	0	0	27.3	25.1
$FeCl_2$(s)	−341.8	−302.3	118.0	76.7
$FeCl_3$(s)	−399.5	−334.0	142.3	96.7
FeO(s)	−272.0	—	—	—
Fe_2O_3(s,赤铁矿)	−824.2	−742.2	87.4	103.9
Fe_3O_4(s,磁铁矿)	−1118.4	−1015.4	146.4	143.4
$FeSO_4$(s)	−928.4	−820.8	107.5	100.6
H_2(g)	0	0	130.7	28.8
H_2O(l)	−285.8	−237.1	70.0	75.3
H_2O(g)	−241.8	−228.6	188.8	33.6
I_2(s)	0	0	116.1	54.4
I_2(g)	62.4	19.3	260.7	36.9
HI(g)	26.5	1.7	206.6	29.2
Mg(s)	0	0	32.7	24.9
MgO(s)	−601.6	−569.3	27.0	37.2
$MgCl_2$(s)	−641.3	−591.8	89.6	71.4
$Mg(OH)_2$(s)	−924.5	−833.5	63.2	77.0
Na(s)	0	0	51.3	28.2

续表

化学式	$\Delta_f H_m^{\ominus}$/(kJ·mol^{-1})	$\Delta_f G_m^{\ominus}$/(kJ·mol^{-1})	$S_m^{\ominus}$/(J·mol^{-1}·K^{-1})	$C_{p,m}^{\ominus}$/(J·mol^{-1}·K^{-1})
Na_2CO_3(s)	−1130.7	−1044.4	135.0	112.3
NaCl(s)	−411.2	−384.1	72.1	50.5
$NaNO_3$(s)	−467.9	−367.0	116.5	92.9
NaOH(s)	−425.6	−379.5	64.5	59.5
Na_2SO_4(s)	−1387.1	−1270.2	149.6	128.2
N_2(g)	0.0	0.0	191.6	29.1
NH_3(g)	−46.11	−16.45	192.45	35.06
NO_2(g)	33.2	51.3	240.1	37.2
N_2O(g)	82.1	104.2	219.9	38.5
N_2O_3(g)	83.7	139.5	312.3	65.6
N_2O_4(g)	9.2	97.9	304.3	77.3
N_2O_5(g)	11.3	115.1	355.7	84.5
HNO_3(g)	−135.1	−74.7	266.4	53.4
HNO_3(l)	−174.1	−80.7	155.6	109.9
O_2(g)	0.0	0.0	205.2	29.4
O_3(g)	142.7	163.2	238.9	39.2
PCl_3(g)	−287.0	−267.8	311.8	71.8
PCl_5(g)	−374.9	−305.0	364.6	112.8
H_3PO_4(s)	−1284.4	−1124.3	110.5	106.1
H_2S(g)	−20.6	−33.4	205.8	34.2
SO_2(g)	−296.8	−300.1	248.2	39.9
SO_3(g)	−395.7	−371.1	256.8	50.7
H_2SO_4(l)	−814.0	−690.0	156.9	138.9
CH_4(g,甲烷)	−74.4	−50.3	186.3	35.3
C_2H_6(g,乙烷)	−83.8	−31.9	229.6	52.6
C_3H_8(g,丙烷)	−103.8	−23.4	270.0	73.5
C_4H_{10}(g,正丁烷)	−126.2	−17.0	310.2	97.4
C_2H_4(g,乙烯)	52.5	68.4	219.6	43.6
C_3H_6(g,丙烯)	20.4	62.8	267.0	63.9
C_2H_2(g,乙炔)	228.2	210.7	200.9	43.9
C_6H_6(l,苯)	49.0	124.4	173.3	136.3
C_6H_6(g,苯)	82.9	129.7	269.3	81.7
CH_3OH(l,甲醇)	−239.1	−166.6	126.8	81.1

续表

化学式	$\Delta_f H_m^\ominus$/ kJ·mol^{-1}	$\Delta_f G_m^\ominus$/ (kJ·mol^{-1})	$S_m^\ominus$/ (J·mol^{-1}·K^{-1})	$C_{p,m}^\ominus$/ (J·mol^{-1}·K^{-1})
CH_3OH(g,甲醇)	−201.5	−162.6	239.8	43.9
C_2H_5OH(l,乙醇)	−277.7	−174.8	160.7	112.3
C_2H_5OH(g,乙醇)	−235.1	−168.5	282.7	65.4
HCHO(g,甲醛)	−108.6	−102.5	218.8	35.4
CH_3CHO(l,乙醛)	−191.8	−127.6	160.2	89.0
CH_3CHO(g,乙醛)	−166.2	−132.8	263.7	55.3
CH_3COOH(l,乙酸)	−484.5	−389.9	159.8	123.3
CH_3COOH(g,乙酸)	−432.8	−374.5	282.5	66.5
$(NH_2)_2CO$(s,尿素)	−333.5	−197.3	104.6	93.1
C_2H_4O(l,甲酸甲酯)	−386.1	—	—	119.1

注:参考天津大学《物理化学》第五版、南京大学《物理化学》第五版以及《化学数据速查手册》。

参考文献

[1] 傅献彩,沈文霞,姚天扬,等.物理化学(上册)[M].5版.北京:高等教育出版社,2005.

[2] 关萍伊,崔一强.物理化学[M].北京:化学工业出版社,2005.

[3] 何玉萼,袁永明,董冬梅.物理化学(下册)[M].北京:化学工业出版社,2006.

[4] 王正烈,周亚平.物理化学(上册)[M].4版.北京:高等教育出版社,2006.

[5] 胡英,吕瑞东,刘国杰,等.物理化学[M].5版.北京:高等教育出版社,1979.

[6] 天津大学物理化学教研室.物理化学(上)[M].5版.北京:高等教育出版社,2009.

[7] 李支敏,王保怀,高盘良.物理化学解题思路和方法[M].北京:北京大学出版社,2002.

[8] 孙德坤,沈文霞,姚天扬.物理化学解题指导[M].南京:江苏教育出版社,2004.

[9] 刘幸平,胡润淮,杜薇.物理化学[M].北京:科学出版社,2002.

[10] 傅玉普,郝策,蒋山.物理化学简明教程[M].大连:大连理工大学出版社,2003.

[11] 肖衍繁 李文斌.物理化学[M].2版.天津:天津大学出版社,2004.

[12] 肖衍繁,李文斌,李志伟.物理化学解题指南[M].北京:高等教育出版社,2003.

[13] 屈松生.化学热力学问题300例[M].北京:人民教育出版社,1981.

[14] 朱传征,褚莹,许海涵.物理化学[M].2版.北京:科学出版社,2008.

[15] 冯霞,高正虹,陈丽.物理化学解题指南[M].2版.北京:高等教育出版社,2009.

[16] 魏明坤.物理化学习题精解[M].成都:西南交通大学出版社,2004.

[17] 赵国玺.表面活性剂物理化学[M].北京:北京大学出版社,1984.

[18] 印永嘉,李大珍.物理化学(上,下)[M].2版.北京:高等教育出版社,1985.

[19] 侯万国,孙德军,张春光.应用胶体化学[M].北京:科学出版社,1999.

[20] 常忆凌,郭群.药剂学[M].武汉:中国地质大学出版社,2005.

[21] 朱砂瑶,赵振国.界面化学基础[M].北京:化学工业出版社,1996.

[22] 周祖康,顾惕人,马季铭.胶体化学基础[M].北京:北京大学出版社,1987.

[23] 印永嘉,奚正楷,李大珍.物理化学简明教程[M].3版.北京:高等教育出版社,1992.

[24] 卫英慧.纳米材料概论[M].北京:化学工业出版社,2009.

[25] 叶非主.物理化学及胶体化学[M].2版.北京:中国农业出版社,2009.

[26] 冯绪胜,刘洪国,郝京诚,等.胶体化学[M].北京:化学工业出版社,2005.

[27] 邹先杰.物理化学[M].上海:上海科学技术出版社,1986.

[28] 侯新朴.物理化学[M].5版.北京:人民卫生出版社,2004.

参考文献